科技馆教育活动开发与创新实践（上）

第六届全国科技馆辅导员大赛优秀项目集锦

殷皓 主编
钱岩 廖红 副主编

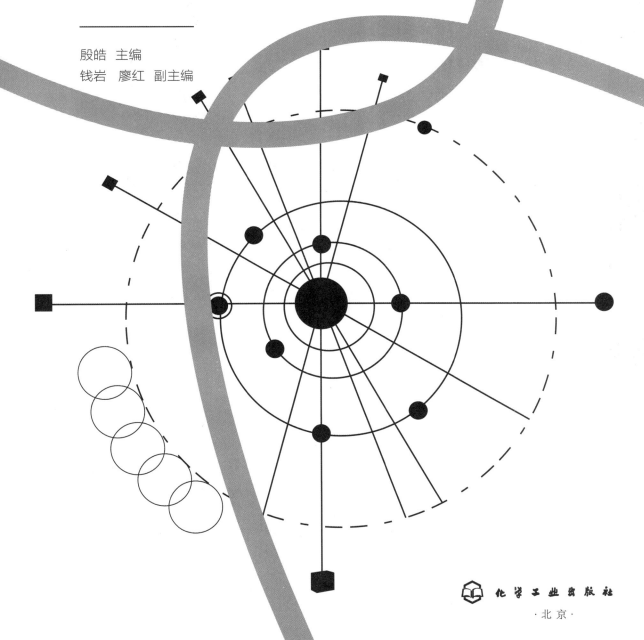

化学工业出版社

·北京·

图书在版编目（CIP）数据

科技馆教育活动开发与创新实践：第六届全国科技馆辅导员大赛优秀项目集锦/殷皓主编. — 北京：化学工业出版社，2021.10
ISBN 978-7-122-39797-3

I. ①科… II. ①殷… III. ①科学馆-辅导员-竞赛-概况-中国 IV. ①G322.2

中国版本图书馆CIP数据核字（2021）第171709号

责任编辑：宋　娟
责任校对：宋　玮
装帧设计：李子姮　梁　潇

出版发行：化学工业出版社
　　　　　（北京市东城区青年湖南街13号　邮政编码100011）
印　　装：中煤（北京）印务有限公司
787mm×1092mm　1/16　印张41　字数800千字
2021年12月北京第1版第1次印刷

购书咨询：010-64518888
售后服务：010-64518899
网　　址：http：//www.cip.com.cn

凡购买本书，如有缺损质量问题，本社销售中心负责调换。

定　　价：188.00元（全2册）　　　版权所有　违者必究

编委会

主　编：殷　皓

副主编：钱　岩　廖　红

编　委（按姓氏笔画排列）：

卢金贵　刘晓峰　江洪波

吴雄飞　张成贵　张晓春

徐东向　黄星华　梁兆正　曾川宁

路建宏　缪文靖

序

科技馆是面向社会公众特别是青少年等重点人群，以展览教育、研究、服务为主要功能，以参与、互动、体验为主要形式，开展科学技术普及相关工作和活动的公益性社会教育与公共服务设施。近些年来，我国科技馆事业蓬勃发展，整体态势良好，在促进科普服务公平普惠、提高公民科学素质方面发挥了重要作用。

自 2009 年起，为搭建全国科技馆学习交流平台，以赛代训，以赛促学，全国科技馆辅导员大赛正式启动，每两年一届，迄今已成功举办六届。大赛旨在提高科技辅导员综合素质和专业技能，提升科技馆服务公众的能力和水平，引领科技馆行业高质量发展。当前，大赛已发展成为科技馆行业最具影响力的业务竞技赛事。

本书集中展现了第六届全国科技馆辅导员大赛全国总决赛优秀获奖作品，其中展品辅导赛获奖作品 53 组、科学实验赛获奖作品 27 个、其他科学表演赛获奖作品 25 个。内容包括：展品辅导赛单件展品辅导、辅导思路解析和主题串联辅导环节文稿，科学实验赛及其他科学表演赛活动方案。同时，为了真实再现赛事项目，本书还附加二维码展示大赛获奖部分作品的比赛视频。

希望此书的出版，既能展示各地科技馆辅导员的风采，又能为广大科普从业人员提供宝贵的、可供借鉴的教育活动案例，促进科技馆行业互动交流，提升科技馆展教业务能力和水平，推动科技馆事业高质量发展，为公众提供更多丰富、优质的科普服务。

目 录

第一章 大赛简介	004	大赛概况	
	012	获奖情况	
第二章 展品辅导赛 获奖作品	024	一等奖获奖作品	
	025	张哲侨 第一轮单件展品辅导	橡子车辊
	028	张哲侨 第二轮辅导思路解析	仿生学
	031	张哲侨 第三轮现场主题辅导	永不止步的探索
	036	叶　影 第一轮单件展品辅导	自己拉自己
	039	叶　影 第二轮辅导思路解析	大自然中的仿生学
	041	叶　影 第三轮现场主题辅导	"辽宁号"航空母舰核心技术探索
	044	吴培涛 第一轮单件展品辅导	仿生发明 ——魔术贴
	047	吴培涛 第二轮辅导思路解析	从大自然得到的灵感
	050	吴培涛 第三轮现场主题辅导	认识事物的两面性
	055	张　挺 第一轮单件展品辅导	马德堡半球
	057	张　挺 第二轮辅导思路解析	分投行动
	059	张　挺 第三轮现场主题辅导	科学的发展
	063	吴　霞 第一轮单件展品辅导	伯努利原理
	066	吴　霞 第二轮辅导思路解析	天光云影的浪漫
	069	吴　霞 第三轮现场主题辅导	水可载舟，亦可覆舟 ——科学技术的两面性

074	胡博驰	第一轮单件展品辅导	月相变化和日食、月食
077	胡博驰	第二轮辅导思路解析	与控制变量相关的教学活动
079	胡博驰	第三轮现场主题辅导	质疑与科技进步
082	张凡华	第一轮单件展品辅导	最短的路
085	张凡华	第二轮辅导思路解析	科学有道
088	张凡华	第三轮现场主题辅导	谬论与科学发展
092	陈凌志	第一轮单件展品辅导	滑车接球
095	梁志超	第一轮单件展品辅导	球吸
098	梁志超	第二轮辅导思路解析	垃圾分类
100	梁志超	第三轮现场主题辅导	"辽宁号"航空母舰与科技进步
103	迪拉热·居来提	第一轮单件展品辅导	百发百中
106	迪拉热·居来提	第二轮辅导思路解析	科学之美
110	迪拉热·居来提	第三轮现场主题辅导	趣味电磁

114　二等奖获奖作品

115	张　丹	第一轮单件展品辅导	北宋苏颂水运仪象台
118	张　丹	第二轮辅导思路解析	还是分开吧
120	苏　超	第一轮单件展品辅导	十赌九输
			——黑布下的乾坤
123	苏　超	第二轮辅导思路解析	有关电的发展的科学教育活动
125	周　洋	第一轮单件展品辅导	蛟龙潜海
128	周　洋	第二轮辅导思路解析	自制小台灯
133	杨　珊	第一轮单件展品辅导	莫比乌斯带
136	杨　珊	第二轮辅导思路解析	莫比乌斯带
139	王韬雅	第一轮单件展品辅导	最速降线
143	王韬雅	第二轮辅导思路解析	旋转的奥秘
148	王倩倩	第一轮单件展品辅导	光风车
151	王倩倩	第二轮辅导思路解析	环境保护中的科学
153	陈洁茹	第一轮单件展品辅导	最速降线
157	陈洁茹	第二轮辅导思路解析	垃圾分类

159	张　涵	第一轮单件展品辅导	卡尔丹椭圆规
161	张　涵	第二轮辅导思路解析	诺贝尔化学奖
163	彭　玲	第一轮单件展品辅导	声聚焦
165	彭　玲	第二轮辅导思路解析	太阳系探秘
167	张　超	第一轮单件展品辅导	中国探月工程
170	张　超	第二轮辅导思路解析	科学大中国，科普小工匠
173	孙伟强	第一轮单件展品辅导	嫦娥奔月
176	尹　媛	第一轮单件展品辅导	动量守恒
179	尹　媛	第二轮辅导思路解析	时间信使 ——光之旅
181	南江亭	第一轮单件展品辅导	静电碰碰球
184	南江亭	第二轮辅导思路解析	自制降落伞
187	史佳鑫	第一轮单件展品辅导	悄悄话
190	史佳鑫	第二轮辅导思路解析	鱼鳔和潜水艇
193	傅正青	第一轮单件展品辅导	摆长与频率
196	傅正青	第二轮辅导思路解析	飞向宇宙的苍蝇
198	张晨曦	第一轮单件展品辅导	声聚焦
201	张晨曦	第二轮辅导思路解析	控制变量

203　三等奖获奖作品

204	张　卓	第一轮单件展品辅导	转向架的作用
208	孙　茜	第一轮单件展品辅导	五代同堂嵩山石
212	刘晓嵩	第一轮单件展品辅导	摩擦力
215	刘晓蕾	第一轮单件展品辅导	锥体上滚
218	聂　胜	第一轮单件展品辅导	共振环
221	屈　阳	第一轮单件展品辅导	法拉第笼
223	康　茜	第一轮单件展品辅导	竹蜻蜓
225	孙华鹏	第一轮单件展品辅导	滑坡竞速
228	刘一卉	第一轮单件展品辅导	马德堡半球实验
232	金　妍	第一轮单件展品辅导	莫比乌斯环

236	王　敏	第一轮单件展品辅导	滑轮组
239	唐卿之	第一轮单件展品辅导	天空的颜色
242	刘壿越	第一轮单件展品辅导	美妙的数学曲线
245	李　玥	第一轮单件展品辅导	圆周率 π
248	林秋鸿	第一轮单件展品辅导	电磁秋千
251	刘睿婧	第一轮单件展品辅导	万有引力
253	刘俊东	第一轮单件展品辅导	最速降线
257	何林芳	第一轮单件展品辅导	声聚焦
260	许　纯	第一轮单件展品辅导	钉床展品
262	马芯露	第一轮单件展品辅导	盘旋而上
266	张大伟	第一轮单件展品辅导	莫比乌斯带
269	苏夏楠	第一轮单件展品辅导	足球梦，科技梦
273	刘　静	第一轮单件展品辅导	双曲狭缝与双曲面
276	杨　慧	第一轮单件展品辅导	怒发冲冠
278	钱　琨	第一轮单件展品辅导	小孔成像
281	宋淑怡	第一轮单件展品辅导	探秘月球
286	韩　冰	第一轮单件展品辅导	手蓄电池

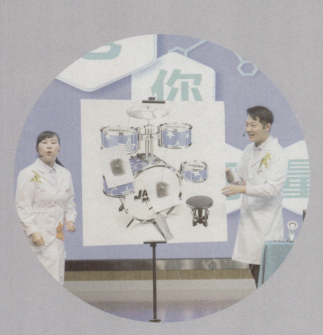

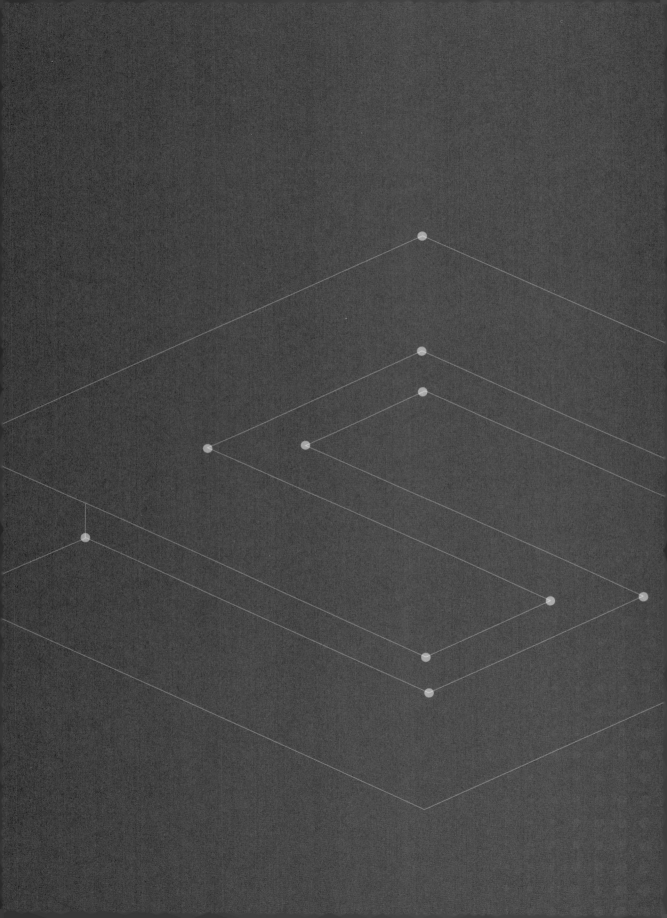

第一章

大赛简介

大赛概况

一、大赛简介

全国科技馆辅导员大赛始办于 2009 年，每两年一届，迄今已成功举办五届，是科技馆行业最具影响力的专业技能赛事。大赛旨在为全国各地科技馆搭建学习交流平台，以赛代训，以赛促学，提高科技辅导员综合素质，培养科技辅导员专业队伍，提升科技馆服务公众的能力和水平，引领科技馆行业高质量发展。

2019 年举办第六届大赛。本届大赛有四大亮点：一是赛事规格提高，首次由中国科学技术协会主办，由中国自然科学博物馆学会科技馆专业委员会和中国科学技术馆承办；二是赛事规模扩大，分赛区调整为各省、自治区、直辖市、新疆建设兵团及港澳台地区选拔赛；三是赛事规则创新，更加聚焦科技馆展教业务，展品辅导赛突出教育活动设计和现场主题辅导，科学表演赛鼓励项目内容、形式及手段创新；四是时间跨度全年，设分赛区选拔赛和全国总决赛两个阶段，从 2019 年 3 月正式发布通知到 11 月，活动持续开展。

截至 2019 年 9 月底，21 个省、5 个自治区、4 个直辖市及新疆生产建设兵团共 31 个分赛区完成选拔赛，累计 185 家科技馆、498 名辅导赛选手、248 个科学表演项目，赛事覆盖和参赛规模均创历届之最。全国总决赛由山西省科学技术馆承办，共有来自 31 个分赛区的 62 名展品辅导赛选手、59 个科学表演项目（其中科学实验 29 个，其他科学表演 30 个）参赛，59 家单位观摩，参赛及观摩人员计 700 余人，参与人数创历届之最。

二、组织机构

全国总决赛设组织委员会、监审委员会和评审委员会，组委会下设决赛工作组，相关机构职责、人员构成及产生方式如下。

（一）组织委员会

组织委员会负责审议大赛工作方案，指导、审查、监督整体赛事，由大赛主办、承办、公益支持及总决赛承办单位领导组成。

总顾问：徐善衍　程东红

主　任：孟庆海

副主任：殷　皓　白　希

委　员：江洪波　初学基　张成贵　欧建成　钱　岩

　　　　徐东向　梁兆正　路建宏　廖　红（按姓氏笔画排序）

（二）监审委员会

监审委员会负责监督审查总决赛工作并处理赛事投诉。同时，总决赛聘请山西省太原市城西公证处对赛事过程进行公证。

（三）评审委员会

评审委员会负责审议全国总决赛评审方案及赛事评审工作，由科技馆专家、学校科技教师和获奖辅导员三类人群构成。

三、比赛内容

全国总决赛设展品辅导和科学表演两个项目。具体赛制如下。

（一）展品辅导

展品辅导为个人赛，考察选手辅导基本功与综合素质，分单件展品辅导、辅导思路解析和现场主题辅导三个环节。

比赛现场为选手提供平板电脑、白板（120厘米×90厘米横版）、A4纸（80克白色或彩色复印纸、180克白色或彩色卡纸）、圆珠笔等材料；同时，大赛为参赛选手提供铅笔、橡皮、直尺（30~50厘米）、圆规（最大半径25.5厘米）、量角器、美工刀、胶棒和回形针等其他材料、道具。除此之外，选手不得自带任何材料、道具进入备场区域。

1. 单件展品辅导（62名）

所有参赛选手分3组同时进行比赛。本环节比赛分为两个阶段。

第一阶段：每位选手自选展品（需为所在场馆实际展出展品）进行辅导。每位限时4分钟，不足时间不扣分，超时扣0.5分。

选手需按要求提交自选展品幻灯片文件，仅可包含展品名称、展品照片（2或3张）及展品操作和演示视频（累计30秒，不允许播放动画）。幻灯片文件由选手辅导时自行播放，计入辅导时长。

第二阶段：所有选手辅导结束后，统一由监委会成员现场抽取 2 道科技知识测试题目，选手同时作答。每答对 1 题得 1 分，答错或超时未答题不得分。每道题限时 30 秒内回答完毕。

选手第一阶段和第二阶段得分累加结果为本环节最后得分。

每组前 10 名进入第二环节，未晋级选手获三等奖。

2. 辅导思路解析（30 名）

所有晋级选手分 5 组，每组选手为一个单位。每组 1 号选手代表本组在比赛开始 15 分钟之前在现场随机抽取 1 个主题任务单，同一组其他选手依序延时 2 分钟获得代表所抽取的任务单。

选手应围绕任务单要求进行教育活动思路解析（包含但不限于活动对象、活动形式、切入思路、实施过程、创新点及预期效果等），思路解析限时 2 分钟，超时即叫停，不扣分。

每组前 3 名晋级第三环节，未晋级选手获二等奖。

3. 现场主题辅导（15 名）

所有晋级选手分 5 组，每组选手为一个单位。每组 1 号选手代表本组在比赛开始前 1 小时随机抽取 1 个辅导材料，同一组选手依序延时 10 分钟获得代表所抽取辅导材料。

选手需明确辅导主题，在山西省科学技术馆限定展厅自选展品，面向真实辅导对象（小学学生群体、初中学生群体、普通公众三类，每组 4~6 人）开展现场辅导。

参赛选手在现场主题辅导时，须从展品目录中选择展品且辅导路线不得跨层，不得操作演示展品目录以外的相关展品。如参赛选手操作演示展品目录以外的展品，评委将酌情扣分。

辅导过程中，鼓励参赛选手与辅导对象进行互动交流。

每人限时 10 分钟，不足时间不扣分，超时即叫停，不扣分。

此环节每组第三名选手获二等奖；每组前 2 名选手均获一等奖，同时授予"全国金牌科技辅导员"称号。

全国总决赛展品辅导赛现场主题辅导场地为山西省科学技术馆，选定展区为机器与动力展厅（三层，包含古代展区、第一次工业革命展区、第二次工业革命展区和第三次工业革命展区）和走向未来展厅（四层，包含交流展区和探索太空展区）。

（二）科学表演

科学表演设科学实验和其他科学表演两类。科学实验类上台选手限 4 人（含），其他科学表演类上台选手限 8 人（含）。

1. 科学实验

科学实验要贴近展厅内的科学表演活动，符合展厅操作和安全规范，有相应实验或制作过程，展示明确的科学原理。

每个节目限时 8 分钟，不足时间不扣分，超时扣 1 分。

所有选手统一着大褂（颜色自选），可有适当肢体动作表演。

参赛项目仅限使用幻灯片（可含分段视频或动画）辅助，不能使用舞台灯光（不包括场灯和面灯的正常使用和暗场），不能全程使用视频和配乐，不能将视频作为科学实验的核心内容。

项目主要道具占地面积不得超过 2 米 ×1.2 米 ×2 米的范围。

2. 其他科学表演

其他科学表演指科学实验之外的表现形式，如科普剧、科学秀和表现科学内涵的歌舞、诗歌朗诵、相声、脱口秀、童话故事等活动形式，有较强艺术表现形式，鼓励形式创新和手段创新。

每个节目限时 8 分钟，不足时间不扣分，超时扣 1 分。

参赛项目可使用大屏幕（如幻灯片、视频）、音乐、音效为辅助表演手段，但不允许以视频、音乐、音效为主要表现形式。

附：大赛通知

中国科协办公厅

科协办函普字〔2019〕53号

中国科协办公厅关于举办
第六届全国科技馆辅导员大赛的通知

各省、自治区、直辖市科协，新疆生产建设兵团科协：

按照服务发展年的工作要求，立足服务本职，聚焦新时代科普人才工作发展的需求，中国科协拟于2019年举办第六届全国科技馆辅导员大赛（以下简称大赛）。本届大赛以服务全国科技馆辅导员业务水平提升为导向，以建设发展一支高水平专业化的科技馆辅导员队伍为目标，致力于打造全国科技馆辅导员交流学习的服务共享平台，引领全国科技馆行业高质量发展。现将有关事项通知如下：

一、大赛目的

全国科技馆辅导员大赛于2009年开始举办，每两年一届，迄今已成功举办五届。大赛旨在为全国科技馆搭建学习交流平台，以赛代训，以赛促学，提高科技辅导员综合素质和专业技能，提升科技馆服务公众的能力和水平，引领科技馆行业高质量发展。

二、组织机构

主办单位：中国科学技术协会

承办单位：中国自然科学博物馆学会科技馆专业委员会 中国科学技术馆

公益支持单位：中国科技馆发展基金会

分赛区主办单位：各省级科协及港澳台相关机构

三、组织方式

大赛设分赛区选拔赛和全国总决赛两个阶段。

（一）分赛区选拔赛

分赛区选拔赛由各省、自治区、直辖市科协，新疆生产建设兵团科协，香港、澳门特别行政区及台湾地区相关机构主办。

各分赛区选拔赛具体赛制可参考决赛赛制拟定，各推荐展品辅导赛选手 2 名，科学表演项目 2 项（"科学实验"和"其他科学表演"项目各 1 项，名额可空缺）参加全国总决赛。

各分赛区主办单位组织工作需覆盖到本地区的科技馆，建议由省级馆或省会城市科技馆具体承办分赛区选拔赛。

（二）全国总决赛

全国总决赛由主办单位、承办单位负责组织实施。

四、参赛对象

大赛参赛对象为全国各地科技馆。

具体参赛选手需为各地科技馆的在职职工。

五、比赛内容

大赛聚焦科技馆核心业务，分展品辅导和科学表演两项。展品辅导为个人赛，重点考察选手基本功和综合素质，分单件展品辅导、辅导思路解析和现场主题辅导三个环节。

科学表演是团体赛，分设科学实验和其他科学表演两类，重点考察团体的科学表演开发、演示和辅导能力。

六、时间安排

第一阶段：3 月，印发大赛通知，赛事动员组织；

第二阶段：8 月，各分赛区主办单位参照大赛通知组织选拔赛，并按分配名额及规定时间报送晋级名单；

第三阶段：11 月或 12 月，组织全国总赛；

第四阶段：12 月，完成全年赛事总结。

七、联系方式

中国自然科学博物馆学会科技馆专业委员会

联系人：张彩霞 010-59041055

邮箱：kjgzwh@cstm.org.cn

地址：北京市朝阳区北辰东路 5 号（100012）

中国科协科学技术普及部

联系人：温超　010-68583739

中国科协办公厅

2019 年 3 月 13 日

获奖情况

一、奖项设置

（一）展品辅导

展品辅导设一等奖、二等奖、三等奖及专项奖。

一等奖：10 名（一等奖选手同时授予"全国金牌科技辅导员"称号）

二等奖：20 名

三等奖：若干

专项奖：最佳人气奖 3 名，由网络投票产生。

（二）科学表演

科学实验和其他科学表演分别设一等奖、二等奖和三等奖，所有奖项依据团队得分或评议排名确定。

一等奖：5 个

二等奖：10 个

三等奖：若干

（三）优秀组织奖

大赛设优秀组织奖，用以表彰和奖励组织表现突出的分赛区组织单位，获奖单位不超过分赛区总数量的 20%。

二、获奖名单

表 1-1　展品辅导赛获奖名单

序号	奖项	参赛选手	培训团队	参赛单位
1	一等奖	张哲侨	仝鲜梅　吴翔	山西省科学技术馆
2	一等奖	叶影	黄荣根　叶洋滨	浙江省科技馆
3	一等奖	吴培涛	关婉君　吴成涛	广东科学中心
4	一等奖	张挺	夏立明　蔡璐	温州科技馆
5	一等奖	吴霞	—	云南省科学技术馆
6	一等奖	胡博驰	蒋琰　方芳	湖南省科学技术馆
7	一等奖	张凡华	葛宇春　袁媛	合肥科技馆
8	一等奖	陈凌志	杜涓　张晓薇	宁夏科技馆
9	一等奖	梁志超	张敏　郝帅	黑龙江省科学技术馆
10	一等奖	迪拉热·居来提	石鑫　付蕾	新疆维吾尔自治区科学技术馆
11	二等奖	张丹	李春藜　郑博文	重庆科技馆
12	二等奖	苏超	黄星华　许世梅	广西科技馆
13	二等奖	周洋	—	南京科技馆
14	二等奖	杨珊	刘慧英　宁啟杏	广西科技馆
15	二等奖	王韬雅	韩长青　刘少卿	青海省科学技术馆
16	二等奖	王倩倩	洪叶瀚　孙琪琳	上海科技馆
17	二等奖	陈洁茹	刘虹　陈丹	武汉科学技术馆
18	二等奖	张涵	苏春玲　林曦	厦门科技馆管理有限公司
19	二等奖	彭玲	吴莎　刘聪	四川科技馆
20	二等奖	张超	赵菁　田伟	天津科学技术馆
21	二等奖	孙伟强	冯溦　黄践	中国科学技术馆
22	二等奖	何垒	李春藜　郑博文	重庆科技馆

续表

序号	奖项	参赛选手	培训团队	参赛单位
23	二等奖	尹 媛	王 冰 陈 涛	陕西科学技术馆
24	二等奖	南江亭	仝鲜梅 董金妮	山西省科学技术馆
25	二等奖	史佳鑫	史 晓 邹洪瑶	吉林省科技馆
26	二等奖	董 毅	蔡一超 徐 湮	上海科技馆
27	二等奖	傅正青	韩长青 刘少卿	青海省科学技术馆
28	二等奖	刘晓帅	张兴中 黄玉辉	甘肃科技馆
29	二等奖	黄 婷	吴 霞	云南省科学技术馆
30	二等奖	张晨曦	索朗群培 央金措姆	西藏自然科学博物馆
31	三等奖	张 卓	史 晓 邹洪瑶	吉林省科技馆
32	三等奖	孙 茜	李 沛	郑州科学技术馆
33	三等奖	刘晓嵩	周宇新 冯 琳	辽宁省科学技术馆
34	三等奖	刘晓蕾	张 敏 郝 帅	黑龙江省科学技术馆
35	三等奖	聂 胜	许兰艳	江西省科学技术馆
36	三等奖	屈 阳	高艳萍 刁 磊	延安科技馆
37	三等奖	梁舒涵	邱会涛	遵义市科技馆
38	三等奖	罗琨舰	滕英杰 刘运筑	贵州科技馆
39	三等奖	段秉文	杨冬梅 毛彦芳	内蒙古自治区科学技术馆
40	三等奖	康 茜	杜 涓 张晓薇	宁夏科技馆
41	三等奖	孙华鹏	董 智 姜 策	山东省科学技术宣传馆
42	三等奖	刘一卉	李 沛	郑州科学技术馆
43	三等奖	李 莎	李昶澄 吴泽民	岳阳市科技馆
44	三等奖	金 妍	董希彬	呼伦贝尔市科学技术馆
45	三等奖	王 敏	宁 凡 马晓原	合肥科技馆
46	三等奖	唐卿之	吴 媛 苗秀杰	北京科学中心
47	三等奖	刘培越	刘 鹤 聂思宇	新疆维吾尔自治区科学技术馆

续表

序号	奖项	参赛选手	培训团队	参赛单位
48	三等奖	李 玥	冯 琳　周宇新	辽宁省科学技术馆
49	三等奖	林秋鸿	何 旭　金美善	福建省科技馆
50	三等奖	刘睿婧	赵 菁　田 伟	天津科学技术馆
51	三等奖	刘俊东	许兰艳	江西省科学技术馆
52	三等奖	何林芳	王新武　陈 峰	石河子科技馆
53	三等奖	许 纯	—	扬州科技馆
54	三等奖	马芯露	吴 莎　刘 聪	四川科技馆
55	三等奖	张大伟	张晓春　赵金惠	甘肃科技馆
56	三等奖	苏夏楠	关婉君　吴成涛	广东科学中心
57	三等奖	刘 静	王新武　陈 峰	石河子科技馆
58	三等奖	杨 慧	李若凡　张 蕊	唐山科技馆
59	三等奖	钱 琨	代世忠	武汉科学技术馆
60	三等奖	宋淑怡	丁 钊　王 师	临沂市科技馆
61	三等奖	韩 冰	徐 静　李凤刚	河北省科学技术馆
62	三等奖	索朗多吉	索朗群培　央金措姆	西藏自然科学博物馆

表1-2　科学实验赛获奖名单

序号	奖项	项目名称	参赛选手	主创团队	参赛单位
1	一等奖	风来告诉你	黄灵丽　蔡敏琪 李雪梅　裘颖莹	黄灵丽　蔡敏琪 李雪梅　朱 峤	上海科技馆
2	一等奖	一起摇摆	高梦玮　祖显弟 孙伟强　康 伟	侯易飞　武 佳 刘芷廷	中国科学技术馆
3	一等奖	畅游声之界	何昌晶　蔡 静 马 洁　何丽娜	何昌晶　何丽娜 李 茜　徐欣洁	青海省科学技术馆
4	一等奖	嗨，你听见了吗	叶 影　董习睿 陈俊浪　叶洋滨	季良纲　董习睿 陈俊浪　叶 影	浙江省科技馆

续表

序号	奖项	项目名称	参赛选手	主创团队	参赛单位
5	一等奖	泡泡的科学"膜"力	胡斌 王薇	胡斌 王薇 郭琪	四川科技馆
6	二等奖	探索陀螺仪	白思凝 刘统达 张微	仝鲜梅 边晓岚 崔雯 王嫔	山西省科学技术馆
7	二等奖	123 牛牛牛	徐晓萍 何垒 徐倩 王旭	徐晓萍 何垒 徐倩 罗勇	重庆科技馆
8	二等奖	谁骗了谁	崔冰洁 朱勃同 于桐宇 张育豪	张丽 赵菁 邢瀚文	天津科学技术馆
9	二等奖	奇妙的重心与平衡	崔滢滢 王一绮 任中正	崔滢滢 王一绮 任中正	河北省科学技术馆
10	二等奖	高"盐"值的电	王魏涛 李静	田波 王魏涛 李静	宁夏科技馆
11	二等奖	永无止"镜"	莫芊芊 张锦 莫婷婷	黄星华 杨威 张锦 莫芊芊	广西科技馆
12	二等奖	旋转之美	王晓虹 袁星宇	许兰艳 马玉嘉 邓华 刘悦	江西省科学技术馆
13	二等奖	最佳转换	梁志超 徐碧莹	马顺兴 张敏 郝帅	黑龙江省科学技术馆
14	二等奖	观察的美妙·静电	李佳 李绍良 袁超	刘燕 李佳	乌鲁木齐市科学技术馆
15	二等奖	点亮	崔玉岗 向萍萍 吴舒亚	崔玉岗 黎坚	东莞市科学技术博物馆
16	三等奖	光彩夺目	田超然 丹加林 李阳勃	刘继芳 朱元勋 鲁文文 田超然	郑州科学技术馆
17	三等奖	一对好姐妹——作用力与反作用力	周佳星 刘慧高	杨远丛 惠朝晖 伍茹 周佳星	陕西科学技术馆
18	三等奖	从走路到宇宙	杨健 蔚娟 胡超	葛宇春 宁凡 鲍龙辉 史川	合肥科技馆
19	三等奖	高分子聚场	毕绍楠 任孟 蒋中田 栗铭阳	吕宪杰 冯琳 周宇新	辽宁省科学技术馆

续表

序号	奖项	项目名称	参赛选手	主创团队	参赛单位
20	三等奖	以柔克刚	赵 英　宋 妍	杨 遍　汪 红	武汉科学技术馆
21	三等奖	不离不弃的力	杜雨杨　雷 雨 赵彦均　赵永亮	张晓春　余芳芳 王 艳　王 璐	甘肃科技馆
22	三等奖	光路	毛彦芳　孙 鹤	杨冬梅　毛彦芳 孙 鹤　段秉文	内蒙古自治区科学技术馆
23	三等奖	空气炮三部曲	苏浩然　周长婷 胡鑫磊　韦秀秀	杨 建　许 燕 孙 磊　赵金英	山东省科学技术宣传馆
24	三等奖	吹不灭的蜡烛 ——附壁效应	裴正富　韩 雪 骆玲玲	裴正富　韩 雪 骆玲玲	六盘水市科学技术馆
25	三等奖	快乐乐器	周 静　赵成龙	马 宏　安美齐 张茹琛	吉林省科技馆
26	三等奖	调皮的小方块	许 雯　张小敏	张小敏　廖云龙 谷 洁　张艺蕴	云南省科学技术馆
27	三等奖	当空气遇上水	谢梦洁　常安然	谢梦洁　常安然 李佳沅　谭筝丽	湖南省科学技术馆
28	三等奖	熠熠生辉	杨传青　陈 汶 刘珊珊　吴明钦	杨传青　张丽玲 陈 汶　缪炜烜	福建省科技馆
29	三等奖	热啊，热啊， 你慢点儿跑 ——导热万象新探究	崔瑜慧　周 洋 王光华	王光华	南京科技馆

表1-3　其他科学表演赛获奖名单

序号	奖项	项目名称	参赛选手	主创团队	参赛单位
1	一等奖	同一个世界	刘以文　韩育蕾 龚 皓　徐 湮 俞 典　洪叶瀚 孙琪琳	龚 皓　韩育蕾 刘以文　胡玺丹	上海科技馆

续表

序号	奖项	项目名称	参赛选手	主创团队	参赛单位
2	一等奖	天眼之光	冯丽 张璐 李荣蕾 张艺家 陈星伯 罗琨舰 潘玉	贺祝平 曹海玲 滕英杰 冯丽	贵州科技馆
3	一等奖	见习灯神	郭长健 刘亚频 夏松彦 邹金霞 张砚非 王重恩 廖嘉辉 段金海	郭长健 刘亚频 夏松彦 邹金霞	云南省科学技术馆
4	一等奖	我	彭玲 杜泽 杨阳	杜泽 彭玲 杨阳 庞博	四川科技馆
5	一等奖	付强与小强	王小瑜 巨晶 李京泽 王思彤 柏德好	吕宪杰 冯琳 周宇新	辽宁省科学技术馆
6	二等奖	光旅历程	袁晨 王黎 王志杰 李炎达	袁晨 王志杰 王黎	青海省科学技术馆
7	二等奖	声入人心	胡杨 王亚楠 王先君 尹俊尧 景仕通	王霞 张然 王鹏	中国科学技术馆
8	二等奖	科探使命	苏侃 张自悦 张挺 张亦舒 吴倩 戴聪聪	夏立明 蔡璐 苏侃 张自悦	温州科技馆
9	二等奖	6号房间	苏皓东 黄振华 曾桂余 刘云池 邹娉娉 刘慧 张嘉雯 林文政	叶建强 黄明秀 卢玉燕	东莞市科学技术博物馆
10	二等奖	元素奇遇记	郝思远 周宏艺 刘统达 白思凝 张微	仝鲜梅 张晓肖 白璐 程文娟	山西省科学技术馆
11	二等奖	出塞	蔡源 王慧卿 苗盈 李云海 许晓霞 许艳 仇志强	蔡源 王慧卿 苗盈	江苏省科学技术馆

续表

序号	奖项	项目名称	参赛选手	主创团队	参赛单位
12	二等奖	会有小智帮我爱你	陈辉璇 桑格林 杨雯 买尔哈巴·买买提依明 巴合提古丽·阿迪	战强 邱文武 王丽 木尼热·阿布都卡德尔	新疆维吾尔自治区科学技术馆
13	二等奖	国宝奇谈	苏超 赵婷 林孜 杨莉 曾德蓉 李然	刘慧英 苏超 赵婷 林孜	广西科技馆
14	二等奖	谁是主角	哈瑞 张玮	哈瑞 张玮 李侦 李文婧	石嘴山市科技馆
15	二等奖	绝地求生	陈汶 缪炜烜 张丽玲 冯敏枫 何旭 吴明钦 林晨	陈汶 杨传青 陈宇亮 金美善	福建省科技馆
16	三等奖	科学不思议	魏然 陈静 谭茗元 周瑶瑶 王旭	魏然 陈静 谭茗元 周瑶瑶	重庆科技馆
17	三等奖	追辛	黄雄 缪雯叶 姚思贝 郭宸宇	蒋琰 黄雄 缪雯叶 姚思贝	湖南省科学技术馆
18	三等奖	守护者@细胞	朱纪玲 袁玉珊 颜艳红 张卉 刘亚楠	沈超群 朱纪玲	安徽省科学技术馆
19	三等奖	迷悟	邹娴静 袁星宇 刘佳 聂胜 吴世仪 宁罗贞 岳浩	李欢 刘峰 邱志中 张雨琪	江西省科学技术馆
20	三等奖	通往净土	张锦 王博彦 乌日娜 张敏 斯琴	杨冬梅 张锦 段秉文 杜云刚	内蒙古自治区科学技术馆
21	三等奖	八十万里云和月	魏凯旋 徐璐 王嘉楠 齐畅	杨珂晶 彭尧 吴颖	天津科学技术馆
22	三等奖	鹿族选美	陈乐涵 周毛吉 洛桑平措 贡布次仁 旦增伦珠	陈乐涵 索朗群培 央金措姆 强巴康卓	西藏自然科学博物馆

续表

序号	奖项	项目名称	参赛选手	主创团队	参赛单位
23	三等奖	出口气	王艳丽　张爽	马顺兴　张敏　郝帅	黑龙江省科学技术馆
24	三等奖	博物馆密室盗窃案	陈涛　张玉祺　张雅男　黎俐　郑柯	党勇　陈涛	陕西科学技术馆
25	三等奖	飞天梦	杨志昊　李俊卓　雷雨　刘畅　董浸	赵金惠　余芳芳　王艳　王璐	甘肃科技馆
26	三等奖	他不是药神	赵英　宋妍　袁嘉俊　刘阳　文斯雅　杨遍	杨遍　汪红	武汉科学技术馆
27	三等奖	科学的请柬	赵成龙　赵欢　赵晓萌　李金柏	范向花　宋宁　高亚辛	吉林省科技馆
28	三等奖	幻影	马华　李凤刚　林岩　任中正	闫默冉　路幸会　徐纪红	河北省科学技术馆
29	三等奖	"视"目以待	李胜　时亚丽　何亚洲	孟纪周　吴东星　何亚洲	焦作市科技馆
30	三等奖	地球保卫战	宋欣　张静　任杰　张熠瑶　宋子辰	杨秀梅　李忠锋　宋欣　单硕	东营市科学技术馆

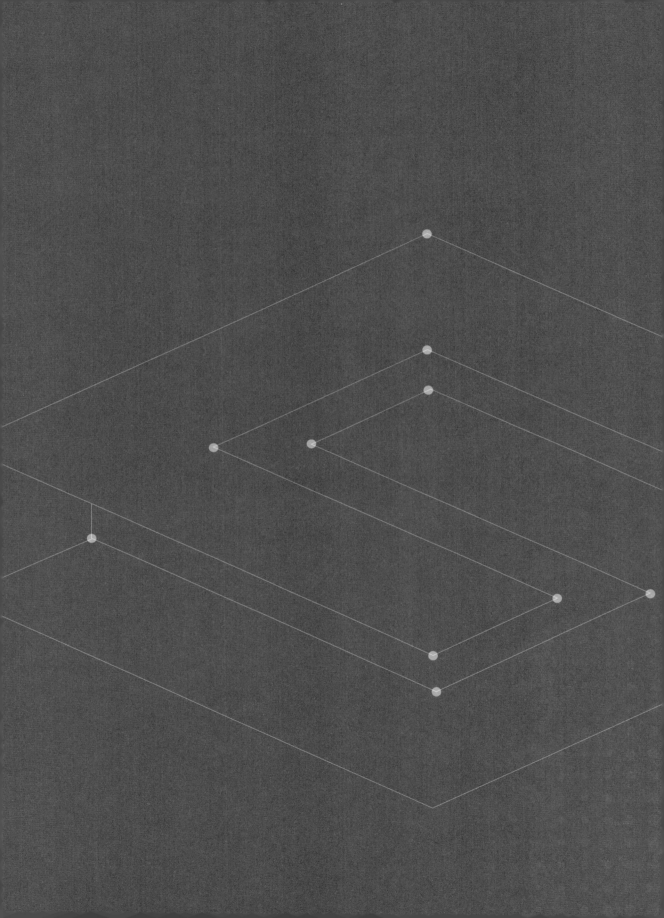

第二章

展品辅导赛获奖作品

一等奖获奖作品

张哲侨
第一轮单件展品辅导

橡子车辊

一、主题选择

展品"橡子车辊"位于山西省科学技术馆数学展厅,该展品设计巧妙,互动性、趣味性强,深受观众喜爱。通过对展品的辅导设计,调动观众观察思考的积极性,激发观众探究欲望,并使其尝试通过自己已有的认知经验进行解答。

二、创作思路

辅导目标:通过让学生参观体验"橡子车辊"展品,让学生理解等宽曲线的原理及其应用。

辅导对象:小学六年级学生。

三、辅导稿件

智勇大冲关,挑战数学圈!六年级的同学们,大家好!今天我们挑战的项目叫橡子车辊。看看这些橡子和小车会擦出什么样的火花呢?今天的挑战分三步:看、猜、验。

首先请大家看看展品中这些红色、绿色的物体是不是有点像吃的坚果橡子呢?没错。那这辆小车呢?有什么不一样的地方?老师,它没有轮子。

然后我们猜猜:小车还能在橡子上平稳地行走吗?老师,这橡子看起来有高有低啊!老师老师,走起来会很颠吧。

接下来我们来验证一下:请这位男生坐到小车里。坐稳扶好,手握两边向后拉,大家来看看小车走得怎么样?这位男同学感觉怎么样?老师,走起来真的很稳啊!好,你再返回去。这次请大家看看小车底下的橡子是怎么运动的。怎么样呢？老师，它们可以像球那样360°自由滚动。

这到底是为什么？我们找一个红色的橡子，过它的最高点垂直向下一切，这是什么图形？变胖的三角形、健胃消食片。其实，这是德国工艺学家勒洛发现的曲边三角形。

我们把它放到平行线中，让它任意转动，看看有什么现象？老师，它不管怎么转，都没有跑出平行线。既然是平行线，那它的特征是什么呢？平行线之间的距离处处相等。那么它转动的时候，其最高点到最低点的距离等于平行线的宽度。所以，我们把具有这种性质的图形叫作等宽曲线图形。把它旋转180°是不是就是橡子了？！如果把这两条平行线换成两个平行面，那么它们之间的距离是不是……相等的。

来，大家再来俯下身找找展品有没有这样的平行面。怎么样？（停顿）老师，小车底面和地面。没错，这是两个平行面。不管橡子哪个点和小车接触，橡子的高度和两个平行面的距离都是相等的。这些红色、绿色的橡子都是由宽度相同的等宽曲线图形旋转而来的，所以小车在上面走起来就很平稳。

除了五边形橡子外，还有七边形、九边形等，只要是奇数边都可以做成橡子。

老师，我的自行车轱辘也想换成它！圆，它的轴心到地面的距离和半径相等，比较稳。而曲边三角形转动起来，轴心到地面的距离忽高忽低，做自行车车轱辘很颠簸。

生活中，还有这种艺术型茶壶壶盖，怎么放也掉不到茶壶里，这也是等宽曲线原理。

等宽曲线奥秘多，家族成员真不少。曲边三角五边形，只要等宽就能行。

四、团队介绍

仝鲜梅：山西省科学技术馆展教中心主任。

张哲侨：参赛选手，山西省科学技术馆展教中心辅导员，研究方向是展品教育活动开发与实施。曾获第四届科普场馆科学教育项目展评一等奖，第五届全国科技馆辅导员大赛展品辅导赛东部赛区一等奖、决赛二等奖，第六届全国科技馆辅导员大赛展品辅导赛山西赛区一等奖、全国决赛一等奖，被授予"全国科技馆金牌辅导员"荣誉称号。2020年4月被评为2019年度山西十大科普传播人物。

图 2-1　张哲侨现场辅导展品"橡子车辊"

五、创新与思考

在讲解词的撰写过程中,以游戏挑战的形式开启,激发学生的参观兴趣。同时通过"看、猜、验"的步骤,巧妙地把辅导展品中的"分解—体验—认知"融入了进去。运用模拟、分解、对比、强化等方法,为学生创造体验的条件,把学生已有的认知转化为"直接经验"。在展品的选择上,如果与当下热点话题相结合,可能更能为展品辅导增彩。

项目单位:山西省科学技术馆

文稿撰写人:张哲侨

张哲侨
第二轮辅导思路解析

仿生学

一、主题选择

人们常说"大自然是最好的老师",自然界中的生物经过亿万年的演化,每个生物都有适应自然的"绝招",人们通过模仿生物体器官的结构和功能,解决了生活中遇到的很多问题。请你设计一个教育活动,向观众介绍仿生学的基本特点及其意义。

二、创作思路

辅导思路:从诸葛亮用鸡蛋考倒张飞这个故事入手,让学生亲手握鸡蛋后思考这样一个问题:为什么鸡蛋可以承受较大的压力?然后小组合作试验蛋壳可以承受多大重量,探究鸡蛋横放或者竖放时所承受的压力是否一致,以此进行曲率大小对承重影响的模拟实验。从而认识到薄壳结构及其在建筑中的广泛应用,最终领悟到大自然给予我们无穷的启示。

辅导对象:小学五年级学生。

三、辅导稿件

本活动以"仿生学大挑战"为主题,邀请五年级同学参与,以生活中常见的鸡蛋为教学资源,运用"KWL"教学模式开展活动,以动手实验、角色体验的形式开展。

K(know):我对鸡蛋壳的承受力量知道多少?

从诸葛亮用鸡蛋考倒张飞这个故事入手,让学生亲手握鸡蛋后思考一个问题:鸡蛋能承受多大的压力?根据已有知识来回答。

W（want）：我想要知道鸡蛋壳可以承受的重量是多少，鸡蛋壳放置方式对其承受的压力是否有影响等知识。

实验材料：鸡蛋、科学书、秤等物品。

提出问题：一个鸡蛋最多可以托起多少本《科学》课本？

引入概念：这种构造被称为薄壳结构，如蜗牛壳、田螺壳、海螺壳等都是薄壳结构。

概念引申：鸡蛋能够承受多大的压力？下面让我们再做一个脚踏鸡蛋的实验，验证人站在鸡蛋上鸡蛋壳会被压碎吗？一名学生尝试站立在鸡蛋上，用实验进一步引起学生对于蛋壳这种特殊结构的研究兴趣。

对比探究：蛋壳横放或者竖放时承重的区别。为什么竖直放置比横向放置承重更强？引导学生观察两种放置的不同点并画出草图。引导学生观察两种曲线的区别，引出曲率对承重的影响。

拓展探究：既然鸡蛋壳这么坚固，那么小鸡是怎么从蛋壳里出来的呢？

用一支笔从高处戳鸡蛋壳，一个拱形朝上放，一个拱形朝下放。继续分析两种方式的特点，知道薄壳结构的承重形式。

L（learn）：通过本次活动我学到了什么？

图 2-2　张哲侨辅导思路解析现场

很多建筑都采用了薄壳结构，小小的鸡蛋壳能给我们带来这么多的启示，那么自然界中一些生物奇妙的形状和结构又给人类带来哪些启示呢？

四、团队介绍

仝鲜梅：山西省科学技术馆展教中心主任。

张哲侨：参赛选手，山西省科学技术馆展教中心辅导员，研究方向是展品教育活动开发与实施；曾获第四届科普场馆科学教育项目展评一等奖，第五届全国科技馆辅导员大赛展品辅导赛东部赛区一等奖、决赛二等奖，第六届全国科技馆辅导员大赛展品辅导赛山西赛区一等奖、全国决赛一等奖，被授予"全国科技馆金牌辅导员"荣誉称号；2020年4月被评为2019年度山西十大科普传播人物。

吴翔：山西省科学技术馆展教中心辅导员；曾获"最美的诠释2015"案例征集活动最佳案例奖，2015年北京科学达人秀二等奖（参赛作品《神奇的气流》），第四届科普场馆科学教育项目展评一等奖，第五届科普场馆科学教育项目展评一等奖。

五、创新与思考

在辅导思路解析的过程中，如何把活动形式和趣味性元素一起融入教学内容中，这是我常常在思考的一个问题。把活动过程转化为体验探究的过程，并运用情境学习等教学方法来设计这一过程非常重要。这次活动中，通过创设情境、制造学生的认知冲突来激发他们的探究兴趣，同时以任务为导向，通过比较观察、科学实验和动手制作等来实施。

项目单位：山西省科学技术馆

文稿撰写人：张哲侨

张哲侨

第三轮现场主题辅导

永不止步的探索

一、主题选择

近年来，我国在科学领域取得了举世瞩目的成就。"FAST""蛟龙号"等一批"大国重器"的诞生极大地提升了民族自豪感，增强了民族自信心。这些"大国重器"的背后，有一大批像黄旭华、南仁东一样秉承"干惊天动地事，做隐姓埋名人"精神的科学家。正是得益于他们艰苦而扎实的研究，才有了我国科技领域的一个个突破。

二、串讲思路

我抽到的辅导对象是小学生，那么对于展品讲解的难易度要符合学生的认知程度。如何将展品原理和体验式学习、辅导的主题结合起来，这是要重点考虑的。能将材料读懂是关键，找到材料核心要点，迅速确定串讲主题。选好展品是优势，把展品和主题契合起来，再带着学生参与进来，把展品的优势发挥出来。临场发挥是添彩，决赛时我是15位选手中最后一个上场的，如何在开始前活跃现场气氛也是串讲中考虑的。它会为你的整体串讲添彩，当然这是在平常展品辅导中逐渐积累的。

三、设计思路

通过给定材料，我选择三位中国科学家，他们的科学贡献还需要和探索太空展区的展品相结合。于是我选择三件展品："卫星家族大揭秘""嫦娥工程"和"'神舟'飞船与空间站"。我发现"卫星家族大揭秘"中有通信卫星，而通信卫星中的"量子加密"又是时下的科技热点，同时还有科学家潘建伟。而"嫦娥工程"展品中有欧阳自远。"'神舟'飞船与空间站"重点落在"神舟"飞船上，提到威发轫。同时从三位科学家中找出相应的科学精神，采用"总一分一总"的形式结合展品进行串联式辅导。

四、展品关联性

这三件展品均在探索太空展区，而且都和材料中提及的"大国重器"相关联。"卫星家族大揭秘""嫦娥工程"和"'神舟'飞船与空间站"三件展品中都有中国的科学家，而且每一位科学家背后的科学精神都不同。通过这三件展品比较完整地把这一次主题串联到一起进行串讲。

五、辅导过程

"春天在哪里呀？春天在哪里？春天就在那小朋友的眼睛里。"为什么要说到春天呢？同学们好，我们国家的科技成就就像这春天一样，昂首阔步地向前走。你们抬头看，在我们整个夜空当中，蓝色的背景上看到了什么呀？同学说："地球、卫星。"是的，还有嫦娥奔月，北斗横出。你们瞧那个大大的航空器是什么呀？对了，飞船。是谁把飞船送上太空的呀？没错，是火箭，一次一次在酒泉卫星发射中心升空。大家想一想，前不久我们已经完成了通信技术的量子加密，从量子卫星到神舟飞船、探月工程，这些是我们科学征程上的一小步。在这个背后，有科学家们为我们的"大国重器"付出很多努力，今天让我们一起来一场永不止步的探索！

首先来看看我们的卫星家族。先问大家一个问题，平常我们说悄悄话的时候，大家怎么说呀？同学们说："趴到耳朵上，悄悄地说。"可能悄悄说的时候，这个信息还会被别人听到，那么在传输的过程中，可能就会被别人窃取了。现在信息传输的方式有很多，比如说往天上发射一颗通信卫星。接下来我们也来尝试一下：我们现在选择了通信卫星，操作一下展品，把这个光标照射到我们面前的屏幕上，大家看到了吗？那量子卫星是怎么进行加密的呢？它能从三个方面保障信息安全。第一，发送者和接收者之间的信息交互是安全的，不会被窃听或盗取。第二，"主仆"身份能够自动确认，只有主人才能够使唤"仆人"，而其他人无法指挥"仆人"。第三，一旦发送者和接收者之间的传递口令被恶意篡改，使用者会立即知晓，从而重新发送和接收指令。"量子之父"潘建伟说："建设科技强国,等不来,买不来,只有靠干出来。"有人对潘建伟教授提出了质疑,他回答道:"不要着急,慢慢来,有决心一定行。"比如说我们这一次考试没有考好,那么我们是不是应该要下定决心,在接下来的学习中一定要好好努力!这就是我们永不止步探索的第一步——决心。

说到探索,接下来我们一起去看看神舟飞船与空间站。同学们,我们一起冲向飞船啦!说到神舟飞船,你们最先会想到哪位航天员?有同学说杨利伟,还有景海鹏三次走向太空。来,我们看一下面前的飞船模型,它分为了几个舱呢?没错,三个舱。带国旗的这个是返回舱,最后一个是推进舱。推进舱上还有一个太阳能电池板可以展开,像一个穿舞裙的姑娘在推着飞船往前走。说到神舟飞船,大家知道神舟飞船的总设计师是谁吗?是著名科学家戚发轫老先生,这位科学家在我们建设神舟飞船的过程中,发挥了非常重要的作用。从"东风一号"到"神舟"飞船,他参与了一系列的设计研发工作。1962年,在研制"东风二号"的过程中,出现了一个小插曲:就在送"东风二号"升空之前,苏联专家撤走了,把所有的资料都拿走了。戚老说这次发射可千万不能失败啊!但是,这

图 2-3　张哲侨主题辅导现场

一次发射还是失败了,他非常痛心。他痛心的不是一次简单的失败,而是一个团队在作战,而这次失败会影响到整个团队的工作。旁边的同事劝他,人们常说"失败是成功之母"。戚老继续带领着团队往下走。同学们,我们做科学实验时,可能这一次成功了,下一次失败了,难道失败了我们就要放弃吗?大家说:"不!"我们越挫越勇,要继续往下走!要有决心!

在探索的道路上,来看看我们身后的嫦娥工程。提到嫦娥,我们会说到月亮,大家想想关于月亮的古诗词有哪些呀?"举头望明月,低头思故乡。""明月几时有,把酒问青天。"我们国家的无人探月工程分为三步:首先是"绕"。实现卫星绕月飞行探测。这一阶段主要是发射能够探测月球的卫星,为后续工作铺路。"嫦娥一号"卫星圆满完成了"绕月"使命。接下来大家可以将目光投入展品中的小球,它代表着"卫星",来看看从"嫦娥一号"到"嫦娥三号"绕的过程中有哪些技术突破?第二步是"落"。探测器首先要完好无损地降落在月球上才能载人上去。我们开展"软着陆"和月球表面的勘察。"软"的意思是别一头撞上去,机器完好。"嫦娥三号"探测器成功落月,这是中国航天器首次落在地球以外的天体。来,大家体验一下软着陆过程!第三步是"回"。航天员不能当滞留的"嫦娥",而要随探测器返回地球。即将发射的"嫦娥五号"任务是无人自动采样返回。大家对嫦娥工程有了了解后,你们知道"嫦娥之父"是谁吗?是欧阳自远。我国探月工程虽然起步晚,但是起点很高。我国并没有在国际同一个水平进行简单重复,而是通过自己的独特方案和道路,以现代科学技术实现我国的月球探测。欧阳自远曾说:"从造卫星、造火箭,甚至是我们的嫦娥工程,等不来,靠不来,只有靠我们自己,自力更生、艰苦奋斗、自主创新。"在这一探索的阶段,欧阳自远给我们提出了一个关键词——创新。同学们,在我们的学习过程中,也需要创新,在我们完成某一项任务的过程中也要求一个"新"。

从卫星家族当中的资源卫星到神舟飞船以及我们的嫦娥工程,这一系列成就都是一种永不止步的探索!习近平总书记曾说过:"山再高,往上攀,总能登顶;路再长,走下去,定能到达。"同学们,仰望星空,脚踏实地,上下求索,践行梦想,人类探索科学的脚步将永不止步!

六、团队介绍

仝鲜梅：山西省科学技术馆展教中心主任。

张哲侨：参赛选手，山西省科学技术馆展教中心辅导员，研究方向是展品教育活动开发与实施；曾获第四届科普场馆科学教育项目展评一等奖，第五届全国科技馆辅导员大赛展品辅导赛东部赛区一等奖、决赛二等奖，第六届全国科技馆辅导员大赛展品辅导赛山西赛区一等奖、全国决赛一等奖，被授予"全国科技馆金牌辅导员"荣誉称号；2020年4月被评为2019年度山西十大科普传播人物。

吴翔：山西省科学技术馆展教中心辅导员。曾获"最美的诠释2015"案例征集活动最佳案例奖，2015北京科学达人秀二等奖（参赛作品《神奇的气流》），第四届科普场馆科学教育项目展评一等奖，第五届科普场馆科学教育项目展评一等奖。

董金妮：山西省科学技术馆展教中心辅导员；曾获"最美的诠释2015"案例征集活动最佳案例奖，提交的选题被选入中国科协科普素材库，获得"科普贡献者"荣誉称号；获得第六届全国科技馆辅导员大赛展品辅导赛山西赛区二等奖。

七、创新与思考

串讲像一篇议论文，一定要把主题把握好，它就像是这篇论文的总论点。而展品的选择恰好是几个强有力的论据在支撑着这篇"议论文"，展品和主题精神要结合起来，同时还要照顾到现场的观众。临场应变也非常重要，当然这是基于多次练习的经验。在科技馆工作时，对于科技热点的积累也很重要，尤其是对科技新闻的敏锐度。这些积累也为串讲词的撰写打下了基础。

项目单位：山西省科学技术馆
文稿撰写人：张哲侨

叶　影
第一轮单件展品辅导

自己拉自己

一、主题选择

　　个人自选展品的辅导建议按照朱幼文研究员提出的尽量选择那些可以动态演示科学现象或通过简单道具演示科学现象的展品来设计教案，可收到事半功倍的效果。

　　"自己拉自己"展品，是许多科技馆都有展出的展品，构造简单，互动性、操作性强，与日常生活中滑轮组的应用息息相关，更容易引起观众的兴趣，在辅导的过程中可以通过巧妙的设计帮助观众学习理解其中的原理，适合探究型、体验型辅导教案的开发和实施。

二、创作思路

　　文稿的创作思路建议要按照朱幼文研究员提出的"我要引导观众看到什么、想到什么、发现什么"作为设计展品辅导教案的基本原则，注重探究性、体验性、趣味性。辅导对象的选择要有针对性，教案的设计要符合辅导对象的特点、需求和认知水平，《自己拉自己》稿件就是按照目标受众小学五年级学生的特点，设计了提问—互动—演示—体验—观察—认知—总结的辅导思路。

三、辅导稿件

　　五年级一班的同学们，大家好，欢迎来到本期科学挑战课——谁是大力士？现场的朋友们有谁对自己的力量是特别有信心的？举手！欸，马上就有小男孩着急地表示，我我我，老师你看我这结实的胳膊，掰手腕比赛全班第一。非常棒！但是，大家谁有自信可以轻松地把自己或是和自己一样重的物体给拉起来呢？都犹豫了，对不对？

别着急，小叶老师有帮手，请看展品"自己拉自己"。自己拉自己，并非不可能，坐在椅子上，拉动面前的绳，1，2，3，4，5，慢慢腾空起。

欸，小叶老师又不是大力水手，没有吃菠菜，怎么就把自己给轻松拉上去了？都说实践出真知，有请两位热心的同学上前体验，坐在这椅子上使劲往下拉绳子，然后告诉大家都发现了什么？这位男生说，其实我挺重的，拉起自己也不难嘛。这位女生反应很快，她说啊，那是因为有滑轮的帮忙，科学课上老师说过！

非常好，滑轮是一种由可绕中心轴转动有沟槽的圆盘和跨过圆盘的柔索所组成的简单机械。当我们在拉绳子时，横梁上的一排滑轮是固定不动的，它叫定滑轮；座椅上方的滑轮随着椅子可以上下移动，叫作动滑轮。

那这自己拉自己究竟是如何轻松实现的呢，现在请大家仔细观察这组示意图，发现了吗？定滑轮其实是等臂杠杆的变形，可以改变力的方向但不能省力；而动滑轮是省力杠杆的变形，可以省力却不能改变力的方向。那我们将两者组合起来形成滑轮组，不就既能改变力的方向还能省力了吗？这滑轮组究竟能省多少力啊？想一想，一个动滑轮上两股绳子，只要用物重 1/2 的力。在这个展品中一共有 11 股通过动滑轮的绳索，所以咱

图 2-4　叶影现场辅导展品"自己拉自己"

们只需要用物重 1/11 的力,就能把物体拉起来了!

这就是:定滑轮不省力,改变方向很给力,动滑轮能省力,用力方向一致的,滑轮组来互补,省力改向不含糊,大力士来挑战,巧用科学要点赞,多思考多求证,科学思维常相伴!滑轮应用有很多,下期继续来探索,同学们下次活动我们不见不散,再见!

四、团队介绍

叶　影:参赛选手,浙江省科技馆科普辅导员、副研究馆员,研究方向为科学教育活动开发。

叶洋滨:培训团队成员,浙江省科技馆科普活动部部长、副研究馆员,研究方向为科学教育活动开发。

项目单位:浙江省科技馆

文稿撰写人:叶　影　叶洋滨

叶 影
第二轮辅导思路解析

大自然中的仿生学

一、题目确定

人们常说"大自然是最好的老师",自然界中的生物经过亿万年的演化,每个生物都有自己适应自然界的"绝招"。人们通过模仿生物体器官的结构和功能,解决了生活中遇到的很多问题。请你设计一个教育活动,向观众介绍仿生学的基本特点及其意义。

用不超过 2 分钟的时间介绍你的教学思路,介绍的内容应包括(但不限于):活动对象、教学目标、教学内容、活动形式、切入思路、实施过程、创新点与预期效果等。

二、辅导思路解析

活动主题:大自然中的仿生学。

活动对象:六年级一班学生。

教学目标:①认识仿生学;②了解我们身边的仿生学;③说出仿生学的应用。

教学内容:通过组织学生在科技馆自然展区中探索,以小组合作对抗的形式来讨论发现自然展区中有哪些动植物成为了人类的老师,举出日常生活中大自然仿生学的例子,认识了解生活中的仿生学及其应用。

教学地点:科技馆自然展区。

活动形式:角色扮演、讲故事、小组竞赛、做游戏等。

切入思路:通过讲故事制造悬念,营造情境,给出挑战任务单,以分组游戏对抗的形式,带领学生分组进入自然展区,观察和寻找展区中的动植物在现实生活中有哪些仿生学应用和对应的原理。

实施过程：教学环节为讲故事—提问—给出挑战任务—组队竞赛—进入展区观察、体验—对比讨论—总结反馈—评价，采用问题导向、情境体验、对比观察、多感官体验等方法。

创新点：展区组队探险探索，合作完成任务单，通过自然展区的动植物引导学生展开生活中仿生学应用的联想。

预期效果：引导学生了解我们身边有哪些技术是利用仿生学原理，让学生明白大自然是人类最好的老师，许多科学技术发明都是以生物为灵感诞生的，通过整个教育活动传达出尊重自然、爱护自然与自然和平共处的理念。

图 2-5　叶影辅导思路解析现场

三、团队介绍

叶　影：参赛选手，浙江省科技馆科普辅导员、副研究馆员，研究方向为科学教育活动开发。

叶洋滨：培训团队成员，浙江省科技馆科普活动部部长、副研究馆员，研究方向为科学教育活动开发。

项目单位：浙江省科技馆

文稿撰写人：叶　影　叶洋滨

叶 影
第三轮现场主题辅导

"辽宁号"航空母舰核心技术探索

一、抽定题目

　　航空母舰的建造是一项庞大的系统工程，是一个国家综合国力的体现。"辽宁号"是我国第一艘航空母舰，但它是在引进乌克兰未建造完工的"瓦良格号"航母的基础上继续建造并改进完成的。目前，我国自主设计建造的第一艘航空母舰已建造完成，即将正式服役；我国自主设计建造的第二艘航空母舰正在上海紧张施工。关于我国自主设计建造的第二艘航母，它的很多技术细节也是目前许多"军迷"关心的焦点。例如它的动力系统将采用哪种方案？舰载机弹射装置将使用哪种结构？这些问题引起了人们广泛的讨论。请你根据以上材料从给定展品库中自选展品，自定主题进行辅导。

二、串讲思路

　　围绕"辽宁号"航母动力系统这一核心技术，结合山西省科学技术馆机械与动力展区中的"蒸汽大力士"和"发电机"两个与动力原理密切相关的展品，围绕第一次工业革命和第二次工业革命的进程中蒸汽机和发电机两个关键发明，通过互动提问、亲身体验等趣味活泼的方式，让观众对"辽宁号"主要动力来源——蒸汽轮机和电力系统主要来源——涡轮发电机的原理和技术做相应了解和探索。最后点题，凝结着中国智慧的"大国重器"，其背后的原理就隐藏在科技馆这一件件看似普通的展品中，欢迎大家带着亲朋好友多来科技馆走一走，看一看，学一学，试一试。

三、设计思路

用国庆阅兵震撼场面引入"大国重器"研发话题,介绍"辽宁号"航空母舰及其主要动力来源,引导"蒸汽大力士"展品体验互动、现场竞答;再介绍"辽宁号"电力系统主要来源,引导"发电机"展品体验互动,对"辽宁号"动力和电力两大技术核心问题知识进行拓展介绍;最后点题,所有"大国重器"背后的原理和知识就隐藏在科技馆一件件看似不起眼的展品中,引导和号召观众多走进科技馆与展品做互动,与科学交朋友,探索与发现更多的可能。

四、展品关联性

串讲主题——"辽宁号"航空母舰核心技术探索小课堂,将"蒸汽大力士"展品、"发电机"展品的体验、互动、辅导有机结合其中。

五、辅导过程

①从举国关注、人人称赞的国庆大阅兵引入,举例让国人骄傲的"大国重器",重点介绍"辽宁号"。

②"辽宁号"探索小课堂开启,与观众开展互动提问,介绍"辽宁号"的主要动力来源是蒸汽轮机,总共在舰体内加装了8台TB12的蒸汽轮机,全速运转的时候输出的动力可以达到20万马力,在海上航速能保持25节。采用举例子、打比方和互动的方式帮助观众理解"辽宁号"强劲的动力,邀请家长观众聊一聊日常市区开车车速,联系到"辽宁号"在海上航速基本等于市区车辆最高限速,比观众日常城区开车还快。

③通过"辽宁号"的蒸汽动力设计,引导观众观察体验"蒸汽大力士"展品,抛出问题,结合纽科门发明蒸汽机、瓦特改良蒸汽机的知识点,介绍蒸汽机的出现使机器获得了持续而稳定的强大动力,使人类跨入"蒸汽时代"。

④介绍"辽宁号"的电力主要来源是涡轮发电机,带领观众进入第二次工业革命展区,从蒸汽时代走进电气时代,邀请观众通过亲身体验和尝试,了解"发电机"这一展品背后的工作原理和科学知识。介绍"辽宁号"电力系统的周全、精巧的设计,如配备设计了9台涡轮发电机,总功率超过15000千瓦,额外配置了几台柴油发电机,可以在涡轮

系统瘫痪时提供应急的电源，为航母增加辅助动力源，以应对突发情况的发生。

⑤通过"大国重器"背后与科技馆展品的联系来引发观众的思考，邀请观众积极参与科技馆神奇有趣的科学探索之旅。

图 2-6　叶影主题辅导现场

六、团队介绍

叶　影：参赛选手，浙江省科技馆科普辅导员、副研究馆员，研究方向为科学教育活动开发。

叶洋滨：培训团队成员，浙江省科技馆科普活动部部长、副研究馆员，研究方向为科学教育活动开发。

项目单位：浙江省科技馆

文稿撰写人：叶　影　叶洋滨

吴培涛
第一轮单件展品辅导

仿生发明
——魔术贴

一、主题选择

在地球漫漫的历史进程中，人类的历史是很短暂的。但有很多物种，它们在整个地球演化过程中，历史比人类长远得多，面对温度、气候等种种因素，不断进化，存活至今。这其中有很多值得人类思考和学习的地方。透过现象看本质，借鉴自然，可以对我们日常生活中的方方面面有所帮助，如给机械结构设计、工程、材料、力学等带来巨大启发。仿生指的是模仿生物系统的功能和行为，来建造技术系统的一种科学方法，简单而言就是利用生物灵感，从大自然中学习借鉴并找出更好的解决问题的办法。本项目期望通过魔术贴这一仿生发明展品让游客认识到仿生学的基本科学精神和内涵。

二、创作思路

根据展品知识点的难度，将辅导对象设置为亲子家庭，再利用亲子家庭的特点来加入互动元素，寓学于乐。整个辅导过程设计为玩中学、学中玩，让小朋友能够沉浸其中并透过事物的外在明白内部本质的应用原理，同时糅合父母亲情，一起度过一个难忘的亲子时光，达到科学精神与情感亲情双重升华的培养目的。

三、辅导稿件

各位家长，各位小朋友们，大家好，欢迎大家来到科技馆！

伟大的科学家爱因斯坦有一句名言："深入观察自然，你就会理解更多的事物。"今天我们的主题就是从大自然之中得到的灵感——仿生发明。老师老师，什么是仿生发明呢？大家别急，接下来让我们一起从面前的展品"魔术贴"来了解神奇、好玩的仿生发明。

首先，请左边这个穿红色衣服的家庭来玩个游戏。小朋友的爸爸请你拿上这一块尼龙布，小朋友的妈妈请你拿上这些植物的种子。这里有西瓜的种子，蒲公英的种子和鬼针草。那小朋友的任务，就是需要从这些种子里面挑选出可以粘在这块尼龙布上的种子。计时开始，时间到。这位小朋友选择了鬼针草的种子，大家看，轻轻一放，就可以牢牢地粘在尼龙布上了。恭喜你，任务完成。那其他的种子能不能也粘在尼龙布上呢？我们不妨来试一试。西瓜的种子粘不住，蒲公英的种子也粘不住，为什么就鬼针草的种子可以牢牢地粘住呢？这个答案由瑞士的工程师乔治解答出来了。每一次外出打猎回家后，乔治发现自己的身上总会粘住许多的鬼针草种子。于是他把种子拿了下来仔细地观察。接下来请小朋友们也来观察一下吧。这里向大家展示3种植物种子，分别是鬼针草、苍耳、野胡萝卜的种子。通过放大镜去观察这些种子标本，就会发现它们都有一个特征，没错，我听到有小朋友说他们的表面有许多小钩子，回答正确，就是表面都有许多小钩子一样的芒毛，才能够粘在我们的衣服上。工程师乔治观察后也发现了，而且他从中得到了灵感，设计出了两块尼龙布。大家看，第一块满布微小钩子，另一块则是微小环圈，当他们合在一起就会牢牢地粘住了，一撕又可以撕开，还能反复使用，这就是魔术贴发明的故事。现场的小朋友们，大家可以看看自己的鞋子或者是书包上有没有魔术贴。现在我们知道仿生发明指的就是我们可以模仿生物的某些结构或功能来发明创造，如各种仪器设备等。

图 2-7　吴培涛现场辅导展品"仿生发明——魔术贴"

除了植物外，动物的身上也可以得到发明的灵感。大家说，飞机像什么动物呢？没错，飞机的发明就是源于对鸟类的研究。如今科学家们发现苍蝇的嗅觉非常灵敏，从中得到了灵感并设计了十分奇特的小型气体分析仪。目前这种仪器已经被安装在宇宙飞船的座舱里，用来检测舱内气体，从而大大提高了科研工作的安全系数。

由此可见，无论是以前还是现在，大自然都是我们人类各种技术、思想以及重大发明的源泉，它就好像是一个大宝库，有着许许多多的宝藏，所以我们要保护好大自然。因为只有跟自然和平共处，我们的生活才能更加美好！

四、团队介绍

本文创作团队来自广东科学中心运行部，成员如下。

吴成涛：广东科学中心展教高级主管，本项目负责人，对展品主题选择、创作思路等统筹管理。

关婉君：广东科学中心展教主管，本项目执行人，统筹团队分工协作。

邱涛涛、朱培玉、周展言：广东科学中心展教主管，协助参赛选手的培训、稿件原理的把控。

吴培涛：广东科学中心展教辅导员，参赛选手。

卢梓键、黎茵嫣：广东科学中心展教辅导员，协助参赛选手梳理稿件逻辑、稿件呈现演练。

五、创新与思考

如果作为展馆现场的辅导，内容还是比较少，特别是从动物身上得到灵感的部分。个人觉得可以在动物身上得到灵感的部分多添加点内容，让整个辅导的内容更加完整。而且，在最后还可以再增加一个现场创作的环节，让小朋友们通过画画自己创作一个新的仿生发明。

项目单位：广东科学中心

文稿撰写人：吴培涛

吴培涛
第二轮辅导思路解析

从大自然得到的灵感

一、抽定主题

人们常说"大自然是人类最好的老师",自然界的生物经过亿万年的演化,每个生物都有自己适应自然界的"绝招",人们通过模仿生物体器官的结构和功能,解决了生活中遇到的很多问题,请你设计一个教育活动,向观众介绍仿生学的基本特点及其意义。

二、创作思路

根据抽定的主题把活动分成三个环节,用科普剧、现场探究、现场讲解这三种形式来呈现,分别对应"发现""学习""和平共处"三个小主题,让观众对本次活动有一个从初步认识到深入了解,再到最后升华为行动的沉浸式过程体验,从而达到培养科学素养的目的。

三、辅导稿件

大家好,我抽到的题目是"大自然是最好的老师"。根据这个题目,我设计的活动叫作"从大自然得到的灵感"。由于本次主题内容比较鲜明,辅导的对象为亲子家庭,辅导的时间是三个半小时,地点选择在科技馆中进行。

本次我将通过三个环节进行一系列的辅导。第一个环节是"发现大自然的神奇"。这个环节我采用科普剧的形式,用生动有趣的方式来告诉小朋友们大自然的神奇,比方说"不怕脏的荷叶""嗅觉非常灵敏的苍蝇"……通过这个环节让他们了解到大自然的神奇之处。那能不能用大自然来进行一系列的发明呢?当然可以!

图 2-8　吴培涛辅导思路解析现场

第二个环节叫"向大自然学习"。这个环节我们会让小朋友们进行现场探究。现场有两组展品,一组是小动物,一组是仿生发明,让小朋友们自己去探究,了解它们之间的关联。例如我们可以从"不怕脏"的荷叶获得启发,发明出"不怕脏"的纳米材料衣服。通过这个环节让他们体验被动转为主动的整个学习过程。

第三个环节叫"与大自然和平共处"。通过以上两个环节认识到了大自然的重要性,那么与大自然和平共处才是重中之重,我们的辅导员将和大家讲述如何与大自然和平共处,比方说做好垃圾分类、减少碳排放……并且告诉他们如何从自身做起,从而让他们了解到与大自然和平共处的重要性。

通过以上三个环节,小朋友们对大自然从初步认识到深入了解,并且做出行动与大自然和平共处,更重要的是知道了只有跟自然和平共处,我们的生活才会更加美好!

四、人员介绍

本文创作团队来自广东科学中心运行部，成员如下。

吴成涛：广东科学中心展教高级主管，本项目负责人，对展品主题选择、创作思路等统筹管理。

关婉君：广东科学中心展教主管，本项目执行人，统筹团队分工协作。

邱涛涛、朱培玉、周展言：广东科学中心展教主管，协助参赛选手的培训、稿件原理的把控。

吴培涛：广东科学中心展教辅导员，参赛选手。

卢梓键、黎茵嫣：广东科学中心展教辅导员，协助参赛选手梳理稿件逻辑、稿件呈现演练。

五、创新与思考

最后一个环节可以由讲解员向观众讲述如何保护环境，比如垃圾分类、减少碳排放的知识，然后由观众现场去给其他游客进行介绍，在这个过程当中可以让他们对刚才所了解到的知识有一个更好的巩固，并且也从自身去影响别人，让更多的人加入保护环境的行动当中。

项目单位：广东科学中心

文稿撰写人：吴培涛

吴培涛
第三轮现场主题辅导

认识事物的两面性

一、抽定主题

我们在展厅中可能遇到这样的观众，他认为核反应有百害而无一利。例如说，原子弹、氢弹能瞬间夺去数万人的生命；核能发电，担心出现切尔诺贝利、福岛等地发生的核泄漏事故。那能不能把身边所有与"核"相关的事物全部去掉，这样的生活才会更安心。其实"核"在我们身边无处不在，太阳就是我们最熟悉的"核反应堆"。当然，"核"也不都是坏的，X射线透视仪、伽马刀的出现大大提高了我们的医疗水平。所以，我们要做的是合理管控风险，趋利避害，让核能更好地为我们服务。

任何事物都有两面性，我们要学会辩证地看待问题，才能更好地认识自然，改造自然，请你根据以上材料从给定展品库中自选展品，自定主题进行辅导。

二、创作思路

根据抽定的主题，精选两个展品进行辅导，以耳熟能详的"塞翁失马"典故作为引入，全面阐述事情的两面性原理，然后引入科学创造——核能展品的展现，让游客对核能有初步的认识，加深对事物两面性原理的理解，同时体会科学的创造精神，再从科学创造进入日常生活——垃圾分类，通过再生能源世界的探索让大家了解到垃圾也具有两面性，好与坏取决于你如何利用科学知识进行综合利用。通过一整套的全程讲解与探索，让大家学会在日常生活中用科学辩证的眼光去看待周围事物的两面性，思考如何利用科技武装大脑，提升科学素养，变废为宝，创造出一个更加美好的社会。

三、辅导稿件

同学们,大家好,欢迎大家来到科技馆,我是大家今天的科普辅导员。今天我穿的是一套蓝色的衣服,大家可以叫我小蓝哥哥。在开始今天的探索之旅之前,先跟大家讲个故事。我走近一点跟大家讲,这个故事是这样的。有一户人家,家里有一匹马。有一天,这匹马自己跑了出去,找不着了。比方说,这个同学,他家里有一匹马跑了出去,那我作为他的邻居,就过去安慰他说:"不要太伤心了,想开一点吧。"但是这个同学他并没有不开心,他反而告诉我这匹马跑了不一定是一件坏事啊。果然过了一段时间之后,他家里的这匹马就自己回家了,并且还带了一大批野马回来,作为邻居的我非常羡慕,又跑过来说:"啊,你真是太幸运了。马不仅回家,还带了这么多野马一起回来。"但是,这个同学又告诉我,马回来了还带着这么多野马,不一定是一件好事。过了几天之后,因为他儿子非常喜欢骑马,但由于野马的性格非常暴躁,所以他不幸从马背上摔了下来,导致骨折。这个故事告诉了我们什么呢?非常好,没错,就是任何事物都有两面性,马跑了不一定是一件坏事,马回来了也不一定是一件好事。接下来,我们将开启一段探索之旅,用科学的眼光去看待事物的两面性。

说到核能,大家想到的是什么呢?原子弹,核泄漏,没错,如今大家都会谈核色变。福岛的核泄漏事件让我们到现在都胆战心惊。原子弹以及核泄漏的威力非常大,一

图 2-9 吴培涛主题辅导现场

且发生后果不堪设想！那么核能难道真的就是不好的吗？其实并不是。我们可以通过控制和利用核能来发电。大家看，面前的展品向我们演示的就是一个核能发电站。按下前面的手柄，展品就会演示核能发电的一个过程。核能主要有三种，一种是核衰变。比方说，我是一个原子核，我会自发地射出某种粒子而变成另一种核。这个过程中，我就会产生能量。第二种是核聚变，是指较轻的原子核聚合在一起释放结合能。第三种是核裂变，核能发电就是利用核反应堆中的核裂变产生的热能来发电的，其中铀裂变在核电厂最常见。那我们一起来演示一下吧。这位男同学，你现在与其他几个同学一起组成一种叫作铀-235的核燃料原子。这位女同学，你是一个热中子。当热中子轰击铀-235原子时，他就会释放两到三个中子。也就是说，当这个代表热中子的女同学高速轰击这几个代表铀-235的男同学时，后面代表原子核中中子的同学就会被弹开放出。这些代表中子的同学，被弹出后又去高速轰击其他的原子致其释放更多的中子，从而形成一个链式反应。原子核在发生核裂变时，释放出巨大的能量，这些能量被称为原子核能，俗称原子能。核能发电就是利用核反应堆中的核裂变产生的热能来发电。它的发电形式和火力发电非常相似。那它跟火力发电有什么不同呢？举个例子，一个苹果大小的核燃料，能够释放约540吨煤燃烧后的热量，相当于为地球减少1400吨二氧化碳和其他有毒气体，所以核能是一种用量少但是产生的能量非常大的能源，并且它不会产生二氧化碳和其他有毒的气体，是一种清洁能源，所以核能也被誉为"未来最具希望的能源"。我想问问大家，你们知道现在世界上的人口数量吗？没错，现在世界上的人口已经突破72亿了，并且每秒以2.6人的增量不停地增加。随着人口的增加，像煤炭、石油、天然气这些一次能源总有一天会被我们用完，那么开发新型的能源就显得特别重要。通过了解我们发现核能相比其他的能源具有非常大的优势。所以核能不只是原子弹、核泄漏，它也是可以为我们发电的新型能源。如今我们中国也有了核能发电站，就是"华龙一号"。它的安全指标和技术性能达到了国际三代核电技术的先进水平，安全性非常高。比如我们看到这个核电站的外壳,工程师们为"华龙一号"穿了两层"安全服"。虽然穿上这两层衣服让"华龙一号"略显肥胖，但是它可并不简单。穿上了"安全服"，上可以承受大型客机波音747的撞击，下可以顶住9级以上大地震的颤抖，除此之外还能抵挡240分钟的烈火酷烤，甚至是山洪暴发也照样不惧。这保证了"华龙一号"在自然灾害中不动如山！

此外，"华龙一号"还有一个"能动与非能动结合"的安全系统。"能动和非能动"

是什么意思呢？"能动"就是"需要能源驱动"的意思，也就是需要例如电能这样的能源驱动的安全系统。比如一些安全闸道的关闭，需要供电才能做到。如果没有了电，这些安全措施将不复存在。而这些能源供给又很容易被切断，所以说这种"能动"的安全措施并不是万无一失的保障。而"非能动"是借助大自然和物理法则的力量。比如说，"华龙一号"在安全壳上采用的冷却系统会在外在供能完全切断的情况下，利用重力启动防止堆腔温度过高。相类似的，还有利用空气动力学原理设计的空气流通系统，它能保证事故情况下的排热功能正常运作。好，刚刚我们已经了解了核能的好和坏。我们发现，其实通过控制以及合理的应用，核能可以造福人类。

接下来，我们通过下一个展品来了解垃圾的两面性。说到垃圾，大家又会想到什么呢？垃圾分类，非常好。看来同学们都已经有保护环境的意识了。除了垃圾分类外，可能大家还会想到污染环境、占用土地资源等。但其实垃圾也可以有好的一面。大家看，面前的展品是"再生材料世界"。在这里，我们可以来了解一下垃圾分类的知识。首先，点击屏幕开始游戏，屏幕当中会有垃圾掉落，我们需要马上辨别它是什么垃圾，然后通过这个手柄把它移动到正确的垃圾桶当中。比方说，这个是塑料袋，那它对应的是塑料类，我们把这个手柄移到塑料类的垃圾桶当中。大家看，可以加一分，说明我们回答正确。这个是吸管，也同样是塑料类。接下来，我们一起来试一下好不好。塑料瓶掉下来了，它应该放在哪一类呢？没错，塑料类的垃圾桶，然后是玻璃药瓶，又应该是哪个垃圾桶呢？没错！玻璃类。这个游戏比较简单，它将垃圾分为了四大类：金属类、纸类、塑料类和其他类。现在我来考考大家好不好？科技馆洗手间的旁边有四个垃圾桶，分别是可回收垃圾、厨余垃圾、有害垃圾、其他垃圾这四种。比方说，过期的药物应该放在哪个垃圾桶呢？有害垃圾，非常棒。塑料瓶呢？可回收，没错！纸张呢？没错，也是可回收。玻璃呢？也是可回收。看来大家都掌握了这个知识。我们会发现啊，像塑料易拉罐还有玻璃都是可回收垃圾，这些可回收的物品可以做出什么呢？举个例子，比如塑料瓶可以回收制作衣服，甚至是保护警察叔叔生命安全的防弹衣，等等。今年70周年阅兵仪式大家都看了吗？都看了。兵哥哥帅吗？非常帅！有没有我帅？我还差很多！那么阅兵仪式的观礼台上啊，有一个中国红的地毯，这个红地毯呢，就是用回收的塑料瓶制作的，由此可见这个垃圾就是放错了地方的宝贝。它不只是污染环境，占用土地资源，其实也可以通过回收进行资源利用。现在回到我们展品"再生材料世界"，这里面我们看到的家具、文具都是用回收的垃圾制作的，像纸张就可以通过压缩制作成家具，或者是加入牛羊的饲料当中来喂养牛羊，等等。

现在我们来总结一下，通过核能这个展品我们了解到核能不只是原子弹、核泄漏，它同时也可以用来发电。垃圾也一样，我们换一种思路，就可以把它们利用起来。通过今天的探索之旅，我想告诉同学们的是，首先任何事情都有两面性。我们要用科学辩证的眼光去看待，相信在学习或者生活中都会对同学们有很大帮助的。其次是要有探索的精神。科学家们通过探索发现事物有好和坏的两面，那我们就要利用好的方面来造福人类。希望同学们在生活中也可以带有探索的精神，去探索这个世界，就像中国天文学家南仁东爷爷说的一样，我们人类之所以脱颖而出，是因为我们有什么精神呢？没错！探索精神。今天的探索之旅到这里就结束了，希望下次可以和同学们在科学的世界中遇见更好的自己。再见。

四、团队介绍

本文创作团队来自广东科学中心运行部，成员如下。

吴成涛：广东科学中心展教高级主管，本项目负责人，对展品主题选择、创作思路等统筹管理。

关婉君：广东科学中心展教主管，本项目执行人，统筹团队分工协作。

邱涛涛、朱培玉、周展言：广东科学中心展教主管，协助参赛选手的培训、稿件原理的把控。

吴培涛：广东科学中心展教辅导员，参赛选手。

卢梓键、黎茵嫣：广东科学中心展教辅导员，协助参赛选手梳理稿件逻辑、稿件呈现演练。

五、创新与思考

受限于稿件篇幅，趣味性有所欠缺，可以再加入道具，提高趣味性和互动性。

项目单位：广东科学中心

文稿撰写人：吴培涛

张　挺

第一轮单件展品辅导

马德堡半球

一、主题选择及辅导对象

选择的辅导展品为"马德堡半球",辅导对象为普通观众。

二、辅导稿件

朋友,您感受过压力吗?俗话说得好,压力就是动力,我们每个人都生活在各种压力之下,比如工作压力、学习压力、生活压力,等等。可这些压力都不会伴随我们一生,伴随我们一生的压力——就是大气压力。

图 2-10　张挺现场辅导展品"马德堡半球"

啥，您说没感觉？那我可就不得不让您感受一下了，请大家伸出双手！双手十字合拢，用力向内挤压，尽量排出手掌间的空气。然后将双手分开，你一定感受到一股神秘的力量阻碍着双手分开，与此同时你还能听见"嘭"的一声。怎么样！就在这不经意间，我们就用双手模拟了1654年奥托·冯·格里克做的马德堡半球实验。

我们周围的空气由大量的分子组成，分子具有能量，每个分子都在四处乱窜，彼此碰撞，所以产生了"大气压"。在人类漫长的进化过程中不知不觉地就适应了这样的压力环境，体内体外的大气压力相互抵消，所以，我们才感受不到它的存在。

那今天，我们就通过展品马德堡半球感受一下大气压的威力！这个展品由三个直径完全不同的半球组成，下面被抽取了真空状态，因为大气压的缘故，半球被牢牢压在地上，我们只需要将它从地上拔起就能感受到大气压的威力。那么有没有朋友想上来试一下呀？有请，大家请看，他轻松地将最小号的半球拔了起来，欸，中号的半球也被顺利拔起，他要尝试最大号的半球！哎呦，非常遗憾，挑战失败，谢谢您的参与。

通过刚才的实验，我们可以看到随着半球直径的增大，拔起它所需要的力量也会增加，这是因为半球的面积不同，所形成的压力差也不同。

那么又有好学者会问了，如果体内体外存在压力差，会发生什么状况呢？国庆献礼影片《中国机长》给出了答案，它重现了川航3U8633在万米高空突遇挡风玻璃破裂的极端险情，我们细心地观察到副机长的手呈紫色斑点状，这正是因为压力差导致了毛细血管破裂而产生了斑点状淤血。

最后我想和大家讨论一个问题，你说，如果我能在大气压力小一点的火星长大，大气压力小一点，我自己再努力点，我是不是就能更高更壮了？大家好，我是火星苏有朋，我在火星一米八！谢谢大家！

三、团队介绍

张　挺：参赛选手，来自温州科技馆。

夏立明、蔡　璐：培训团队成员，来自温州科技馆。

项目单位：温州科技馆

文稿撰写人：张　挺

张 挺
第二轮辅导思路解析

分投行动

一、抽定题目

　　随着人类开发和利用地球资源时对环境造成的破坏日趋严重，环保问题日益受到人们的重视。如何解决社会进步的需要与有限资源的矛盾也是人们要面临的主要问题。资源的合理利用、污水处理、垃圾回收等环保措施能够有效减少人类对环境的伤害，并实现可持续发展。请你设计一个教育活动，介绍环保的重要性以及目前被广泛应用的几种环保措施中所运用的科学知识。

二、设计思路

　　活动背景：作为一名科技馆辅导员，我们不仅是学生的引导者，更应该是学生的同行者。因此设计展厅特色活动——"分投行动"，共同解读德洛尔教育四支柱。

　　活动对象：小学六年级学生。

三、活动过程

　　（1）问题导入　以中国人一年要丢多少吨垃圾作为切入思路，营造情境教学，同时播放环保宣传片，与学生们共同归纳垃圾分类有什么好处、为什么要垃圾分类，从而学会如何求知环节。

　　（2）结合展厅展品——垃圾的家　与学生们直接实战、模拟学习，明白垃圾如何分类，从而进行我们的知识迁移，完成我们的如何做事环节。同时鼓励学生在所有的环节里面多交流、多互动，学会如何共处。

图 2-11 张挺"分投行动"思路解析现场

（3）师生共演一部剧　我们跟学生一起，模拟可回收垃圾的角色，重现垃圾的前世今生。树立正确价值导向，激发学生内驱潜能，学会如何做人。

四、团队介绍

张　挺：参赛选手，来自温州科技馆。

夏立明、蔡　璐：培训团队成员，来自温州科技馆。

项目单位：温州科技馆

文稿撰写人：张　挺

张　挺

第三轮现场主题辅导

科学的发展

一、抽定题目

展区：机器与动力展厅。

对象：普通观众。

二、串讲思路

"车轮的历史"——"无与'轮'比"。

三、设计思路

科学的发展是一个不断进步的过程。展品"车轮的历史"讲述了车轮从古到今的演化进程，也从某种角度让我们见证了人类科技的发展历史。而展品"无与'轮'比"带领大家体验了一辆车有轮子的滚动摩擦与没有轮子的滑动摩擦谁更加省力，展示了轮子的重要性。

四、展品关联性

都与车轮有关，且都讲述了科学是一个不断发展的学科。

五、辅导过程

很多曾经我们以为不能完成的东西，现在都已成了真实的东西。很多曾经我们以为正确的东西，现在却变成了一种会被推翻的东西。这些被推翻了的东西会去哪里？是淹没在了我们的历史长河里，还是搬进了我们的博物馆或者是科技馆？

我今天要给大家介绍这些展品。第一件展品"车轮的历史"。

今天，你们都是坐什么交通工具来的呢？汽车。汽车在我们的生活中扮演着非常重要的角色，那轮子作为汽车最为重要的一个部分，它又有些什么历史呢？我们可以看到，这一面墙上有很多很多轮子，从最左边的轮子到最右边的轮子，展示了轮子进化的一个历史。

展品操作非常简单，只需转动一下轮子，多媒体视频就会展现出这个轮子的历史了。当然，我的讲解没有那么简单，来跟我走。我们可以来看看这第一个轮子，看到它的材料是什么？木头。但是这个是实心的。那这个呢，就是空心的。那你们能说说它有什么区别吗？对，容易颠簸、容易磨损、不结实。

没错，当时的人就是不满足现状，发明了第二种轮子，用了一种新的材料。什么呀？橡胶。请你上来摸一摸、捏一捏、说一说这两个橡胶轮子有什么区别。他讲得非常好。第一个橡胶轮子特别硬，对吧。用这个轮子的车过减速带时，会特别的颠簸。于是，我们发明了充气的橡胶轮，这个轮子明显软很多。

继续沿着历史的方向往前走。爸爸开车吗？你的车是哪一种轮胎？防爆轮胎。防爆轮胎有什么科学原理呢？其实，你们可以想象，有很多很多的小房间，当车轮被扎破一个洞，里面的其他房间仍会占据大部分的空间。所以，防爆轮胎被破坏后，还可以以一定的速度行驶一段距离，还是非常的安全。但是我发现防爆轮胎也有一点缺点，我的车也是防爆轮胎，破了之后它就经常会破。所以，即使是现在的轮子，我们还是不会满足。

接下来给大家介绍最关键的轮胎——一个火车轮，一个动车轮。展品上写着，目前我们使用的车轮仍然依赖进口。但是这句话现在已经是错误的了，现在我们的动车轮，全部都是自己研发、自主创造的。

那讲到这个轮子，问大家一个问题。你们知道为什么动车比火车跑得快呢？不知道？那我就给大家讲一讲火车的动力系统。火车跑得快全靠车头带，请大家和我一起做个游戏。请这四位同学排成一列，搭着前面同学的肩扮演车厢，爸爸面向同学，拉住同学们的手扮演火车车头。后面的"车厢"不要动哦，"火车头"启动。好的，谢谢，这就是火车前进的样子。

那动车怎么动呢？现在我说左，大家就抬左脚；我说右，大家就抬右脚。那我们就开始了，3，2，1！左右左右左右左右。好的，谢谢大家。动车是共同车轮毂，就像划龙舟一样，大家齐心协力。

给大家介绍完了车轮的历史，我想带领大家来体验一下我们后面的这件展品。它的名字叫"无与'轮'比"。让我们一起来玩一个游戏，请这位同学拉起左边的绳子，这位爸爸拉起右边的绳子。让我们一起来看一看，到底是爸爸的力气大，还是同学的力气大。

图 2-12　张挺主题辅导现场

看谁先把车拉到自己的方向，3，2，1，开始。

爸爸有什么感受？摩擦力很大，为什么呢？我们来看一下，车子的下面没有轮子，是滑动摩擦，而同学这边是滚动摩擦。

没有玩的同学没关系，我给大家一人准备了一支铅笔，现在跟着我一起做。首先，我们要模拟滑动摩擦，用两只手，搓搓你的小手。那么，如果把一支铅笔放在我们的手心，把滑动摩擦变成滚动摩擦会怎么样呢？来试一试。爽不爽？爽就对了！这是因为，滚动摩擦比滑动摩擦省力。

我们很多的发展，都需要科学家的努力还有我们少年的努力。梁启超曾经说过"少年强则国强"，少年们你们加油！

六、团队介绍

张　挺：参赛选手，来自温州科技馆。

夏立明、蔡　璐：培训团队成员，来自温州科技馆。

项目单位：温州科技馆

文稿撰写人：张　挺

吴 霞
第一轮单件展品辅导

伯努利原理

一、主题选择

将伯努利原理结合主题展教活动"飞行课堂",探索并学习相关知识。

二、创作思路

辅导对象为初中生。

辅导思路:伯努利原理在科技馆行业的日常辅导和比赛中是很常见的,但是要把常见的主题设计得有新意则是一个考验。我们都知道飞机起飞和该原理密不可分,那么降落的时候又是如何将该原理进行反向运用呢?怎样才能把老原理辅导出新意和趣味是我考虑的重点。

三、辅导稿件

各位同学,欢迎来到飞行课堂,我是"科学号"航班机长,我将带领大家了解和飞行有关的知识。

这是一张小纸片,它轻易就能被吹走。(演示)有什么办法可以让它不被吹走?

想不出来?来试试我的方法,我把小纸片折成了小纸台的形状。为了实验的严谨我把它放在平面上演示,注意看(演示)。很奇妙对吗?吹不动了。这是为什么呢?

带着疑惑,咱们来看看今天要了解的第一件展品:按下启动按钮,风机开始工作,气流从出风口出来,拿起泡沫球靠近出风口,球会被吹走吗?并没有!这小球似乎被吸住了。不对呀!气流明明是从上方吹下来的,那怎么纸台和泡沫球都无法被吹走呢?

注意了！飞行课堂现在开始解密。

实际上，无论是用嘴吹气产生的气流，还是风机产生的气流，他们都有一个共同点，就是比起周围的空气来说流速都要更快。流速越快，流体压强越小；流速越慢，流体压强越大。这就是著名的伯努利原理，也是这件展品的名字。

在向小纸台吹气时，气流从纸台的下方经过，下方的气压降低了，小纸台的内外产生了压力差，外围的大气压强便将它紧紧地压住，风当然是吹不动它的。泡沫球也是如此，出风口的气流流速快，压力小，而球的下方气流流速相对较大，球的上下就有了压力差，小球实际上是被气压托在空中的，也就不会被吹跑了。

了解伯努利原理后，就不难分析出飞机起飞时机翼的升力。看，这是飞机翅膀的横截面。上表面和下表面是不对称的，上表面要更圆滑，下表面要更平直，气流经过上表面流速快，经过下表面流速慢。上表面压力小，下表面压力大，这样就有了压力差，于是产生了作用在机翼上的向上的升力。

图 2-13　吴霞现场辅导单件展品"伯努利原理"

这位同学问了："那着陆的时候呢？"问得好，飞机不是一直都需要升力。不过既然我们了解了伯努利原理，就可以用相关知识来做出一些设计。搭乘飞机如果坐在机翼附近的位置，你可能看到过，机翼上会升起一排板子，这个装置叫作扰流板。着陆时，打开地面扰流板，可以改变机翼上表面的形状，增大水平方向的空气阻力，降低飞行速度，从而降低机翼上下表面压力差，这也是飞机降落的重要原因之一。

去年，川航机长刘传健在飞机遇险时成功迫降，奇迹的背后，正是因为他沉着冷静地运用飞机原理和科学原理进行准确操作，才使得飞机平安降落。所以，我们在向英雄机长致敬的同时，也要向科学致敬！

接下来，我们去飞机驾驶舱看看。

谢谢！

四、团队介绍

吴　霞：云南省科学技术馆辅导员，中级职称，研究方向为科学传播、展览教育；9年科技馆从业经验，主要负责讲解辅导、团队接待、各型展教活动策划及实施、中国流动科技馆项目运行、辅导员培训等工作。

项目单位：云南省科学技术馆

文稿撰写人：吴　霞

吴 霞
第二轮辅导思路解析

天光云影的浪漫

一、抽定题目

科学与艺术的融合往往更能引发公众的参观热情，因此科学艺术类的展览很受欢迎。无论是图形数字技术、化学反应，还是物理运用，只要我们有一双发现美的眼睛，就会看到科学中的美以及美丽现象中所蕴含的科学知识，请你以科学与艺术相结合为核心设计教育活动，阐述活动立意及内涵，使观众领略科学之美。

用不超过 2 分钟的时间介绍你的教学思路，介绍的内容应包括（但不限于）活动对象、教学目标与教学内容、活动形式、切入思路、实施过程、创新点、预期效果等。

二、设计思路

主题选择：天光云影的浪漫。

辅导对象：初中二年级学生。

辅导重点：光学。通过光学感受科学与艺术融合的魅力。

三、辅导过程

艺术可以很浪漫，而科学也可以是浪漫的。初中二年级学生开始接触物理课，并且开始接触光学的相关知识。"天光云影的浪漫"灵感来自中国诗词。故设计馆校结合活动：天光云影科学嘉年华。

（一）活动内容

（1）自然中的科学之美　通过彩虹了解光的色散，结合课本教学进行三棱镜等光学小实验。引导学生善于观察自然现象，与所学知识相结合，探索其中的科学奥秘。

（2）诗词中的科学之美　"半亩方塘一鉴开，天光云影共徘徊。"水中的天光云影现象是一种平面镜成像现象，中国诗词里和光学有关的内容很多，引导学生将物理和语文相结合，进行跨学科的知识探究，在感受诗词之美的同时发现科学之美。

（3）摄影绘画作品中的科学之美　丁达尔现象在很多摄影作品中都能看到，引导学生在观赏艺术作品的同时，学会将艺术学科与科学相结合，善于思考和探索。

（二）延伸拓展

将活动中学习到的知识和感悟编排成科学秀或科普剧进行展示，不仅是科学与艺术融合的体现，也是检查学生在活动中学习成果的方式。

图 2-14　吴霞辅导思路解析现场

四、团队介绍

吴 霞：云南省科学技术馆辅导员，中级职称，研究方向是科学传播、展览教育；9年科技馆从业经验，主要负责讲解辅导、团队接待、各型展教活动策划及实施、中国流动科技馆项目运行、辅导员培训等工作。

五、反思

赛前15分钟抽取题目，上台只有2分钟进行阐释。这是一个辅导员大赛的全新环节，挑战着辅导员的基本功、业务能力和心理素质。科学与艺术本身就是跨学科的融合，我也进行了科学和文学的融合。仅选取光学主题，可以在短时间内让自己不至于思路扩散得太广，能说得清楚、说到点上，观众能听懂，评委能理解我的意思。

项目单位：云南省科学技术馆

文稿撰写人：吴 霞

吴 霞
第三轮现场主题辅导

水可载舟，亦可覆舟
——科学技术的两面性

一、主题选择

我们在展厅中可能会遇到这样的观众，他认为核反应有百害而无一利，原子弹、氢弹能瞬间夺走数万人的生命；利用核能发电他又担心出现切尔诺贝利、福岛等地发生的核泄漏事故。能不能把身边所有与"核"相关的事物全部去掉？这样生活才更安心。

其实"核"在我们身边无处不在，太阳就是我们最熟悉的"核反应堆"。"核"也不都是坏的，X 射线透视仪、伽马刀的出现有力地提高了我们的医疗水平。所以，我们要做的是合理管控风险，趋利避害，让核能更好地为我们服务。

任何事物都有两面性，我们要学会辩证地看待问题，才能更好地认识自然、改造自然。请你根据以上材料从给定展品库中自选展品，自定主题进行辅导。

二、设计思路

展品选取："太阳能飞机""核能"（备选展品："舞蹈机器人"）。

辅导对象：普通观众。

辅导思路：科学史也是人类文明史，事物的两面性在科学史中往往体现为科学技术是一把双刃剑。利用得好，科技为人类服务；利用得不好，则可能会成为伤害我们的武器，甚至将人类带入万劫不复的境地。

三、展品关联性

"太阳能飞机"和"核能"都体现了人类对能源的利用，可以很好地体现事物的两面性；备选展品"舞蹈机器人"则可以引出人工智能未来的发展方向，机器人在为人类服务的时候会带来负面影响吗？这是科学家们思索的问题，也是我们应该思考的问题，可在时间充足的情况下进行拓展。

四、辅导过程

（一）破冰及导入

自我介绍；引导观众扮演一艘在大海中航行的小船。

（二）第一件展品："太阳能飞机"

（1）引导观众体验并提问　引导观众将"小船"行驶至该展品前，请四位未成年观众上前体验，感受平面镜反射灯光发出的光源再反射至飞机翅膀下的感光材料，从而驱动飞机开始运动。提出疑问：太阳能的使用给人类带来好处了吗？是否有另一面？

（2）故事讲述　阿基米德利用多面镜子同时反射太阳光至敌船上，致使船只燃烧后毁坏，最终保卫了西西里岛的城市。引发思考：能源也有两面性。

（3）情景角色扮演　观众集体蹲下，表示小船被镜面反射聚集的太阳光击中后燃烧沉没。

（三）第二件展品："核能"

①历史讲述：冯·布劳恩既是第二次世界大战时期德军远程武器 V2 火箭的研制者，也是战后美国国家航空航天局的空间研究开发项目的主设计师，主持设计了"阿波罗 4 号"的运载火箭"土星 5 号"。科学家可以将知识运用到战争，也能运用到航天领域；前者能够造成人类的毁灭，后者则能带领人类探索未知、寻找未来。

通过历史引导观众，回答出事物具有"两面性"，科技也有两面性，关键看我们如何合理运用。

②观众在听历史故事和互动问答中，逐渐将小船行驶到第二件展品"核能"面前。观众自行操作展品，观看动画，了解核能相关知识。

③向观众讲授核能发现历史和被使用的过程。观众通过前两轮的引导,能够自行提出核能可以作为人类可使用的能源,也可以作为核武器使用,再次明确辅导主题:事物具有两面性,科学技术同样如此。

④以我国第一座和目前在建核电站为例,明确目前核能可以在科学家和技术人员的努力下,很好地被合理使用,是安全可控的,并且了解核能是一种绿色清洁能源。

(四)提问

为什么今天在科技馆的参观要让大家以"小船"的形式进行?引出"水可载舟,亦可覆舟",理解人类也是行驶在历史大海中的船,运用好科学技术,人类这艘船就可以平稳行驶下去,运用不好则可能产生灾难和危险,最终危害人类本身。

图 2-15 吴霞主题辅导现场

（五）情感提升

科学家可以将科技运用在诸如能源建设方面，也可以将其运用在制造武器服务战争中，其根本原因是什么？观众回答和思想品格有关，对该问题进行情感教育。

五、团队介绍

吴　霞：云南省科学技术馆辅导员，中级职称，研究方向是科学传播、展览教育；9年科技馆从业经验，主要负责讲解辅导、团队接待、各型展教活动策划及实施、中国流动科技馆项目运行、辅导员培训等工作。

六、反思

辅导对象抽取为"普通观众"时，我所理解的是成年人群体，在备赛期间，从选取展品到设计环节期间，我都希望能够找到成年人感兴趣的话题。这个材料其实并不困难，事物的两面性是我们熟悉的话题，怎么在比赛的10分钟时间内很好地通过展品操作和观众互动体验，将此话题贯穿其中，而且要迎合成年人的口味，我在备赛中花了大量的时间思考如何让成年人感兴趣。我甚至设计好了访谈聊天式的引入，吸引这些观众和我进行互动甚至讨论，逐步在展品中引发对主题的思考。

开始比赛前，我才发现"普通观众"只有一位成年人。辅导前的1分钟我主动询问了四位未成年人的年纪，以及一位成年人的职业，得知其中有一对母子，母亲是一位医生，有理工科的教育背景。我之前准备的开头不能用了，因为不合适这些观众。

措手不及时，《荀子·王制》引用孔子的名言"水可载舟，亦可覆舟"出现在我脑海里，于是我临时决定以这句名言为主题进行辅导，既然有小朋友，就生动一些，大家扮演一艘小船吧。

比赛后进行反思，认为自己还有很多不足：

①对抽取辅导对象的理解不到位，造成准备不充分，甚至方向错误的情况。

②既然决定扮演"小船"，应该让观众自己决定如何扮演，而不是简单直接地告诉他们"双手搭着前一位观众的肩膀"。观众自主性没有体现，也少了一些观众做决定的

乐趣。

③过程中自己讲述的太多，观众互动回答不够。

④参与观众的状态并不理想，原因有两个：第一可能面对众多评委及工作人员，不是真正展厅参观游玩的状态，有些拘谨；第二因为比赛时间长，已经参加过多轮多位选手比赛环节，尤其是孩子们已经出现疲态（这在比赛前和他们交流的过程中已经发现），通过观众状态发现自己在气氛调节上还有欠缺。

⑤时间掌控不好，备用展品并没有涉及，和自己原有设计有差距。

⑥在准备本轮比赛时，应做备选方案，如观众情况有变、和自己预想的不同、其他临场状况发生时，应及时调整，从而保证比赛的正常发挥和设计好的辅导方案可以顺利进行。

做得好的地方：在最后点明主题时，能够进行情感提升和思想品格教育。科技馆不仅是体验科学、感受科学的科普场所，也应该是对观众尤其是未成年人进行思想道德教育的地方。

项目单位：云南省科学技术馆

文稿撰写人：吴　霞

胡博驰

第一轮单件展品辅导

月相变化和日食、月食

一、主题选择

月相变化和日食、月食。

二、创作思路

辅导对象为初中生。

三、辅导稿件

同学们，欢迎来到科技馆参观，今天要带大家学习的这件展品就是我们面前的月相变化和日食、月食。那这些天文现象到底是如何发生的呢？

我们先来看看这件展品的结构。这个大大的玻璃圆顶内有三个可以运动、大小不一的圆球。正中间这个最大的、红红的圆球模拟的是太阳。旁边小一点的是地球。地球旁边再小一点的白色球体是什么？没错，是月亮。在我们面前还有一个操作台，上面有三个按钮，分别对应的是月食、月相变化和日食。台子的上方还有一块屏幕，它会播放与天文现象相关的画面。

我们可以尝试分别按下三个按键，看看会发生什么呢？按下"月食"按钮，太阳、地球和月亮移动到了一条直线上，其中地球在中间，屏幕上开始播放月食的画面。按下"日食"按钮，太阳地球和月亮还是排成了一条直线，只不过这次是月亮在中间，屏幕上播放的则是日食画面。按下"月相变化"按钮后，地球和月亮都开始公转和自转了起来。

屏幕上播放不同的月相，有新月，有满月。

在观察太阳地球和月亮的排列方式时，相信已经有同学知道了日食、月食的形成原因。首先，我们能看见物体是因为有光。那光线是沿什么方向传播的？直线。太阳射出的光线，经过地球的时候，会被地球给挡住一部分，形成了一个阴影带。当月亮移动到了这部分阴影里的时候，我们还能看见月亮吗？不能，这是不是就是月食现象了？如果月亮完全躲在了阴影里，就是月全食，如果只有一部分在阴影里呢，就叫月偏食。

知道了月食的发生条件，同学们想想，日食需要什么样的条件呢？道理是相似的，既然月食是月亮藏在了地球的影子里，那日食就是地球藏到了月亮的影子里。当太阳月亮与地球处于一条完美的直线上时，日全食便发生了。如果不是在完全的直线上，出现的则是日偏食。

说完了日月食，我们再来看看月相的变化。我们都知道月亮不发光，只反射太阳光，但是不是只有面对太阳的部分才能照射到光线呢？月相是我们在地球上看到的月亮被太

图 2-16　胡博驰现场辅导展品"月相变化和日食、月食"

阳直接照射部分的称呼。我们从不同角度上看到月球被太阳直接照射的部分，就是月相的来源。在一个月的周期内，有新月、上弦月、满月、下弦月等不同的月相。

说了这么多，同学们现在应该都明白日月食的形成条件，和月相的成因了吧？最后，我要留个问题给同学们回家去思考。在月相变化中，比如上弦月或下弦月，月亮上也有阴影，那这算不算是月食呢？希望同学们下次来科技馆参观的时候，能把这个问题的答案告诉我。我们下次再见！

四、团队介绍

胡博驰：参赛选手，来自湖南省科学技术馆。

蒋　琰、方　芳：培训团队成员，来自湖南省科学技术馆。

项目单位：湖南省科学技术馆
文稿撰写人：胡博驰

胡博驰
第二轮辅导思路解析

与控制变量相关的教学活动

一、主题选择

与控制变量相关的教学活动。

二、创作思路

教学活动针对的人群是小学 1~3 年级的学生，活动场地为科技馆的展厅内，活动时长为半小时，一次活动的参加人数为 20 人。

三、辅导稿件

我个人从小学乐器，通过这么多年的学习以及与身边的同学很多认识的家长聊天，得知孩子学习乐器的时候总会有一种现象：那就是有的小朋友完全没办法听出自己或别人到底谁演奏得更好，或是好在哪里。可能有的朋友会说，那是因为没有对比。没错，其实对比也是一种控制变量的实验。因为很多孩子在学习中没有对比的意识，有的可能知道要对比，但对如何对比、对比何处没有概念。那我们就可以在科技馆的展厅内，针对声音的三要素，再结合变量的控制，让同学们能够知道如何鉴赏音乐。

整个教学活动分为三个阶段。第一阶段，结合展厅内"声音三要素"展品，让同学们先了解声音的性质和三要素。第二阶段，将 20 位同学分成两组，每组分别播放不同的音乐。A 组同学听到的是两段相同响度，两位不同演奏者演奏的同一首乐曲，一位演奏者是初学的小朋友，另一位演奏者是专业的大学生。其中，不同的演奏者就是这组的变量。B组同学听到的是同一位演奏者演奏的响度不同的同一首乐曲。第一遍声音适中，第二遍声音非常大，在这一组对比中，响度就成了变量。在分别听完两段乐曲之后，问同学们就刚刚听到的乐曲来说，什么样的音乐更好听。A组同学会回答，大人演奏的更好听。B组同学回答，声音小的更好听。他们的答案都正确却又不完整。第三阶段，将两组同学再次整合起来，让A、B组同学互相讨论刚刚的问题，什么样的音乐更好听。最后，同学们可以结合各自观点，得到一个相对客观和完整的回答。

在这个教学活动中，让同学们在不同的变量控制中，知道声音的悦耳与否，不能光看某一项特质，而是要尽可能多地考虑各方面，再综合得出结论。

四、团队介绍

胡博驰：参赛选手，来自湖南省科学技术馆。

蒋　琰、方　芳：培训团队成员，来自湖南省科学技术馆。

项目单位：湖南省科学技术馆
文稿撰写人：胡博驰

胡博驰

第三轮现场主题辅导

质疑与科技进步

一、主题选择

风车、水车，蒸汽火车，内燃机，人工智能。

二、辅导稿件

同学们好，欢迎大家来到科技馆，今天将由我来带大家参观。在开始今天的参观之前，想先问同学们一个问题：推动人类社会进步、科技进步有一种非常重要的精神，大家觉得是什么呢？我认为敢于提出问题是非常重要的，不管是质疑还是设问，在科技的进步上都很重要。为什么这么说呢，让我们马上开始今天的参观，希望同学们看完后能明白提出问题的重要性。

现在我们所看到的，就是我今天为大家挑选的第一件展品。我们先一起来观察一下，这是什么呢？非常明显，一个风车，一个水车，它们都连接着相应的生产工具，有石磨，有舂米的石臼。这都是古人的智慧，用大自然的力量来代替人力是不是能够提升工作的效率啊？但是这些曾经都是要靠人力来完成的，在风车、水车出现之后，以前磨磨、舂米的人不就没工作了吗？那他们怎么办呢？是的，有同学已经想到了，那他们可以去种地，种地的人多了，收获的粮食就多了，这样是不是就可以养活更多人口了？回答得很好。

现在我们再思考一个问题，风车和水车在那个时代看上去已经非常不错了，但它们有没有什么缺点或是不足的地方呢？没错，风不是时时刻刻都有的，水也不是一年四季都那么丰沛的，所以效率还是不能更进一步提高。人类是非常聪明的，正是我们的祖先对已有技术的不断质疑、提问，再证明、创造，才有了更新的技术。

历史的车轮来到了第一次工业革命时期，蒸汽机出现了。它通过燃烧大量的煤来产生热量，再将水加热使之汽化成蒸汽，从而推动机器的运转，所以需要有专人不停地向蒸汽机里铲煤和加水。同学们看这列火车，这么大蒸汽机都能拖得动，蒸汽机是不是很厉害？好了，我又要提问了，蒸汽机有没有什么不足的地方？刚刚我们已说到了蒸汽机需要耗费大量的煤和水，而且蒸汽机提供的动力有限、体积庞大，既不环保也不方便。

好了，人类又要开始在不断提问中寻找更好的方式了。一旦蒸汽机被取代，曾经专门铲煤和加水的人是不是就失业了？别急，我们来看下一件展品——内燃机。它是通过使燃料在机器内部燃烧，将其放出的热能直接转换为动力的热力发动机。

内燃机光从体积上就比蒸汽机小了很多。它更便捷了，也就可以装在很多地方了，小汽车因此更加普及了。刚刚说到的铲煤加水的人可以干什么呢？汽车一多，是不是就有司机、工程师、工厂的工人等更多的岗位！

虽然内燃机到现在也一直都在被使用，那内燃机就没有缺点了吗？当然不是，内燃机需要什么？燃料。那现阶段的燃料大多是什么？没错，都是化石燃料，都是不可再生资源，从长远来说也是不环保的。随着地球人口越来越多，对能源的需求越来越大，人类也在不断寻找更好的替代方案。但在没有找到之前，我们能做的有哪些呢？我们可以改进相应的技术，让化石燃料更耐用，让同等数量的燃料释放能量更多，也就是提高使用效率。

时间来到了现在。我们眼前这个象征着人工智能的机器人，它可以做些什么呢？好像什么都可以做，而且大部分的工作效率比人类的高得多。我们总能时不时地看到各种新闻：哪个行业应用了人工智能，已经全自动化了；哪个领域 AI 已经完全比过人类了……这是不是意味着，人类在未来的某一天可能会全方位被机器、人工智能所取代呢？

提出疑问是科技不断前进的必然过程，只有不断地提问，我们才能在其中找到更优解。那我们会被机器取代吗？如果从历史中找答案，那我们知道肯定是不会的，因为老的工种、行业被取代之后，一定会有新的行业诞生，而且所提供的岗位一定是比旧的生产力更好的。当人工智能盛行之后，所需的电脑工程师、网络工程师以及技术相关人员就更多了。当然了，还会出现哪些新的行业我们现在还不得而知，但未来肯定是光明的，人类一定会适应并且掌握未来。

同学们，在看完这些之后，是不是觉得提问这个行为特别重要？如果在发展的过程中不提问，人类是不是就会安于现状、止步不前了呢？所以，同学们以后不管是在学习上还是在生活中，一定要抱着一颗多多提问的心多问自己为什么。如果是对的，就再证明一遍；如果是错的，是不是就纠正了呢？

好了，同学们，我们今天的参观就到这里了。谢谢大家，我们下次再见。

三、团队介绍

胡博驰：参赛选手，来自湖南省科学技术馆。

蒋　琰、方　芳：培训团队成员，来自湖南省科学技术馆。

项目单位：湖南省科学技术馆

文稿撰写人：胡博驰

张凡华
第一轮单件展品辅导

最短的路

一、展品选择

之所以选择这件展品主要原因有两点：①具有一定的探究性，能够通过这件展品引导受众先提出问题，再操作观察展品寻找证据，最后得出结论，形成较为完整的探究过程，互动性强；②这件展品蕴含有"学科融合"的思想，这也与我们一直强调的在解决实际问题时要"打破学科界限"的主流思想相契合，具有较为先进的教育理念。

二、创作思路

辅导目标：在讲清楚展品知识原理的同时，引导学生们体会其中隐含的"用物理方法解决数学问题"的跨学科理念，强调在学习知识的同时要注重思考、打破思维定式。

辅导对象：根据展品所体现的知识内容和科学方法，考虑学生的认知水平，选择初中生作为辅导对象。

三、辅导稿件

同学们好，欢迎来到科技馆。最近我有一个新发现，跟大家聊一聊。这个发现源于我弟弟的一道数学题，说某省有三个城市，这三个城市连接成了一个等边三角形，要在他们之间修建高速公路，怎么修才能使公路最短呢？嗨，这可把我弟弟给难住了，也让我冥思苦想了很久，画图、坐标系、计算，花了好大工夫终于算出，以等边三角形的中心为中间点修建公路（利用白板演示）最短，就好像一个大写的Y字。哦？这题你们也做过是吧，是这个答案没错吧！可是，前两天，当我看见这件展品，好家伙，三秒钟就给了我答案。

展品分两部分，一个是各种以螺丝钉为顶点组成的多边形，一个是装着肥皂液的水槽！哦，你问那道题他怎么算的，看好，先把三角形放入水槽，只要三秒钟，3，2，1！大家瞧，在三角形上，肥皂液连接三个顶点也形成了一个大写的Y字，用尺子一量，Y字的中间就是等边三角形的中心，我弟弟的题目一下子就有了答案。

那为什么肥皂液轻轻一连就会形成最短的路径呢？请同学们仔细观察三角形出液面的过程（视频演示），重点注意三根钉柱之间肥皂液线条的变化。有同学说好像有一股力在拉着线条移动直至最后稳定为一个Y形。非常棒！其实还真的有股力量在拉它们，这个力叫作表面张力。我们可以用橡皮筋来感受一下。来，每人一根，像我一样双手同时往外拉。怎么样？感受到橡皮筋向内收缩的力量了吗？其实，当液体与气体接触时，会形成一个表面层，表面层里的分子比液体内部的分子分布得稀疏，所以表面层中分子之间存在着相互吸引的力，这个力就是表面张力，它使得液体表面总是试图获得最小的面积。因此，当三根钉柱离开水槽并和空气接触时，表面张力会把各个钉柱之间形成的肥皂膜不停地向内收缩，形成最小的表面。从上往下看到的三根线条就组成了"最短的路"。接下来，请大家多试几次，科学是建立在反复实践的基础上的。

好的，相信大家都体会到表面张力的神奇了。其实，我想跟大家聊的并不仅仅是表面张力。大家想一想，通过刚才的操作，我们实际上是用一个物理方法解决了一个数学问题，不仅省略了烦琐的计算，而且更加巧妙、自然。当我们在求学时，学科的划分是为了让我们对知识的学习更加的系统，而在现实生活中，问题越复杂越需要打破学科界限。

希望各位同学好好学习，但又不拘泥于学科；掌握知识，但不排斥经验，把我们脑子里的一切都交叉融合在一起，才能有创新的可能！

四、团队介绍

合肥市科技馆历来注重团队建设，近年来，该馆一直紧跟党和国家的政策方针，注重青少年的科学素质教育，面向公众，特别是青少年科普科学知识、弘扬科学精神、树立正确的科学发展观。合肥市科技馆教育活动团队坚持学习进步与实践锻炼两手一起抓，锻造了一支专业基础扎实、有创新实践能力的活动开发队伍。

该馆重视基于展品的教育活动的开发实施，开发了一系列丰富有趣的"展无止境"活动，深度挖掘展品背后的科学知识、科学史实、科学方法、科学人物与科学精神，真正做到"展无止境"，充分利用展品资源，发挥了合肥市科技馆的科学教育功能。

教育活动团队在长期的活动开发与实施过程中，不断夯实基础、以赛促学，经过多年的学习和锻炼，合肥市科技馆教育活动团队的开发实施水平和能力也在不断地提高。

图 2-17　张凡华现场辅导展品"最短的路"

五、创新与思考

展品的选择是体现创新的一大关键，辅导员大赛已经走过六届，许多展品也已经广为人知，想要演绎好实属不易。因此，选择具有创新性质的展品，能够为参赛选手带来自信以及发挥的空间。

随着经验的积累以及科普事业发展的需要，辅导员大赛的赛事规则也一直在调整、改进，这使得科普辅导员们不得不思考应该以怎样的心态与态度面对挑战，不断学习、与时俱进、勇于挑战也许是每一个科普辅导员需要具备的基本素养。

项目单位：合肥市科技馆

文稿撰写人：张凡华

张凡华
第二轮辅导思路解析

科学有道

一、抽定题目

在科学研究的过程中，控制变量、设置对照组是常用的研究方法。某一科学现象往往是多种因素共同影响造成的，若想研究清楚这些因素的规律，就需要控制变量进行分组实验。请你通过设计简单的教育活动使观众了解控制变量的重要性。

二、创作思路

在科技馆其实有很多展品都隐含一些科学方法，但是在展品体验中常常被观众，甚至被我们的科普辅导老师所忽略。比如"离心现象"这件展品就蕴含有"控制变量"的思想，所以本次活动设计的思路就是从科技馆的展品出发，在探究展品的过程中，辅以一些简单的对比实验，让学生在实践中理解"控制变量"的思想，然后借助一些科学史，让学生了解科学方法在科学发展的历程中发挥着巨大作用。

三、辅导稿件

根据材料我设计的活动主题名称是"科学有道"，根据活动内容和课标要求我选择4~6年级的学生作为活动对象，活动形式为一节科学课。

活动过程分为四个阶段：第一阶段是激发兴趣，提出问题。活动开始，我会带领学生体验科技馆展厅"离心现象"这件展品，通过展品操作时的一些有趣现象让学生获取直接经验，从而了解离心现象和离心力，并引导学生提出问题——离心力的大小可能和哪些因素有关？设置悬念，激发学生继续探究的兴趣。第二阶段是探究离心力大小的影响因素，首先让学生结合生活经验，通过分组讨论的方式猜想可能有哪些影响因素，比如质量、旋转速度等；然后引导学生利用控制变量的思想设置"细绳转小球"的对比实验，验证某一种因素对离心力大小的影响，让学生在实验设计的过程中逐步学会如何在实验中"控制变量"。第三阶段是情感态度升华，这里我会向学生介绍在科学史上科学家们运用一些科学方法的事件或故事，比如阿基米德真假皇冠故事中用到的"等效替代法"等，让学生了解到科学发展不仅需要不断探究钻研的精神，更需要采用合理的方法与技巧，即科学要有"道"。第四阶段是学生能力评估阶段，为了评估学生对于控制变量法的掌握情况，我会请学生自己设计实验，验证剩余几种因素对离心力大小的影响。以上就是活动设计思路。

四、团队介绍

合肥市科技馆历来注重团队建设，近年来锻造了一支专业基础扎实、有创新实践能

图 2-18　张凡华辅导思路解析现场

力的活动开发队伍。该馆重视基于展品的教育活动的开发实施，开发了一系列丰富有趣的"展无止境"活动，充分利用展品资源，发挥了合肥市科技馆的科学教育功能。教育活动团队在长期的活动开发与实施过程中，不断夯实基础、以赛促学，经过多年的学习和锻炼，合肥市科技馆教育活动团队的开发实施水平和能力也在不断地提高。

项目单位：合肥市科技馆

文稿撰写人：张凡华

张凡华
第三轮现场主题辅导

谬论与科学发展

一、抽定题目

在一定时间段提出的科学理论是有意义的，有可能在今天看来是一种谬论，比如亚里士多德说的"力是物体运动的原因，有力物体就会运动。"如果你回到过去，如何利用展品告诉观众某种理论是谬论？

请你根据以上资料从给定展品库中自选展品，自定主题进行辅导。

二、辅导思路

题目材料中强调利用展厅展品揭示科学史上曾经出现的一些科学谬误，但是其实这些谬误都从人们认识自然开始的。例如材料中提到的亚里士多德关于"力与运动之间的关系"就是通过日常生活的观察而得出的，所以本次主题串讲，我从人们观察大自然，学习大自然开始，强调大自然是"人类最好的老师"，但是在这一过程中人们可能会因为没有正确的认识而犯一些错误。接下来我就这一问题，再结合展厅展品给大家举两个具有代表性的例子，包括材料中提到的亚里士多德的运动理论，以及原子结果模型理论。通过这些例子，来逐渐让受众明白"科学发展的历史，其实就是一部不断纠错的历史"。

三、展品关联

展品选择："水车舂米""无与'轮'比""原子结构模型"。

展品联系："水车舂米"这件展品是人们较早直接利用大自然力量的例子，而为了更好地学习自然，利用自然，科学家们开始尝试通过观察、实验等方式寻找自然界的规律，促进科学的诞生与发展，但是在这个过程中不少科学家也得出了一些我们今天都熟知的错误结论，"无与'轮'比"和"原子结构模型"可以分别为我们揭示亚里士多德和道尔顿等科学家的错误结论。

四、辅导稿件

　　同学们，欢迎来到科技馆。你们肯定都听说过一句话"大自然是我们最好的老师"，所以古代人们从很早就开始观察大自然的一些奇妙现象，在我们经常学习的古诗词中就有体现，下面我说上半句，大家说下半句。"人往高处走，水往低处流"，"人有悲欢离合，月有阴晴圆缺"。非常好，不过在观察之余，人们也开始尝试利用大自然的这些奇妙现象。咱们这件展品就是个例子，这件展品叫作"水车舂米"，右边是舂米的装置，中间是传动齿轮，那它的动力来源于哪里呢？没错，就是左边的水车，通过水从高处流下来的动力来带动整个装置，这就是古人利用大自然力量的过程。当然为了更好地掌握大自然的规律，一些科学家开始通过日常的观察来提出自己的一些理论。例如古希腊最著名的科学家亚里士多德，通过观察物体的运动提出："有力作用，物体就能运动，力量消失了，物体也就停止运动。"同学们，你们觉得他说得对吗？这么伟大的一位科学家，难道还会出错吗？不确定没事，咱们可以通过科技馆的展品来验证一下。大家瞧，这里有两辆小车，小车上系了两根粗绳。下面我要请两位同学帮我拉动小车，请问哪一位男生的力气比较大，现在请你拉1号小车，这位女同学帮我拉2号小车，3，2，1！两位同学一起拉。咦？为什么力气大的男同学拉起来反而更吃力呢？没错，因为1号车是没有轮子的，同学们可以联系生活经验想一想，现在还是一个比较小的车子拉起来就很吃力，如果是一辆像房子那么大的车子，你们觉得还能拉动吗？当然不能，所以你们觉得亚里士多德认为"有力作用，物体就能运动"这一观点正确吗？当然不正确，所以伟大的科学家其实也会犯错，面对这些错误理论，我们要大胆指出来。不过，刚刚的理论比较简单，我们通过一些简单实验就能发现其中的错误观念，然而有的理论的成熟就需要一代代人的共同努力才能完成，而且很难用肉眼观察到其中的错误。在了解下一件展品之前我要考考大家，你们知道我们身边的物质几乎都是由什么构成的吗？没错，就是原子！那原子到底长什么样呢？关于这个问题科学家们可是争论了几百年，不信咱们看看下面这件展品。大家瞧，它的外形像什么？没错，像行星围绕着太阳运转，这其实是科学家提出的众多原子结构模型中的一种，叫作行星轨道模型。现在请一位同学站在地上印有一双脚丫子的位置，然后挥动双手，在中间的大球上我们就能看到原子结构模型发展的历史。接下来请同学们找到最早提出原子结构模型的科学家。非常好，就是道尔顿。道尔顿认为物质都是由原子构成的，并提出原子内部是实心的，所以被称为实心球模型。同学们，你们觉得他的模型准确吗？不准确，那大家找找是谁推翻了他的理论。英国科学家汤姆逊通过气体放电现象发现在原子内部还存在一种带电粒子，它就是……对，电子。其实我们自己也可以用实验证明。大家看，我手上有一支笔，它带电吗？不带电，说明原子本身是不显电性的，（将笔放在头发上摩擦）现在呢？带电了，还能吸引轻小纸屑，这就说明在原子中肯定存在带电的粒子，只是正常情况下中和了。由这件展品，我们可以了解到原子结构理论是一代代科学家通过推翻前人的理论建立起来的，所以科学家会犯错吗？当然会，纵观过去与现在，我们就能发现人类科学的发展史，其实就是一部不断

图 2-19　张凡华主题辅导现场

纠错的历史，一万年以后看今天，也许我们的认知也很幼稚，所以同学们，让我们继续带着好奇心去探索和学习大自然，以科学的态度对待科学，以真理的精神追求真理。

五、团队介绍

　　合肥市科技馆历来注重团队建设，近年来锻造了一支专业基础扎实、有创新实践能力的活动开发队伍。该馆重视基于展品的教育活动的开发实施，开发了一系列丰富有趣的"展无止境"活动，充分利用展品资源，发挥了合肥市科技馆的科学教育功能。教育活动团队在长期的活动开发与实施过程中，不断夯实基础、以赛促学，经过多年的学习和锻炼，合肥市科技馆教育活动团队的开发实施水平和能力也在不断地提高。

项目单位：合肥市科技馆

文稿撰写人：张凡华

陈凌志
第一轮单件展品辅导

滑车接球

一、主题选择

"滑车接球"火车模型中有一个小球弹射机构,火车模型启动后,向上弹射小球。在这个过程中,火车依然保持匀速运动,最后小球仍然能够落回火车中间的弹射机构,这是因为牛顿第一运动定律的存在,小球具有惯性。

二、创作思路

展品"滑车接球"通过小火车模型抛接球的神奇表演,让观众在观看科学神奇的同时,探索牛顿第一定律(惯性定律)中蕴含的科学原理和科学方法。

三、辅导稿件

同学们,大家好!最近,我想到一个发明,叫作地球自转飞行器。大家想一想,这地球每时每刻都在不停地自转,如果用这个飞行器,把咱们先升到空中保持不动,等地球自转一段时间,咱们再落下来,不就可以到另一个地方去了吗?你们说,这个发明能实现吗?

有的同学们在摇头,有的同学若有所思。别着急,咱们先来看件展品——滑车接球。在展台上有辆小车,车上有一个小球。打开开关,我们来一起观察:小车开始匀速前进,当小车要穿过轨道上的拱桥时,小球被弹起。有趣的是,这小球竟然会越过拱桥又落回到前行的小车上。这是怎么回事呢?

"小球是不是被向前弹起的呀?"这位同学问得很好,那么我们就先让小车静止在拱桥前，再弹起小球，看到了什么？小球是被竖直向上弹起的，没有越过拱桥，而是又落回到静止的小车内。看来，并不是弹起的方向有问题！

"那会不会与速度有关呢？"下面，我们就来改变速度试一试。按下加速按钮，同学们有什么发现？这次小球虽越过了拱桥，但并没有落回小车，而是掉在了小车的后面。那如果是减速，小球又会怎么样呢？"掉在小车的前面！"这位同学，你为什么会有这样的猜想呢？"因为小球弹起后，还在以原来的速度继续前行，但小车却在不停地减速，二者不能同步，当然小球不能掉在小车上了。"

非常好！其实，早在1687年，科学家牛顿就提出，当物体不受外力作用时，运动状态是不会发生改变的，这个特性就是惯性。严格来说，小车和小球在静止或做匀速直线运动时，小球弹起后，水平方向上没有受到外力，由于惯性，它会在空中和小车以同样的速度继续前行，始终处于小车的正上方。掉下来的时候，当然就会落在小车上。

同学们，想想跳远时，为什么要助跑？观察汽车启动或刹车时，我们身体姿态有什

图 2-20　陈凌志现场辅导展品"滑车接球"

么变化？思考文昌卫星发射中心为什么要建在海南呢？说到这里，聪明的你们知道我发明的"地球自转飞行器"为什么无法实现吗？没错，这是因为我们生活在地球上，和地球一起运动，由于惯性，飞行器从哪里升起就会从哪里落下。我的发明虽然失败了，可我并不懊恼，因为通过这件事情，我明白了做任何事都不能违反科学规律，这比那个发明更珍贵。

四、团队介绍

陈凌志：参赛选手，来自宁夏科技馆。

杜　涓、张晓薇：培训团队成员，来自宁夏科技馆。

项目单位：宁夏科技馆

文稿撰写人：陈凌志

梁志超
第一轮单件展品辅导

球吸

一、主题选择

相较于其他学科的展品，力学相关展品现象反馈明显，原理通俗易懂，生活中应用较为广泛，易引发知识的迁移、拓展，现场互动性较好，故选择展品——球吸。

二、创作思路

（一）辅导目标

通过辅导教师互动性的现场辅导，配合学生动手实验，旨在引领学生探寻现象背后的科学本质，对历史故事产生全新的认知，培养科学兴趣，利用科学方法解决现实问题，达到学以致用的目的。

（二）辅导对象

初中一年级以上学生。

（三）辅导思路

（1）创设情境　用模拟法庭包装，通过角色扮演打造沉浸式体验感。

（2）故事导入　历史故事作为案件引入，利用项目式PBL学习法，引导学生自主探究。

（3）观察展品　基于展品观察现象，对观点进行佐证，充分发挥科技馆独有的展品体验优势。

（4）实验探究　探究式实验操作，自主发现问题并解决问题，引发知识迁移。

（5）迁移与评价　紧扣主题，推翻历史事件，树立正确科学观，养成科学方法解决实际问题的习惯。

三、辅导稿件

各位陪审团的同学们，大家好，这里是科技馆的真相小法庭，我是法官小超老师。今天我们要一同审理的案件发生在1912年的秋天，"泰坦尼克号"的姐妹号"奥林匹克号"正在海上航行，离它不远处有一艘小船叫"豪客号"。他们并驾齐驱，可"豪客号"突然间改变了航向，径直撞向了"奥林匹克号"。可当时的法官却把"奥林匹克号"的船长给抓了起来，因为他没给小船让路。事后调查的时候，两位船长纷纷表示受到了一股神秘的推力。各位陪审员对当时的判决是否有疑义，我们进行第一次表决，认为大船船长有罪的请举手。

接下来就让我们通过科技馆的这件展品"球吸"来了解案件背后的科学真相。展台上玻璃罩内有两根细棒，下面镶着两颗铁球。中间的小洞是出风口。按下按钮风机启动，现在我挡在展品的前面，同学们猜想一下，这两颗小球会发生什么样的现象。分开？不动？贴在一起？接下来我揭晓谜底，请看，两颗小球竟然紧紧地贴在了一起。咱们再试一下，

图 2-21　梁志超现场辅导展品"球吸"

我们发现两颗小球逐渐靠近，最后紧紧地挨在了一起，这是怎么回事儿呢？其实在流体当中存在着很多种能量，比如受高低位置影响的势能，受流动速度影响的动能，以及其他能产生压强的各种能量。所以通常来讲，流体的流速越快，压强越小；反之，流速慢压强大。而两颗小球的中间，有空气不断快速流通，导致中间气体的侧向压强小于周围空气静止区域的压强，存在压强差，所以是空气把两颗小球挤到了一起，呈现了相互吸引的状态，这就是伯努利原理。而水和空气一样都是流体，两艘船会撞到一起，也是因为相同的原理。现在同学们都明白了吧。我们现在进行第二次表决，现在还认为大船船长有罪的请举手。

这位同学提出的质疑非常好，他说两颗小球大小相同，而两艘船一大一小。别着急，咱们用这两张纸来模拟一下大船和小船。我们发现，小纸紧贴着大纸并且抖动得非常厉害，而在当时两艘船同时向前行驶，都会向中间排水，导致中间流水的流速快压强小，两侧流水的流速慢压强大，同样存在压强差，而"豪客号"的体积和质量比较小，它的运动状态更容易被改变，就像这张小纸一样，所以我们看到的就是，"豪客号"不可回头地撞向了"奥林匹克号"。所以两艘船会撞到一起的原因，是因为伯努利原理，是水把"豪客号"推向了"奥林匹克号"。这回你们是真明白了吧。

当时的船长应该是仅凭个人的经验才做出了错误的判决，而在生活中，用科学的方法和严谨的实验，才能得出正确的结论，这才能体现科学的魅力。

好的同学们，我们来进行最后一次表决，认为大船船长无罪的请举手。全票通过，我宣布，本案，结案。

四、团队介绍

张　敏：培训团队成员，黑龙江省科学技术馆展览教育部部长。

郝　帅：培训团队成员，黑龙江省科学技术馆展览教育部副部长。

梁志超：参赛选手，黑龙江省科学技术馆展览教育部辅导员，主要研究方向为展览教育活动策划与科普剧创作。荣获黑龙江省十佳科普使者，全国实验展演二等奖，全国科普讲解大赛三等奖，教育活动《夺宝奇兵》荣获科技馆发展论坛最佳案例奖。

项目单位：黑龙江省科学技术馆

文稿撰写人：梁志超

梁志超
第二轮辅导思路解析

垃圾分类

一、主题选择

环境污染问题日益严重，联想到时下热门话题垃圾分类，以题干为故事背景，利用 PBL 项目式学习法，从解决实际问题出发，融合探究式学习，着重培养学生的核心素养。

二、创作思路

（一）辅导目标

通过对实际问题的发问，融合当下政策背景，通过角色扮演的形式与辅导教师互动性学习，配合学生动手制作，旨在引领学生认识垃圾分类的重要性，学会利用科学方法解决现实问题，达到学以致用的目的，养成良好的生活习惯。

（二）辅导对象

小学三年级以上学生。

（三）辅导思路

（1）交代背景　观看视频或科普剧，通过角色讲述来揭示环境问题的严峻。
（2）问题导入　提出问题，明确目的并找到解决方案。
（3）动手制作　辅导教师引领制作各类垃圾卡牌，锻炼动手能力。
（4）街头调查　设置好分组，并利用手中卡牌，与科技馆游客互动，锻炼表达与写作能力。

（5）分组讨论　将总结后的结果进行汇报，让学生的归纳总结能力得到锻炼。

（6）观察展品　基于展品观察现象，对观点进行佐证，充分发挥科技馆独有的展品体验优势。

（7）迁移与评价　在活动过程中协助孩子树立正确科学观，养成用科学的方法解决实际问题的习惯。紧扣主题，具备核心素养，逐步形成主人翁意识，认识自然、敬畏自然。

图 2-22　梁志超辅导思路解析现场

三、团队介绍

张　敏：培训团队成员，黑龙江省科学技术馆展览教育部部长。

郝　帅：培训团队成员，黑龙江省科学技术馆展览教育部副部长。

梁志超：参赛选手，黑龙江省科学技术馆展览教育部辅导员。

项目单位：黑龙江省科学技术馆

文稿撰写人：梁志超

梁志超
第三轮现场主题辅导

"辽宁号"航空母舰与科技进步

一、串讲思路

根据抽定题目,"辽宁号"航母是由瓦良格改造而来,而我国下一艘航母还未实现全部自主研发、自主知识产权,所以确定主题为科技成果都是在不断进步,并根据山西科技馆机械与动力展厅的布展思路相契合,按照工业革命的时间线顺序。涉及力学、电磁学,且相关展品现象反馈明显,原理通俗易懂,生活中应用较为广泛,易引发知识的迁移、拓展,现场互动性较好,故选择展品——车轮的历史、蒸汽机、悬浮的灯泡。

二、设计思路

(一)辅导目标

通过辅导教师互动性的现场辅导,配合学生动手实验,旨在引领学生探寻现象背后的科学本质,通过科技发展时间线的梳理,对科技创新产生全新的认知,培养科学兴趣,利用科学方法解决现实问题,达到学以致用的目的。

(二)辅导对象

初中一年级以上学生。

(三)辅导思路

(1)创设情境　由关键词引入,追溯历史上的今天,创设时间线上第一个锚点。

（2）背景阐述　分析"辽宁号"与"山东号"的区别，利用项目式PBL学习法，引导学生自主探究，总结归纳科技进步与成熟的关键因素。

（3）观察展品　分别基于展品观察现象，对观点进行佐证，充分发挥科技馆独有的展品体验优势。

（4）实验探究　探究式实验操作，自主发现问题并解决问题，引发知识迁移。

（5）强化记忆　在有限的空间和时间内，尽量调动参与受众的兴趣和记忆点，在游戏式包装下重复强调口令，拉近距离增强熟悉感，达到共情目的。

（6）迁移与评价　紧扣主题，推翻历史事件，树立正确科学观，养成用科学的方法解决实际问题的习惯。

三、辅导过程

（一）引入部分

由于比赛当天是11月11日，所以便选择了用数字1为问题，引入历史上的今天。查阅资料得知历史的11月11日"辽宁号"航母成功服役的新闻公布，由此及彼，介绍"辽宁号"与"山东号"教导活动背景并紧扣题干信息。

（二）教学策略

通过游戏的方式，带领现场的同学们乘坐科技的时光机穿越时光，追溯历史，由科技发展的原点逐渐前移，在整个活动的时间线上留下三个关键帧。

第一件展品选择的是车轮的历史，所以第一个时间点选择在木质车轮诞生的时代。时间推移之后；第二件展品选择的是瓦特的蒸汽机，第一次工业革命时期人类科技取得的重大成就，并紧扣"辽宁号"动力总成；第三件展品选择的是悬浮的灯泡，时间来到了第二次工业革命时期，人类进入到了电气时代。

（三）展品体验

在展品体验过程中，利用主办方提供的道具铅笔、纸条，制作模拟车轮，通过车轮对手掌压强的变化，让同学们感受车轮演变的历史，体现科技以人为本的原则。体验展品蒸汽时利用类比的方法,将辅导老师的经验与小学受众的经验相互兼容,解释烧水的现象解释蒸汽机,并强调瓦特并不是蒸汽机的发明者,而是蒸汽机的改良者,并解释其中的关键原因。

(四)应用拓展

第三件展品悬浮的灯泡作为整体活动知识的迁移和拓展来出现,因为时间比较接近现代,与生活中多数电器的工作原理相接近,同时也通过对此展品的探究过程来对整体活动进行评估和总结。

图 2-23　梁志超主题辅导现场

四、团队介绍

张　敏:培训团队成员,黑龙江省科学技术馆展览教育部部长。
郝　帅:培训团队成员,黑龙江省科学技术馆展览教育部副部长。
梁志超:参赛选手,黑龙江省科学技术馆展览教育部辅导员。

项目单位:黑龙江省科学技术馆
文稿撰写人:梁志超

迪拉热·居来提
第一轮单件展品辅导

百发百中

一、主题选择

数学是自然科学的基础,也是重大技术创新发展的基础。从科技史上看,几乎所有的重大发现都与数学的发展进步相关。尤其是近年来,数学更是成为航空航天、国防安全、生物医药、信息、能源、先进制造等领域不可或缺的重要支撑。要想成为真正的数学大国、数学强国,实现数学科学的可持续发展,长远来看尤其是要注重培养青少年对数学的热爱和兴趣。

展品"百发百中"通过互动体验的方式将数学中的抛物线展现出来,激发孩子们对相关数学知识的兴趣,并通过动手操作掌握抛物线焦点的特点。

二、辅导稿件

第二次世界大战期间,北非战场,当地盟军和抵抗组织合作,利用探照灯将整个苏伊士河的上空照亮,亮如白昼,这样一来,德军完全暴露于盟军的轰炸机下且遭受重创。听过这个典故后,细心的同学会想到一个问题,探照灯有这么厉害吗?它是如何将整个苏伊士河上空照亮的呢?今天让我们从身后这个展品一探究竟。

在解释原理之前,让我们先按下启动按钮,仔细观察,展品后方设有一个传送装置,它将小球由下方传送至上方;其次小球通过入口后达到了展品的顶层部位,展品顶层有多个落球孔,小球随机到达其中一个圆孔后进行垂直的自由落体运动;最后小球撞击下方的抛物面被反弹并击中中间的灯泡使它发光发亮。我听到有同学说"好巧",看来同学们认为这是个偶然事件,那就不妨让我们多试几次。怎么样?经过再次的实验我们依

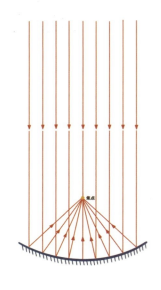

图 2-24 凹面镜

然发现，小球即使从别的落球孔落下，它都会被反弹后击中灯泡使它发光。喜欢打篮球的同学都知道，即使是职业篮球运动员投篮命中率也只有 45% 左右，而如果把今天的展品比喻成投篮运动，中间的灯泡是篮筐，那么它的命中率就是 100%，因此它叫作百发百中。

问题来了，如此高的命中率，难道有什么神奇的力量吗？它的奥妙就来自展品本身——构造。灯泡与抛物线上的任意一点的距离相等，因此灯泡为抛物线的焦点，灯泡所在的轴为展品下方抛物面的中心轴，轴上的任意一点与抛物面任意一点的距离相等。数学知识告诉我们，任何一条平行于抛物线中心轴的线，在抛物面内的反射线都会通过其焦点，也就是灯泡所在的位置。因此，无论小球从哪一个落球孔下落时总会平行于中心轴，并且

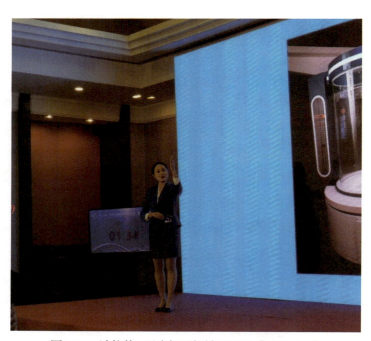

图 2-25 迪拉热·居来提现场辅导展品"百发百中"

被反射后击中焦点使它发光发亮。

  再回到最初的问题，德军如何被发现的？探照灯就是将这个展品倒过来分析，光源从中心发出，所有的光被打在抛物面后，再被折射发出直行的光线，因此非常的亮。如今，科学家们在做科研时，抛物线原理运用到了很多方面，就拿我国自主研发的全球最大口径射电望远镜"天眼"来说，它的外形构造就是一个抛物面，因此可以将来自外来的所有信息都通过抛物面的反射聚集在焦点处，然后再把它收集、放大并分析得出最终结论。

  我们每个人的人生就像一枚会发光的小的探照灯，抛物面可以说是成长过程中遇到的挫折和难题，这些困难不但不会让我们迷失方向反而会发出更耀眼的光芒。

三、团队介绍

  迪拉热·居来提：新疆科技馆科技辅导员，曾获第六届全国科技馆辅导员大赛一等奖，全国"金牌讲解员"荣誉称号，第五届全国科普讲解大赛三等奖；新疆自然博物馆协会第四届全疆科技辅导员大赛展品辅导赛一等奖。

四、创新与思考

  我国青年数学家田野曾说过："数学家的思维活动往往都是在年轻的时候非常活跃，一个国家的年轻人应该是数学发展的核心。"因此，期待能有更多的青少年了解数学、热爱数学，并且在不远的将来投身于数学研究，攀登一座座未知的科学高峰。

项目单位：新疆维吾尔自治区科学技术馆
文稿撰写人：迪拉热·居来提

迪拉热·居来提
第二轮辅导思路解析

科学之美

一、主题选择

你所不知的数学美。

二、创作思路

活动背景：数学被人们尊称为自然科学皇后，是数与空间的结合，科学与艺术的结合，其中散发着令人神往的魅力。数学的运算法则、运算公式、运算结论都是由运算体现出来的，他们通过文字语言、图形语言、符号语言相互解释、转化和印证，使数学达到了天衣无缝的完美，构成了数学的和谐魅力。

活动目标：要让更多青少年热爱数学，一方面让学生对数学有正确和深入的认识，对数学学习有更理性的态度；另一方面注重数学思维能力的培养。通过让学生体验动手实验、猜想、探究、验证、运用等完整的学习过程，引导学生提出问题、研究问题、解决问题，给他们大胆创新的空间。

活动对象：暑期实践营初中组。

活动方式：授课—参观—实地探究

三、活动步骤

（一）科学小课堂

兴趣是最好的老师。因此，以多种方式激发孩子们对数学学习的热情和兴趣，让他们真正感受到学习数学的乐趣，并长久坚持下去。

1．寓教于乐

首先进行画画，让每个人画出自己心中认为最美的树叶图形。通过形式多样的图画启发思考——能否使图形与数字进行互相转换？

2．引出世界上第一个将代数和几何相互转化的数学家——笛卡儿

典故：据说卧病在床的笛卡儿通过看见屋顶角上的一只蜘蛛，思路豁然开朗。若把蜘蛛看作一个点，它在屋子里可以上、下、左、右运动。他又想，屋子里相邻的两面墙与地面交出了三条线，如果把地面上的墙角作为起点，把交出来的三条线作为三根数轴，那么空间中任意一点的位置就可以从这三根数轴上找到有顺序的三个数。平面上的一个点也可以有用一组两个有顺序的数来表示，这就是坐标系的雏形。

3．引出数学坐标系

直角坐标系在代数和几何之间架起了一座桥梁，它使几何概念用数来表示，几何图形也可以用代数形式来表示。

（二）参观科技馆数学类展区

带着对于坐标的好奇心，带领学生们前往当地科技馆，在基础学科展区参观体验有关数学类的展品，通过对展品的操作，观察多种实验现象背后所蕴藏的数学曲线。

1．美妙的数学曲线

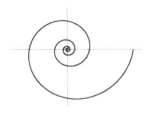

图 2-26　斐波那契曲线

2．正态分布

启发思考：为什么所有的小球由上方落到下方的集球槽后都会呈现"山"一样的分布？

原理：正态分布，又名高斯分布。正态分布是一个在数学、物理及工程等领域都非常重要的概率分布，在统计学的许多方面都有着重大的影响力。正态曲线呈钟形，两头低，中间高，左右对称。

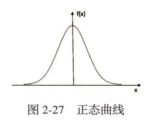

图 2-27　正态曲线

3．百发百中

启发思考：为什么小球垂直落到下方抛物面被反弹后会击中中间的灯泡？

原理：任何一条平行于抛物线中心轴的线，在抛物面内的反射线都会通过其焦点。

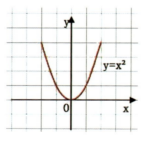

图 2-28　双曲线

（三）实地探究学习

启发思考：为什么射电望远镜会是"锅"的形状？

带领暑期实践营的同学们前往贵州省黔南布依族苗族自治州平塘县克度镇，实地观看全球最大射电望远镜（FAST）。让学生在亲历体验的过程中培养分析问题、解决问题的技能，促使学生观察、记录、分析、展示和说明自己的调查结果，为学生提供机会，切实了解射电望远镜的"锅"形与抛物面的密切相关。

图 2-29　迪拉热·居来提辅导思路解析现场

四、团队介绍

迪拉热·居来提：新疆科技馆科技辅导员，曾获第六届全国科技馆辅导员大赛一等奖，全国"金牌讲解员"荣誉称号，第五届全国科普讲解大赛三等奖；新疆自然博物馆协会第四届全疆科技辅导员大赛展品辅导赛一等奖。

五、创新与思考

理论与实践相辅相成，二者缺一不可，是辩证统一的关系。理论是实践的基础，实践是理论学习的目的。实践出真知，实践才是检验理论的唯一途径。

项目单位：新疆维吾尔自治区科学技术馆

文稿撰写人：迪拉热·居来提

迪拉热·居来提
第三轮现场主题辅导

趣味电磁

一、抽定题目

趣味电磁

二、串讲思路

以微观为始发点，逐渐提升至宏观层面，从不同角度认识电—电荷—电磁，从而对身边的事和物都有新的认知。

三、设计思路

勤思考、多提问，设计角色体验环节，寓教于乐，以学生们最感兴趣、最容易吸收的方式进行讲解。

四、展品关联性

以"电"为主要线索，以小见大，层层递进，且在现实生活中都具有极大的实用性。

五、辅导稿件

辅导员：同学们好，在今天的辅导之前想先问两个问题，请观察此刻你们周围有哪些物质？

同学1：科技展品、摄像机。

同学 2：天花板、柱子。

辅导员：没错，形形色色的物质为构成宇宙间一切物体的实物和场。我们周围所有的存在都是物质，例如空气和水，食物和棉布，人体本身也是物质。除这些实物之外，光、电磁场等也是物质，它们是以场的形式出现的物质。说起电，电是静止或移动的电荷所产生的物理现象。电，我们都有所了解，那电荷同学们见过吗？

同学 3：没有。

同学 1：电荷可以看得见、摸得着吗？

辅导员：在物理学中，带电粒子就是指带有电荷的微粒，变化的带电粒子就会产生静电。静电大家都有所接触吧？

同学 2：晚上脱衣服睡觉时，黑暗里听到噼啪的声响。

同学 3：早上起来梳头时，头发会经常飘起来。

辅导员：正确，接下来让我们走近展品，看看它跟静电有什么关系。首先请观察启动展品后会有什么变化？

同学 1：小球在亚克力罩内来回运动，好像有什么东西在拉扯它一样。

同学 2：小球一会儿碰展品的中央，一会儿又碰展品的边缘。

辅导员：没错，展品中间是中央电极，圆盘边缘有金属环。中央电极产生正电荷，此时由于静电感应，包裹着铝箔纸的小球上原本无序的电荷会重新排兵布阵。究竟为何会往返运动？说得再多不如角色体验一番，同学们感兴趣吗？

同学们：好！（请一位男同学和女同学）

辅导员：现在，男同学和女同学分别站在我的两侧，男同学扮演"中央电极"，女同学扮演"金属圆环"，站在同学之间的我就是小球。启动展品！中央电极（男同学）开始发出正电荷，此时由于静电感应，"我"身上的电荷开始移动，"我"的正面集中了负电荷，背面一侧带等量的正电荷，由于异种电荷相互吸引，"我"不禁走向中央电极，你好（伸手与男同学握手）。就在此刻，"我"身上的电荷被同化，从而带上了与"男同学"相同的电荷，带有相同电荷的小球在静电斥力的作用下又会远离中心电极，向外侧移动，"我"开始远离"男同学"并逐渐靠近"女同学"，而由于金属圆环是一个接地装置，当"我"碰到"她"的那一刻身上的正电荷被地线导入地下，"我"恢复电中性，一瞬间，"我"打回到了最初的状态，再次由于中央电极的持续发电，"我"不顾一切地从头再来，走近"男同学"并握手,被同化再排斥,跑向"女同学"释放电荷,如此循环,周而复始。

同学3:原来是电荷的异性相吸,同性相斥。

辅导员:没错,这就是有趣的静电碰碰球。再微弱的力量汇聚起来也会庞大无比,从电荷的移动到电的形成,如同当发生雪崩时,没有一片雪花是无辜的。在现实生活中,电的机制给出了很多众所熟知的效应,例如闪电、摩擦起电、静电感应、电磁感应,等等。接下来让我们继续玩儿一个有趣的展品——电动势。走近展品不妨先操作一下展品,是不是很好玩。

同学1:老师,这真有意思,中间的圆球怎么突然转动,当我改变操作杆位置又突然停下了呢?(上前操作并疑问)

辅导员:这位同学提出了很好的问题,这是因为此展品模拟了电动机的工作原理,仔细观察,它主要由定子、转子、移动机构组成。由磁铁和非磁材料制造的两个定子分别位列转子左右两边。

图2-30 迪拉热·居来提主题辅导现场

同学2：移动机构有什么作用？

辅导员：通过移动机构，使磁铁制成的定子与转子组成电动机，通电后转子就会旋转起来。反向移动机构，转子就不会运动了。所以，通过这个展品可以知道，电动机工作的两个必要条件是什么？

同学们：通电的线圈和磁场。

辅导员：非常好，电动机是把电能转换成机械能的一种设备，它使用了通电导体在磁场中受力的作用原理。有了电动机，人们可以安然自如地使用自然界提供的动力，不必永远守着喧闹且冒着黑烟的蒸汽机。这种新的动力机械启停方便，操纵灵活，可以同各种装置配合在一起构成多种多样的新机器。电动机的发明使人们远远地望见了电气时代的曙光。明白了吗？

同学们：明白了！

辅导员：同学们，回顾历史的长河，我们曾仰望天空幻想嫦娥奔月，如今遨游太空已如愿，铭记历史，牢记使命，心中的初心从未改变，是什么使我们不断向前？是那伟大复兴之梦在心中早已沉淀。最后，愿你们朝着梦想不断向前，感谢大家，今天的讲解到此结束。

六、团队介绍

迪拉热·居来提：新疆科技馆科技辅导员，曾获第六届全国科技馆辅导员大赛一等奖，全国"金牌讲解员"荣誉称号，第五届全国科普讲解大赛三等奖；新疆自然博物馆协会第四届全疆科技辅导员大赛展品辅导赛一等奖。

项目单位：新疆维吾尔自治区科学技术馆

文稿撰写人：迪拉热·居来提

二等奖获奖作品

张 丹

第一轮单件展品辅导

北宋苏颂水运仪象台

一、主题选择

水运仪象台由北宋时期苏颂等人发明,标志着中国古代天文仪器制造史上的高峰,被誉为世界上最早的天文钟。如今水运仪象台的复原工作体现了科学技术与精神的传承,如果没有辅导讲解,公众看到展品很难体会其中的精妙与底蕴。

二、创作思路

辅导讲解以类似评书的语言风格讲述一件"绝世宝贝"的真实历史命运,引发观众对"宝贝"的好奇,紧接着"北宋苏颂水运仪象台"隆重出场。在具体介绍水运仪象台每层的作用时突出其精妙之处,同时注重与如今生活的联系,拉近观众与展品的距离,感悟科技发展与精神传承,提升文化自信。

三、辅导稿件

话说:北宋末年,金兵攻入汴京,双方打得不可开交,而就在这个时候,金兵却盯上了一件绝世宝贝,他们悄悄地把这件宝贝运到了燕京。然而连年战乱,宝贝最终消亡在历史长河中。

这到底是一件什么样的宝贝呢?今天咱们就让这件失踪近900年的宝贝再现人间,我们倒计时,3,2,1!这其实只是一件科学家经过多次尝试复原的宝贝模型。这件宝贝就是北宋苏颂水运仪象台,历史上真实的水运仪象台长、宽各7米,高约12米,是这个模型的 5 倍。

首先来看最上面一层——浑仪，它由三个同心圈组成，三个圈是什么呢？四个圈才是奥迪呀！难道这三个圈有什么精妙之处？细细看来，果然内有乾坤，圈上标有刻度，圈与圈之间有窥管相连，要说它的作用那就厉害了，它是用来观测天体的仪器，换到今天，窥管两端安上镜片，秒变望远镜。

来看中间一层——浑象。浑象是个球，球上有很多小铜点，那铜点代表啥？夜里天上星，星星最亮的那颗叫个啥？北极星，其他的星星都围绕它转，所以它被称为帝星，皇帝嘛，身边自然有后宫妃子、太监、大臣等，再往外还有菜市场、闹市区，所以这浑象，上演示星空，下演示人间百态。

那么问题来了，水运仪象台的心脏呢？没有心脏的仪器是没有灵魂的，而这最底层就是水运仪象台的心脏——报时机构。大家觉得900年前的这套装置报时准吗？对，超准的，一天误差仅在20秒以内！欧洲的机械钟表比咱这个可晚了足足600年！那这么

图 2-31　张丹现场辅导展品"北宋苏颂水运仪象台"

牛的一套系统它是靠什么驱动的呢？（图解）您往这边瞧，这个大轮子叫作枢轮，上面有很多辐条，每根辐条上都挂着小水斗，旁边漏刻的水流到水斗里，枢轮就转起来了。加上擒纵机构的助攻，擒抓住、纵放开，枢轮转得就"嘀嗒""嘀嗒"更带感了。完美！

"北宋苏颂水运仪象台"的制作和复原展现了古今中国科学巨匠的才能和智慧。古人的哲思照耀今人的征程，让我们有力量有自信从容前行！

四、团队介绍

张　丹：参赛选手，重庆科技馆展览教育部科技辅导员、馆员，研究方向为科普教育。
李春藜：培训团队成员，重庆科技馆展览教育部部长、馆员，研究方向为科普教育。
郑博文：培训团队成员，重庆科技馆展览教育部副部长、馆员，研究方向为科普教育。

五、创新与思考

"北宋苏颂水运仪象台"展品本身内容较多，比赛文稿中只能简要介绍，日常辅导中，可根据观众兴趣进行拓展。

项目单位：重庆科技馆
文稿撰写人：张　丹

张 丹
第二轮辅导思路解析

还是分开吧

一、主题选择

抽取题目与垃圾分类有关,确定主题——还是分开吧。

二、创作思路

垃圾分类是热门话题,活动设计联系生活并围绕以下三点展开:为什么进行垃圾分类?如何进行垃圾分类?怎样宣传垃圾分类?

三、辅导稿件

大家好,我设计的活动主题是"还是分开吧"。活动对象为5~6年级的学生,该年龄段的学生动手能力较强,具有一定的分析总结能力。对接科学课程标准中的"树立回收或再利用资源、保护环境的意识"等内容,采用先进的5E教学模式设计如下环节:①引入:采用情境教学方式,通过生活场景让学生意识到垃圾对生活产生的困扰;②探究:通过实验展示垃圾不分类的危害,学生通过游戏与展厅展品体验如何获取垃圾分类信息;③解释:明确垃圾分类等相关概念;④迁移:以游戏拓展垃圾回收利用的方式;⑤评价:老师对学生的学习过程进行点评,分小组以海报的形式向展厅观众进行科普宣传。通过以上环节达到学生熟练掌握垃圾分类方式、树立环保意识,培养归纳总结能力的目标。

活动的创新点有三点:一是多维度准确对接科学课程标准,侧重过程与能力培养;二是充分运用体现场馆特色的活动方式,活动中运用情境教学方式,并依托展品辅以科学实验、互动游戏、展演等场馆特色活动方式;三是采用先进的教学理念,以 5E 教学模式为指导设计各阶段的活动内容。

以上是我的辅导思路解析,谢谢!

图 2-32　张丹辅导思路解析现场

四、团队介绍

　　张　丹:参赛选手,重庆科技馆展览教育部科技辅导员、馆员,研究方向为科普教育。
　　李春藜:培训团队成员,重庆科技馆展览教育部部长、馆员,研究方向为科普教育。
　　郑博文:培训团队成员,重庆科技馆展览教育部副部长、馆员,研究方向为科普教育。

五、创新与思考

　　此环节比赛时长较短,思路解析中各部分介绍所占比例需仔细斟酌,上述稿件活动过程表述较简练,进一步进行活动设计时,需增加学情调研分析,完善具体环节及环节间的衔接问题。

项目单位:重庆科技馆
文稿撰写人:张　丹

苏 超
第一轮单件展品辅导

十赌九输
——黑布下的乾坤

一、主题选择

单件展品辅导选择的是广西科技馆2018年新更新的展品，由于展品本身比较有意思，而且科学性也非常不错，因此设计撰写了该展品讲解稿。

二、创作思路

以前在电视节目中曾经看到过一些关于反赌博的内容，该件展品也是一件关于反赌的，因此本身非常有趣味性，而且经过查阅相关资料，发现其核心原理——红外线在生活中的应用非常广泛，而以往的比赛中无论是展品赛或是实验赛、表演赛都没有涉及相关内容，个人觉得比较可惜，同时也觉得是一个机遇和挑战，因此通过大量的资料查阅和亲身试验，最终撰写了该篇讲解稿。

三、辅导稿件

亲爱的各位评委、各位来宾大家上午好。今天我要介绍的展品是十赌九输——黑布下的乾坤，辅导对象为七、八年级学生。

同学们，在一些电影或者电视剧里，经常会看到一些赌博的桥段。我曾经看过一部电影，里面的主人公触碰一下眼镜，就能通过眼镜看到被遮挡住的扑克牌。这真的能实现吗？别急，我们先看一下这件展品。这块黑布下面放了一些东西，同学们能看到放的是什么吗？当然看不到。按下开关，现在呢？通过显示器我们能看到几张麻将牌，甚至连字都可以看清楚。打开黑布，正是如此。这究竟是怎么回事？有的同学说，是不是摄

图 2-33 苏超辅导思路解析现场

像头发射出的某种东西穿透了黑布,而且这种东西我们还看不到呢?

揭秘之前,我想先问一下同学们还记得太阳光是由什么组成的吗?对,红橙黄绿青蓝紫七色光。早在 1800 年科学家就发现有一种我们肉眼看不到的光线,因为它在红色光区域外侧,于是把这种光线命名为红外线。这件展品的摄像头发射出的光线就是红外线,红外线穿透了黑布接触到麻将牌反射回摄像头并被转换成图像,就形成了透视的效果。

同学们可能会问,红外线这么厉害,是不是什么东西都能穿透?其实使用家里一种常用的东西就可以探究一下。那就是电视机、空调等用的红外遥控器。(笔、纸模拟,白板作为电视机)假如说我手上的笔是遥控器,这个白板就是电视机。一个正常工作的遥控器正对着电视机就能轻松遥控。那如果在遥控器前放一张白纸,能控制吗?可以。那如果换成一本书,还能遥控吗?不行了。其实这是因为红外线的波长较长,具有一定的穿透性,但穿透物体时由于反射等原因造成了能量的大量损耗,因此穿透性是相对弱的。至少刚才我说的电影里的桥段利用红外线是很难做到的。我们的探究到这里并没有结束,如果把书拿得离遥控器越来越远,远到一定程度的时候,我们就会发现,遥控器又能控制电视机了,这是什么情况?其实这是红外线的衍射现象,简单来说,就像是红外线绕过了它无法穿透的障碍物继续前进一样(白板画图)。

当然,红外线的特性远不止这些,大到卫星测绘,小到感应水龙头,都有红外线的身影。多多观察一下你的身边,你会发现红外线的利用为我们的生活带来了便利。对了,赌博违法，十赌九输，科技是把双刃剑，关键看我们怎样使用，生活中处处有科学。我为大家的辅导就到这里，谢谢。

四、团队介绍

苏　超：参赛选手，来自广西科技馆。
黄星华、许世梅：培训团队成员，来自广西科技馆。

五、创新与思考

撰写该篇稿件时，发现生活中有很多的东西蕴含了更为现代的科学原理，而其中有很多其实我们并没有太多的关注或者了解，因此稿件的创新不难，需要的是学会观察生活。在撰写过程中，为了验证其中红外线究竟是"绕过"还是反射，我也做了大量的实验，查询了很多资料，问了很多物理教授，最终才能确定稿件中写的原理。因此，这其中给我的启示是，把一篇稿件写出来不难，把一个原理写出来也不难，甚至可以随便写一个高大上的原理，但是科学不能随便，保证一篇稿子的正确性不应仅仅为了比赛，也是对展品和正确的科学原理负责，对自己的专业负责。

项目单位：广西科技馆
文稿撰写人：苏　超

苏 超
第二轮辅导思路解析

有关电的发展的科学教育活动

一、主题选择

根据抽签结果,本轮抽到的题目为根据电的发展(无法回忆起抽到题目的具体内容,大概是这个方向)设计科学教育活动。

二、创作思路

解题的过程主要通过思维导图进行,由题目的介绍回溯到历史原点,到现代技术的应用,再到未来发展的展望。然后,从历史原点找到相应的实验、原理等,结合现代技术的发展、理解,确定活动的实验及流程。

三、辅导稿件

由于无法回忆起当时抽到的题目,所以只能简单说明一下当时的思路。

可以根据原理的难易程度设计展品的现场体验、动手小制作、科普剧、科学表演等。而在未来展望阶段则可通过课程总结、小组讨论,并结合科技馆影院、网络平台等形式和方法来展现。

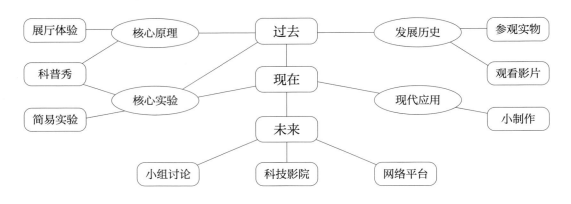

图 2-34 简单的树状思维导图

四、团队介绍

苏　超：参赛选手，来自广西科技馆。

黄星华、许世梅：培训团队成员，来自广西科技馆。

五、创新与思考

做该项目时由于时间紧迫，而题目其实能做的范围也非常大，因此在这里我利用思维导图来进行拓展，设计了一套活动，而这个活动过程也可以应用到实际工作与生活中，根据不同的受众年龄段调整内容，尽量做到全覆盖。

项目单位：广西科技馆

文稿撰写人：苏　超

周 洋

第一轮单件展品辅导

蛟龙潜海

一、主题选择

根据南京科技馆少儿科普体验区"伟大的工程"展区中的一件展品"蛟龙潜海"进行了讲解词的撰写。

二、创作思路

①创立一个故事和旅行相结合的情景式讲解形式;②将小朋友对海底感兴趣的神奇生物与深潜器及人类深潜史紧密联系;③参考央视《原来如此》的原理进行诠释,更加感性地了解深海压力对深潜器的压强数据。

三、稿件内容

大家都知道地球之巅——珠穆朗玛峰在祖国西南的喜马拉雅山,那小朋友们知道地球最深处在哪里吗?

在太平洋底的马里亚纳海沟,即使将8848米的珠穆朗玛峰完全倒置,也无法触及那幽深的海底,过去100年中,有无数人登上了我们的世界之巅,却鲜有人亲身领略海底最深处的瑰丽景象。

涉浅水者见鱼虾,涉深水者见蛟龙。未来的小小科学家们,让我们在"蛟龙号"的护送下开始这段神奇的海洋科学之旅吧。

穿过浅海区丰富多彩的鱼群,渐渐失去阳光的瞭望,四下变得黑暗起来,这时透过"蛟龙号"的观察窗,我们借助探照灯看到了世界上已知最庞大的哺乳动物——蓝鲸,看,它正朝我们游过来了，这代表着我们已来到水深 100 米以下的地方，而人类深潜挑战所要克服的第一个难题也在这儿出现了，究竟是什么样的形状面对深海的水压最为理想呢？来，大家说说自己心目中的答案。我听到有说球状的，有说扁盘装的，有说细长柱状的，其实大家的猜想都有一定的道理，说不定在未来都可以应用到载人深潜，关键是我们的材料以及制造技术发展到了什么阶段。另外在大胆地猜想过后必须通过实践去求证。1894 年，意大利工程师波左通过无数次尝试证明，在各种形式的载人潜水球中，他制造的空心金属式潜水球在水中走得最深（最远），这也是人类历史上第一次触及 165 米深的海底，而今回首这一事件已成为现代深潜技术史大爆发的开篇。

伴随着发动机的阵阵噪声和舷窗外不时飘过的探照灯下的美丽海星，在环绕我们四周的海水中光线很弱，现在小朋友们告诉我深度表盘上的数字是多少？对，3750 米，被人类寻寻觅觅 70 年的"泰坦尼克号"长眠于此深度，由于这里已经完全没有阳光，整体水温接近冰点（0℃），局部充斥着海底火山带来的热流，恶劣的生存环境让绝大多数已知生物望而却步，连哺乳动物里的潜水冠军抹香鲸也难以克服这样的生存环境，不过地球上生活海域最深的章鱼就住在这边，它还有一个极其可爱的名字"小飞象"，希望我们悄悄路过不要惊扰到它们。

在平稳而漫长的 6 小时 18 分的征程之后，我们终于来到了本次深潜的最终目的地，在 7062 米的海沟底部成功着陆，面对窗外千姿百态的岩石地貌和奇妙的动植物，各位小小科考队员兴奋不已，瞪大了眼睛，大家一定非常好奇现在可不可以去舱外与神秘的海底世界来一次亲密接触呢？机灵的小伙伴马上告诉大家：不可以！失去"蛟龙号"的保护，深海的环境将变得无比危险，这种危险也代表着"蛟龙号"设计过程中面临的最大挑战——压力，在水下每下降 10 米，就会增加一个大气压的压力，而在 7000 米深的深海，就会承受近 700 个大气压，700 个大气压有多强呢？1 个大气压相当于在 1 平方米上施加 10 吨的重物，700 个气压就相当于在 1 平方米上施加约 7000 吨的重物，一个成年人身体的表面积大约是 1.6 平方米，也就是说如果一个人在水下 7000 米的地方，将会承受 11200 吨（相当于 2240 头成年大象在你身上叠罗汉）的压力。"蛟龙号"之所以可以承受如此大的压力，是因为它分为内外两层结构，里（内）层就是我们现在所处的球状工作舱，它是用钛合金建造的，是主要的承压部分。而蛟龙号"小胖子"状的外表与球状的内舱之间充满绝缘液体，为的是在保证机器正常运转的同时与外界压力保持均衡。所以"蛟龙号"深潜器才能在下潜至7000米的过程中,抵抗住海水逐渐增大的压力。

可万米深海带给人类的难题与挑战远不止于压力这一项,大家现在乘坐的这艘"蛟龙号"从构想到诞生,再到每位小朋友都能认识它其实已经走过近半个世纪,在这半个世纪中,无数深潜技术工程师跨越重重险阻,冲向这片人迹罕至的深海(我们究竟在寻觅什么呢?)。这都"怪"深邃又未知的海底,蕴藏着人类历史与未来的无限宝藏。

图 2-35　周洋辅导思路解析现场

四、团队介绍

周　洋:参赛选手,南京科技馆五星级科技辅导员。

王光华:南京科技馆三星级科技辅导员。

项目单位:南京科技馆

文稿撰写人:周　洋

周 洋
第二轮辅导思路解析

自制小台灯

一、主题选择

自制小台灯。

二、创作思路

辅导目标：①了解电灯的发展史；②学会安全用电；③明白电路组成的四要素并学会绘制电路图；④激发小朋友们动手动脑和学习总结的能力。

辅导对象：小学 3~6 年级的学生。

辅导思路：①通过爱迪生发明电灯的小故事带大家走进"电"的世界，了解"电"的历史，一起去探究"电"的奥秘（这个环节可以设计成科学实验秀或者科普剧表演）；②通过玩"千人震"游戏，让家长和小朋友们亲身感受"电"的存在和它的威力，同时引导小朋友们要安全用电（贴近展品，激发学生兴趣）；③观察身边的带电装置，探究电路组成的四要素，并且学会用专业的符号去表示它；④学会自己动手绘制闭合电路图；⑤用所给的材料自制一盏小台灯。

三、辅导稿件

（一）"电"在生活中的重要性

Q：我想问小朋友们，你们觉得要动手做一盏小台灯需要用到什么呢（引导到"电"

上面就行了)?

Q：有没有小朋友可以给我们介绍一下"电"在生活中都有哪些应用呢（家用电器：台灯，冰箱；交通：电瓶车等）？

Q：可以想象一下，如果突然断电了，我们会遇到哪些生活中的难题呢（不能看电视了；不能乘电梯回家了；晚上没有电，就没有办法写作业了）？

所以，"电"是我们生活中必不可少的一员。

（二）感受"电"的存在

Q："电"能看得见，摸得着吗？

我想小朋友们和家长可能会有这样的经历，在干燥的秋天，当我们晚上睡觉脱衣服的时候，会听到"哔哩啪啦"的声音，这是静电的放电现象，跟摩擦有关。

利用"千人震"游戏，我们可以在安全的情况下体验被电击的感觉，一起感受电的存在。

Q：谈谈被电击的感受。

我们今天在实验中所用的实验道具是经过精确计算和特殊处理的。但是我们的家用电器的电流量是实验道具的几百倍，一旦触电就会有生命危险，所以，在这提醒一下小朋友们在家里一定要注意安全用电，防止触电。

（三）电路的组成

想要制作一盏小台灯，只知道电的存在显然是不行的。

Q：想要制作一盏小台灯，需要哪些材料呢？我们一起来想一想家里用的台灯是什么样子的（有导线、灯珠、开关、电源、灯座、灯罩等）。

其实认识一件电器，无论是台灯，还是一些其他家用电器，都离不开四种材料：电源、开关、负载、导线。由这四种材料就可以组成一个完整的电路。

（四）发光材料的发展史

图 2-36　周洋辅导思路解析现场

Q：你们知道电灯是谁发明的吗？（爱迪生）

Q：有没有小朋友给我们讲一个大发明家爱迪生的故事。（爱迪生孵鸡蛋）

其实，人类历史上第一个电灯并不是爱迪生发明的，那爱迪生发明了什么呢？他发明了钨丝电灯泡，用钨丝作为灯芯的电灯泡，稳定、耐热、使用寿命长，并且成本低，所以被广泛使用。但其实可以被用作发光的材料还有很多。

Q：我们可以大胆想象一下，你们觉得还有什么材料通电以后可以发光呢？

今天，我要给你们介绍一种在日常生活中轻而易举就能找到的，并且我相信你们一定都用过的材料，那就是自动铅笔芯（铅笔芯的主要材料是石墨，而石墨是一种导体，所以可以发光）。

（五）设计电路图

为我们的小台灯设计一个合适的电路图。

我们先来认识一下各种通电材料在电路图中都是用什么样的符号表示的。

整体圈状图。电路，它首先是一个首尾连接在一起的回路。

电源。分清电池的正负极。

开关。

灯泡。

导线。画完以后，将电源等所在地方的线条擦掉重画，图中的线就是导线（带大家想象电流通过，灯泡亮起来的流程）。

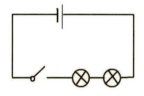

图 2-37　电路图

（六）自制小台灯

所有电路图画对以后，领取实验器材并制作。

（七）填写学习单

四、团队介绍

周　洋：南京科技馆五星级科技辅导员，南京市"金牌导游员"。从事科普教育工作 15 年，自主研发科学实验表演数十种、南京科技馆"S&S"馆校合作负责人。曾先后在全国、省市科普讲解大赛中多次得奖，获中国科技馆发展基金会科技馆发展奖"辅导奖"提名、中国自然科学博物馆协会"优秀工作者"、全国十佳科普使者、全国科学大咖秀十佳团队等荣誉。

五、创新与思考

所有的科学原理都是科学家从各种现象中总结出来的,而我们科学辅导老师首先要做的就是抛开复杂的原理,将与其相关的最有趣的现象呈现在小朋友们面前。只有小朋友们感兴趣了,才会有疑问,才会去探究,才能将所学的知识化为己有。

项目单位:南京科技馆

文稿撰写人:周　洋

杨 珊
第一轮单件展品辅导

莫比乌斯带

一、展品选择

莫比乌斯带。

二、辅导稿件

台下准备：1张完整的白纸、1个能让人穿过的纸环、1个莫比乌斯环、1个可回收标志、1个某知名品牌5G标志，再在黑板上画1个纸环和1个莫比乌斯环。

同学们，欢迎来到科技馆参观！

大家看，我手里有一张纸，你们有谁能从这张纸中间穿过去？有同学说，这不是为难人吗，就算在纸上挖个洞，人也钻不过去呀。大家看，我对纸简单加工以后，它就变成了一个可以装下好几个人的大纸圈。

这种突破常规的方法，在科学探究中叫反常思维。在常规思维看来不可能的事，运用反常思维轻而易举就能做到。现在，大家面前的这件展品——莫比乌斯带，就是一种反常思维结构。

请大家观察一下，这条被设计成莫比乌斯带的轨道有几个面？这边有位男同学抢答说两个面！我们就请他按下启动按钮。可以看到，上面的小虫不需要跨越任何边缘，就能够在轨道的整个曲面无限循环。

如果像同学们认为的那样，轨道有两个面，那么小虫必定会掉下来才对呀，这是怎么回事？我们不妨运用反常思维进行假设：难道莫比乌斯带只有一个面？来，我们一起动手验证答案。大家面前放了两个纸环，一个是普通的纸环，另一个是缩小版的莫比乌斯带。请同学们拿起手中的笔，在两个纸环上各找一个起点，不间断地画一条线。

我们发现，普通的纸环只画了一个面，线就中断了；而莫比乌斯带上的线画过两个面以后，又回到了起点。这说明了什么？没错！莫比乌斯带的确只有一个面！

莫比乌斯带是德国数学家莫比乌斯发现的。当时，它把纸条的一端旋转180°，再把两端连在一起，就成了莫比乌斯带。

莫比乌斯带具有魔术般的性质。同学们，你们还能把自己装进这个纸环里吗？给大家一个提示：沿着刚刚所画的线把纸环剪开！大家看到了吗？它变成了一个更大的纸环，我们再拿出笔验证，它依然是莫比乌斯带。所以说，只要按照这个方法继续剪下去，纸环就会大到把人给套进去。

这些特征，赋予了莫比乌斯带循环、无穷的艺术内涵。例如，常见的可回收标志，以及某知名手机品牌的5G图标，都能看到莫比乌斯带的影子。十天前，在上海举行的世界顶尖科学家论坛上，数十位诺贝尔奖得主围坐在形如莫比乌斯带的圆桌旁，畅想科学的未来。今天，我们希望同学们领会莫比乌斯带的精神内涵，在科学探究中敢于运用不同的思维方法去探索更多无穷的奥秘。

图 2-38　杨珊现场辅导展品"莫比乌斯带"

三、团队介绍

杨　珊：参赛选手，广西壮族自治区科学技术馆科技辅导员。工作时间4年，其间多次代表本馆参加比赛，曾获第六届全国科技馆辅导员大赛展品辅导赛二等奖；第六届全国科技馆辅导员大赛广西分赛区展品辅导赛一等奖；2019年"广西十佳科普使者"荣誉称号；第五届全国科技馆辅导员大赛南部赛区"展品辅导赛"优秀奖等。同时，积极参加本馆组织的科学实验和科普活动，多次跟随流动科技馆深入乡村地区开展科技辅导，发挥基层科技辅导员的职责，2019年获"广西优秀共青团员"荣誉称号。

时任广西壮族自治区科学技术馆馆长江洪，现任广西壮族自治区科学技术馆馆长黄星华，展教部副部长杨威、许世梅，展教部主管宁啟杏及外聘专业教师等组成培训团队，在赛事筹备期间多次组织模拟赛事，为选手营造真实的比赛氛围，不断提高选手的表现力和综合实力。

项目单位：广西科技馆

文稿撰写人：杨　珊

杨　珊
第二轮辅导思路解析

莫比乌斯带

一、主题选择

　　莫比乌斯带，就是把一根纸条扭转180°后，两头再粘接起来做成的纸带圈，具有魔术般的性质。莫比乌斯带由德国数学家莫比乌斯和约翰·李斯丁于1858年发现。普通纸带具有两个面（即双侧曲面），一个正面、一个反面，两个面可以涂成不同的颜色；而莫比乌斯带只有一个面（即单侧曲面），一只小虫可以爬遍整个曲面而不必跨过它的边缘，这种纸带被称为莫比乌斯带。也就是说，它的曲面从两个减少到一个。以莫比乌斯带设计的展品是几何学领域的代表性展品，有着奇异的特性，一些在平面上无法解决的问题，却不可思议地在莫比乌斯带上获得了解决，它的神奇性极易引发受众的兴趣。

二、创作思路

　　辅导对象：初中学生。

　　辅导目标及辅导思路：随着科学技术的迅猛发展，科学思想、科学精神越来越广泛而深刻地影响着社会公众。科技馆作为面向公众普及科学知识的重要场所，肩负着重要职责。其中，深入依托现有科技展品开展科普教育工作，开展多形式、多内容的科普教育活动，对于科技馆可持续发展有着重要意义。本次针对莫比乌斯带的展品辅导，基于莫比乌斯带独特的性质，通过引导受众进行自主探究的形式，了解展品的内在原理和其所包含的科学内涵。辅导过程充分运用比赛规定范围内的道具，结合板书、纸制莫比乌斯带等实物，以及展品原理在日常生活中的应用案例，充分调动受众的好奇心和探究兴趣，实现"玩中学，学中玩"的辅导效果，更加聚焦科技馆普及科学的核心业务，更加符合科技馆科普教育的理念和特点。

图 2-39　杨珊辅导思路解析现场

三、团队介绍

杨　珊：参赛选手，广西壮族自治区科学技术馆科技辅导员，工作时间 4 年，其间多次代表本馆参加比赛。

时任广西壮族自治区科学技术馆馆长江洪，现任广西壮族自治区科学技术馆馆长黄星华，展教部副部长杨威、许世梅，展教部主管宁啟杏及外聘专业教师等组成培训团队。

四、创新与思考

（一）创新方式方法

本次辅导充分结合展品，摒弃科普讲解原有的"我说你听"模式，采用了探究式展品辅导的新思路和新做法，更能调动受众主动获取科学知识的积极性。在辅导过程中，遵循"全员参与、探究驱动、形式多样、精神升华"的主线。首先通过"人穿纸"进入问题情景阶段，目的在于引起受众的关注，调动他们的知识储备，诱发探究动机，从而提出"反常思维结构"的概念；其次通过动手制作、实验验证等多种形式进入实践体验阶段，鼓励受众多角度分析和思考问题，进入探究问题的状态，了解莫比乌斯带包含的科学原理；最后引入世界顶尖科学家论坛中莫比乌斯带的运用，引导受众领会莫比乌斯带的精神内涵，即在科学探究中敢于运用不同的思维方法，从而达到激发科学兴趣、启迪科学观念的辅导效果。

（二）不足与改进方向

此次辅导虽然在辅导的方式方法上有所创新，但是因为实践经验积累不够，临场表现仍有不足，今后有待改进。同时，作为一名科技馆的科技辅导员，我们要时刻提醒自己，要像海绵一样吸收各方面的知识，不能为比赛而比赛，而是要通过比赛认识到自己的不足与改进方向。随着科技时代的到来，越来越多的人走进科技馆，科技辅导员要根据科技馆的功能定位和职业要求不断提高个人素质，将更多更好的科普教育项目奉献给社会公众。

项目单位：广西科技馆

文稿撰写人：杨　珊

王韬雅
第一轮单件展品辅导

最速降线

一、主题选择

　　最速降线或捷线问题是历史上第一个出现的变分法问题，也是变分法发展的一个标志。在一个斜面上，摆两条轨道，一条是直线，一条是曲线，起点高度以及终点高度都相同。两个质量、大小一样的小球同时从起点向下滑落，曲线轨道上的小球反而先到终点。这是由于曲线轨道上的小球先达到最高速度，所以先到达。然而，两点之间的直线只有一条，曲线却有无数条，那么，哪一条才是最快的呢？伽利略于1630年提出了这个问题，当时他认为这条线应该是一条圆弧，可是后来人们发现这个答案是错误的。1696年，瑞士数学家约翰·伯努利解决了这个问题，他还拿这个问题向其他数学家提出了公开挑战。牛顿、莱布尼兹、洛比达以及雅克布·伯努利等解决了这个问题。以最速降线原理设计的展品是数学学科基础性代表展品，涉及基础数学知识，与其相关的历史事件、科学家较多，背景内容丰富，现象明显，原理通俗易懂，受众广泛。

二、创作思路

　　辅导对象：初中生。
　　辅导目标及辅导思路：以展厅内日常辅导方式，充分结合展品，利用比赛所规定范围内的道具，结合板书和图形的直观感受，抛出问题调动观众积极性，以互动引导自主探究了解展品原理。除展品基础原理辅导外，拓展最速降线问题历史背景，以科学家们共同解决最速降线问题为例，既能以故事情节吸引观众，也能更好地弘扬科学探究精神。同时，拓展最速降线问题的实际应用，以中国大屋顶建筑为例，解决观众日常生活中即可见到的疑问，直观了解最速降线在生活中的实际应用意义，发扬中国古代智慧，树立民族自豪感，加强爱国主义教育。

三、辅导稿件

大家好，欢迎你们来到科技馆参观。说起数学，人们总认为无非就是无聊的1、2、3，或者枯燥的加减乘除。其实，数学无比美妙，还蕴含着强大的力量，不信请看这件展品——最速降线。

瞧，这儿有三条不同的轨道，如果从起点同时释放三颗质量、大小完全相同的小球，哪条轨道上的小球会最先到达呢？这位同学说"两点之间直线最短，一定是直线轨道"。路程最短就能最快到达吗？这位同学说"最弯曲的轨道能让小球更有冲劲儿，较大的冲劲儿能帮它最先到达"。冲劲大就用时短吗？刚刚，两位同学都勇敢说出了自己的想法，接下来让我们用实验来证明。倒数三个数，同时释放小球，3，2，1！非常遗憾，两位同学都答错了。最先到达的是中间轨道上的小球，这是为什么呢？

总结两位同学的观点，小球要想用最短的时间到达终点，必须具备两个条件——距离短，速度快。笔直的轨道虽然距离最短，但小球跑得慢；最弯曲的轨道（较陡的坡度）使小球跑得更快了，可太过弯曲增加了距离。太直不行，太弯也不行，只有中间这条轨道达到了距离与速度之间的平衡点，这就是数学中的最速降线。

其实，最速降线问题由来已久，它最早由伽利略于1630年提出，直到1696年，以伯努利为代表的科学家们才成功地做出了解答。

同一时期，荷兰科学家惠更斯发明了摆钟。钟摆每摆动一次，所用的时间是一样的，即钟摆划出的这条轨迹具有等时性，而这条轨迹正是科学家们努力在寻找的最速降线。

再来看看古代的中国，更是把这条抽象的几何曲线融入了生活。如我国古代的大屋顶建筑，屋顶的曲线接近最速降线，这样的设计可以让雨水快速流走，就像展品中快速落下的小球一样，对屋顶起到了保护作用。

同学们，"大自然这本书是用数学语言写成的"，不同时代、不同地域的人们，都在巧妙地运用数学知识为我们认识世界、改善生活而不断地努力着，让我们也带着数学知识去探索那未知的世界吧。

图 2-40　王韬雅现场辅导展品"最速降线"

四、团队介绍

　　王韬雅：参赛选手，青海省科学技术馆科技辅导员，工作时间 5 年，工作期间多次参加比赛，曾获第六届全国科技馆辅导员大赛展品辅导赛二等奖；第四届青海省科技馆辅导员大赛展品辅导赛一等奖；"致敬新时代礼赞科学家"全国科技馆联合行动（西部区）二等奖；2019 年全国科普讲解大赛青海赛区一等奖；2019 年全国科普讲解大赛优秀奖；第三届青海省科技馆辅导员大赛科学表演赛二等奖；第五届全国科技馆辅导员大赛西部赛区预赛展品辅导赛优秀奖。同时，不断创新辅导方式，策划科学实验与科普活动，撰写论文，多次参加流动科技馆、科普三下乡、科普五进等活动，为青海偏远地区送去科学知识，发挥科技辅导员一线科普服务功能，被评为 2017 年度、2019 年度青海省科学技术馆优秀工作者。

　　青海省科学技术馆副馆长韩长青、展览教育部主任刘少卿、展览教育部副主任何丽娜，以及外聘专业教师、播音员等，在专业知识与技能、讲解词撰稿、语言表达能力、舞台表现力等多方面进行专业培训。多次组织部门员工进行模拟展示，为选手营造真实的比赛氛围，在培训中不断提高综合素质。

五、创新与思考

（一）创新方式方法

本次辅导充分结合展品，以最速降线展品为基础，以寻找最速降线为出发点，通过实验探究的方式引入到展品辅导过程中，从"我要告诉观众什么"转变为"我要引导观众看什么、想什么、发现什么"，更多地引导观众去观察、去思考，像进行科学实验一样对展品进行探究，由灌输式的讲解转变为引导观众进行体验和探究。为公众提供亲身体验的环境，让受众根据自己的想法、操作去尝试错误、发掘答案，从模拟实践的情境中探索原理，并在互动中逐渐总结出原理。充分利用比赛规定的道具，以图形、道具等结合看、听、说、做、想等多重感觉器官的刺激，为受众提供不同的学习方式。

（二）不足与改进方向

此次辅导虽在讲解词撰写及辅导方式方面都有所创新，但因个人经验有限，辅导能力不足，在各方面仍有改进的空间。首先，知识储备不足，对于最速降线问题及拓展知识知之甚少，这为讲解词撰写带来了一定的局限性；其次，创新性不够，辅导方式陷入固定模式，缺乏创新性。只有在人群中间才能真正认识自己，在和非常优秀的人接触时，眼界才会变得开阔，也才能更加清醒地意识到自己的不足，向更优秀的自己迈近一步，在比赛中通过观看全国优秀科技辅导员的表现也为自己今后的工作提供了更多思路。

项目单位：青海省科学技术馆

文稿撰写人：王韬雅

王韬雅
第二轮辅导思路解析

旋转的奥秘

一、活动简介

教育活动紧密围绕所抽取的 B 组材料内容,设计以"旋转的奥秘"为主题的探究活动,围绕电风扇的发明、原理,以科技馆与家用电器相关展品拓展为内容开展。采用自主探究的方式,在教师的指导、组织和支持下,在学习电风扇、电磁等原理的基础上,拓展生活用电、用电安全、科技发明等相关知识内容。让学生主动参与、动手动脑、积极体验,体验科学探究的过程,以获取科学知识、领悟科学思想、学习科学方法为目的的学习方式。充分利用科技馆内展品特色资源,为青少年搭建起与学校课堂完全不同的有效科学学习平台,激发学生的学习兴趣,并达成提高学生综合素质的教育目标。

二、创作思路

(一)知识与技能

①了解电风扇的发明过程;②电能转化为机械能的过程;③初中基础机械、电力相关知识;④生活中的安全用电常识。

(二)过程与方法

①自主探究能力;②乐于参加各类科学活动;③实事求是,敢于表达个人见解,勇于修正个人观点;④大胆质疑,善于从不同角度思考、分析问题。

（三）情感、态度与价值观

①了解所学的科学知识在日常生活中的应用；②了解科学技术对人类生活方式和思维方式的影响；③了解在特定历史环境下人类对机械不断改进以满足不断增加的需求；④了解科学发明故事，学习科学探究精神。

（四）活动设计思路

多维且层次分明的教学目标是本次教学活动设计的出发点，也是评估本次教学活动是否成功的依据。根据目的性原则，教学活动的设计、实施、改进等过程都是为实现教学目标服务的。"科技实践"是条件和情境，"自主探究"是方法和过程，"直接经验"是学习效果和目标。多维的传播和教育目标为多维的传播和教育内容设计与实施指明了方向。

学生从小开始就应该学习如何从周围的现象中抓住体现现象本质的问题进行探索，学习如何提出问题，如何寻找解决问题的思路和方法，由易到难，由浅入深。本次教育活动，以受众为主体，在"小小科技辅导员""让我试试看"等环节，增强他们自我发现问题，自我寻找答案的意识和能力，使学生了解科学方法、认识科学本质、提升科学素养、崇尚科学精神，具备参与社会事务的能力。将四维目标融入教育活动设计过程中，以此指导活动全方位展开，不仅可以教授学生科学知识，而且也能培养学生的科学思想和精神，更符合科技博物馆的教育目标。

三、辅导稿件

（一）主题

旋转的奥秘。

（二）活动对象

初二年级20名学生。

（三）活动形式

以自主探究形式为主，进行多维教学。

（四）活动过程

1. 切入点

"大风吹"竞赛　吹动风车，外部气流使风车转动，通过自身转动产生气流，引出电风扇，探究它旋转的奥秘。

2. 实施过程

①"谁发明了电风扇"　设立小小科技辅导员，通过自主学习了解电风扇的发明历史并向公众讲解，通过树立主人翁意识加强同学们的自主学习能力。

②"让我试试看"　同学们DIY制作电风扇，通过动手操作环节，让他们更直观地了解电风扇的工作原理，以及电能转化为机械能的过程，树立生活中安全用电的意识，这也是本次教育活动的重点和难点。

③"科技馆探秘"　通过自主探究学习，寻找展厅中有哪些展品和生活中的电器密切相关，让科技馆不仅成为帮助同学们学习知识的课堂，也能成为帮助同学们认识生活的殿堂。

活动通过自主发现问题，探究寻找答案，让学生主动参与、动手动脑、积极体验，以获取科学知识、领悟科学思想、学习科学方法，从而为青少年搭建起有效的与学校课堂完全不同的科学学习平台，达成提高学生综合素质的教育目标。

四、团队介绍

王韬雅：参赛选手，青海省科学技术馆科技辅导员，工作时间5年，工作期间多次参加比赛。

青海省科学技术馆副馆长韩长青、展览教育部主任刘少卿、展览教育部副主任何丽娜。赛前通过模拟主题进行演练，在专业知识与技能、讲解词撰稿、活动主题创新、科技教育活动组织策划能力等多方面进行专业培训。

图 2-41　王韬雅辅导思路解析现场

五、创新与思考

（一）创新方式方法

活动充分结合科技馆展品资源优势。展品不仅承载着科学原理、科学知识，还蕴含了科学方法、科学精神、科学思想，以及科技与社会、人与自然的关系等内涵。这些多维信息，都需要通过"教育"活动传播给公众。让观众通过科技藏品资源，融合获取更多信息，成为科技主题教育活动设计开发的新挑战。以探究、探索与研究相结合为思路设计本次教育活动。"探究"就是"探索研究"；"探索"就是"多方寻求答案，解决疑问"；"研究"则是"探求事物的真相、性质、规律等"。

教育活动利用幻灯片、音频、视频、多媒体等手段，借助小实验、小制作来演示初中基础机械和电力知识，将电风扇相关科学原理分步骤演示，让观众在观察、对比、模拟中自主探究，为获取直接经验创设条件。

活动中的"谁发明了电扇""让我试试看"等环节设计采用能激发观众兴趣、符合观众认知发展规律，以及充分调动活动主体积极性的教学方法和教学策略，在创设情境、动手探究、总结点拨、参与互动、启发情感等过程中，多维融合运用讲授法、讨论法、直观演示法、任务驱动法、参观教学法、现场教学法、自主学习法等教学方法，使观众愿意主动学习，并充分发挥自主性和原创力。将生活中的电器与科技馆展品结合，充分发挥展厅资源优势。

（二）不足与改进方向

①活动基础知识与"课标"对接不够明确，即未能明确指出对接中小学"课标"以及没有准确指出对接的课程内容。

②在信息技术及人工智能等迅速发展的时代，科技教育活动应更多结合信息数字化技术。在课程导入环节没有将技术真正地与教育活动相结合来突出技术的促进作用。

③需要在展教活动中加强方法教育，培养观众对科学方法的不断了解、掌握到熟练运用，让观众形成在科学知识的获取中离不开运用科学方法的必要观念。这样，在遇到问题时，观众就会有更高的敏感性，能迅速发现问题的关键点，用有针对性的科学方法去分析问题，找到解决问题的途径。

④教育活动总结评价不够。通过自我总结和受众反馈，才能更好地了解活动的不足，以对教育活动的后续开展进行完善。

项目单位：青海省科学技术馆
文稿撰写人：王韬雅

王倩倩
第一轮单件展品辅导

光风车

一、主题选择

展品光风车造型奇特，包含的科学原理与日常生活紧密相关，集趣味性与科学性于一体。

二、创作思路

通过学生们非常熟悉的纸制风车，引入奇特的光风车，让大家观察和体验光能够转动风车并产生好奇：光为什么能转动风车？通过实验，理解深色物体吸热快、分子热运动科学原理，进而揭开光转动风车的奥秘，了解能量转化的科学知识。

三、辅导稿件

同学们，这里有一个风车，用哪些方法可以让它转起来呢？用手转，用风吹，很简单是吗？但这是一件特制的风车，让它转起来可没那么容易。我们看风车外围被玻璃给完全罩住了，而且没有任何动力装置。这既没风，又不能碰，怎么转啊。

咦，展品的对面还有一个光源，那我们就来试试，能不能用光转动风车。请大家打开开关，将光源对准风车。怎么样？风车慢慢地转动起来了，这到底是怎么回事呢？

首先，请大家观察一下：风车的扇叶有什么特点？大家观察得很仔细：风车由四片扇叶组成，每一片扇叶都有黑白两面，那这与风车的转动有什么关系呢？

提醒大家：夏天，在户外穿什么颜色的衣服最热啊？没错，是黑色。因为黑色能够吸收更多的光，转化成更多的热量。所以，当光照射在扇叶上的时候，哪一面温度更高啊？

黑色。

那温度的不同就能让风车转动起来吗？

别急，让我们继续探究。取两个透明烧杯，分别装上等量的热水和冷水，然后滴入红色墨水，大家看到了什么？热水迅速地变红了。这是因为，液体的分子在不停地运动，温度越高，分子运动越快。这红色墨水的分子在热水中，就像是热锅上的蚂蚁，迅速地扩散开了。

液体如此，气体同样如此，扇叶会对它周围的气体温度产生影响，黑色的一面比白色的一面吸热能力更强，它周围的气体温度就更高，也就是说黑色的这一面气体分子运动得更加剧烈。当剧烈运动的分子撞击扇叶时，会产生很大的作用力，于是慢慢地就将扇叶推动起来了。

其实，这件特制的风车叫克鲁克斯辐射计，是由英国著名的物理学家克鲁克斯发明的，用来检测光和热辐射。

最后，让我们再来回顾一下，这光究竟是怎样让风车转起来的。光照射扇叶，扇叶吸热，光能转换成热能，热能传递给扇叶周围的气体分子，增加了分子的动能，分子在

图 2-42　王倩倩现场辅导展品"光风车"

撞击扇叶的同时，又将动能传递给扇叶，最终转动了起来。

想不到这小小的风车，还蕴藏着能量转换的秘密，希望大家回去之后，继续用观察探究的方法，去发现更多有趣的科学奥秘。

四、团队介绍

王倩倩：参赛选手，上海科技馆展示教育处科技辅导员，研究方向为科学教育，毕业于华东师范大学教育学专业，曾获2018年全国科学实验展演一等奖、第六届全国科技馆辅导员大赛展品辅导赛二等奖以及"2019年度上海市十佳科普使者"荣誉称号。

五、创新与思考

通过本次比赛体会到，在自己的日常工作中，要不断训练自己由展品讲解向展品辅导的方式转变，深化对科技馆教育理念的理解。同时对于科技馆辅导员的职责和目标要有更清晰的认识，努力打造精品教育活动。

项目单位：上海科技馆
文稿撰写人：王倩倩

王倩倩
第二轮辅导思路解析

环境保护中的科学

一、主题选择

随着人类的开发和利用，地球资源对环境造成的破坏日趋严重，环保问题日益受到人们的重视。如何解决社会进步带来的挑战呢？请你设计一个教育活动，介绍环保的重要性以及目前广泛应用的几种环保措施中所运用的科学知识。

二、活动设计

（一）活动背景

2019年7月1日，上海开始实施《上海市生活垃圾分类管理条例》，成为全国第一座对垃圾分类立法的城市，作为这座城市的一员，你了解垃圾如何分类吗？目前垃圾分类的技术存在哪些改进之处呢？如何更加科学、高效地进行垃圾分类呢？

（二）活动主题

在这样的背景下，举办了暑期特别活动"青少年科学诠释者——智能垃圾分类回收系统"，在项目化思维的引导下，利用创客材料以及scratch编程语言搭建智能垃圾分类收集系统，解决目前垃圾分类中存在的问题，进行高效垃圾分类。

（三）活动对象

6~9年级在校生。

（四）活动过程

7月10日开幕，7月27日闭幕，包含项目思维培训、项目软硬件学习、项目中期汇报、成果展示评比等。活动开始后，每个小组都对自己或周边的社区进行了垃圾分类调研。大家针对在调研中发现的问题制订解决方案：例如，针对垃圾分类中湿垃圾的投放存在的问题，有的小组做了两项设计：可一次性分离的垃圾袋与湿垃圾，解决湿垃圾存储空间的环境问题。活动结束后进行了为期一周的公众展示，设计者们为观众进行了精彩的展示。

（五）活动总结

垃圾分类改变的不仅仅是我们的生活方式，更是现代城市发展进程中的必经环节。青少年是未来的希望，应该具备一定的责任感、使命感。通过活动让青少年们关注社会发展，提升创新能力，为社会进步做出贡献。

三、团队介绍

王倩倩：参赛选手，上海科技馆展示教育处科技辅导员。

项目单位：上海科技馆

文稿撰写人：王倩倩

陈洁茹

第一轮单件展品辅导

最速降线

一、主题选择

进行单项展品辅导，我倾向于选择符合以下三个特点的展品：第一，互动性强。尽量选择观众可动手操作的展品，在讲解过程中就能与观众较多地进行互动，带动观众参与的积极性，也能提高讲解的趣味性。尽量避免只有图文版或视频介绍的展品。第二，展示效果明显。展品展示效果明显有利于观众对现象和科学原理的理解，辅导员的辅导效果也会更好。第三，选择展品组展品。选择展品组展品进行辅导能使辅导员的辅导内容更加丰富，帮助观众更好地理解复杂原理，达到事半功倍的辅导效果。

二、创作思路

（一）辅导目标

①认识最速降线；②了解它的特点；③为什么这条线是最速降线；④最速降线在生活中的应用。

（二）辅导对象

认识最速降线很简单，但要理解它的原理也就是为什么这条线就是最速降线这一点比较复杂，所以我选择的辅导对象是对速度和加速度有一定认识和知识储备的中学生。

（三）辅导思路

1. 展示现象

最速降线是一件展示过程非常有趣，展示效果非常明显的展品，所以第一步我会先带领大家认识这条神奇的曲线，引起同学们的好奇心和探索欲。

2. 解释现象

看到现象之后同学们的第一反应肯定是问为什么，所以这个时候正好可以将其中原理道出。但最速降线这件展品的原理要讲得非常清楚太过于复杂，同学们不一定能听得懂，所以可将其中的主要原理化繁为简，结合同学们学习过的课本知识讲解出来。

3. 延伸问题

在我们解释完原理之后，如果是有效果的辅导过程，或者说是一场好的讲解，辅导员是一定能带动观众一起思考的，所以当我们讲解完之后最好的效果是观众还能提出几个延伸问题，我们再对这些问题进行解释，这样不仅可以非常好地和观众进行互动，也能让观众对原理了解得更加透彻。关于最速降线，观众可能会问，是不是所有曲线上的小球都能比直线上的小球最先到达终点呢？为什么这条曲线一定是最快的呢？对于这类问题，我们可简要解答。

（四）生活中的运用

科学只有运用于生活中才能实现它的价值，也才能让观众感受到科学并不是高高在上的，它就在我们身边，离我们并不遥远。

三、辅导稿件

阳光中学的同学们，你们好，看，在我身后有一件像滑梯一样的展品，它有两条滑道，一条是倾斜的直线，另一条是向下弯的曲线，但它们起点和终点的高度是一样的。这可不是供小朋友们玩耍的滑梯，而是今天我身边这两个小球赛跑的赛道。这是两个无论质量还是体积都一模一样的球，如果我将它们分别放在直线和曲线轨道的最上端让它们滚下来，你们猜一猜哪个轨道上的小球会先到达终点呢？来，下面听我指挥，支持直线上的小球先到达终点的请站在我的左手边，认为曲线上的小球更快的同学站在我右手边。

好，我看大多数同学都选择站在了左边，可以说说你们的理由吗？哦，这位女生说的我听懂了，她说因为两点之间直线最短，路程短用时就少。嗯，有一定的道理，那么最终哪个小球会先到达终点呢？请看实验结果。

两个小球已经分别放在两条赛道的起点，现在我们推起发射器让它们同时出发，3，2，1！好，我看到我右手边的同学们欢呼了起来。几秒钟的时间，结果非常明显，曲线上的小球以明显优势率先到达了终点。

这是为什么呢？我听到右手边有同学说了两个字"速度"，没错，曲线上的小球滚动速度更快一些，这就是它获胜的关键。其实刚才第一位女同学说的也没有错，在这件展品中，直线的路程确实要比曲线的路程短，但决定时间的并非只有路程，还有滚动的速度。那小球为什么在曲线上就滚得更快呢？老师知道你们这学期刚刚学习了加速度的相关知识，解释这一现象我们正好要用到它们。沿直线下滚时，小球做匀加速运动，速度缓慢而均匀地增大；沿曲线下滚，小球做变加速运动，曲线的上半段比直线更陡，小球在经过时能获得比在直线上更大的加速度，所以球速瞬间超过直线上的小球速度，跑

图 2-43 陈洁茹现场辅导展品"最速降线"

在了前面，到后半段，坡度稍缓，获得的加速度没有那么大了，但因为有前期的优势，整体速度依然快于直线上的小球速度，最终以速度的优势弥补了距离的差距从而获得了胜利。

说到这儿，我想问问大家，这两点之间直线只有一条，但曲线却有无数条，按上述理论，有很多曲线上的小球都能实现比直线上的小球跑得快这一点，那么大家有没有想过，在哪条曲线上的小球跑得最快呢？这就是著名的寻找最速降线问题。最开始伽利略认为它是圆的一段，但后来有多位科学家证明它其实是摆线的一段，即一个圆沿直线滚动，圆上固定一点所经过的轨迹。这就是你们眼前看到的展品上的这条曲线轨道，没错，它其实就是我们今天要寻找的最速降线。

同学们，生活中很多人为了尽快达到目标都会选择去"走捷径"，但今天大家看到了，路程短并不一定就能最快到达终点，那些看似很难走的路，往往能激发出我们更加强大的动力。

四、团队介绍

陈洁茹：参赛选手，来自武汉科学技术馆。

刘　虹、陈　丹：培训团队成员，来自武汉科学技术馆。

五、创新与思考

展品辅导在选择展品上非常重要。最速降线有其优点，展示现象明显，并且能上升到人生哲理，在普及科学知识的同时也能兼顾科学精神教育。但后期我们发现最速降线的原理太过复杂，并不容易用简单的语言将其表述清楚，导致稿件"难产"。所以平时我们需要思考和做的就是如何将展品所蕴含的原理化繁为简，以达到最好的科普效果。

项目单位：武汉科学技术馆

文稿撰写人：陈洁茹

陈洁茹
第二轮辅导思路解析

垃圾分类

一、抽定题目
抽到题目之后，我选择以"垃圾分类"为主题进行辅导思路设计。

二、创作思路
创作背景：全国正在各大中型城市推行垃圾分类，各相关单位也在进行垃圾分类的普及和推广。

活动对象：小学五年级学生。

三、辅导稿件提要
大家好，本次我们活动的主题为垃圾分类，我选择的辅导对象为五年级学生。对此主题我一共设计了四个辅导环节。

（1）"说一说" 小组讨论，你所理解的垃圾分类及其意义。将小学生们分为几个小组让他们进行集体讨论。此环节主要是为了在整个活动开始之前先开动开动小朋友们的脑筋，激发小朋友们的表达欲望和参与欲望，为后面需要他们全力参与的环节做准备。讨论完成后，可以让每个小组派一位代表来表达一下本小组讨论的结果，在此过程中辅导员可对其所表达的内容进行肯定和修正。

（2）"看一看" 观看垃圾分类科普小视频。通过学习视频内容，让小朋友们初步了解如何进行垃圾分类。观看完后，辅导员可带领同学们进行回顾和总结，保证小朋友们已经基本了解了什么物品属于什么垃圾。

（3）"玩一玩" 垃圾分类小游戏。前面我们是静态地吸收知识的过程，本环节我们动起来，通过小游戏巩固垃圾分类的知识，检验同学们是否已经了解了垃圾如何分类。事先，我准备了一筐乒乓球，上面写上了生活中各种废弃物的名称，然后再准备几个塑料垃圾筐，贴上不同垃圾种类的名称，大家轮流抽球确定球上所写的垃圾并将其投掷到两米外相对应的框内，看看我们一共能投对多少乒乓球。

（4）"演一演" 科普剧表演。最后我会给他们两个科普剧的剧本：《小海龟历险记》和《我家的垃圾分类》，前者与环保有关，后者与垃圾分类相关，自愿分组参与表演（可拿剧本读台词），进而让环保和垃圾分类的观念入脑入心。

四、团队介绍

陈洁茹：参赛选手，来自武汉科学技术馆。

刘　虹、陈　丹：培训团队成员，来自武汉科学技术馆。

项目单位：武汉科学技术馆
文稿撰写人：陈洁茹

张 涵

第一轮单件展品辅导

卡尔丹椭圆规

一、主题选择

卡尔丹椭圆规运用的是数学领域知识。我们发现该展品在运行中虽然操作容易，但是理解难度大，大多数观众不懂如何看现象以及现象背后的原理，因此有科普的必要。

尝试进行数学与物理学的跨学科跨领域融合讲解。

二、创作思路

①数学领域知识往往较为抽象，学生在吸收知识时存在一定难度。因此，此次教学采用模象直观方式，将展品的核心知识提炼出来，通过道具和辅导员的动手操作在白板上呈现，一目了然。

②开头抛出问题，引发思考，并带领观众层层剖析。

③联系生活实际。使观众在掌握椭圆知识点的同时，感受它在日常生活中带来的神奇现象，从而联系到声聚焦等物理学知识。

④情感升华。椭圆无处不在，生活中广泛应用，呼吁大家留意身边的数学现象。

三、辅导稿件

同学们，如果我们想画一个圆，我们需要什么？没错，要用到圆规。那如果我们想要画出一个椭圆，该怎么办呢？哈哈，是不是没有头绪了？其实啊，想要画出椭圆，只需要我们面前的这件展品就好了。

大家看，我们只需要握住滑标，移动360°，一个椭圆就画好了。在家我们也可以制作这样的装置，用图钉固定两个点，将绳子缠绕两枚图钉，用笔撑直绳子，使绳子绷紧形成三角形，再用笔画一周，标准的椭圆就画成啦。是不是很神奇也很简单啊。

为什么这样就能画出椭圆呢？这其实是由椭圆自身的特点决定的。椭圆是平面上到两个固定点的距离之和，是一个常数的点的集合，在我们画椭圆的过程中，绷直的绳子长度不变，所以，我们画一圈就正好把所有的这个常数点都画在了轨迹上。而这两个图钉所在的点，就是它的焦点。

而椭圆的焦点还有更神奇的地方呢，从其中一个焦点发出的线，经过边缘反射的话，都会回到另一个焦点处。我曾经去过一个造型特别的教堂，忏悔者进入忏悔室后，四周无人的情况下，能够听到牧师对自己的开导，而牧师所在的位置离她是有一段距离的，现在大家知道这是为什么了吗？没错，忏悔者和牧师正是分处于这个椭圆教堂的两个焦点处。

而在古希腊也曾有过这种结构的音乐厅，它的甲等座位并不在靠近乐队演唱的地方，而是在一个椭圆音乐厅的一个焦点上，而发声处则是在另一个焦点，因此，甲等座位所听到的音乐声效果是最好的。

不仅如此，天文学家也惊奇地发现几乎所有星球的运行轨迹都是椭圆。生活中椭圆的应用还有很多，希望大家能善于发现身边的数学，让学科知识不仅仅局限于书本和考试，而是能将他们应用到生活中去。

四、团队介绍

张　涵：参赛选手，厦门科技馆辅导员，主要研究方向为科普讲解及服务。

苏春玲、林　曦：培训团队成员，来自厦门科技馆。

项目单位：厦门科技馆

文稿撰写人：张　涵

张　涵
第二轮辅导思路解析

诺贝尔化学奖

一、抽定题目

现代人的生活离不开各式各样的电器，通常情况下，我们只需要会使用电器，不需要知道它的工作原理及构造，但其实每一个电器的发明及演化过程都值得我们研究。请你选择生活中一件常见的电器（例如鼠标、手机、微波炉等），设计教育活动，概述其发明过程、应用的原理及其演化过程。

活动的主题定为：诺贝尔化学奖。因为大家都知道，在2019年10月，诺贝尔的化学奖奖项发布给了锂电池这一发明。本活动将基于思维教学模式：科学知识、科学探究、科学态度、科学技术和社会环境这5个方面来解释锂电池这一诺贝尔化学奖。

二、活动对象

小学三、四年级的学生（因为这个阶段的学生内心充满了好奇心，并且有一定的逻辑和计算的思维）。

三、活动设计

首先，以活动做引入。辅导老师会给每一位学生发一部手机和一个配套的充电器，让同学们在相同的时间内，观察一下不同手机、不同充电器会给这个手机充多少的电量。既然提到了充电，就离不开电池。

其次，辅导员老师为学生讲解哪些东西是能导电的，哪些东西是不能导电的。这就引出了第一个科学知识：绝缘体和导体的区别。

图 2-44　张涵辅导思路解析现场

接着,让学生们在现场选出一些材料,判断哪些是绝缘体、哪些是导体。并让学生们现场制作一个小电池。通过学生们选择的材料来进行一个简单的电路连接,来看一下它是否会导电。

最后,辅导老师将同学带入展厅,来了解一下我们最古老的的手摇式发电机展品,一直到现在的氢能发电、太阳能发电,来了解一下太阳能的演化过程。在展厅中,同学们通过自己与展品的互动逐步探究了解一下哪些物体是导电的、哪些物体是不导电的。

科学态度方面,活动希望同学们能建立一个实事求是的科学研究的态度。在科学基础、社会环境方面,希望学生们能够知道在整个电池的发展过程中离不开科学家们的辛苦劳动,同时期待下一个诺贝尔化学奖属于热爱科学、追求科学真理的孩子们。

四、团队介绍

张　涵:参赛选手,厦门科技馆辅导员,主要研究方向为科普讲解及服务。

苏春玲、林　曦:培训团队成员,来自厦门科技馆。

项目单位:厦门科技馆

文稿撰写人:张　涵

彭 玲
第一轮单件展品辅导

声聚焦

一、主题选择

　　作为声学的经典展品，声聚焦展品具有内涵丰富、表现力好、蕴含的原理易讲易懂等特点。

二、创作思路

　　对标初中物理课程，可作为相关课程的延展教学，稿件亮点是在互动环节设计了雨伞、手表模仿声聚焦展品，反响很好。

三、辅导稿件

　　欢迎各位七中的同学们来到我们声光厅，相信大家和我一样，觉得声音是非常神奇的——她只能被听到，却摸不着，今天我们要通过一种特殊的媒介去感受声音的独特魅力。

　　大家能看到最后一排那位很帅的摄影师大哥吗？如果我想和他聊天应该用什么办法呢？有的同学说打电话，有的说聊微信。如果我告诉大家我身后这个高2米呈抛物状的"大铁锅"就能实现这个愿望，你们相信吗？我看到很多人都在摇头，那我就请摄影师大哥陪我做这个实验好吗？掌声有请，请你站在40米外的相同的"大铁锅"展品上面。我在这边小声地说："听到我的声音，给我挥挥手吧。"额，他没有反应，这是怎么回事？哦，我忘了站到展品的展台上方了，这次我对着圆环再说一次："你好帅，听到给我挥挥手好吗？"大家请看，他正在给我们用力地挥动双手。"谢谢你的参与。"

大家是不是觉得非常神奇？要想知道其中的奥秘，我们就一起来回想一下初中物理学到的凹面镜成像原理吧。其实声音和光线一样，也会发生折射和聚焦，当反射物呈凹面状时，折射回来的声音共同经过的这个点，我们称之为焦点。现在我们回到展品上，第一次我在展品下方说话，因为没有反射物，距离很远，所以摄影师听不到我说的话，第二次我对着"大铁锅"面前的圆环说话，声音在大铁锅上发生反射，反射到对面的大铁锅上，那大家想想，对面大哥面前的圆环是什么点，对了，焦点，所以形成了有趣的声聚焦现象。

其实声聚焦原理在现实生活中有很多应用，在医学领域，有声聚焦手术刀，即医生手里没有传统意义上的手术刀，而是让声音穿过皮肤，让声音的能量在肿瘤处聚集起来，从而切割肿瘤。

大家是不是觉得声聚焦的作用都是好的呢？答案是否定的，大家可以看到在我们现场有很多音箱，它们的摆放有个共同的特点，那就是都对着宽阔的地方，这就是为了避免声聚焦现象，不然就只能有少数同学听清我的声音，其他同学则听不清了。

说到这里有的同学会问，我们可不可以自己在家做这个实验呢？那我们就一起来探究一下吧，首先准备一把雨伞，撑开后固定好，耳朵靠近伞柄左右移动，当突然觉得周围的声音变得清晰时，记录下这个位置，大家知道这个位置是什么点吗？对了，焦点。取下我的机械手表固定在焦点处。接下来我们继续探究：在对面3米远同样高度的地方撑开相同的雨伞，然后移动耳朵的位置。当你听到"滴答……滴答……"声音的时候，恭喜你，"声聚焦"这件展品就被你搬回到家了。

好了，声聚焦原理就和大家分享到这里，谢谢大家。

四、团队介绍

彭　玲：参赛选手，四川科技馆科学辅导员，研究方向为科普讲解、科学表演。

吴　莎、刘　聪：培训团队成员，来自四川科技馆。

项目单位：四川科技馆

文稿撰写人：彭　玲

彭 玲
第二轮辅导思路解析

太阳系探秘

一、主题选择

太阳系主题具有启发性强、延伸性强，学生对其兴趣度高，与时事热点结合度高等特点。

二、创作思路

辅导思路：以小学三年级及以上学生为对象，以 STEAM 教育为核心，结合多元化的活动设计而成，寓教于乐，让参与者在学习过程中不仅爱上科学，还能发现科学中的艺术之美。

活动对象：小学生团队。

活动目标：培养科学与艺术相结合的复合型人才。

教学形式：参观展厅、观看电影、绘制展品、科普剧创作与展演。

切入思想：寻找太阳系的美。

三、辅导稿件纲要

进入科技馆一楼航空航天厅，由地球展开介绍，引出太阳系主题，然后观看 4D 电影《太阳系探秘》，发现太阳系的美，结合 STEAM 中的 ART 课程，在美术教室画出你心中的太阳系，然后在创客教室用超轻粘土创作太阳系模型并完成知识沉淀，最后以太阳系知识为蓝本，集体创作科普剧并进行汇报表演。

图 2-45　彭玲辅导思路解析现场

四、团队介绍

彭　玲：参赛选手，四川科技馆科学辅导员，研究方向为科普讲解、科学表演。

吴　莎、刘　聪：培训团队成员，来自四川科技馆。

项目单位：四川科技馆

文稿撰写人：彭　玲

张 超
第一轮单件展品辅导

中国探月工程

一、主题选择

中国航天的发展举世瞩目，中国航天的故事传为佳话，值得每一位中国人骄傲和自豪。中国探月工程分三步走，蕴含了中国航天人对月球探索的规划与向往，开启了人类探月的新纪元。

二、创作思路

本展品虽然类属静态陈列，但作为国之重器是中国从科技大国走向科技强国的重要标志，包含了丰富的科学知识和科学精神，选择该展品进行讲解是为了更好地传递中国精神，受众群体可以覆盖到全年龄段，增强受众民族自豪感。

三、辅导稿件

尊敬的各位评委老师，还有亲爱的科普同仁们，大家上午好。欢迎来到科技馆的航空展区，嫦娥奔月可谓家喻户晓。而在现代，正如我身后的这件展品——2004年1月正式立项的中国探月工程也被亲切地称为嫦娥工程，该工程的实施分绕、落、回三步走。

第一步，绕。2007年10月24日，"嫦娥一号"首飞冲天，它获得了我国第一幅全月图影像图。随后，作为姐妹星的"嫦娥二号"更是得到了全世界首幅7米分辨率、全月球立体影像图以及月球表面的物质成分分布图。

第二步，落。2013年12月14日，"嫦娥三号"搭载月球车"玉兔号"实现了月球正面虹湾区的软着陆，并完成了全部的既定探测任务，同时创造了全世界最长的在月工作记录。由于月球自转和公转的周期是完全相同的，这就导致生活在地球上的我们，只能够看到月球的正面，而为了揭开古老月背的神秘面纱，在2019年1月3日，"嫦娥四号"搭载月球车"玉兔二号"更是实现了人类首次月球背面的软着陆。

等一下，登陆到月背的"嫦娥四号"想和地球打个电话报平安发现没有信号怎么办呢？对此，科学家们早就想到了对策——提前发射了一颗名为鹊桥的中继星。对于地球和月球两大天体而言，中继星鹊桥的质量几乎可以忽略不计，这就引出了著名的三体问题，伟大的数学家拉格朗日计算出了五个引力平衡点，简单来说就是一个小天体相对于两个大天体而言，既能保持相对独立静止又能减少自身能量消耗的点，那这五个点究竟在哪里呢？我们来看一下，地月连线上有一点（L1），距离月球6.5万千米；地月反向延长线上有两点（L2、L3），L2距月球6.5万千米，L3距地球38.4万千米；以地球、月球为顶点，地月连线为边长的两个等边三角形的顶点分别为L4、L5。不难发现，只有L2点能够完美地覆盖月球的背面，如果中继星只守在这一点上，受月球遮挡，仍然是看不

图2-46　张超现场辅导展品"中国探月工程"

见地球的。所以,科学家们就设计了一条绕 L2 点,并且垂直于地月连线平面的特殊轨道。中继星绕轨飞行,保证地球始终能够看见自己,自然也就成功地建立起了地球和月背之间 40 多万千米的通信桥梁了。

第三步,我们再来说一说"回"。2020 年发射的"嫦娥五号"又称月球自动采样返回器,它带着 2 千克月壤返回地球供科学家们进行分析来完成回的任务,而相关具体的科研成果就让我们拭目以待!

百年飞天漫漫路,今朝探月踏征程,让我们大家一起九天揽月,致敬中国航天!

四、团队介绍

赵菁、田伟组成辅导培训团队,两人均是天津科技馆资深科普辅导员,曾经参加第一届全国科技馆辅导员大赛等多项科普赛事并取得佳绩,对比赛和展品都有独到的见解和思路,从知识覆盖、技巧运用和心理建设等方面对比赛选手进行了多元化指导。

张　超:参赛选手,作为天津科技馆新晋科普辅导员,在日常工作中认真思考,探索展品和场馆之间的联系,建立展品和观众之间的互动,力求将更多的科普知识传递给观众;参加比赛时和业内同仁积极交流,吸取宝贵经验,为日后开展工作打下了良好的基础。

五、创新与思考

这次比赛对我个人来说是一次业务考核的试金石,站在全国舞台上和优秀的科普前辈们一同竞技,结交了很多业内朋友,学习到了专业的比赛技巧,对展品的理解也更加深刻,但如何用更加深入浅出的语言进行表述以及在讲解过程中建立互动和对象感则需要进一步加强,未来我将继续努力,在科普事业的道路上砥砺前行。

项目单位:天津科技馆

文稿撰写人:张　超

张　超
第二轮辅导思路解析

科学大中国，科普小工匠

一、主题选择

科普活动在国内科普教育中的权重越来越高，形式也是愈发多样，祖国未来的花朵通过参与场馆活动能激发其对学习的兴趣和获得知识的渴望，也是从业领域工作中永恒不变的思考主题。同时，在科技不断创新的实际环境中，以工匠达人的身份宣讲科普是非常精彩的。

二、创作思路

活动本身涉及的群体基本覆盖全年龄段，包含了丰富的科学知识和科学精神，活动以亲子合作以及比拼的方式结合展区进行开展，在增强凝聚力的同时拓展了人文精神，有助于参与者更好地理解科学家付出的努力与艰辛，同时可以提高个人信息收集的能力以及语言表达能力。

三、辅导稿件

我抽到的是环境类题目，介绍的内容是环境科学专家对我国环保事业做出的贡献。因此我设计的活动主题为"科学大中国，科普小工匠"，活动地点就在科技馆，活动时长为1个小时，活动属性为研学探究类；针对的群体为社会公众，推荐以家庭为单位（一次不超20组），采用线上和线下的报名方式，随后进行抽签、配对和分组，组合好的家庭会在规定时间内分别参与各自的环节。

一组家庭是角色扮演，化身科学主人公进入到指定的主题展区，寻找展品背后隐藏的故事卡和任务卡，故事卡主要是了解主人公的人生经历、科研事迹和主要成就；任务卡是到达指定的实验区完成互动，比如了解现实生活中垃圾如何分类、污水如何处理、重金属如何处置等。进而了解科学家解决实际问题的思路和灵感。

另外一组家庭是科研开发，进入到指定的能源展区，寻找展品背后隐藏的道具卡，根据提示去手脑工坊，结合当下流行的虚拟现实技术了解污染形式和处理模式，回答相应的问题后可得到科研模型，如微型垃圾处理厂、微型核废物处理装置。

完成任务的家庭回到起点，配对的家庭需要将主人公线和科研成果进行组合，完成一次科普宣讲，我们会颁发科普宣讲达人奖章，目标就是让更多的人体会科学家的艰辛和努力！

图 2-47　张超辅导思路解析现场

四、团队介绍

赵菁、田伟组成辅导培训团队，两人均是天津科技馆资深科普辅导员。

张　超：参赛选手，天津科技馆新晋科普辅导员。

五、创新与思考

这次比赛对我个人来说是一次业务考核和学习，如何用更加深入浅出的语言进行表述以及创新活动思路则需要进一步加强，未来我将继续努力，在科普事业的道路上砥砺前行。

项目单位：天津科技馆

文稿撰写人：张　超

孙伟强

第一轮单件展品辅导

嫦娥奔月

一、主题选择

从李白的"床前明月光",到美国总统肯尼迪的"我们要去月球,并不是因为它容易,而是因为它难"。月球寄托了人类很多美好的情感,去往月球的一小步,是人类探索未知无限未来的一大步。

二、创作思路

知识层面:了解航天器飞往月球的方式。

情感态度价值观:通过开放性的讨论,培养学生的创造性,学会运用逻辑思维分析事物;通过航天知识的输入,培养学生对航天事业的热情和正面理解。

辅导对象:小学高年级和初中低年级学生。

辅导思路:从生活中常见的现象——扔纸团入手。结合展品操作,一步步升级认知。通过对比不同航天器飞往月球的路径,从中获得相关知识的了解。

三、辅导稿件

首先,我要带领大家做一个课堂上老师"深恶痛绝"的游戏。游戏是这样的,大家拿一张纸,对折一下,然后用双手一揉,这样我们就做成了纸团。之后用这个小纸团瞄准我,向我扔过来。我们可以看到满地都是纸团,这也就是老师对这个游戏"深恶痛绝"的原因。

其实这个游戏里面可包含着嫦娥去月球的方法。这里说的可不是神话故事中的嫦娥,而是我国发射的嫦娥系列月球探测器。大家看我们这个展品，中间旋转着的蔚蓝色小球是地球，在屏幕中绕着它转的就是月球。展品上有几个嫦娥探测器，选中之后用手一滑，探测器就可从地球上发射出去。我们分别请四位同学分别发射"嫦娥一号""嫦娥二号""嫦娥三号""嫦娥五号"探测器，来观察一下探测器的飞行轨迹有什么不同。我们看到只有"嫦娥一号"绕地球很多圈之后才飞向月球，而其他探测器都是直奔月球而去。月球就在那里，"嫦娥一号"为什么不直接飞过去呢？

回想我们刚才玩的扔纸团游戏。这个同学的纸团扔得比较远，因为他的力气大。同样的道理，火箭推力越大，嫦娥就可以飞得更远。"嫦娥二号"以后就用大推力火箭，所以直接飞向了月球。但是"嫦娥一号"没有用大推力火箭，直接飞飞不过去。那怎么办呢？

我们做个对比实验，还是扔纸团。这个同学直接扔纸团，另外一个同学将纸团拴一根棉线，像流星锤一样扔过去。哪个扔得更远呢，结果显而易见。在奥运会比赛项目中，铅球和链球的重量差不多。但扔铅球的世界纪录是 20 多米，而扔链球的世界纪录是 80

图 2-48 孙伟强现场辅导展品"嫦娥奔月"

多米。要使"嫦娥一号"飞过去，地球引力就充当了这条铁链。这时候我们看展品，"嫦娥一号"在绕地球飞行的过程中，经过多次变轨越飞越快，为飞向月球积蓄了足够的能量。同时由于多次经过地月转移轨道，也为之后的发射积攒了足够的数据。

"嫦娥一号"作为探月的先行者已经完成了它的使命，他的后继者——"嫦娥五号"则要完成我国探月工程"绕落回"三步走的最后一步。在宇宙尺度下，这虽然是很小的一步，但它包含着人类关于存在、关于未来、关于探索新边疆的一大步。

四、团队介绍

孙伟强：参赛选手，中国科学技术馆展览教育中心讲师，教育硕士，有多年科普一线表演、教学经验；获得第四届、第六届全国科技馆辅导员大赛个人辅导赛二等奖，作为"扭转乾坤"项目主创获得第五届全国科技馆辅导员大赛科学表演赛一等奖以及担任个人辅导赛一等奖指导教师。

黄　践：培训团队成员，中国科学技术馆展览教育中心讲师，教育硕士，有多年科普一线辅导教学经验；获得第五届全国科技馆辅导员大赛个人辅导赛一等奖，以及担任第六届全国科技馆辅导员大赛个人辅导赛二等奖指导教师。

冯　薇：培训团队成员，中国科学技术馆展览教育中心讲师；获得第二届全国科技馆辅导员大赛个人辅导赛一等奖，以及担任第六届全国科技馆辅导员大赛个人辅导赛二等奖指导教师。

项目单位：中国科学技术馆

文稿撰写人：孙伟强

尹 媛
第一轮单件展品辅导

动量守恒

一、主题选择

在选择展品时，尽量选择一些实验现象简单、易于探究的展品。动量守恒这件展品对于初中学生而言，在原理上有一定难度。但创作的初心，主要是想让学生了解探寻真相的方法，通过观察提出问题，用猜想设计实验，从数据得出结论。

二、创作思路

辅导目标：让学生了解探寻真相的方法。

辅导对象：初中二年级学生。

辅导思路：辅导员扮演笛卡儿，模拟笛卡儿的思考过程，从动量守恒引入，让学生探究拉起不同小球的实验，得出结论。

三、辅导稿件

大家好，欢迎来到17世纪的科学探索之旅，我是笛卡儿，既是哲学家笛卡儿，也是科学家笛卡儿。最近我在思考一个问题，无论我用多大力气扔出这团纸，它最终都会停下来。我们身边运动着的物体大多如此。但如果我们把视角放到整个宇宙，根据千百年来的观测，并没有发现日月星辰的运动有所减少，难道宇宙间的运动总量是永恒不变的吗？

让我仔细想想，生活中的运动总是会受到外界的干扰，而整个宇宙没有所谓的外界，所以运动的总量才不会减少。假如我们找到一个类似宇宙的孤立系统，不就可以设计实验验证我的猜想了吗？

大家看，这不就是一个孤立的小宇宙吗？这5个钢制小球被悬挂起来，重力和拉力相平衡，在水平方向，就像是日月星辰，不受外界干扰，为了简化模型，钢球的材质、大小、重量全部一样。

大家可以跟着我一起思考，当我拉起最左边的小球撞向其他小球时，如果我的猜想正确，那么小球的运动将被传递，而且总量不变。

我们来试一下，果然，另一边的小球被撞起到和之前那个小球几乎同样的高度，整个过程如果我们用视频拍摄再回放，会发现正序播放和倒序播放的情况几乎完全一致。换句话说，有多少运动，就传递了多少运动！

让我们再采取控制变量试试，小组1负责改变小球的质量，也就是拉起两个小球做10次，小组2负责改变小球的速度，也就是增加初始拉起小球的高度也做10次。在这过程中要做好记录，记录小球被弹起几个，分别被弹起多高。

通过刚才的实验和记录，大家发现了什么？你说。"被弹起的小球都和初始小球有着同样的质量和高度"。太棒了，我的猜想验证了：像宇宙一样孤立的系统，运动的总量是守恒的。

其实最初，我是用质量和速率来描述运动量的，不过后来被"站在我肩膀上"的牛顿修改为质量和速度的乘积。这就是动量。不过这些并不是最重要的，重要的是我想分享给大家探寻真相的方法，通过观察提出问题，用猜想设计实验，从数据得出结论。

大家还有什么问题吗？我听到有的同学说了：当拉起两个小球撞向三个时，为什么不是一个被弹得更高？或者三个小球都被弹开？为什么偏偏是两个对应两个小球，一个小球对应一个呢？

这个问题太棒了！不过现在的笛卡儿还没有办法解答，试试旁边这些大小不一的小球看看有没有什么发现吧！记得用今天学到的科学方法来探索哦。

谢谢大家。

图 2-49 尹媛现场辅导展品"动量守恒"

四、团队介绍

尹　媛：参赛选手，陕西科学技术馆科普辅导员。

王　冰：培训团队成员，陕西科学技术馆技术保障部主任。

陈　涛：培训团队成员，陕西科学技术馆展示教育一部副主任。

五、创新与思考

反思：内容不够充实，还需要继续完善。

项目单位：陕西科学技术馆

文稿撰写人：尹　媛

尹 嫒
第二轮辅导思路解析

时间信使
——光之旅

一、抽定题目

科学与艺术。

二、创作思路

辅导对象：小学五、六年级学生。

辅导思路：科学与艺术结合的展品较多，选择相关光学展品开展，并结合本馆教育项目《时间信使——光之旅》的具体内容，使学生了解相关光学知识，如光的折射、光的反射等。

三、活动过程

（一）引入

由表演剧《追寻宇宙第一速度——光速》引入，使学生了解科学家们探寻光速的辛苦历程。

（二）活动背景

虚构科幻故事，从人工智能发展畅想人类进入魔法时代，失去了科学文明。为了找回失落的科学文明，由学生扮演时间信使，依次穿越四个时空。

第一次穿越：古希腊,科学的萌芽之地。从视错觉图片引发学生眼见为真的观念冲突，介绍光沿直线传播这一理论。

第二次穿越：中古阿拉伯，还原阿尔哈曾的实验过程，让学生通过石子砸墙壁认识到光线也能反弹。通过展品镜子世界等光学展品使学生进一步验证光的反射这一规律。

第三次穿越：中世纪欧洲，实验科学的开展时期，通过罗杰·培根对于玻璃球的观察，引导学生尝试画出玻璃球中的光线传播路径。再通过不同种类的透镜和倒立的箭头实验让学生了解光的折射。

图 2-50　尹媛辅导思路解析现场

第四次穿越：近代欧洲，重现牛顿的三棱镜与光的色散实验，让学生亲自感受，并且说出自己的猜想，再给出当时科学家的说法。让学生感受牛顿的实验和其他科学家实验的不同，进一步认识光色色散。

四、团队介绍

尹　媛：参赛选手，陕西科学技术馆科普辅导员。
王　冰：培训团队成员，陕西科学技术馆技术保障部主任。
陈　涛：培训团队成员，陕西科学技术馆展示教育一部副主任。

五、活动延伸与总结

延伸：科学史和科学哲学。从古希腊开始的四次穿越，主要目的并不是让学生了解科学知识或者科学方法，而是希望通过一次次的时光之旅使学生建立朴素的科学史观，了解科学方法的由来。

总结：活动内容还有些欠缺，而且对于科学和艺术的关系涉及太少，应该在活动开展的时候增加科学与艺术相关的内容。

项目单位：陕西科学技术馆
文稿撰写人：尹　媛

南江亭

第一轮单件展品辅导

静电碰碰球

一、主题选择

静电碰碰球展品位于山西省科学技术馆三层"机器与动力"展区的"第二次工业革命"中,"第二次工业革命"是以电的发现以及人们对电的认识作为主线设计的,而静电堪称是人类发现电的萌芽,该件展品以形象生动的展示效果让观众直观地了解什么是静电,什么是正负电荷以及同性相斥、异性相吸等基础电学理论。

二、创作思路

主要针对小学三年级学生,让他们初步了解电学,并启发他们对电学的学习兴趣。通过实验引入、道具模拟等方式剖析静电碰碰球的奥秘。从问题着手:为什么纸屑可以被塑料尺子吸起来?为什么尺子放到地上后再去吸纸屑就不行了?带着问题看展品,通过红色磁扣和绿色磁扣分别模拟正电荷和负电荷,直观演示小球先吸引到中心电极再排斥的全过程,并了解同种电荷相互排斥、异种电荷相互吸引的原理。了解展品原理后再解释开篇塑料尺子吸纸屑的原理,由生活中常见的现象导入展品,掌握原理后再解释生活中的问题,适应三年级学生接受新知识的能力。

三、辅导稿件

同学们,大家有没有发现用塑料梳子梳头,头发会"炸"起来。今天我们一起来做个实验:用这把塑料尺子摩擦我们的头发,大家看能不能把纸屑吸起来?吸起来了!现在把尺子放到地上,拿起来再试试还能吸起纸屑吗?"不可以了!"为什么会这样呢?

让我们带着这个问题一起看看"静电碰碰球"。

展台上有很多金属小球，中间是一个大金属球，外圈有一圈铁皮，它是接地的。现在请这位同学摇动手柄，大家看。"小球碰撞起来了！""小球会先滚向中间的大球，再到铁皮，在大球和铁皮之间不停折返跑。""老师，我还看到，小球和小球还会互相碰撞。"为什么会产生这样的现象呢？

大家看这里，这相当于中心的大金属球，当转动手柄的时候其实是给大金属球充电的过程，假设我们给大金属球接正极，它就会带大量正电荷，于是在大金属球周围的空间就会产生一个静电场。这是展品中的金属小球，它是一个导体，便会发生静电感应，于是小球的电荷会重新分布，其中靠近中心大金属球的一面是负电荷，远离的另一面是正电荷，大金属球对负电荷有吸引力，对正电荷有排斥力，负电荷离大金属球的距离是不是更近呀，所以吸引力大于排斥力，小球就会滚向中心大金属球。在接触到大金属球的一瞬间，发生电荷中和，即小球上的负电荷与大金属球上等量的正电荷中和，此时小球带正电，由于同种电荷相互排斥，小球在斥力作用下就会远离大金属球，当到达铁皮的时候，又一次发生电荷中和，即小球上的正电荷和铁皮上等量的负电荷中和，此时小球又恢复到不带电的状态。接下来小球被铁皮弹回到静电场中，只要大金属球一直充电，小球就会不停地重复刚才折返跑的运动过程。

刚刚有同学问小球和小球为什么也会互相碰撞呢？一个小球会在电场的作用下折返跑，如果有很多小球呢？它们也会遵循着同种电荷相互排斥、异种电荷相互吸引而相互碰撞。

我们刚刚模拟的过程是给大金属球接正极，如果接负极呢？原来的正电荷会变成负电荷，负电荷变成正电荷，而运动过程还是相同的。

再来想想刚刚的尺子实验是不是简单多了？塑料尺子和头发摩擦产生静电，对轻小的纸屑具有吸引力，把尺子放到地上和地面接触其实就是发生了电中和，尺子不带电自然吸不起纸屑了。而生活中用塑料梳子梳头后头发带着同种电荷就会分开了。

利用静电的特性，除了除尘、喷涂外还能做什么呢？这个问题留给同学们。好，今天的静电碰碰球就为大家介绍到这里。

图 2-51 南江亭现场辅导展品"静电碰碰球"

四、团队介绍

仝鲜梅：指导教师，山西省科学技术馆展教中心主任。

南江亭：参赛选手，山西省科学技术馆展厅辅导员。曾获第四届全国辅导员大赛西部赛区展品辅导赛一等奖、科学实验三等奖、全国总决赛科普剧三等奖；第五届全国辅导员大赛东部赛区展品辅导赛二等奖、全国总决赛科学实验三等奖；第六届全国科技馆辅导员大赛山西赛区展品辅导赛一等奖、全国总决赛二等奖。

五、创新与思考

在科技馆展品中，最枯燥乏味的展品当属电学展品，微观且难理解，针对年龄小的受众更要以他们"听得懂"的语言进行阐述，比如小游戏、角色扮演、实验、道具模拟等方式可以优先选择，作为辅导员不应该仅是讲解词的背诵者，更应该是让展品"活起来"的媒介者！

项目单位：山西省科学技术馆
文稿撰写人：南江亭

南江亭
第二轮辅导思路解析

自制降落伞

一、主题选择

在辅导员大赛第二赛段中我抽取了利用"控制变量法"对群体进行辅导的题目。在航天领域中降落伞起着至关重要的作用,可以通过制作降落伞,融入 Steam 理念,在认识和理解控制变量法的基础上,将不同长度的细绳、材质各异的材料进行对比,在制作过程中了解各种因素对降落伞优劣的影响,引导学生运用工程思想,选择合适的材料来设计、制作、测试和改进降落伞。

二、创作思路

主要针对五年级学生,让学生通过制作、测试简易降落伞,主动探究影响降落伞降落速度的因素。通过"DMP"模式,即 Design(设计)—Make(制作)—Play(游戏)的设计思维,让学生知道降落伞的组成部分以及影响降落伞平稳下落的因素有哪些;在探究过程中知道如何控制变量,了解影响降落伞性能的相关因素。本项目重点在于强化学生的工程思维,熟练掌握控制变量法,培养学生解决问题的能力和动手实践的能力。

三、辅导稿件

针对"控制变量法",我以"自制降落伞"作为课程的主题,邀请五年级同学参与,运用"DMP"教学模式,以情景模拟、动手实验、角色扮演的形式开展活动。

（一）Design（设计）

通过情景模拟，抛出国家航天局要采购一批新型降落伞的需求，以此提出本课的任务：设计、制作一款能满足国家航天局需求的降落伞，要求可以平稳、慢速降落。

（二）Make（制作）

设计制作，控制变量。

①**实验材料：塑料袋、橡皮、细绳**。通过塑料袋制作的简易降落伞悬挂橡皮进行下落演示，并展示多种降落伞图片让学生了解降落伞的结构以及制作简易降落伞的步骤。

②**实验材料和工具：尼龙布、塑料膜、不同长度的细绳、圆筒、吹风机等**。将学生分为三组，完成任务单。在此过程中使用控制变量法，将材料、伞面面积、伞绳长度这三种中的两种作为常量，一种作为变量。同时利用圆筒和吹风机设计一个简易风洞，通过测试和记录不同的降落伞在风洞中的表现来探究影响降落伞平稳降落的因素。

表 2-1 任务单

	材料	伞面面积	伞绳长度（厘米）	实验结果
第一组	塑料膜	S1	20	
	尼龙布	S1	20	
结论：				
第二组	材料	伞面面积	伞绳长度（厘米）	实验结果
	塑料膜	S1	20	
	塑料膜	S2	20	
结论：				
第三组	材料	伞面面积	伞绳长度（厘米）	实验结果
	塑料膜	S1	10	
	塑料膜	S1	20	
结论：				

③制作降落伞

考虑材料的性能与成本，制作一张材料价格表，让学生自行采购材料制作降落伞，避免材料浪费。

（三）Play（游戏）

以每组为单位，对降落伞进行 DIY 设计与制作，通过游戏的方式进行展示，并以制作降落伞的经费开支、设计和制作降落伞的时间、降落伞的性能三方面为主要评价标准，来判断学生制作出的降落伞是否符合本次采购要求。

通过这堂课，让学生熟练掌握控制变量法，培养学生解决问题的能力和动手实践的能力。

四、团队介绍

南江亭：参赛选手，山西省科学技术馆展厅辅导员。

仝鲜梅：指导教师，山西省科学技术馆展教中心主任。

吴　翔：指导教师，山西省科学技术馆展厅辅导员。

五、创新与思考

开发科普活动成为当今科技馆新的课题，要懂得利用多种方法让辅导课程生动有趣，同时在活动后应及时总结并记录学生反馈，从而更好地优化课程，让科技馆教育真正成为社会教育的有力补充！

项目单位：山西省科学技术馆

文稿撰写人：南江亭

史佳鑫
第一轮单件展品辅导

悄悄话

一、主题选择

声聚焦。

二、创作思路

从热点时事着手,针对 FAST 的形状,基于场馆内的展品,使学生在了解声聚焦现象和原理的同时,传递一种科学态度和科学思想。

三、辅导稿件

2016 年,我国建成了举世瞩目的中国天眼(FAST),FAST 作为我国自主研发的 500 米口径球面射电望远镜,是迄今为止人类最大的射电望远镜,它的整体结构酷似一口巨大的"锅"。这样庞大且复杂的 FAST 之所以能够精准地接收来自宇宙的信息,背后离不开一个基础的科学原理!是什么原理呢?今天就让我们在科技馆中一同揭开 FAST 的神秘面纱吧。

首先,我们先来做一个小实验,请一位同学到我的正前方 20 米左右的位置站好,这时我小声地说一句话,他能听清我说了什么吗?听不到对不对!那有什么办法可以让他听到呢?有同学说"发微信,打电话!"老师有一种方法,不需要借助任何电子设备,也能实现我们刚刚说的效果,你们相信吗?

大家看,在我身边矗立着这样两个圆形"大锅",它们分别在直线相对的两端,相距大约 20 米左右,每个"大锅"前方都安装了一个金属圆环。我们请一位同学站在其中一个"锅"前，将耳朵靠近金属圆环。现在我来到对面的"锅"旁边，对着"锅"中心的金属圆环位置小声说一句话……怎么样？听到了吗？非常清楚！那我们请这位同学变换位置，再听一次，多次尝试之后会发现，只有将耳朵靠近"大锅"前方的金属圆环，才能听到老师说的悄悄话。为什么这个"锅"可以把声音传播得更远、更清晰呢？

这其中的奥秘就在于"大锅"的形状和金属圆环所在的特殊位置。声音从一端的金属圆环位置出发，传播到坚硬光滑的抛物面形"大锅"上，而后被集体反射到对面的"大锅"，当平行声波到达几十米外的"大锅"表面时，会再次发生反射，在这里同学们要记住一个知识点！对于抛物面来说，它能够将反射回来的声波聚集到一个区域，这就是它的焦点，使得焦点位置的声音最大。说到这里相信同学们一定都明白了，我们这个金属圆环所在的位置就是这个"大锅"的焦点。所以，刚才那位同学只有在耳朵靠近金属圆环时才能清晰地听到我说的悄悄话，这就是声音的聚焦。

而 FAST 设计之巧妙就在于，它能根据需要将反射面调节成抛物面，不过它反射和聚集的不是声波而是电磁波。

图 2-52　史佳鑫现场辅导展品"悄悄话"

生活中飞机的起降，潜水艇的穿行，以及飞船的发射等，这些精密的庞然大物、复杂的科学研究背后，都有无数个基础的科学原理支撑。只有充分掌握基础知识之后，才能向更高、更深层的探索发起冲击，这是我们每个人在知识探索之路上都应该拥有的科学态度。

四、团队介绍

史佳鑫：作为吉林省科技馆的一名科技辅导员，曾有幸多次跟随科普大篷车前往偏远山村，跟随流动科技馆辗转各个城市，多次为孩子们进行讲解自豪于自己是一名科普工作者，希望用自己的实际行动，为提高公民科学素质贡献一份力量。

项目单位：吉林省科技馆

文稿撰写人：史佳鑫

史佳鑫
第二轮辅导思路解析

鱼鳔和潜水艇

一、抽取题目

人们常说"大自然是最好的老师",自然界中的生物经过亿万年的演化,每个生物都有自己适应自然界的"绝招"。人们通过模仿生物体器官的结构和功能,解决了生活中遇到的很多问题。请你设计一个教育活动,向观众介绍仿生学的基本特点及其意义。

在两分钟的时间内介绍你的教学思路,介绍的内容应包括但不限于活动对象、教学目标与教学内容、活动形式、切入思路、实施过程、创新点、预期效果等。

二、创作思路

辅导对象:小学五、六年级学生。

辅导思路:运用多感官、对比、探究式学习等方法,通过对鱼类和潜水艇浮沉奥秘的探究,使学生了解仿生学。

三、辅导稿件

(一)引入

①谜语引入:一把刀,顺水漂,有眼睛,没眉毛(打一动物)。目的在于激发学生的探索兴趣,学生可以谈谈对鱼的了解,同时提出问题,鱼类是如何实现上浮和下沉的?

②通过多媒体视频资料,介绍控制鱼类浮沉的器官是鱼鳔,进而提出问题,鱼鳔是如何控制鱼类上浮和下沉的?

（二）模拟实验、探究学习

用气球模拟鱼鳔，观察等大的气球在灌满气体和不同水量时，在水中的浮沉情况，从而探究鱼类是如何通过鱼鳔实现浮沉的。

（三）迁移

潜水艇和鱼类一样可以在水里自由浮沉，那么潜水艇是如何实现上浮和下沉的呢？

（四）体验展品

通过体验展品浮力潜艇，观察并记录潜水艇上浮、下沉时内部水箱的水量变化，学生总结得出潜水艇的浮沉奥秘。

（五）总结、评价

对比发现潜水艇是根据鱼类潜水特点而发明的，使学生了解仿生学的特点和意义，充分发挥小组的合作、评价作用，调动学生的积极性。

图 2-53　史佳鑫辅导思路解析现场

四、团队介绍

史佳鑫：参赛选手，吉林省科技馆科技辅导员。

五、创新与思考

由于欠缺比赛经验，在面对随机选题时缺少良好的应变能力，同时，由于对探究式学习缺乏深入了解，因此在课程活动设计方面也欠缺一定的新意。通过这次比赛，让我收获很多，特别是在和各位科技馆同仁的交流中，认识到了自己的优势和不足，我会整装待发，明年再见。

项目单位：吉林省科技馆

文稿撰写人：史佳鑫

傅正青

第一轮单件展品辅导

摆长与频率

一、主题选择

展品选择"摆长与频率",是根据伽利略著名的单摆实验展开的。

二、创作思路

辅导目标：向公众诠释摆长与频率的关系。

辅导对象：普通公众及青少年群体。

辅导思路：以伽利略发现吊灯为引，提出摆长与频率的关系，而后带着问题通过展品进行观察和体验，体验后再次引发思考，并进行探究及原理的诠释，最后进行拓展。

三、辅导稿件

大家好，欢迎来科技馆参观。看似偶然，绝非偶然。一件生活中毫不起眼的小事，也能在不经意间点燃思维的火花。伽利略就是这样。一次，他被一盏吊灯所吸引，他发现，虽然吊灯晃动的幅度越来越小，但它每来回摆动一次，所用的时间都是一样的。后来，伽利略通过一系列实验，就找到了其中的答案，今天就让我们一起来看看伽利略先生到底发现了什么。

大家面前这件展品叫"摆长与频率"，具体部件包括两只可以调节长度的单摆和一些质量相同的圆片。接下来，让我们做几组对比实验。

第一组实验，让两只单摆拥有相同的长度和相同的重量，我们把单摆举到同一高度，然后释放。十秒钟过去了，大家发现了什么？是的，两只摆都摆动了7次。好，我们再来进行第二组实验,让两只单摆拥有相同的长度,但给其中一支单摆增加重量。时间到。我们发现两只摆依旧都摆动了 7 次,还是一样。那我们就再试一回,这一次让它们重量相同,但缩短其中一只摆的长度。实验结束。哎?摆动次数居然发生了变化,短的比长的多摆动了 4 次。这是怎么一回事呢?

看似偶然,绝非偶然,我们把单摆在一定时间内摆动的次数叫作频率。通过实验我们发现,单摆越短,摆动次数越多,频率就高;反之就比较低了。而且我们发现摆动频率跟质量无关,只与长度有关。那么这和吊灯又有什么关系呢?让我们以展品为例,无论把单摆举到什么位置,释放后,单摆每来回摆动一次,所用的时间都是一样的,这就是单摆的等时性。同样的道理,吊灯的长度没有改变,那么它摆动的频率就不会发生变化了。

值得一提的是,发现这一规律后,伽利略就利用单摆的等时性制造了世界上最早的脉搏仪,极大地方便了医生的诊疗工作。这是一个脉搏仪,调节脉搏仪上单摆的长度,

图 2-54　傅正青现场辅导展品"摆长与频率"

使它摆动的节奏与病人脉搏跳动的节奏相一致，这时，医生只要观察相对应的刻度，就知道脉搏是多少了。而且，基于伽利略对单摆的研究，荷兰科学家惠更斯制造了世界上第一台精准计时的摆钟。从此，人类进入了崭新的计时时代。

看似偶然，绝非偶然。同学们，要知道，从来就没有侥幸这回事。真理在日常生活中存在，价值在细心中成就。让我们一起致敬偶然。

四、团队介绍

傅正青：参赛选手，来自青海省科学技术馆。

韩长青、刘少卿、何丽娜：培训团队成员，来自青海省科学技术馆。

项目单位：青海省科学技术馆

文稿撰写人：傅正青

傅正青
第二轮辅导思路解析

飞向宇宙的苍蝇

一、主题选择

人们常说"大自然是最好的老师",自然界中的生物经过亿万年的演化,每个生物都有自己适应自然界的"绝招"。人们通过模仿生物体器官的结构和功能,解决了生活中遇到的很多问题。请你设计一个教育活动,向观众介绍仿生学的基本特点及其意义。

二、创作思路

辅导目标:以探究形式为主,了解苍蝇与宇宙飞船之间的关系。

辅导对象:普通公众及青少年群体。

辅导思路:①了解苍蝇的鼻子——触角;②了解气体分析仪;③认识两者之间的关系。

三、辅导稿件

苍蝇的嗅觉特别灵敏。但是苍蝇并没有"鼻子",苍蝇的嗅觉感受器分布在头部的一对触角上。而触角内含上百个嗅觉神经细胞。因此,苍蝇的触角就像一台灵敏的气体分析仪。根据苍蝇嗅觉器官的结构和功能,仿制成一台十分奇特的小型气体分析仪。把非常纤细的微电极插到苍蝇的嗅觉神经上,将引导出来的神经电信号经电子线路放大后,传递给分析器;分析器一收到有关气味物质的信号,便能发出警报。这种仪器已经被安装在宇宙飞船的座舱里,用来检测舱内气体的成分。

四、团队介绍

傅正青：参赛选手，来自青海省科学技术馆。

韩长青、刘少卿、何丽娜：培训团队成员，来自青海省科学技术馆。

五、创新与思考

每一次的比赛经历都是吸收经验、增长阅历的宝贵机会。这次参加的比赛更是如此。非常荣幸能够与这么多优秀同行同台竞技，但同时我们也发现了自身的不足之处，而这也是收获所在。

项目单位：青海省科学技术馆

文稿撰写人：傅正青

张晨曦
第一轮单件展品辅导

声聚焦

一、主题选择

展品声聚焦位于西藏自然科学博物馆科技展厅，该展品具有较强的互动性、知识性、趣味性、体验性。通过本展品的辅导设计，让观众在体验、学习、实践过程中，调动观众的好奇心与求知欲，激发观众探索的欲望。这正是通过本展品获得"直接经验"的过程。观众通过将书本上学习到的"间接经验"与"直接经验"相结合能更深刻地理解本展品，从而达到对知识理解的升华。

二、创作思路

辅导对象为中学生，他们正处于生理、心理和认知能力迅速发展的阶段，具有一定的知识储备，他们求知欲强，遇到与课本有关的内容特别感兴趣。本辅导以中学课本上的有关内容为切入点，拉近与学生的距离，找到学生的兴趣点。

首先引导观众观察展品由几个部分组成，每个部分是什么样子的，然后仔细说明操作的方法和操作过程中应当注意的问题。讲解员需要配合现场做出解释，展品展示出来的或许仅仅是一个现象、一种效果，但在这背后却是多重学科在交叉融合的背景下发挥着作用。

三、辅导稿件

欢迎同学们来到科技馆，和我共同学习有趣的科学小知识。

同学们，我们在嘈杂的展厅环境中，相距几米要想听清彼此说话的声音是很困难的，有什么办法能让我们的声音传播得又远又清晰呢?

瞧,咱们面前的这个展品,就能让我们的声音传播得又远又清晰,你们相信吗?我看那边有一位男生,一脸不相信的样子。那我们就用事实说话。

我先邀请一位同学上台配合我,那我们就请刚刚那位男同学上台配合我完成这个游戏,欢迎!首先,请你站在10米外相同展品的位置上,耳朵贴近"大锅"旁边的金属环。你能听见我说话吗?如果听见了给我们比出一个OK的手势。同学们看,他听见了,比出了一个OK的手势。

谢谢这位同学的参与。

为什么"大锅"可以把我们的声音传播得又远又清晰呢?在回答这个问题之前,让我们先仔细观察一下展品的外观和展品摆放的位置。这边有同学说"大锅表面很光滑","展品摆放在直线两端",还有的同学说"大锅里面有一个金属三脚架,三脚架顶端有个金属圆环"。同学们观察得非常仔细。其实声音和光线一样都能够发生反射和聚焦。当反射物成凹面状的时候它们会共同经过一个点,这个点我们称之为焦点,也就是展品

图 2-55　张晨曦现场辅导展品"声聚焦"

中间金属环的位置。同学们请看白板，当老师对着金属环说话时，声音遇到抛物面形成了一条条平行声波，声波被反射到另外一端的抛物面上，经过第二次反射后又重新汇聚到焦点处，焦点处声音被加强，所以，10米之外的同学可以清楚地听见我说的话。如果现在抛物面的"大锅"变成铁板，声音还能聚焦吗？当然不行，如果"大锅"不在一条直线上，还能够听见声音吗？当然也不行。

正是因为有了这些条件，我们的声音才能传递得又远又清晰，才有了有趣的声聚焦现象。

但是，有时候声聚焦也会给人们带来困扰。比如说，当我们站在很大的穹顶下方的时候，就很容易能听见被聚焦的噪声。所以人们在设计房屋的时候就避免设计大的凹状面以减少噪声。这就是我今天辅导的展品——声聚焦。

四、团队介绍

索朗群培：培训团队成员，西藏自然科学博物馆助理研究员。

央金措姆：培训团队成员，西藏自然科学博物馆助理研究员。

张晨曦：参赛选手，西藏自然科学博物馆研究实习员，曾获2018年全国科学实验展演会演一等奖、2019年第六届全国科技馆辅导员大赛二等奖。

五、创新与思考

精美的幻灯片以及道具的辅助会让演示效果锦上添花。从讲解内容的理解、讲解稿的撰写，到现场语言表达、讲解技巧及礼仪规范都可以体现选手的基本功，因此练好内功，提升综合素质是非常必要的。

项目单位：西藏自然科学博物馆

文稿撰写人：张晨曦

张晨曦

第二轮辅导思路解析

控制变量

一、主题选择

在科学研究过程中，控制变量、设计对照组是常用的研究方法。某一科学现象往往是多种因素共同影响造成的，若想研究清楚这些因素相互作用的规律，就需要运用控制变量的方法进行分组实验。

二、创作思路

辅导对象：小学五年级学生。

辅导思路：探索和描述尺子伸出桌外不同长度在振动时发出的声音的变化情况。通过柱状图的分析，将尺子不同长度的振动与其声音联系起来。

三、辅导稿件

本次活动以"会唱歌的尺子"为主题；每人1把钢尺或塑料尺、1本厚的硬皮书、会唱歌的尺子活动记录单一张、观察柱状图一张；分四个小组开展本次活动。

实验：初步发现尺子伸出桌面长短与它发出音高及振动频率的关系。

活动：想办法使尺子发出高低不同的声音，同时观察尺子的振动情况。

实验：进一步研究尺子伸出桌面长短与它发出音高及振动频率的关系。

①制订实验方案：请各小组制订实验计划。

②交流完善实验方案：为什么要用同一把尺子做实验？由于实验材料及我们的研究能力有限，本次实验我们只研究四把尺子伸出桌面的长度，什么长度能够在听到尺子声

音的同时还能够比较清楚地看到它振动的情况？实验时尺子会有四种不同的音高和四种不同振动的频率，我们用什么样的词语来记录呢？

③学生实验，教师指导。

④交流实验数据。

⑤讲解柱形图：把音高达到的高度以下涂上颜色，制成柱状图。

⑥交流实验结论：尺子伸出桌面的长度短，振动得快，发出的音就高；尺子伸出桌面的长度长，振动得慢，发出的音就低。

⑦小结：今天我们对尺子伸出桌面长度的长短与它发出的音高及振动频率的关系进行了研究，今后，我们可以用今天学到的研究方法继续对其他材料进行研究，进一步看看它们是不是也具有这样的规律。

四、团队介绍

索朗群培：培训团队成员，西藏自然科学博物馆助理研究员。

央金措姆：培训团队成员，西藏自然科学博物馆助理研究员。

张晨曦：参赛选手，西藏自然科学博物馆研究实习员，曾获 2018 年全国科学实验展演会演一等奖，2019 年第六届全国科技馆辅导员大赛二等奖。

五、创新与思考

在辅导思路解析过程中，如何将科学研究方法用低龄学童听得懂、喜欢听的方式呈现出来，是我常常思考的问题。通过此次比赛，我接触到了很多业内优秀的科普前辈，他们思维活跃，言语幽默，常能用简单的语言表述出复杂的科学原理，让我再一次领略到了做科学辅导老师的魅力。

项目单位：西藏自然科学博物馆

文稿撰写人：张晨曦

三等奖获奖作品

张　卓
第一轮单件展品辅导

转向架的作用

一、主题选择

轨道交通是现代交通的重要组成部分。高新技术密集，轨道客车也一直是长春的特色。中车长春轨道客车股份有限公司的首席焊工李万君获得了2018年的"大国工匠"称号，其事迹展现了当代轨道人的敬业、精益、专注、创新精神。基于吉林省科技馆的特色展厅"现代轨道交通技术"，开发了讲解词《转向架的作用》，希望学生通过科技辅导员的讲解，了解现代列车转向架的作用，认识转向架在列车运行中的重要作用，感受像李万君这样的幕后英雄的劳模精神、劳动精神、工匠精神。

二、创作思路

（一）辅导对象

本次辅导讲解的对象为小学生。

（二）辅导目标

①认识列车转向架的作用。
②掌握弹簧减震装置的作用原理和效果。
③感受像李万君一样的工艺匠人们在背后付出的辛苦。

（三）辅导思路

①从学生最熟悉的生活实例着手，加深学生对弹簧的作用的认识。

②创设火车在轨道上运行的场景，提出问题引发学生的思考，使学生主动联想到弹簧的作用并解决问题，强化学生对于知识的理解。

③通过转向架模型的现场演示，以及李万君的实际事例，让学生了解转向架的功能，感受到像李万君这样的幕后英雄的劳模精神、劳动精神、工匠精神。

三、辅导稿件

同学们，你们用过可以按动的笔吗？我们一起想想看，笔芯为什么可以顺畅地伸缩呢？弹簧？没错。其实，弹簧不仅能帮助笔芯伸缩，还可以帮助火车运行。这小小的弹簧是怎么帮助大大的火车的呢？今天我就给大家解密。

我们看这里，下面的这条线就代表铁轨，铁轨因为热胀冷缩的原理会有一定的起伏，上面这条线就是我们平时乘坐的车厢，如果车厢与铁轨都是用这种像笔一样不能压缩的零件连接，火车运行的时候车体会上下起伏，这样的车坐起来一定是不舒服的。那我们用什么方法可以改变这种现象呢？这个连接的装置应该怎么样？对，可以压缩。什么是既能支撑还可以压缩的？弹簧。我这里准备了一个纸做的弹簧，它的长度可以被压缩。用它再来试一试。火车向前运行，到了低的位置，弹簧伸长；到了高的位置，弹簧收缩。大家发现了什么？将不能压缩的笔换成可以压缩的弹簧，车厢的高度就稳定了。

像这样类似弹簧的装置，叫作弹簧减震装置，就安装在列车的转向架上。有了

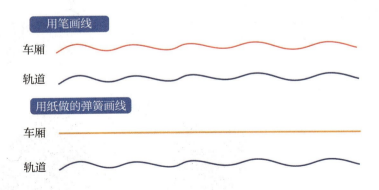

图 2-56　弹簧减震效果模拟示意图

转向架，车厢就会很平稳地运行了。大家看，在同一个轨道上行进，由于车厢下方有转向架，所以车厢内水杯里的水晃动很小，而外部的水晃动则很大。转向架不仅可以让列车平稳运行，还可以承担车辆的载重，提高列车的运行速度，使平直的车厢安全转弯。

这样重要的转向架，就要求工艺匠人有着精湛的技艺，因为每一块钢材的焊接都决定了它的性能，长春轨道客车的首席焊工李万君就在焊接一代代转向架的过程中，磨炼了技艺，获得了 2018 年的"大国工匠"称号。如果说像李万君一样的工艺匠人们是转向架的幕后英雄，那转向架就是火车的幕后英雄，虽然功劳不小，但是平时它却被火车大大的车厢压在下面，我们在站台上很难看到它的身影。今天我们一起认识了转向架，下次我们在享受舒适旅程的时候一定别忘了这个幕后英雄。

图 2-57　张卓现场辅导展品"转向架的作用"

四、团队介绍

张　卓：参赛选手，吉林省科技馆科技辅导员，生物科技培训初级职称。

五、创新与思考

（一）创新

①讲解词中将"小小的弹簧"和"大大的火车"建立联系，两者体积的巨大差异，可以激发观众的兴趣，并引发思考。

②通过模拟实验，将"笔"和"纸弹簧"进行对比，可以使观众直观地感受弹簧减震装置的原理和效果。

③展品与时事结合，丰富了展品的精神内涵。

（二）不足

①对展品原理的探究性较弱，没有形成完整的探究流程。

②对于时事的运用不够深入，没有展现出具体的工匠精神。

项目单位：吉林省科技馆

文稿撰写人：张　卓

孙　茜
第一轮单件展品辅导

五代同堂嵩山石

一、主题选择

　　五代同堂嵩山石是一件具有地域特色的展品，是我国现存规模最大、最古老的建筑群之一，距今已有35亿年的历史。嵩山位于天地之中的河南省登封市，在不足四百平方公里的范围内蕴藏着独特的地质奇观，以其灿烂的古老文化和历史演变展示着自己的独特魅力。将自然科学与人文科学、地质学相融合，让学生走近自然、感觉自然，了解嵩山的历史文化、嵩山石的种类和变迁，形成看山先看石，无石不成山的探究意识。让学生们听完能获得科学知识，培养科学思维。

二、创作思路

（一）辅导对象

　　小学高年级学生。

（二）辅导目标及思路

　　依据《小学科学课程标准》认识地球的面貌，了解地球是在不断运动的这一目标。结合展品，以互动的方式引导学生自主探究，知道地壳运动是形成五代同堂地质奇观的主要原因，激发学生对地球和宇宙的探究热情，发展空间想象、模型思维、逻辑推理能力，初步建立科学的宇宙观和自然观，以及人与自然协调的可持续发展观。以拟人的手法讲述五代同堂的含义，增强学生的代入感，培养学生对自然科学的探究兴趣。同时，结合诺贝尔物理学奖颁发给了地外行星的发现者，让学生以科学家的角度思考和学习知识，让科学精神的种子在学生心中生根发芽。

三、辅导稿件

同学们，欢迎大家来到科技馆！

提起嵩山，同学们首先想到的是什么？（少林寺）嵩山少林名扬天下，少林功夫更是万人景仰！你们知道吗，嵩山不仅有千古名刹，还蕴藏着独特的地质奇观，今天就让我们一起探寻被地质学家誉为"五代同堂"的嵩山。

同学们，在你的家里都有哪些家庭成员？爷爷奶奶、爸爸妈妈还有你，这样的家庭称为三代同堂。那什么是五代同堂呢？（五代同堂就是五代人健康生活在一起）简单来说，就是你的家里有爷爷的爷爷，也就是高祖父，如果你今年10岁，那么你的高祖父至少也要100岁了！在地质界，你们见过"五代同堂"的地质层吗？接下来，我们就一起来看这件展品——五代同堂嵩山石。

在嵩山，我们可以目睹25亿年前至今几乎所有地质年代的岩层，地质年代横跨太古宙、元古宙、古生代、中生代、新生代五个地质时期，地质学家们如获至宝，亲切地称之为五代同堂。

那么，"五代同堂"的地质奇观是如何形成的呢？30亿年前，嵩山还是一望无际的大海，在经历了25亿年前的"嵩阳运动"、18亿年前的"中岳运动"、5.4亿年前的"少林运动"后，这块土地发生了翻天覆地的变化，不同时期的地层被宏伟浩大的造山运动扭曲抬升，最终形成了今天我们看到的嵩山地质风貌。

展品中的6块岩石形态各异。首先我们来看这块儿岩石，它的外形有什么特点呢？没错，表面粗糙，整块岩石棱角分明，地质学家叫它角砾岩。同学们能猜出它的年龄吗？它形成于距今约25亿年前的太古宙，在六块岩石中最为年长。接下来的这块岩石又有什么特点呢？和角砾岩相比，我们发现，它的表面光滑，布满了许多小颗粒，像一颗颗豆子，它的名字叫豆粒状灰岩，形成于5.4亿年前的古生代，别看它的个头大，但在6块岩石中年龄却是最小的。

地球的板块运动造就了嵩山地质的"五代同堂"，嵩山以其厚重的文化底蕴塑造了灿烂辉煌的华夏文明。活跃的板块运动也是一颗行星富有活力的象征！2019年诺贝尔物理学奖获得者发现了新的系外行星,或许未来我们能够在某一地外行星中找到生命的迹象,也有一个五代同堂的山脉,让我们期待遇见更美好的未来!

图 2-58　孙茜现场辅导展品"五代同堂嵩山石"

四、团队介绍

　　孙　茜:郑州市科学技术馆辅导员,工作时间 12 年,曾获第三届全国辅导员大赛中南赛区二等奖、第六届全国辅导员大赛总决赛三等奖、第四届科普场馆教育项目展评三等奖、第五届科普场馆教育项目展评优秀奖。开发设计的教育活动方案入选"十三五"郑州市《全民科学素质行动规划纲要》实施工作优秀案例。近年来,主要负责科技场馆"馆校结合"深度看展品工作,不断创新,为求实现品牌化科普教育活动。

　　李　沛:郑州科学技术馆展览教育部部长,与外聘专业教师组成培训团队,在专业知识与技能、仪表仪态、舞台表现力等方面对参赛选手进行了专业培训。根据赛制要求,针对思路解析和现场展品辅导进行了专项培训和练习，多次组织部门员工进行模拟展示，为选手营造真实的比赛氛围，在培训中不断提高自身的综合能力。

五、创新与思考

（一）创新方式方法

本次辅导突出展品特色，强调地域精神，展现中原厚重的文化底蕴。以互动、探究的方式进行展品辅导，突出学生的主体地位，培养其独立思考的能力。辅导过程中融入拟人化的方式，赋予展品感性思想，增加趣味性。并结合科技热点事件调动学生的主动性、积极性和创造性，形成尊重事实的科学态度，培养学生的人文素养，树立民族自信心。

（二）不足与改进方向

在讲解词撰写及辅导方面虽然融入了一些表现形式，但总体来说仍有些死板，可融入更多元素的表现形式使整个辅导过程灵动有趣，适当借助真实情景提出问题，引导学生们讨论探索，在轻松愉快的氛围中学到科学知识。通过此次比赛，观看了优秀辅导员的精彩表现，认识到了自身的不足，也为今后的工作指明了方向。

项目单位：郑州科学技术馆
文稿撰写人：孙　茜

刘晓嵩

第一轮单件展品辅导

摩擦力

一、主题选择

生活中摩擦力无处不在，利用好摩擦力可以为我们的生活增添便利。比如，走路时鞋底的花纹可以增大摩擦力以防止打滑，骑车时用力捏闸是增大摩擦力以帮助减速。关于摩擦力的展品也很常见，故本次活动拟做此类展品探究。

二、创作思路

本次辅导主要针对小学高年级的同学，以有趣的歌词"摩擦，摩擦，在这光滑的地上摩擦"引入展品讲解，通过让同学们做一下歌词中的动作来感受摩擦力，进一步了解影响摩擦力的因素，引导同学们关注身边的科学，不断探索与发现。

三、辅导稿件

有句歌词很有趣，"摩擦，摩擦，在这光滑的地上摩擦"，现在大家跟我做一下歌词中的动作，在地面上滑动你的鞋，然后抬起脚在空中做同样的动作，是不是觉得在地面上的滑动更费力？这是因为地面与鞋底产生了摩擦力，阻碍了我们的动作。所以，摩擦力就是两个接触物体的接触面产生的一种阻碍物体运动的力。克服了摩擦力，物体就能动起来。

接下来我们再通过展品探究一下摩擦力还有什么特点？探究的步骤分为"看、做、想"三步。

第一步，我们先"看"一下展品。它由 3 个可以拉动的滑块和 1 个倾斜的台面组成，每个滑块的材质、重量、形状、大小以及在台面上的高度都相同。

第二步是"做"。有请一位男同学分别将这几个滑块,拉到一样的高度。感觉怎么样?

(老师,我觉得有的滑块拉着省力,有的滑块拉着费力!)

你的感觉没错!可为什么拉动一样的滑块,用的力气却不一样呢?

(老师,我发现滑块下方的接触面不一样!)

观察得很仔细!三个滑块接触面的材质的确不同,它们分别是塑料、毛毯和木板。

我们拉动滑块时,要克服滑块和接触面的摩擦力,摩擦力越大,我们用的力气也就越大。摸一下三个接触面,发现毛毯的表面最粗糙,拉动它上面的滑块又最费力,说明毛毯与滑块产生的摩擦力大;而塑料的表面很光滑,拉动它上面的滑块最省力,说明塑料与滑块产生的摩擦力小。

由此得出一个结论,摩擦力的大小与接触面的粗糙程度有关。接触面越粗糙,摩擦力就越大。

接下来进行第三步"想"。想象我坐到其中的一个滑块上,那位男同学用相同的力气还拉得动滑块吗?

图 2-59　刘晓嵩现场辅导展品"摩擦力"

答案是拉不动了！这说明摩擦力比原来大了，接触面没有变化，那是什么影响了摩擦力呢？对，是压力。我和滑块对接触面的压力大于滑块自己对接触面的压力。

由此得出第二个结论，摩擦力的大小，也与接触面受到的压力有关。压力越大，摩擦力就越大。

通过对展品的"看、做、想"，我们探究了摩擦力的两个特点，即摩擦力的大小与接触面的粗糙程度和接触面受到的压力有关。生活中摩擦力无处不在，利用好摩擦力可以为我们的生活增添便利。比如，走路时鞋底的花纹可以增大摩擦力以防止打滑，骑车时用力捏闸是增大摩擦力以帮助减速。你们还知道关于摩擦力的哪些例子呢？去生活中找找看吧！

四、团队介绍

刘晓嵩：参赛选手，来自辽宁省科学技术馆。

周宇新、冯 琳：培训团队成员，来自辽宁省科学技术馆。

五、创新与思考

作为一名科技辅导员，能将复杂现象或原理解释得简单生动很重要。我们应该多看科普书籍和视频，从生活中的每一个细节处发现灵感，提高科学素养。而且知识的积累永无止境，我们应该对科学知识永远保持谦卑和敬畏。

项目单位：辽宁省科学技术馆

文稿撰写人：任 孟

刘晓蕾

第一轮单件展品辅导

锥体上滚

一、主题选择

此展品是基于互动性、探究性的科学讲解，易于激发体验者的好奇心和探索欲望。

二、创作思路

（一）辅导目标

通过沉浸式教学方法、探究式学习方法，结合展品的实际操作，引导体验者按照"观察—猜想—验证—解决问题"的过程，掌握学习方法。

（二）辅导思路

（1）创设情景　以"小课堂"为媒介，由"纸条游戏"导入，展开探究式学习过程，突出小课堂的探究主题。

（2）观察展品　基于展品观察现象，提出问题，引发思考。

（3）实验探究　体验探究式学习过程，领会现象本质，产生知识迁移。

三、辅导稿件

欢迎走进"一探究竟"小课堂，今天的学习从两张纸条开始，一条上面画着竖线，一条上面画着横线，哪条线比较长？竖线长？大家都在点头，可我认为这两条线一样长。不信，我们来比较看看，居然重合在了一起，当然一样长。在生活中很多现象都会被眼睛欺骗，其实眼见不一定为实，这其中就有今天的主角——锥体上滚。

展台上有一条倾斜的轨道，一个锥体，大家先来体验看看。同学们反复试了几次都得出同一个结论，锥体怎么从下面跑到上面去了？这可不符合自然规律。物体总会受到重力的作用向下运动，这个锥体也不会例外，所以不要被眼睛欺骗了，要用科学的方法来验证。这是个规则的锥体，那么它的重心一定是在它的几何中心上，我们在轨道上空画一条与桌面平行的直线作为参考，请两位同学用直尺测量锥体在轨道两端时重心轨道斜面的距离，看着像低处的为4厘米，看着像高处的为2厘米，其实重心的轨迹是在远离我们标记的那条作参考的水平线，向下运动了。说明锥体仍然是从高处滚向了低处，只是我们的视觉被这上升的坡面所干扰。那是不是所有形状的物体都会产生重心下降的视觉效果呢？

大家都知道，圆形的物体可以滚动起来，那我们换成球体和圆柱体，看看是否也会从下面跑到上面去呢？结果居然纹丝不动。仔细看看，原来这个锥体两头尖，中间鼓，

图2-60　刘晓蕾现场辅导展品"锥体上滚"

如果从中间把它切开，正好是两个圆锥体，也称为双锥体。显然重心下降的原因与物体的形状有关。

戴眼镜的男同学说，这轨道的形状也很特别，呈一个大写的八字，想换成平行的再试试看。结果双锥体的两端都搭在了两条轨道的边缘上，根本无法移动，可见重心下降的原因还取决于轨道的形状。在高处，轨道之间距离大，双锥体的重心就低，在低处时轨道距离变窄，双锥体像受到挤压一样，重心自然就被抬高了。所以在低处松手后，轨道就架着双锥体向前滚动起来了。

大家现在都明白了吗？两头尖尖肚不小，竟然从下往上跑，透过现象看本质，重心轨道不可少。

四、团队介绍

张　　敏：培训团队成员，黑龙江省科学技术馆展览教育部部长。
郝　　帅：培训团队成员，黑龙江省科学技术馆展览教育部副部长。
刘晓蕾：参赛选手，黑龙江省科学技术馆展览教育部辅导员。

项目单位：黑龙江省科学技术馆
文稿撰写人：刘晓蕾

聂　胜
第一轮单件展品辅导

共振环

一、主题选择

物体本身都存在一个固有的振动频率，这个固有频率由物体的材料、形状、质量分布等因素决定。如果外界强加给它的刺激的频率与固有频率相同，就会发生共振。共振现象在我们身边时有发生，生物共鸣、电路谐振，甚至是一些桥梁垮塌现象都蕴藏着共振的原理。共振环这个展品就可以帮助我们理解共振现象的科学内涵。

二、创作思路

共振是一个原理相对深奥的科学现象，我们从现象入手，引入话题，再通过探究共振环这个展品，引起听众的思考，猜测产生现象的原因，最终总结出共振原理，并科普共振在生活中的应用与危害，趋利避害方能使共振更好地服务于生活。

三、辅导稿件

金庸先生在《倚天屠龙记》中曾写道："突见谢逊张开大口，纵声长啸，二人虽听不见声音，但不约而同地身子一震。这一独门绝技，名曰：狮吼功。"当然这是艺术加工的效果，现实之中我们没有这样神奇的技能，但其中蕴含的科学原理和我们面前的这件展品有着异曲同工之妙，这件展品就叫作共振环。

它由五个材质相同、大小不同的金属圆环通过一块夹板固定在扬声器上。

什么是共振呢？今天同学们就随我一起来探究探究。

当我开启扬声器，大家猜猜会发生什么现象呢？这位男生说，扬声器会推动上面的几个金属环振动；不对不对，大圆环太重了，应该只能推得动小环。看来这位女孩有不同看法了，那到底谁对谁错呢？我们一起来仔细观察。欸，大家看到所有的环好像都有轻微振动，但最大的环却振动得特别剧烈，这是为什么呢？

这与圆环的固有频率相关。当扬声器对其施加的振动频率与大圆环的固有频率相等时，就会产生共振效果。

那有没有办法让小圆环也剧烈振动呢？请这位同学按下调频按键。我们看到，随着扬声器频率的逐渐升高，最大的圆环振动不明显了，越来越小的圆环逐一剧烈振动了起来。这又是为什么呢？其实，这与圆环固有频率的大小有关，相同材质的圆环，直径越小其固有频率越高，所以扬声器频率不断升高就能让小圆环逐一剧烈振动。

除此之外还有没有其他现象呢？这位同学说，产生共振的圆环并不是所有地方都在剧烈振动，而是在圆环上有几个地方振动得很明显，其他地方则振动很弱。这位同学观察得很仔细，大家看看是不是这样呀。没错，这是因为振动的能量以波的形式在圆环中反复传递，振动明显的地方是多数波峰的重叠，而振动很弱的地方是波之间相互抵消的

图 2-61 聂胜现场辅导展品"共振环"

效果。

共振，在学术上是指一物理系统在特定频率下比在其他频率下会以更大的幅度振动的情形。比如，荡秋千时，秋千经过最低处的时候，你顺着往前推一下秋千，是不是就越推越高了呀？当你推的节奏和秋千摆动的节奏一致时，秋千就能"吸收"你推的能量了。这与共振的效果其实是相似的。

随着科技的发展和对共振研究的更加深入，共振在生活和社会中也"震荡"得更为频繁与紧密了。例如，微波炉就是利用一定频率的微波引起食物中水分子的共振，从而产生加热的效果；而在桥梁与房屋的建设过程中，设计师也会考虑共振效应可能对建筑物产生的危害。趋利避害方能使共振更好地服务于生活。

四、团队介绍

聂　胜：参赛选手，毕业于南昌大学应用物理学专业，就职于江西省科学技术馆。

许兰艳：指导老师，电子工程师，就职于江西省科学技术馆。

五、创新与思考

本次辅导员大赛让我深切地体会到，作为一名科技馆辅导员，不能仅仅停留在展品讲解这些基础技能上，更要注重平时的科普知识积累、科普活动开发。大赛让我收获了比赛经验，也结交了志同道合的朋友，帮助我在科普道路上越走越远，也让我体会到了身为一名科普工作者的自豪感与要承担的科普重任。

项目单位：江西省科学技术馆

文稿撰写人：聂　胜

屈　阳
第一轮单件展品辅导

法拉第笼

一、主题选择

静电屏蔽在生活中的应用较多，因此选择展品"法拉第笼"。

二、创作思路

通过法拉第笼了解静电屏蔽的现象和其在生活中的应用。

三、辅导稿件

夏天是雷雨多发的季节。前两天，我看到一则新闻，有位车主在雷雨天气驾驶汽车前行，突然一个闪电把汽车击中，劈得汽车是直冒白烟！路人纷纷上前实施救援，突然神奇的一幕出现了，司机完好无损地从车里走了出来。大家都在疑惑：雷电的威力可不小，电压可高达几百万伏，为什么司机会没事呢？同学们，你们是不是也很疑惑呀？今天我们就通过一件展品来揭开其中的奥秘！

大家看，在我们面前有一个圆圆的大铁笼。首先，我想邀请一位勇敢的小观众走进笼体。好，就这位同学。接下来关闭笼门接通电源，随着电压数值的慢慢升高，同学们听笼体外发出了"噼里啪啦"的放电声，看还伴有火花。这位同学，请你转一圈好吗？大家看他在笼内非常安全。同学，请你用手触摸一下笼体，有什么感觉吗？哦，他说感觉像有风在吹，凉凉的。好的，感谢你的配合。惊险刺激的科学体验结束了，疑惑也随之而来，为什么上千万伏的高压击打笼体，笼内的同学却安然无恙呢？

大家请看展品，由于封闭的笼体是一个等位体，内部电位为零，电场为零。当电流流过笼体时能够有效地将电流泄导入大地，隔绝笼体外的电场和电磁波的干扰。所以，虽然这位同学的手指接近放电火花，但是电流通过手指前方的金属网被传入大地。这位同学的身体并不存在电位差也没有电流通过，自然也就没有触电的感觉。这就是静电屏蔽现象。

在生活中有一种职业具有很高的危险性，那就是——高压带电作业，工作人员在高压带电作业时必须穿着的高压电防护服正是借助了静电屏蔽的作用，防护服内部处处都是等电位，工作人员的身体没有电流通过，防护服起到了很好的保护作用。

介绍了这么多，现在大家知道开场提到的那位被雷电击打的司机为什么会安然无恙了吗？对了，由于汽车外壳是一个封闭的大金属壳，将电流隔绝在外，保护了司机的生命，这也是静电屏蔽。

其实，法拉第笼是一个并不新鲜的物理学原理，但是基于它有效的防雷措施而被利用到了各行各业，如安装在汽车、飞机、建筑物上等。应用科学解决问题需要独辟蹊径，想法的独特性导致做法的创新性，这也许就是人们喜爱科学的原因。

四、团队介绍

参赛团队来自延安科技馆展教部，屈阳担任参赛选手，高艳萍、刁磊组成培训团队。

项目单位：延安科技馆

文稿撰写人：屈　阳

康　茜

第一轮单件展品辅导

竹蜻蜓

一、主题选择

竹蜻蜓。

二、辅导稿件

这个放大版竹蜻蜓的亚克力罩内有一根导向轴，轴上装有两个金属叶片，操作展品。通过快速转动手轮后，观察展示现象。

导向轴内装有两个金属叶片，金属叶片并不是平整的，而是具有一定倾斜角度。通过现场制作小实验来感受一下，现场的同学将手中的白纸折成你印象中的竹蜻蜓。这边的同学折好了，她的像是字母Y，有倾角；那位同学折的像是字母T，没有倾角。那么有请这两位同学在同一高度释放竹蜻蜓，看看它们如何运动。听我的口令：3，2，1！我们发现只有"字母Y"在旋转。

竹蜻蜓在下落时挤压空气，空气给了它向上的反作用力，正因为倾角的存在，垂直作用在两个倾斜面的反作用力分解为水平方向的拉力和向上的升力。两个拉力大小相同、方向相反，它们把叶片一个向左拉，一个向右扯，自然就产生了旋转。而向上的升力会随着叶片的倾角发生改变，倾角大升力就大，倾角小升力也小。当升力大于竹蜻蜓自身的重力时，竹蜻蜓就飞起来了！

任何东西都是相互作用的。手拿水杯，水杯受到手的向上的拉力，手受到水杯的向下的重力，这就是很简单的作用力与反作用力。划船时，船桨与水面之间产生的作用力与反作用力推动船只向前行驶；飞机、航天器也是利用了反作用力产生巨大的动力，推动飞机、航天器向上飞行。

三、团队介绍

康　茜：参赛选手，来自宁夏科技馆。

杜　涓、张晓薇：培训团队成员，来自宁夏科技馆。

项目单位：宁夏科技馆

文稿撰写人：康　茜

孙华鹏

第一轮单件展品辅导

滑坡竞速

一、展品主题

"滑坡竞速"又名"转动惯量""哪个滚得快"等,是科技馆的经典展品,结构简单、现象直观,辅导员可以从科学知识与科学方法两个角度对学生进行该展品的辅导。

二、创作思路

辅导对象:八年级学生。

辅导目标:让学生在了解科学知识的同时,体验实验研究方法中的控制变量法。

三、辅导稿件

同学们,我们先来做一个热身活动,请大家伸直手臂,五指张开,然后转动手臂,之后握紧拳头,再一次转动手臂,然后比较一下二者的区别。是不是感觉握紧拳头时转动手臂更轻松啊?为什么会这样呢,我们一起寻找答案。

大家请看,这件展品名叫滑坡竞速,又名转动惯量。可以看到,两条完全相同的轨道上有两个形状、质量均相同的轮子,将两个轮子拉到顶端,使其同时下滚。我们发现,两个轮子是一前一后到达底端的,为什么会这样呢?有一位眼尖的同学发现了,两个轮子上安装有同样数量的滑块,但位置有所区别,获胜轮子的滑块集中在转轴处,是它们的原因吗?我们可以做一个实验,把两个轮子的滑块调整到同样的位置,再进行一次竞速,这次两个轮子同时到达了,看来奥秘就在这里。

接下来我要让大家分段多次观察竞速过程,先观察前1/3,我们可以发现两个轮子交替领先,难分胜负;再观察中间 1/3,后来居上的轮子转速加快,领先优势增大;最后观察后 1/3,领先的轮子转得飞快,并取得了胜利。由此可见,决定胜负的关键是轮子的转速。

那轮子上滑块的位置和轮子的转速有什么联系呢?这就要讲到一个知识点——转动惯量。转动惯量是描述刚体在转动中惯性大小的物理量,指物体转动的难易程度,转动惯量越大,物体越难转动。听起来和惯性有些相似,但也有些区别。物体的惯性跟质量有关,而转动惯量除了跟质量有关外,还跟质量分布有关。

还拿这两个轮子来说,它们的大小、质量均相同,滑块在转轴处的轮子,质量集中在转轴附近,转动惯量小,转速快;反之滑块在外侧的轮子,质量分布在轮子外侧,转动惯量大,转速慢。在滑坡竞赛的时候,转动惯量小的轮子获得了更大的角加速度,自然也就取得了胜利。当我们握紧拳头时转动手臂感觉轻松,也是质量集中在转轴处,转动惯量小的缘故。由此我们可以发现,调整物体的质量分布可以改变转动惯量,进而改

图 2-62　孙华鹏现场辅导展品"滑坡竞速"

变运动状态。

现在我要盖住轮子，让大家在看不到滑块位置的情况下再进行一次测试。结果，这个轮子取得了胜利，那你能猜出轮子的滑块位置吗？（滑块集中在转轴处。）为什么？（转速快，说明转动惯量小，质量集中在转轴处。）答对了。看来我们不仅可以通过调整物体的质量分布来改变运动状态，也可以通过观察物体的运动状态来了解质量及其分布。其实，科学家正是运用这个原理，通过观测星体的运动状态来了解星体质量及其分布。

科学的探究是个无止境的过程，所以我还有一个思考题要留给大家，假设我们拿掉滑坡底端的挡板，让两个轮子沿水平面继续竞速，谁会滚动得更远？谁滚动的时间会更长呢？认真思考，下次见面我们揭晓答案。

四、团队介绍

孙华鹏：参赛选手，山东省科技馆辅导员、科学教师、馆校合作项目负责人，自2016年入职以来，多次在各项赛事中取得优异成绩。

董　智、姜　策：培训团队成员，山东省科技馆辅导员、科学教师。

五、创新与思考

在本稿件创作初期，作者设计构思了多种辅导思路及辅导方式，形成了较大篇幅的初稿，终稿是在其基础上优化精简形成。但就现场呈现效果看，略显急促，反映出了稿件篇幅依旧过长的问题。

项目单位：山东省科技馆

文稿撰写人：孙华鹏

刘一卉
第一轮单件展品辅导

马德堡半球实验

一、主题选择

在全国辅导员大赛开始前上映了电影《中国机长》，该片根据 514 川航 3U8633 航班机组的真实事件改编，电影中飞机在行驶时驾驶舱风挡玻璃开裂，巨大的压差瞬间将机组副驾驶"吸"出飞机外。作为长期在展厅工作的一线辅导员，我立刻根据这个飞机失压的解释搜寻科技馆相对应的展品。后来查阅了很多关于 514 事件的资料，发现这场事故的客观因素有很多，最终选择大气压作为核心科学概念，选择了证明大气压强存在的马德堡半球实验作为本次参赛的主讲展品。

二、创作思路

（一）辅导对象

7~9 年级学生。

（二）辅导思路

（1）**实验导入**　纸和钢尺给人的第一直觉是纸轻钢尺重，将纸盖在钢尺上用力地拍钢尺，如果没有亲自做过实验的人大部分都会认为纸怎么能压得住钢尺。这种惯性思维和实验的最终结果会制造出一个反差，这种反差会让人积极地思考为什么，由现象到本质的思索，也是科学性和趣味性的结合。有了这个白纸变"秤砣"的开场，自然就会引导观众思索其中的核心科学概念——大气压。

（2）**引入展品及操作，解释核心概念**　描述展品外观并引导观众操作展品。先轻松拉开手柄，再按动开关并停留片刻便无法拉动铁球，引导观众思索是什么因素导致无法拉开铁球。给出大气压的解释和概念后引入马德堡半球实验的故事，一个小小的半球用16匹马的力量才分开铁球，小铁球和16匹马的反差也体现出了大气压之强，借由马德堡半球实验回顾解释了开场实验中纸压钢尺的原因。

（3）**拓展延伸**　对大气压的概念进行延伸，借由电影《中国机场》热映，解释电影中的震撼场面，增添了本次讲解的亮点和趣味。

三、辅导稿件

同学们，大家好！在开始讲解前，我们先做个小实验。桌子的边缘放着直尺，用手一拍，直尺飞了出去。如果想压住直尺，你们有什么好方法？用书包？用字典？我呀，只用一张纸就行了。什么，你们不相信？就让科技馆的展品为你们揭晓答案吧！

在科技馆力学展区的墙上有个半圆铁球，未启动开关前，拉一拉半圆铁球，我们发现很轻松就能把铁球合上、拉开；当把铁球合上再按动开关，等待几秒后请大家再试着把铁球拉开。我们发现无论怎么生拉硬拽，铁球像被死死按住似的，怎么都拉不开。到底是什么把半圆铁球给压住了呢？对，就是我们身边无处不在的空气。空气对物体产生的压强被称为大气压或气压。未启动开关时，铁球内外的空气是相通的，内外气压相等，所以我们很轻松就能把铁球拉开；一旦合上铁球按动开关，展品内的气泵将球内的空气抽掉形成真空，球外的气压便把两个半球紧紧压在一起。有同学问，想要拉开两个半球到底需要多大的力气？在1654年，半球实验的设计者马德堡市长格里克经过反复测试，最终用16匹马才将两个半球拉开。在前面的小实验中，如果我把直尺和纸间的空气尽量挤压出去，这样一来，纸上的气压就像一只无形的手把直尺稳稳压住。

马德堡半球实验为我们揭示了大气压的存在和力量。那么结合日常，相信看过电影《中国机长》的同学们一定记得，飞机在行驶过程中突遇驾驶舱风挡玻璃爆裂，万米高空上，那里空气稀薄，气压很低，机舱内的气压远大于外部气压。飞机处于密封状态时，内外气压相安无事。由于风挡玻璃突然开裂，机舱内的气压挟裹气流瞬间把坐在风挡前的副驾驶冲出机舱外。生死关头，幸好机长临危不惧，最终化险为夷。

300多年前,格利克用马德堡半球实验证明了大气压的存在,而这种科学精神,依然是我们孜孜以求的科学素养。正如牛顿所说,"真理的大海,让未发现的一切事物躺卧在我的眼前,任我去探寻。"谢谢大家,我的讲解到此结束。

图2-63　刘一卉现场辅导展品"马德堡半球实验"

四、团队介绍

刘一卉:参赛选手,郑州科技馆展教部辅导员,研究方向为科学教育,工作期间多次参加与业务相关的比赛,2015年参加第四届全国科技馆辅导员大赛南部赛区并获得优秀奖,2018年参加第四届科普场馆科学教育项目展评并获三等奖。

李　沛:郑州科学技术馆展览教育部部长,与外聘专业教师组成培训团队,在专业知识与技能、仪表仪态、舞台表现力等方面对讲解员进行专业培训。根据赛制要求,针对思路解析、现场展品辅导进行专项培训和练习,多次组织部门员工进行模拟展示,营造真实的比赛氛围。在培训中不断提高自身综合能力。

五、创新与思考

本次辅导员大赛与往届参赛最大的感受在于，参加比赛之余，大赛为我们创造了很好的交流学习平台。赛前组织参赛者熟悉了举办方山西科技馆的展厅展品，邀请往届优秀选手分享了撰写讲解词的技巧，让我在参赛比赛之余获得了学习和提升的机会。本次在分组比赛时，我与同组选手选择了同样的展品和同样的主题，拓展延伸同样提到了电影《中国机长》，但我自己在激情、表现形式方面都不如对方有吸引力，对方选手在本届比赛取得了一等奖的好成绩。同样的展品、同样的主题，差距就在自信和表演技巧上，这也是我今后工作中需要弥补的短板。

项目单位：郑州科学技术馆

文稿撰写人：刘一卉

金　妍
第一轮单件展品辅导

莫比乌斯环

一、展品主题

辅导对象为小学五年级学生，他们对身边事物有强烈的好奇心和求知欲，有一定的动手能力，喜欢大胆猜想，有创新的欲望。通过本次展品辅导，使猜想和验证结果之间产生对比，激发受众兴趣，同时培养学生们的科学思维，进一步激发学科学、爱科学、用科学的热情。

二、创作思路

本活动旨在向学生们渗透科学严谨的探究方法。由于莫比乌斯环本身具有出人意料的特点，如果单纯让学生去启动展品按钮操作，虽然会从中感到愉悦与新奇，但会缺少应有的科学探究的趣味性。因此在讲解时围绕"观察—思考—猜想—验证"的过程，让学生在渐变的过程中学会观察，在思维火花的碰撞中展开联想，在大胆合理的验证中体会莫比乌斯环的神奇。

（一）活动过程

（1）激趣引入　观察普通指环，有几条边、几个面？

（2）魔术导入　分小组观察，讨论莫比乌斯环有几条边、几个面？

（3）揭示主题　神奇的莫比乌斯环。

（4）动手操作　启动展品按钮，观察普通圆环与莫比乌斯环的 LED 灯运行轨迹，验证结论。

（5）自主探究　动手制作莫比乌斯环，感受莫比乌斯环的神奇特征。

（6）应用深化　一个看似简单的小纸环，竟是如此的神奇，它不光好玩有趣，还被应用到生活的方方面面，大家想想，生活中哪些地方有莫比乌斯环？

（二）拓展延伸

①沿 1/2 线和 1/3 线剪开后，形成的大环是莫比乌斯环吗？

②莫比乌斯环的应用还有哪些？

③介绍"克莱因瓶"。

三、辅导稿件

同学们，大家好！欢迎来到科技馆，下面就开始我们的科学探索之旅吧！

大家看，我的手上有什么呀？这可不是一张普普通通的纸条哦，它是一张神奇的纸条，我们把它首尾相连，围成一个圈，这是几个面、几条边呀？（2 个面，2 条边。）

接下来我要给大家变魔术了，大家猜猜我会把它变成 1 个面、1 条边吗？

一起见证这张纸条到底有多神奇，好吗？

展开——弯曲——一端不动，一端翻转 180°——对接

有些同学在认真观察着这个纸圈，有的同学皱着眉头。这个纸圈真的只有 1 条边、1 个面吗？分成小组讨论一下，用什么方法可以验证呢？

这个小组同学说：用笔在纸圈中间画一条线，笔尖不离开纸面一直画一圈。

我们一起动手来验证一下。大家看看会有什么发现？

笔尖没有离开纸面，没有跨越纸的边缘，却走过了整个曲面。

说明了什么？

它只有一个面。

怎样验证它只有一条边呢？我们用手指沿着纸圈的边走一圈，你又发现了什么？

手指走过了整个环的边，从一个点出发最后又回到这个点。

说明了什么？

它只有一条边。

同学们观察得非常仔细。

别小看这翻转，这神奇的翻转就让它只有 1 条边、1 个面了。神奇不神奇啊？魔术变完了，我们再仔细观察我身后的这件科学展品。

一个是普通圆环，一个是我手中这样的特殊环，他与我魔术中的环可是孪生兄弟。当我启动普通圆环按钮，我们观察 LED 灯的轨迹，这位同学说一说。

"普通圆环的 LED 灯永远是在内侧面运行。"

当我启动这个特殊环的按钮，看看他的运行轨迹，这位同学说一说。

"它的 LED 灯没有跨越边缘却走遍了整个曲面。"

通过对比两个环的 LED 灯的运行轨迹，再次验证了特殊环的 1 个面、1 条边。我们把这个特殊的环叫莫比乌斯环。这个名字怎么这么特别呀？什么是莫比乌斯呀？其实呀，莫比乌斯环是德国数学家莫比乌斯在 1858 年发现的，所以以他的名字来命名。普通的圆环在数学中我们叫双侧曲面，而莫比乌斯环我们把它叫单侧曲面。

这个莫比乌斯环还有很多神奇的地方呐，我们沿着纸环的中线也就是 1/2 的地方剪开，又会给我们什么惊喜呢？沿着纸环 1/3 的虚线剪开，又会有什么神奇的发现呢？谁的猜测最给力？我们还是回去用魔法剪刀亲自验证一下吧！

一个看似简单的小纸环竟如此神奇，它可不只是来变数学魔术哦！莫比乌斯环在我们生活中会有什么作用呢？传输带、打印机的色带如果设计成莫比乌斯带，交替使用，轮流磨损，可延长使用寿命。莫比乌斯环循环反复的几何特征还蕴含着永恒、无限的意义。这件展品也象征着科学没有国界、各种科学之间相互连通的道理。这位同学说，我们垃圾回收的标志也是莫比乌斯环。没错！很细心啊。这个标志表示可循环使用的意思。那么给大家留一个问题回去思考，莫比乌斯环在生活中还有哪些应用呢？

好，今天的科学探索就到这里了，希望今天的这个小纸圈能给同学们带来启发，平时多留心观察，能够像今天这样大胆猜测、小心验证，凡事多问为什么，更多伟大的发明、发现还等着用你们的名字命名呢！大家有没有信心？我的讲解完毕，谢谢大家！

四、团队介绍

金　妍：参赛选手，毕业于哈尔滨工程大学，公共管理硕士，一名基层科普工作者，长期工作在科技教育活动第一线。组建科技馆科技活动社团，创办"创客空间"，带领学生们开展了许多丰富多彩的青少年科技教育活动。被授予"呼伦贝尔市最美行业女性""呼伦贝尔市最美巾帼奋斗者"荣誉称号。

项目单位：呼伦贝尔市科学技术馆
文稿撰写人：金　妍

王 敏
第一轮单件展品辅导

滑轮组

一、展品选择

滑轮组这件展品在各大场馆几乎都可以看到，滑轮相关的知识也经常出现在科技馆辅导员们的讲解和活动中，但是这么一件看似平常的展品却完美地体现了科学探究中的一般方法，知识难度不大，方便学生理解，在此基础上完成观察、对比、分析、总结等探究能力的培养，具有事半功倍的效果。

二、创作思路

根据展品所体现的知识内容和科学方法，考虑学生的认知水平，选择小学生作为辅导对象。通过真实体验，引导学生观察、对比、分析、总结，最后得出结论，从而帮助学生学会学习、爱上学习。

三、辅导稿件

同学们，大家好，欢迎来到科技馆。每次一看到你们，就让我想起了我的学生时代，那时的我可是个好奇宝宝，看见什么都喜欢问"为啥"。比如说，每周升国旗的时候，我就会想，明明小旗手是往下用力，国旗却是往上走，你们想过这是为什么吗？

如果你还没有答案，那这件展品就可以帮助你。大家看，这里有几组机械，都是由滑轮和绳索构成的，我们的任务就是用它们拉起 3 千克的砝码。

这位同学，你先来拉一下第一组（放幻灯片）。大家看，和升国旗一样，他向下用力，砝码往上走。原来是因为在顶端有滑轮的地方，绳子拐了个弯，让原本向下拉的力变成了一股向上提的力量（在白板上标明方向）。而这种能够改变力的方向的滑轮，叫作定滑轮。

好的，你再接着拉第二组（放幻灯片）。同学，和第一组比，感觉怎么样？（哦……感觉省力了。）看看砝码，一样是3千克，这又是为什么呢？大家一起找找看。哎，被你们发现啦，在砝码上面还有一个滑轮，砝码向上它也向上。这种会跟着重物一起动的滑轮，叫作动滑轮。这个滑轮的本领只有两个字——省力。为什么省力呢？大家仔细看，当使用一个动滑轮时，会有两根绳子来提重物，所以物体的重量会平均分摊到这两根绳子上，我们只要用能拉起1.5千克重物的力量就可以把3千克的砝码提起来了。

不过在提砝码的过程中，第一组和第二组还有什么不同呢？这次我们请两位同学，把这两组里面同样重的3千克砝码都提高20厘米，其他同学注意观察绳子被拉出来的长度，1，2，3，拉！好，（放幻灯片）发现什么了吗？没错，两根绳子被拉出的长度明显不同，用尺子一量，第一组绳子被拉出了20厘米，与砝码移动的距离相等，第二组绳子被拉出了40厘米，是砝码移动距离的2倍。这说明了什么呢？想一想，第一组只有定滑轮，改砝码移动的方向，但是……对，不省力；第二组加了动滑轮，省力气，但是……可不就是嘛，费……距……离。

为了方便大家理解，我给各位准备了个口诀，听好喽：

定滑轮，本领大，改变方向没二话；

动滑轮，也不差，省力省劲全靠它。

图 2-64　王敏现场辅导展品"滑轮组"

定动合一滑轮组，克服劣势作用大；

取长补短巧搭配，人类智慧顶呱呱。

人说"工欲善其事，必先利其器"，我想告诉大家"我欲善其事，必先学知识"。你看小小的滑轮组就蕴含了如此多的科学知识，虽然工具材料本身既固定不变，又不够完美，但是掌握了知识，通过适当的方法就可以根据需要合理安排、巧妙组合，发挥工具材料的最大价值。我的讲解到此结束，谢谢。

四、团队介绍

近年来，随着科技馆行业的发展进步，合肥市科技馆也积极优化科普辅导团队的人员构成，逐渐打造一支多为理工科专业背景的教育活动团队，有扎实的知识基础及教育教学理论和实践基础，逻辑缜密，亲和力强。

合肥市科技馆教育活动团队深入贯彻"功夫在平时"的理念，积极开发科普讲解、科学实验、科学表演、科学动手做、节假日主题活动、团队研学游等活动共计 200 项。经过多年的学习与实践锻炼，团队有了一定的沉淀积累，活动开发实施水平和能力进一步提高，已逐渐成长为一支热爱科学、具备丰富的场馆教育活动开发实施经验的科普辅导团队。

五、创新与思考

常规的展品辅导，辅导员往往将目光聚焦在讲解知识方面，认为滑轮没什么可讲性，其实恰恰相反，认真思考后我们发现，讲解这件展品的创新之处可以体现在引导学生发现问题并进行探究。相比于知识原理的解析，讲解探究方法、培养积极的探究态度，就是将讲解工作的高度进行了合理拔高。

项目单位：合肥市科技馆

文稿撰写人：宁　凡

唐卿之

第一轮单件展品辅导

天空的颜色

一、主题选择

天空的颜色是生活中常见的自然现象，关于天空颜色的成因，古今中外都有各种各样的解释。然而直到近代，人们才对这一最常见的现象给出了合理的解释——散射现象。展品《天空的颜色》，操作简单，效果明显，但是直接观看不易理解其中的内容。基于初中的物理知识和科技辅导员的辅导，可以让人们对天空的颜色和散射现象有更多的了解。

二、创作思路

本次辅导的对象为初中生。

结合学生所学的光现象物理知识和地球运动的地理知识，通过科技馆的展品"天空的颜色"中所呈现的现象，引导学生融合利用不同学科的内容，思考身边的问题，对自然现象进行解释和回答。

三、辅导稿件

同学们，近年来蓝天是越来越多了。可你们知道为什么天空是蓝色的吗？接下来我们就通过实验，一起探究这天空颜色背后的奥秘。

展项中的白光灯模拟太阳，装满胶体的玻璃管模拟大气。可以看到，在关灯的条件下，玻璃管是透明的。好，我们改变控制条件，打开白光灯，看，管子里出现了各种颜色，很神奇吧？注意看，哪些颜色最明显？淡蓝色和橙黄色。可这些颜色是从哪里来的呢？

灯光？管子？都对，也都不对，他俩需要共同起作用才能出现颜色。

那么，这些颜色在管子里的分布有什么规律呢？请同学们先记住，现在颜色的位置。下面我们改变一下实验条件，关灯，请这位同学拿起白光手电筒，从管子的另一侧照过去。大家看颜色的位置发生了什么变化？换了？淡蓝色和橙黄色调换了位置。我们换个角度实验，分别从管子的上方、下方以多个角度照射管子来观察。通过多次实验对比，你们发现，颜色分布有什么规律吗？对，淡蓝色总是靠近光源，而橙黄色总是远离光源。这个现象的原理苦恼了人类几百年。1900年，一个叫瑞利的科学家，终于找到了答案。他总结：在洁净的大气中，气体分子会改变光线的方向，发生散射，光线的波长越短，就越容易散射。不好懂哈，打个比方，实验用的白光像个大家庭，由多种颜色的光组成，其中蓝色光波长较短，就像个小朋友，个子小，步子也小，气体分子对他来说是种障碍，跨越不过去，被迫改变方向，发生了散射，就出现在了靠近光源这边；而橙黄色光的波长较长，就像大个子，能够跨越障碍，达到远离光源的一边。

好，我们再回到蓝天的话题，同学们能否解释，刚才的实验和天空的颜色有什么关系呢？我们一起做个对比分析：白天正午时，阳光直射地面，它穿过大气的距离只有这么长，对应管子靠近光源的一侧，蓝色光发生散射，天空呈现蓝色；随着地球自转，到了傍晚，阳光斜射地面，穿过大气层的距离变长了，对应管子远离光源的一侧，橙黄色光发生散射，所以橙黄色就是傍晚时太阳附近天空的颜色。

今天的探索让我们发现，蓝天背后竟然有这么复杂的科学原理，天空的颜色是由阳光穿过大气发生散射形成的，不同的颜色还与阳光穿过大气的距离相关。最后，我们一起做个总结吧：白色阳光有内涵，遇见大气颜色现，蓝光波短易散射，空气洁净天色蓝。

我的讲解结束，谢谢大家！

四、团队介绍

唐卿之：参赛选手，热衷于科普培训，从事相关工作2年。现负责北京科学中心主题活动，包括营地活动、小讲解员课程等。

吴　媛：培训团队成员，北京科学中心副主任，副研究馆员。

苗秀杰：培训团队成员，北京科学中心展览教育部部长，高级教师。

五、创新与思考

　　文中所介绍的天空的颜色和散射现象是自然界中的一种现象。现实生活中出现的类似现象不止一种，相应的散射现象也不止一种，情况也会更加复杂，无法通过一次辅导能够说明。为此，还有很多内容可以添加改进，使得内容更加贴近生活。

项目单位：北京科学中心

文稿撰写人：唐卿之

刘培越

第一轮单件展品辅导

美妙的数学曲线

一、主题选择

数学曲线在我们的生活中很常见,但是却很少有人思考,通过一次有针对性的讲解,如果能够引起辅导对象的注意和兴趣,进而进行深入的思考,这将具有重要意义。

二、创作思路

本次活动的辅导对象为初中学生,他们具有了一定的数学概念和基础,先通过一个简单的数列与之互动,吸引其注意,而后利用一个常见的植物进一步引出斐波那契数列和曲线,开始进一步的辅导。

三、辅导稿件

同学们,你们好,欢迎来到科技馆参观。在本次参观之前,我想先和大家来个知识抢答,非常简单,听好了:1+1=?,1+2=?,2+3=?,3+5=?非常不错,看来大家都小学毕业了,开个玩笑。那我们来回顾一下刚才这系列数字,它们有什么规律呢?1+1=2,1+2=3,2+3=5,3+5=8,怎么样,找到规律了吗?从第3项开始,每一项都等于前两项之和,依次类推,我们可以得到13、21、34、55、89……这样一系列数字。

其实这样的计算不光是我们人类会,说出来你可能不信,某些植物也会做这样的计算,比如向日葵。向日葵的花盘中分布着密密麻麻的葵花子,这些葵花子的排列方式可是包含着大学问。仔细观察过向日葵花盘的同学可能会发现,花盘中有2组螺旋线,一组顺时针方向盘绕,另一组则逆时针方向盘绕,并且彼此相互嵌套。虽然螺旋线的数目会因品种不同而变化，但往往是34、55、89这三组数字。

那向日葵为什么会选择这样的数字呢？不着急，我们先来看看今天的展品——美妙的数学曲线。展品由触摸屏和机械臂组成，在触摸屏上显示了各种各样的数学曲线，我们可以选择某一个曲线，触摸屏上就会显示其方程，而机械臂则会画出对应的图形。这次我们选择一个叫"斐波那契螺旋线"的图线，我们看到随着机械臂的运动，一组美丽的曲线跃然纸上，仔细一看，嘿，这不就是向日葵的花盘吗？没错，向日葵花盘中的曲线正是斐波那契曲线。不过，这斐波那契曲线究竟是什么来头，为什么向日葵会选择它呢？

原来刚才的数列就叫"斐波那契数列"。在以该数列为边的正方形拼成的长方形中画一个90°的扇形，连起来的弧线就是斐波那契螺旋线，它是意大利数学家斐波那契发现的。而向日葵之所以选择这样的曲线，是因为这样的排列方式可以使葵花子分布得疏密得当，最充分利用阳光和空气。无独有偶，松果、菠萝等植物都遵循这样的原则。

"一花一世界，一叶一菩提"，科学从来都不是当然也不应该是高高在上的，它就在你我的身边。仰观宇宙、俯察万物，皆包含科学之理，所以只要我们静心观察、细心发现、专心探索、以小见大、见微知著，也许下一个斐波那契就是你。好了，今天的讲解就到这里，谢谢大家。

图 2-65　刘培越现场辅导展品"美妙的数学曲线"

四、团队介绍

刘培越：新疆维吾尔自治区科学技术馆辅导员，善于用简单的实例将复杂、抽象的展品呈现出来。

五、创新与思考

展品本身展示得还不是太直观，互动性也不是太强，后续将考虑在展品中增加更多的实例作为辅助，以便将数学概念、数学定义呈现得更加直接、更加贴近生活，也更能吸引观众尤其是青少年的参与。

项目单位：新疆维吾尔自治区科学技术馆

文稿撰写人：刘培越

李 玥
第一轮单件展品辅导

圆周率 π

一、主题选择

圆周率是五年级课标里的内容,本次辅导基于《小学生科学课程标准》,寓教于乐,将故事融进科学,将科学融入生活,从身边的大小不一的圆形物体入手,讲述基础数学知识。

二、创作思路

本次辅导主要针对小学五年级的同学,通过生活中圆形物体的大小不同,圆周率是否相同的问题引出主题,让同学们更加了解圆周率 π,可通过动手操作展品,结合白板的数据计算,更清楚地了解圆周率的测量与计算。

三、辅导稿件

有这样一个神奇的存在,从古至今人们对它都非常追捧,有人为它谱曲,有人为它过节,还有人为它立法。哎,谁这么有魅力呀?它就是圆周率。今天呀,就让我们一起来探究一下圆周率。

圆周率是圆的周长与直径的比值。同学们想一想,在我们的生活中有哪些物品是圆形的呢?硬币、手表、盘子、挂钟、圆桌……哇,真是太多了。那这些圆的大小一样吗?显而易见,不一样。那不同尺寸的圆,它们的圆周率会相同吗?我们今天先来借助身后的这件展品一探究竟。

大家看,在展品墙上挂着 3 个大小不等的圆,每个圆上还带了一条长长的绳子。仔

图2-66 李玥现场辅导展品"圆周率 π"

细观察会发现，绳子可以绕在圆的外周，也可以穿过圆的直径。大家先分成3个小组，每组利用展品、记号贴纸和直尺测量一个圆，根据学习单上的内容进行测量与计算。

好，同学们集合一下！我们每组把表格的数据填写在白板上，便于所有同学一起来观察与分析。大家先来横向观察一下直径与周长的测量结果，你们发现什么规律了吗？直径越长，圆的周长也越长，圆就越大。好，原来直径的大小影响着圆的大小。那么我们再来纵向对比一下周长与直径的比值这一栏，会发现什么呢？圆的周长总是它直径的三倍多一点，不过，比值并不完全一样，有的是3.14，有的是3.15。这呀，和我们的测量误差有关系。圆的周长与直径的比值叫作圆周率，用希腊字母 π 表示，π 值其实是固定的，它是一个无限不循环的小数，在计算中通常取近似值3.14。

我国伟大的数学家祖冲之是世界上第一个将圆周率的值精算到7位小数的人，并且他精准计算出圆周率在3.1415926到3.1415927之间。这个计算结果领先世界其他国家一千多年。德国数学家康托曾经说过，历史上一个国家所算得的圆周率的准确程度可以作为衡量这个国家数学发展水平的重要指标。哦，有眼尖的同学已经发现了，原来，展品背板上给出了一串长长的数字，没错儿，这就是圆周率。同学们，你们可以对照一下，刚刚你们将圆周率精确到小数点后第几位呀。

其实，测量圆周率的方法多种多样，刚刚我们使用的方法叫作绕绳法。那么接下来我们会去到科学实验室，从身边常见的几种圆形物品出发，看看除了绕绳法之外，同学们能否想到用其他的方法来测量计算圆周率呢？比一比，哪组测量的结果会更为精准。

四、团队介绍

李　玥：参赛选手，来自辽宁省科学技术馆。

冯　琳、周宇新：培训团队成员，来自辽宁省科学技术馆。

五、创新与思考

此次大赛让我受益匪浅，个人赛的选手们各具特色。通过此次大赛，我意识到，选题与定位固然重要，但是一名好的选手还应该注重演绎的力量。这不光体现在科学表演中，同样适用于个人赛。个人赛选手为受众辅导展品也是一次精心设计的表演，要以什么样的形象、语气、体态面对不同的受众，最重要的是，以什么样的方式演绎千篇一律的科学原理。这方面仍需在不断积累中愈加成熟与进步，需要从工作中的点滴做起，这也是我将来要努力的方面。

项目单位：辽宁省科学技术馆

文稿撰写人：任　孟

林秋鸿

第一轮单件展品辅导

电磁秋千

一、主题选择

　　荡秋千是大部分人儿时都很喜欢的娱乐项目，对于如何荡秋千会有自己的想法，可能是别人帮忙，也可能是自己用脚蹬地面，总之是需要费力的。而展品电磁秋千打破了人们对于荡秋千方式的固有想法，能够引发体验者强烈的好奇心，想要探寻展品的奥秘。

二、创作思路

　　辅导对象：初中生。

　　辅导目标及思路："电磁铁"在生活中的应用非常广泛，但是大部分学生对此并不了解。因此该展品辅导通过体验展品电磁秋千作为引入，引发"为何秋千可以自行摆动"的思考。由于该阶段的受众已经具备基础的力学、电磁学知识，知道力是改变物体运动状态的原因，也知道磁铁的基本性质，因此通过一个个问题引导受众自行思考，从而归纳电磁铁与永磁铁的区别，认识电磁铁的实际应用，可以加强理论与实际的结合，培养学生自主思考、探究的能力。

三、辅导稿件

　　同学们好，欢迎来到科技馆，今天我要给你们介绍一件秋千展品。秋千大家都玩过吧？先请一位同学给我们演示一下平时是怎么荡秋千的。你来好吗？我们看到他是用脚蹬地面来带动秋千摆动的，相信大部分人都是这样做的，不过这种方法也太普通了吧。既然来到了科技馆,当然要玩点不一样的,我这就教你们一种"懒人玩法",这次我们不用脚了。请你把脚抬起踩在踏板上,看到右边扶手上的按键了吗?稍后我数三个数你就按下按键,我们一起看看会有什么现象。3,2,1,快看,秋千自己动起来了。你们知道为什么秋千能够自行摆动吗?不知道,没关系,我们一起来探究。

伽利略曾经提出力是改变物体运动状态的原因,想要让秋千摆动,必须要有外力推动,但是刚刚没有任何东西接触秋千,推力是从哪里来的呢?想想有没有什么力是不需要接触就能产生作用的?磁力?非常好,磁力就是一种不需要接触就能产生作用的力。如果秋千上安有磁铁,并且附近还有另一块磁铁,是不是就可以利用磁铁间同极相斥异极相吸的特性使秋千摆动起来了?或许有同学会提出疑问,两块磁铁间的磁力一直存在,那么怎样来控制秋千开始摆动和停止摆动呢?这个问题提得非常好,他说的这种磁性一直存在的磁铁叫作永磁铁,指南针中用的就是永磁铁,而秋千中用到的是电磁铁,所以我们叫它"电磁秋千"。电磁铁是电流磁效应的一种应用,与永磁铁磁性恒定的性质不同,电磁铁的磁性可以说是"召之即来,挥之即去"的,想要磁性就通电,不想要磁性就断电。除此以外,其磁场强弱和方向也都可以根据实际需要进行调整,犹如私人订制。在电磁秋千这件展品中,电磁铁隐藏在踏板下方的地板内,通电后电磁铁产生磁性,与安

图 2-67 林秋鸿现场辅导展品"电磁秋千"

装在踏板上的永磁铁间产生斥力推动秋千摆动；断电后电磁铁磁性消失，秋千就会逐渐停下来。

电磁铁的原理最早发现于1822年，快200年过去了，研究还在继续。2018年4月，日本科学家利用电磁铁装置生成了1200特斯拉的磁场，刷新了世界纪录。1200特斯拉的磁场究竟有多强呢？它是地球自身磁场的2000多万倍。如果能进一步提高磁场的强度和可控性，将有助于核聚变发电技术的研发，解决能源短缺这一大问题。

同学们，一根导线能因通电产生磁场而脱胎换骨，如果从现在开始你们能坚持每天给大脑"充电"，相信也能够改变自身命运，走上人生巅峰，想想是不是就有点小激动，所以今天你们充电了吗？

四、团队介绍

林秋鸿：参赛选手，福建省科技馆科技辅导员，主要负责教育活动的开发及实施，接待来馆的贵宾团队等。工作期间曾参加第三届福建省科普讲解大赛并获得二等奖；参加第一届福建省科技馆辅导员大赛展品辅导赛并获得一等奖以及"金牌辅导员"称号；参加第六届全国科技馆辅导员大赛展品辅导赛并获得三等奖。

五、创新与思考

与大部分学校以理论为主的教育方式不同，科技场馆最大的优势就是拥有众多的展品，可以结合展品让学生边玩边学。本次辅导从玩秋千开始，大大增加了受众学习知识的兴趣。在展品辅导的过程中，辅导员主要起引导作用，引导受众根据已有知识结合实际来解答问题，培养理论联系实际的能力。比赛时受制于场地、时间、道具等条件，辅导效果略有打折，如能够结合现场实验等将会取得更好的辅导效果。

项目单位：福建省科技馆

文稿撰写人：林秋鸿

刘睿婧

第一轮单件展品辅导

万有引力

一、主题选择

电影《流浪地球》中地球利用木星引力进行加速，让很多人知道了"引力弹弓"一词。利用天津科技馆的展品"万有引力"，观众可以直观地体验行星运动的基本定律。

二、创作思路

从电影场景引入，介绍开普勒三定律，再运用新知识解释电影场景，延伸到现实科技成果。

三、辅导稿件

15世纪，风推动了帆船，实现了远洋航行，促成了地理大发现。从地面来到太空，像风一样促进运动的自然力量只有引力。自然界中任何两个物体之间都有引力，比如在电影《流浪地球》中，2075年的科学家就是借助木星和地球之间的引力，驾驶地球，改变轨道，逃离太阳系的。

现在我们就来一起观察万有引力。展品中间的孔模拟的是太阳，周围滚动的球就是行星，球现在受到的重力就等于是来自太阳的引力。现在球沿着以中心孔为一个焦点的椭圆轨迹滚动，这形象地展示出，行星围绕恒星运动的轨迹都是椭圆形的。

我们再释放一颗球，能看出两颗球的公转周期是不同的，距离中心越近的，公转时间越短。比如地球绕太阳一周需要365天，而水星由于距离太阳最近，只需要88天。

通过刚才反复观察小球滚动，我们会发现，它在各自的椭圆轨迹上，越靠近焦点其速度就越快。而一个天体有质量、有速度，它就有能量。根据这一点，我们能利用质量较大的天体的引力为航天器加速，也就是引力辅助变轨技术，又形象地被称作引力弹弓。

以木星为例，木星的质量是地球的300多倍，它在公转方向上的线速度高达13千米/秒，这会产生巨大的动能。"流浪地球"计划中，引力就是木星能量传递的纽带。当地球作为航天器接近木星时，只要以合适的速度和方向进入木星的引力范围，引力就会成为一只手，将航天器加速甩向更远的深空。曾经，引力是太空飞行的第一道障碍，也是太空探索成本高昂的原因。航天器相当多的负重和经费在脱离地球引力这一步就被烧掉了。

而现在，引力又成为了航天器的加油站。比如"旅行者一号"和"旅行者二号"，在176年一遇的行星排列时机进行发射，在掠过行星外围的同时，也借助它们的引力进行加速，只需少量燃料进行轨道修正，就能在12年里访问木星、土星、天王星和海王星。用更少的燃料，走更多的路。我们现在对太阳系外围的认知主要来自它们传回的信息。

哲学家黑格尔说过："一个民族需要关注天空的人。"那么我相信，一个地球也需要像中国一样仰望星空的国家。

四、团队介绍

刘睿婧：参赛选手，来自天津科学技术馆。

赵　菁、田　伟：培训团队成员，来自天津科学技术馆。

项目单位：天津科学技术馆

文稿撰写人：刘睿婧

刘俊东

第一轮单件展品辅导

最速降线

一、主题选择

曲线广泛存在于我们的生活中，直线能给人带来一种特殊的秩序感，而曲线能带给我们的，是美感。曲线的美不仅仅存在于艺术里，在科学中也有广泛运用。不论是等角螺线、阿基米德螺线还是斐波那契螺线，都是提供人们不断探索曲线所蕴含的科学原理的不竭动力。

在生活中，屋檐的样子千奇百怪。古建筑为了使房屋的寿命更长，一般会选择将屋檐做成曲线的，让雨滴尽快滑落。而这些古建筑用的曲线，使雨滴下落花费的时间比等高度直线轨道的下落时间更短。故选择展品《最速降线》作为辅导主题，使受众了解科普最速降线在当时被发现时科学家们之间发生的趣事以及在生活中对最速降线的广泛使用。

二、创作思路

辅导对象：本次"最速降线"主题的科普对象主要为初三年级学生，他们已经学过物理学中相应的基础知识，对能量守恒定律有了一定了解，在数学逻辑上也有自主思考的能力。

辅导思路：通过讲述牛顿与伯努利两位科学家的故事勾起学生兴趣。通过互动猜测，鼓励学生自主思考进而锻炼学生的逻辑思维能力。通过收集学生结合了数学、能量守恒定律等相关知识思考之后给出的答案，通过实验的方式将结果展现给学生。在两点之间线段最短的定理上得出结论：最短的路线不一定是能让小球运动最快的路线。而当曲率达到一定程度，成为摆线时，能使小球从高处以最短的时间离开轨道。再结合生活中的运用，鼓励学生要有发现曲线的眼睛，去思考为什么要广泛使用曲线来设计建筑屋檐和游乐场的轨道，使小车能达到最大速度，给人刺激感。

三、辅导稿件

1691年6月，约翰·伯努利先生在《教师学报》上发表论文，公然悬赏能计算出最速降线的人。论文一出，半年内竟无人能解。直到伯努利向牛顿示威挑衅的时候，牛顿竟只用了两个小时，就将轨道算了出来。这可把伯努利先生气得够呛。我身旁这件展品，正好有三种完全不同的轨道。假设您是牛顿，您认为最速降线是哪条呢？

这位先生手举得最快，请您告诉我好吗？您说是直线斜坡。因为两点之间，直线段最短对吧。还有吗？这位女士告诉我三者都是。因为三条轨道所在的顶点处于同一高度，重力势能相等，能令自由滚落的小球获得相等的动能。嗯，说得很棒。两位说的都很有道理，但事实真的是这样吗？首先我们打开直线轨道和中间轨道的开关。欸，居然不是直线上的小球率先到达终点。很不幸，你们都猜错了。现在我们再打开两条曲线轨道的开关，对比哪个小球会率先到达终点。曲率更大的轨道上的小球居然是最快的，我们称其为最速降线。这，是为什么呢？

早在17世纪，伽利略就提出如果处于同一高度的小球同时滚落，则是曲线轨道上的比直线斜坡上的小球更快到达终点，就和刚才的模拟实验一样。但是，发现了许多真理的伽利略这次是否还正确呢？58年后，约翰·伯努利才提出——最速降线是一条摆线，也就是小球下落速度最快的第三条轨道，这也是伯努利先生和牛顿较量的关键点。经科学界的多次数学运算和实验证实之后，最速降线这个概念才逐渐清晰。看来，实践才是检验真理的唯一标准。

这位朋友问道：既然曲线轨道可使小球提前获取更大的动能，那是否轨道曲率越大，小球就越快呢？非也，如果曲率过大，势必轨道过长，运动所耗的时间也就会越多。

那么在哪里可以找到最速降线呢？这位朋友说得好，在游乐场里！利用最速降线，能使过山车从高处向下行驶时在最短的时间内获得最大的动能，完成轨道内的环状行驶。还有吗？

图 2-68　刘俊东现场辅导展品"最速降线"

大家看那古色古香的古建筑,是不是顶部陡峭,下部平缓。能让水滴以一个较快的速度离开屋檐,减小雨水堆积给房梁带来的承重压力。是不是要开始惊叹老祖宗的智慧了?

可见,曲线让我们的生活更加丰富多彩。我们要有发现美的眼睛,来发现曲线的美,并发掘曲线蕴含的科学奥秘。

四、团队介绍

刘俊东:参赛选手,江西科学技术馆科技辅导员,毕业于江西信息应用职业技术学院通信工程专业。

许兰艳:指导老师,江西省科学技术馆电子工程师。

五、创新与思考

通过参加本次辅导员大赛,让我收获颇丰。不仅在赛场上目睹了同行们的风采,也对比了自己和获奖选手在科普的思维方向上的异同。感觉自己的舞台表现力还十分欠缺，情感张力与感染力还需加强。并且在表达上有很大的提升空间，稿件还可以更加风趣、幽默化。对原理的剖析可以更为透彻，给予观众更为深刻的印象。可以结合事例来和观众互动以渲染现场氛围，缩小与观众的距离感，使科普效果更好，更容易让人接受。

项目单位：江西省科学技术馆

文稿撰写人：刘俊东

何林芳

第一轮单件展品辅导

声聚焦

一、主题选择

在基础学科声学区域，声聚焦是非常具有代表性的展品，其现象在生活中应用很多。

二、创作思路

辅导目标：认识声波的基础特征，了解抛物面的焦点。

辅导对象：初中生。

辅导思路：先分解展品，然后和展品互动体验了解其现象，然后解析其现象的原理，最后结合生活谈应用。

三、辅导稿件

同学们，在进入今天的主题前我想问问大家：在生活中你们遇到匪夷所思的问题时会怎么办？大部分同学都说会寻求他人帮忙答疑解惑，也有少数同学说自己想办法解决。都非常好，今天大家既然来到科技馆，就请大家把自己当成一个小小的科学家。从科学的角度去发现问题，解决问题。

首先，请大家看一下眼前的这个展品：大家可以看到这是两个抛物面的大锅，它们相隔40米相对而立。那它们是做什么用的呢？有同学说了是收集信号的。那对不对呢？现在带着问题我们请两位同学上来和展品进行互动。请一位同学在左边，一位同学在右边。等一下请你们分别对着金属圈内和圈外的任意一点对话，看看有什么发现……好，现在请两位同学和大家分享一下你们互动的结果。他们表示：当他们在金属圈内时，无论声音有多小都可以听得很清楚,但是离开了这个位置就听得不是很清楚了。欸?这是为什么呢?同学们你们想一下,当我们站在空谷里的时候可以听到回音。这是不是说明,我们的声音像光一样碰到障碍物会发生反射。同样地,当我们在听远处的声音时,我们将双手拢在耳朵后面,这样去听远处的声音是不是更加清晰了呢?这就说明凹面对声音会起到一个收集的作用。

那么我们现在来看这个抛物面,它是不是也可以充当障碍物将声音进行反射,同时也可以将声音进行收集?当我们的声音从第一个金属圈的位置发出去的时候碰到第一个抛物面会发生反射,反射的声波会平行于地面传送到对面的抛物面。对面的抛物面收集到声波以后进行二次反射,将反射的声波汇聚到其面前的金属圈,也就是它的焦点处。此刻这个位置的音效收听效果是最好的,我们把这个现象叫作声聚焦现象。

那么,声聚焦现象在我们生活中又有哪些应用呢?不知道同学们有没有发现,我们今天的场馆,在这个地方学习,不会被其他区域学习的声音干扰。这就是因为在我们科技馆内安装了声聚焦喇叭。它可以把声音像光束一样定向传播到指定区域,增强其区域

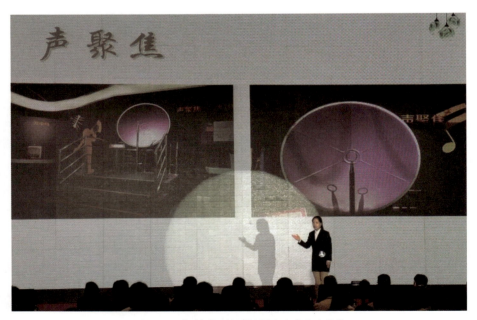

图 2-69 何林芳现场辅导展品"声聚焦"

的收听效果。同时还不会被其他区域的声音干扰。

那大家知道这种现象还能应用在哪么？请同学们下去思考一下，今天的辅导就到这里。同学们，科学其实就在我们身边，它让我们的生活更加美好，希望大家在以后的生活中可以像今天一样去学习、发现、思考、解决问题。相信未来会因为你们更加精彩。

我的辅导到此结束，谢谢大家！

四、团队介绍

创作团队来自石河子科技馆，成员如下。

王新武：培训团队成员，石河子科技馆馆长。

陈　峰：培训团队成员，石河子科技馆辅导员。

何林芳：参赛选手，石河子科技馆辅导员。

五、创新与思考

在展品解析的过程中互动效果不明显，不能让前来参观的学生在规定的时间里都能和展品进行互动体验，后期再做这个课题的时候应当提高一下互动效果。

项目单位：石河子科技馆

文稿撰写人：何林芳

许 纯
第一轮单件展品辅导

钉床展品

一、主题选择

钉床展品。

二、辅导稿件

同学们，我们先来做个实验！

请伸出你的左手，打开，手心朝下，拿出一支笔，用笔尖戳手心，我发现同学们都不敢用力按下去，是不是因为很疼；现在我们换种方式，力气不变，换用笔尾来戳手心，这回我发现有的同学敢用力按下去了，还敢加大力气，与之对抗！为什么会出现这两种不同的情况呢？

这个奥秘就在我身边这件展品——钉床中。

这是一张有上千根钉子的床，与普通的床有所不同。有没有同学愿意躺上去试一试！哦！这边已经有同学迫不及待举起手啦！那就你了！先躺好，待会儿我会启动开关，剩下的同学睁大眼睛，注意观察有什么变化，好，体验结束。你们发现了什么？有同学说他看到这些钉子把这位同学给托起来了，而这位同学却没有被钉子伤到，好像还很享受，和想象中的不太一样！这是为什么呢？

我们背部和钉床接触面的大小是受力面积，而单位接触面积所受的压力称为压强。在压力一定的条件下，受力面积越大，压强就越小，反之，压强则越大。钉床正是根据这个原理来设计的。当这位同学躺在钉床上，床上缓慢升起来的钉子非常多，此时受力面积大，压强就小，他身体的重量会被平均分散到每一根钉子上，躺在上边当然安然无恙。

但是如果这位同学是躺在一根钉子上，那恐怕就得马上去医院了。

还记得刚开始的实验吗？谁能告诉我为什么是笔尖戳掌心比较疼？提示注意观察笔的两端哦！

来，请那位戴眼镜的同学！

非常好，他说笔尖的面积远比笔的尾面积要小，所以形成的压强就大，自然就更疼！

看来你已经明白了！

生活中有很多地方运用了压强的原理！

比如缝衣服的针，针头尖锐，受力面积小，产生的压强就大了，针就更容易戳进衣服里面了。

还有你能想象啄木鸟尖尖的嘴换成鸭子扁扁的嘴会怎么样？那就再也啄不进木头了！因为受力面积变大了，压强变小了。

再比如国庆阅兵中，坦克方队素有"陆战之王"之称。为什么坦克用的是履带而不是轮胎？原因之一，就是要增加与地面的接触面积，分散坦克的重量，这样即使在沼泽里也能如履平地。

同学们，生活中处处蕴藏着科学奥秘，需要我们善于观察、勤于思考！期待和同学们的下次探讨！再见！

三、团队介绍

许　纯：参赛选手，来自扬州科技馆。

项目单位：扬州科技馆

文稿撰写人：许　纯

马芯露
第一轮单件展品辅导

盘旋而上

一、主题选择

该项展品为四川科技馆特色展品：雅西高速。展品位于交通科技厅，根据蜀道的变迁讲述雅西高速公路，让观众了解到在修建雅西高速公路的过程中，为了克服恶劣的自然地理环境而策划的科学设计方案，以及实施的各项高新技术，感悟雅西高速公路工程的浩大和艰辛。

二、创作思路

（一）辅导目标

①了解双螺旋隧道的结构及设计背景；②理解"天梯高速""云端高速"背后代表的意义。

（二）辅导对象

初中 1~3 年级学生。

（三）辅导思路

1. 活动背景

雅西高速公路穿越中国大西南地质灾害频发的深山峡谷地区，地形条件极其险峻，地质条件结构极其复杂，气候条件极为多变，生态环境极其脆弱，可谓"蜀道难，难于上青天"。通过蜀道的"雄奇险峻"引入，带领观众朋友们去体验、感受、了解双螺旋隧道的神奇，去探寻"天路"背后的力量。

2. 活动过程

①引入雅西高速公路的背景：为了避开多条地震断裂带以及栗子坪自然保护区而选择了拖乌山这条线路。

②操作展品，演示小车的运行轨迹。

③讲述双螺旋隧道的设计背景及优点。

④讲述雅西高速的技术优势：为国际首创的双螺旋小半径曲线型隧道，为解决路线爬升、克服海拔高差提供了新的范本。

三、辅导稿件

同学们好，欢迎来到科技馆参观。

现在我交给大家一项任务，你们每个人都是一名司机，驾着车上了高速公路。现在你们来到了一段山路，风景特别秀美。可是，越行驶到后面你们越会发现，山路变得十分陡峭，直到行驶到了这里……

你们发现了什么？对了，这个陡峭的山峰，上不去了。

那各位司机，你们快想想办法。我听见有的司机说修路，可是，这山路陡然上升，根本不给各位司机缓冲的机会,我们要修一条怎样的道路呢？你说什么？修一条"天路"？欸，大家别笑啊，我们伟大的工程师们还真就设计了一条这样的"天路"。

刚刚我带各位司机游览的就是从四川雅安到凉山彝族自治州首府西昌的雅西高速公路。这条路全长240千米，一路上可以说是"穷奇险峻"。地质、气候都非常恶劣。不仅如此，公路每向前延伸1千米，平均海拔就上升7.5米，当真可以说是"蜀道难，难于上青天"。

大家看我身后这个高低起伏的展品模型，雅西高速公路就穿梭在这样的深山峡谷之中。

现在我请一位同学上来操作一下展品。按下你面前的启动按钮，然后转动手轮，选择一条道路。好，我们这位同学选择了直线道路，看，这是不是就是我们刚刚讲到的问题,小车根本上不去。那现在请你再次转动手轮,选择双螺旋道路。让我们期待一下。看，小车进隧道了，它慢慢地盘旋在山肚子里，是不是轻轻松松就爬过了山头？

这项展品向我们展示的就是为了缩减高度落差而采取的双螺旋小半径曲线型隧道技术。

什么叫双螺旋啊？让我们回到平面图。我们的汽车分别经历了两座螺旋式的隧道。一座叫干海子隧道，一座叫铁寨子1号隧道，两座隧道间距5.687千米。你们想想看，如果是一座孤立的小山头，公路就可以绕着山路转个圈，然而这拖乌山的山势连绵不绝，公路根本无法在山的表面转圈。

这段路线起点到终点之间的直线距离仅为12.352千米，可海拔高度却从1649米爬到了2362米。如果按照传统的缓冲坡度的方法，司机稍有不慎，就可能发生侧翻。因此，只能钻到山肚子里去，在山肚子里绕弯儿。这绕了两圈出来，仅需10分钟，就克服了300多米的高差。

这两座螺旋形隧道是世界首创的小半径双螺旋第一长隧道，同时也是桥隧相连的世界第一小半径螺旋曲线隧道。刚刚有同学说，修一条"天路"。没错，行走在雅西高速公路上，云层触手可及，可不就是在离天最近的地方遨游嘛？而这一切都离不开科技，古人说蜀道之难，"畏途巉岩不可攀"。是科学的力量架起了天路，是科技的力量让穿梭于云层之间的空想蓝图变成了现实。

图 2-70　马芯露现场辅导展品"盘旋而上"

四、团队介绍

马芯露：参赛选手，四川科技馆科学辅导员。

吴　莎、刘　聪：培训团队成员，来自四川科技馆。

五、创新与思考

作为第一次参加科学辅导员大赛的新人，在经验上有诸多不足。在比赛准备期间，我选择观摩往届选手的参赛视频，阅读选手的参赛稿件，找到他们讲解的技巧和方法，并摸索着前进。

雅西高速公路是具有当地色彩的展品，如果对四川的地质结构不够了解，很难让在场的观众在那么短的时间内了解到展品的操作方式和实用意义。于是，首先除了视频展播外，我选择了现场手绘平面图的形式，让观众能够直观地感受到山路的陡峭，以及"在山肚子里修建隧道"的神奇之处。其次就是互动环节，我选择了更能与舞台相结合的方式，那就是在"邀请同学上来参与"这个环节中设计了与之匹配的视频动态展示，让台下的观众能够更加身临其境地参与进来。

最后的成稿改了无数次，可我依然觉得有许多的不足，要在短短的三分钟内将展品和原理讲解清楚着实不易，作为一名科学辅导员的新秀，在各方面还存在诸多不足。未来的科普之路任重道远，我会更加认真全面地学习业务知识，打磨展品稿件，提高辅导技巧和优化方法，在以后的工作中取得更大的进步，为普及公众科普知识、激发科学兴趣贡献一臂之力。

项目单位：四川科技馆

文稿撰写人：马芯露

张大伟
第一轮单件展品辅导

莫比乌斯带

一、主题选择

莫比乌斯带。

二、创作思路

每个同学面前放一张长方形纸条，让学生做个纸环，大部分会做成一般的纸环，老师将纸条头尾对接粘接成莫比乌斯带，然后用笔画出中线，让同学们发现普通纸环和莫比乌斯带的不同——莫比乌斯带具有唯一单面性，然后介绍莫比乌斯带的发现过程，接下来通过展品进一步了解莫比乌斯带的唯一单面性结构，接着阐述莫比乌斯带在机械领域和艺术设计中的运用，之后布置课后动手作业——将今天做好的莫比乌斯带沿着中线剪开，观察会得到什么，下节课堂分享答案。最后升华科学精神——人生就像莫比乌斯带，生命长度被限制，换个角度可以创造无限广度。

三、展品辅导

五年级一班的同学们，大家好，在开始今天的讲解之前呢，我们先做一个小实验，可能细心的小朋友已经发现了在大家面前有一张长方形的纸条，那现在呢，大家将它头尾对接做成一个纸环。好！小朋友已经做好了，那老师也用手里的这个长方形纸条做个纸环。我换一个方式，首先捏着一端，将另外一端扭转180°，然后呢将两端粘起来，这样也形成了一个环。

我们来观察一下，这两个纸环有什么不同呢？我听到了有小朋友说第一个环具有两个面,一个正面,一个反面。那第二个环有几个面呢?

接下来我们用一支笔以刚刚连接的位置为起点,去画这个纸环的中线,沿着纸环一面的中线一直描下去,会从正面中线一直描到反面中线,终点跟起点就会连到一起。那就说明纸环只有一个面。那么这样的纸环就叫莫比乌斯带。

1858年,德国数学家莫比乌斯发现:把一张纸条扭转180°后,两头再粘接起来做成的纸环,具有魔术般的性质。普通纸环具有两个面,两个面可以涂成不同的颜色;而这样的纸环只有一个面,所以莫比乌斯带也被叫作"怪圈"。

接下来我们来看面前的展品,我们可以清楚地观察到灯光走过的位置没有跨越灰色边缘,从而可以更加直观地了解到,莫比乌斯带具有唯一单面性结构,也就是说只有一个面。

那这么神奇的莫比乌斯带,在生活中又有哪些运用呢?

比如传输带、传动带如果设计成莫比乌斯带就不会只磨损一面,从而延长它的使用

图 2-71　张大伟现场辅导展品"莫比乌斯带"

寿命；还有像我们游乐场的过山车、打印机的色带等都使用了莫比乌斯带的原理。其实莫比乌斯带不只是在机械传动领域有应用，在艺术设计领域同样有许多应用。某地科技馆的三叶扭结雕塑就是莫比乌斯带，象征科学没有国界，各种科学之间相互连通。莫比乌斯带循环反复的几何特征，蕴含着永恒、无限的意义，所以也是可回收物标志的灵感来源。

好的，小朋友们，今天我们学习了莫比乌斯带的唯一单面性结构，也了解到了它在生活中的运用，现在老师布置一项课后作业，将我们今天做好的莫比乌斯带沿着中线剪开，会得到什么呢？希望同学们回家以后动手操作，细心观察，下节课来分享你们的答案吧。

其实我们的人生就像莫比乌斯带，虽然生命的长度已经被限制，但是只要变换角度，就会创造无限的广度。

今天的课就到这里，我们下节课再见。

四、团队介绍

张大伟：参赛选手，来自甘肃科技馆。

张晓春、赵金惠：指导老师，来自甘肃科技馆。

项目单位：甘肃科技馆

文稿撰写人：张大伟

苏夏楠

第一轮单件展品辅导

足球梦，科技梦

一、主题选择

足球机器人系统由视觉、决策、通信、场地辅助系统及机器本体五部分组成，实现了混合集中分布式系统下高度动态环境中的控制问题，是人工智能领域的里程碑式突破。

二、创作思路

辅导对象为初中生或对科学感兴趣的小学高年级同学。足球机器人比赛始终遵循研究与教育相结合的根本宗旨，可以培养青少年严谨的科研态度和熟练的科学技能。创作思维框架见图 2-72。

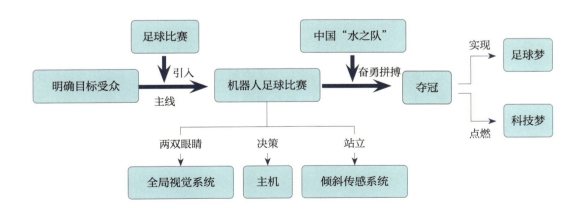

图 2-72　创作思路导图

三、辅导稿件

用最有趣的方式，看最奇妙的科学。七年级一班的同学们，大家上午好！欢迎大家来到科技馆参观，我是你们的大白老师。

首先大白老师想考考同学们：一名优秀的足球运动员应该具备什么样的品质呢？没错，球员要对场上的情况了如指掌。球场上风云变幻，一名优秀的足球运动员不仅要具备良好的身体素质，还要有敏锐的洞察力，这样才能在比赛中及时做出正确的判断。

那么大家有没有想过，机器人也能在球场上叱咤风云呢？下面我来为大家介绍今天的主角——聪明可爱的足球机器人小白。它身上的奥秘数不胜数，尤其是敏锐的视觉功能，让它跟队友配合默契。今天大白老师重点带大家探寻关于"全局视觉系统"的秘密。

我们先了解一下视觉系统中最重要的两双眼睛：第一双眼睛在这儿，足球机器人的身体相当于一台人工智能电脑，它圆滚滚的大眼睛应用的就是视觉系统，对球场上的队友和对手进行识别定位。有没有同学找到了场上的第二双眼睛呢？另外一双眼睛就是位于球场上方的摄像机。通过它，整个球场的现场信息可以毫无保留地被收入主机。

除了两双特殊的眼睛外，场上还有一套强大的硬件系统，那就是大白老师刚刚提到的位于球场旁的主机。主机系统接收信息后，将每个区域转化为一个数字直角坐标系，分为 X 轴和 Y 轴，球员在球场上的位置通过数字坐标来体现，比如小白现在的位置是（6，6）。同时，根据球员头顶所标色块的不同，场外的主机与两双眼睛共同运作，"眼睛"们负责拍摄，主机系统负责分析，随后通过无线电发出指令，指挥球员们分成红蓝两方，在坐标系内"冲锋陷阵"，完成追球、拦球、团队协作等配合。

大家可以看到，有了主机和两组摄像头统观全局，场上的比赛进行得非常激烈。正在这个时候，小白因为跑得太快摔倒了，这可怎么办呢？运动员们摔倒了会起身继续比赛，足球机器人摔倒了怎么解决？很简单，整个过程只需 3 秒。在机器人体内，有一个倾斜传感器，利用视觉系统判断机体角度，一旦机体符合倒下的角度范围，也就是大于 90°小于 180°时，就会自动调用体内芯片中存储的站立程序，执行站立动作。这一切都是强大的全局视觉系统的功劳。

小小的足球机器人在球场上奋力拼搏，体现了科技与体育精神的共同进步，全方位地让我们领略到了人工智能领域的传奇。2013 年，在国际机器人世界杯赛中，代表中国出战的"水之队"成为了比赛中最大的黑马,击败了东道主荷兰而获得冠军。这一成就不仅在机器人研究领域率先实现了中国足球梦,同时也极大地点燃了我们新一代中国青年的自主研发科技梦。

听完大白老师的介绍,相信大家跟我一样,都对这个小小的足球机器人刮目相看。接下来,让我们作为它们的忠实观众,继续观看这场精彩的足球机器人比赛吧!

图 2-73　苏夏楠现场辅导展品"足球梦,科技梦"

四、团队介绍

创作团队来自广东科学中心,成员如下。

吴成涛:广东科学中心展教高级主管,本项目负责人,对展品主题选择、创作思路等统筹管理。

关婉君:广东科学中心展教主管,本项目执行人,统筹团队分工协作。

邱涛涛、朱培玉、周展言:广东科学中心展教主管,协助参赛选手的培训、稿件内容的把控工作。

苏夏楠：广东科学中心展教辅导员，参赛选手。

卢梓键、黎茵嫣：广东科学中心展教辅导员，协助参赛选手梳理稿件逻辑，协助稿件呈现演练。

五、创新与思考

足球机器人比赛是在竞技过程中展示科学原理，通过每一个比赛环节的实现和呈现让受众了解视觉、决策、通信等的交互系统。相较于传统的科技馆展品，足球机器人比赛不限于展示单一科学原理，但受限于稿件篇幅，也存在对相关原理与系统构成组分无法深入剖析的问题，同时稿件撰写与呈现还可以进一步深入优化。

项目单位：广东科学中心

文稿撰写人：苏夏楠

刘 静
第一轮单件展品辅导

双曲狭缝与双曲面

一、主题选择

在现实生活中,我们经常会遇到一些看似行不通的问题,但数学可以帮助我们找到答案。双曲狭缝与双曲面就是用数学方法证明了当直杆绕着与其既不平行也不相交的轴旋转时,生成的单叶双曲面与过其中心轴的平面相切时的有趣情况。

二、创作思路

通过铅笔穿纸的小游戏引入双曲狭缝与双曲面,鼓励同学们大胆猜想,仔细观察转动的直杆穿过双曲狭缝的神奇现象,直观地了解双曲面的形成过程,帮助高一学生加深理解几何学中点、线、面的内在联系,激发他们对数学的兴趣。

三、辅导稿件

欢迎来到科技馆,发现身边趣事,探索科学魅力,今天我想跟大家分享一个关于直线、双曲线、双曲面之间关系的数学展品。说到数学,有没有心跳加速、掌心冒汗的同学?面对冰冷的公式和变化多端的试题,内心泛起阵阵凉意。那数学真的只是这样吗?今天就邀请大家齐心协力用想象力和双手来揭开这个数学展品的神秘面纱。

我需要大家的帮助来完成一个铅笔穿纸的小游戏,我们要用铅笔垂直于纸面穿过A4纸,再让笔杆平行于纸面穿过它,同学们都开始抢答了!这位同学说用打孔机在纸上开一个大于铅笔直径的圆孔就可以穿过了,真机智!那同样的道理,我们还可以按照铅笔直径和长度在纸上开一条缝,铅笔也很容易就能穿过了,这就利用到了点线面的数学知识，在严谨的科学思想的指导下，有些看似行不通的事情可以用科学的方法去实现。

今天的主角双曲狭缝与双曲面就是这其中典型的实例。大家可以观察到这个展品的核心部件是一根连接在竖直转动轴上倾斜的直杆，还有一面刻有两个弯曲狭缝的有机玻璃面板。欸，双曲狭缝我们是找到了，那双曲面呢？我听到有同学小声说跟那个杆有关，那这就有个问题了，直杆能通过弯曲的狭缝吗？同学们摇头说不能。因为杆是直的，而狭缝是弯的，会被挡住穿不过去，那位同学已经在比画大小了，你们真棒！我们来试验一下慢慢转动这根直杆，直杆居然一点点地穿过了两个弯曲的狭缝，为什么会这样呢？我稍微提醒一下，大家注意，追踪直杆上这几点在旋转过程中留下的轨迹，增加取样点，这些组成直线的点再通过同一平面时就留下了曲线轨迹。我们发现当直杆沿着与其既不平行也不相交的轴旋转时，它的轨迹中间小、两头大，像个腰鼓，这个特别的形状就是展品的秘密所在了。在数学中它被叫作单叶双曲面，如果我们沿着旋转轴将这个腰鼓切开，截面上的两条曲线就是双曲线，玻璃板上所刻的弯曲狭缝也是双曲线，正好与直杆旋转所得到的双曲线完全相符。因此，直杆就可以畅通无阻地穿过狭缝啦。

通过铅笔穿纸的小游戏，再到同学们发散思维举一反三动手实践，直杆穿曲线的秘密就被大家破解了。那些被数学困扰的同学，其实焦虑并不能反映你的能力，不是因为你不够聪明不努力才变得焦虑，而是焦虑影响了你的大脑，值得高兴的是，我们可以用时间和意识来征服它。数学不止一面，希望通过今天的分享能温暖大家的心窝，让数学成为我们生活中的帮手，遇见问题时我们能有逻辑，有条理，有办法。

图 2-74　刘静现场辅导展品"双曲狭缝与双曲面"

四、团队介绍

创作团队来自石河子科技馆,成员如下。

王新武:培训团队成员,石河子科技馆馆长。

陈　峰:培训团队成员,石河子科技馆辅导员。

刘　静:参赛选手,石河子科技馆辅导员。

五、创新与思考

面对高年级的同学,可以通过一些更有趣、更有难度的游戏来营造情境,引导他们更专注地进入探究式学习,主动动手操作,获得直接经验并与他人分享。科学不只是理论知识,它来源于生活,我们也应该把它应用到生活中去。

项目单位:石河子科技馆

文稿撰写人:刘　静

杨 慧
第一轮单件展品辅导

怒发冲冠

一、主题选择

展品"怒发冲冠"。

二、创作思路

选择辅导讲解的展品名称为"怒发冲冠",辅导的对象是小学中高年级学生。

三、展品辅导

小朋友们,大家好!欢迎来到科技馆电磁展区参观。很多小朋友都会背诵岳飞写的词《满江红·怒发冲冠》:"怒发冲冠,凭栏处、潇潇雨歇。抬望眼,仰天长啸,壮怀激烈。"那么"怒发冲关"是什么意思呢?对!这位小朋友回答得很好。怒发冲冠,就是指人发怒的时候头发会竖起来,把帽子顶掉。现在我们面前的这个展项名字就叫作"怒发冲冠",而它的学名全称叫作范德格拉夫静电发生器,它向我们展示的就是高电压下同种电荷互相排斥的原理。据了解,这件展品是从科学实验室的仪器范德格拉夫静电发生器演化而来的。在演化过程中,去掉原来仪器的使用功能,在保留产生高电压原理的同时,使高电压、低电流的性能得到了新的发挥渠道——能使与高电压接触的人头发竖立起来。于是,人们给它取了个新的名字:怒发冲关。接下来,我就为大家演示这件展品。首先我们邀请一位勇敢的小朋友走上这边的台阶,小朋友,请你双手触碰金属球,并保证双手不动,接下来我们开始增加电压,现在我们看到了这位小朋友的头发已经一根一根地都立了起来,看起来非常有趣!那么,小朋友们,你们知道这种现象是如何产生的吗?

让我来告诉大家，当这位小朋友把双手放到静电球上时，随着电压的逐渐升高，会有很多相同的静电荷聚集到这位小朋友的头发上来，我们都知道同性相斥的原理，所以就产生了这种头发根根立起的奇妙现象。

其实静电在我们生活中随处可见，用塑料梳子梳完头发，梳子就能够吸引轻薄的纸屑，这种现象就是静电；冬天我们在脱毛衣的时候有时会有啪啪的声音，这也是摩擦产生的静电放电。

小朋友，通过"怒发冲冠"这个展品，我们可以了解到，触电的主要原因并不是电压的高低，而是通过人体电流的大小。说到触电，小朋友们，我想问你们一个问题：打雷下雨的时候我们能躲在树下避雨吗？嗯！大家说得很对！绝对不能！因为被雨水浇过的树木是绝佳导体，雨水和我们人体也都是导电的，所以打雷时站在树下很容易发生触电的事故！

这件展品就为大家辅导到这，再见小朋友们！

四、团队介绍

杨　慧：参赛选手，来自唐山科技馆。

李若凡、张　蕊：培训团队成员，来自唐山科技馆。

项目单位：唐山科技馆
文稿撰写人：杨　慧

钱　琨
第一轮单件展品辅导

小孔成像

一、主题选择

小孔成像是武汉科学技术馆光展厅的一件展品,生动直观地展现了光在同种均匀介质中沿直线传播的特质,是光学理论的基础知识。展品现象明显易见,在生活中的应用也比较丰富。

二、创作思路

辅导目标:认识光的特性。

辅导对象:小学 3~6 年级学生。

辅导思路:①生活现象引入;②相关基础知识介绍;③展品操作及现象观察;④我国光学发展历史介绍;⑤弘扬科学家精神。

三、辅导稿件

大家好,欢迎大家来到光学实验室。当我们外出旅游或在科技馆参观,遇到有趣的场景时,都会拍下照片,留作纪念。拍照都会用到哪些设备呢?有的同学说手机,有的同学说相机,还有的说平板电脑。你们说得都对,其实无论是手机、相机还是平板电脑,都是通过光学镜头来成像的,但是今天,我要给大家介绍一款神奇的小孔照相机。它是由光源、遮光板和光屏三个部分组成的,它虽没有复杂的光学镜头,却依然可以清晰地成像,它是怎么做到的呢?让我们一起钻进这件展品的幕布里一探究竟吧。

我们先来了解几个概念,我们把物体到小孔之间的距离叫作物距。光屏到小孔之间的距离叫作像距。由于光在同种均匀介质中沿直线传播，所以光源发出的光经过小孔可以在光屏上成像。在我的左手边和右手边分别有一个透明的旋钮，我们请一位同学上来试着操作一下。告诉大家你都看到了什么现象。（同学的回答是："光屏上的像好像一会儿大一会儿小，一会儿清晰一会儿模糊。"）你观察得非常仔细。当我们将旋钮左旋后，光源靠近小孔，调小了物距，那么光线的传播范围变大了，光屏上的像也就变大了。当我们将旋钮右旋后，光源远离小孔，像就会变小。我右手边的这个透明的旋钮是用来调节孔的大小的，当孔变小后，像就会变得清晰。那么孔的形状与像的形状有关联吗？我们来试一试。先变成三角形，好像没什么变化；再变成正方形，好像还是没变化。这是因为，无论小孔是什么形状的，它对光的直线传播都没有影响，所以光屏上的像也不会发生改变。不过需要注意的是，所有的这一切只对小孔成立。如果你在挡板上挖了脸盆那么大的孔，那可就不再是小孔成像了，以上的这些规律就都不成立了。

　　早在2300多年前的春秋战国时期，墨子就已经发现了这些规律，在墨经这本书中有这样一句话：景倒，在午有端。这句话的意思是，物体的影或像之所以倒转，是因为屏上有一个点状的小孔。据记载，墨子和他的弟子们做了世界上第一个小孔成像的实验，得出的实验结论，比古希腊哲学家亚里士多德早了100多年。

　　在宇宙的自然现象中还有许多与光有关的奇妙现象。随着人们对光的不断认识和利用，光对人们生产生活的影响也越来越大。曾经的小孔成像，如今的"墨子号"，是中

图 2-75　钱琨现场辅导展品"小孔成像"

国古代先贤与现代科学家的一次接力，它不仅是对技术的传承，也是对科学家精神的传承，激励着我们立鸿鹄志，不断超越。好了，今天的探究活动就到这里了，欢迎同学们再来探究实验室。

四、团队介绍

钱　琨：参赛选手，武汉科学技术馆在职辅导员，2015 年入职武汉科学技术馆以来，担任中英文双语讲解员。2019 年 5 月加入"宇宙小课堂"教育活动小组，设计了"日食与月食""江城十二时辰之古代计时仪器"等教育活动，收获了观众的一致好评。

五、创新与思考

本次参赛是我第一次参加大型赛事，对我来说是一项全新的挑战。但因参赛经验不足，现场比较紧张，导致语速缓慢，使得原本设计 3 分 30 秒的稿件在现场演绎时出现超时的情况。稿件及互动环节的设计是我比较满意的部分，展厅现场教学情况还原度较高。此次参赛也有诸多不足，如：幻灯片中对展品的现象没有展示得特别清晰，仅仅展示了一张展品外观的照片，缺乏生动性；现场缺乏白板演示环节，使得讲解并不能很好地打动观众。今后再次设计此类教育活动时，应更注重生动趣味性并展示出明显的观察现象。

项目单位：武汉科学技术馆

文稿撰写人：钱　琨

宋淑怡

第一轮单件展品辅导

探秘月球

一、主题选择

"探秘月球"展品位于临沂市科技馆天文展厅,是一个月球仪,完整而又清晰地记录了月球的正面、背面以及环形山、月海、月湾、月溪等,是非常受欢迎的一件展品。

2019年1月3日,"嫦娥四号"成功登陆月球背面,实现了人类历史上首次在月球背面的着陆与探索。由于月球的自转和公转周期基本一致,因此月球永远有一面一直背对地球,这让对月球背面的探索难度更大,同时科研价值也更高。

探秘月球这件展品作为月球的缩影,可以激发观众的好奇心,让观众近距离地、更加直观地了解月球表面,以及我国在探月工程中所遇到的技术难题、解决途径和取得的成就。

二、创作思路

辅导目标:创作时以激发青少年对于月球的好奇心和求知欲。

辅导对象:小学六年级学生。

辅导思路:首先引导学生结合已有的知识联想与月亮有关的神话传说、古诗词作为导入,引出今天辅导的展品——探秘月球;其次,与学生一起仔细观察展品,找到展品的独特之处,例如月球与地球的区别与联系,并逐一向同学们解答;再次,将展品与我国当前的探月工程联系起来,讲述我国科学家在探月过程中攻坚克难取得的成就;最后,留一个趣味性的小问题让同学们利用课余时间查阅相关资料,从而了解更多的月球知识以及天文知识。

三、辅导稿件

同学们，提到月亮，你们能联想到什么？我听到有同学说嫦娥奔月，还有同学说"人有悲欢离合，月有阴晴圆缺"。非常好！在过去的千百年里，月亮一直是人类心中的神秘之所，探秘月球也是人类一直以来的梦想，今天就让我们通过面前这台月球仪来揭开月球的神秘面纱吧。

我听到有同学发出了疑问：为什么月球仪一面的颜色是灰黑色的，而另一面大部分是亮黄色的呢？这位同学观察得很仔细，其实灰黑色比较多的这一面是月球的正面，它始终正对地球，而亮黄色区域比较多的这一面是月球的背面，它始终背对地球。在月球仪上，我们用颜色的不同来区分海拔的高低，黄色区域地势较高，可以理解为地球上的高山，灰色区域地势较低，就像地球上的海洋，"嫦娥一号"测量数据显示，月球海拔最高点达到9840米，比珠穆朗玛峰还高出近1000米呢！由于潮汐锁定现象导致了月球自转和公转的周期一致，致使月球的正面始终正对地球，在地球上我们永远无法直接观察到月球背面，因此月球背面对于我们来说，更是"秘境中的秘境"。

很多同学就会感到奇怪了，阿姆斯特朗不是早在1969年就登陆月球了吗？这都50多年过去了，人类竟然还没有到过月球的背面，是不是怕有外星人呀？其实不光是人类，就连无人探测器也未曾成功登陆月球背面！不是怕外星人，而是怕没有传输信号！就像我们大家平常在家里用WiFi，一到隔壁，信号就会减弱很多。同样的道理，月球本身就像是一堵巨大的墙，它会阻断我们发射到月球背面的探测器与地球之间的信号联系，所以探秘月球背面并没有想象中的那么简单。但我们聪明的中国人早就想出了办法，在"嫦娥四号"发射之前，我们提前发射了一颗叫"鹊桥"的中继卫星，就相当于在原本没有信号的地方建了一座信号塔。有了信号，"嫦娥四号"哪怕是在月球背面的艾特肯盆地也能老老实实地听咱指挥，完成各项科研任务。这实现了人类历史上首次对月球背面的着陆和探索。

虽然，在月球的探索中，我们已经取得了一系列的成就。但到目前为止，人类对于月球的了解还是知之甚少。这也引发了科学家对于月球的各种猜想，其中最有趣的是根据月震实验提出的月球空心说，那么，我就要留一个问题供同学们思考了，你们认为月球是空心的还是实心的？依据又是什么呢？下次来科技馆，我们再进行交流分享。谢谢

图 2-76　宋淑怡现场辅导展品"探秘月球"

大家!

四、团队介绍

　　宋淑怡:参赛选手,临沂市科技馆展厅辅导员。从事展厅科普辅导工作 6 年有余,工作认真细致,在第六届全国科技馆辅导员大赛(山东赛区)展品辅导赛中荣获一等奖,在 2020 年山东省科普宣讲大赛中荣获一等奖。科普对她来说是一种情怀,更是一种责任,她喜欢给孩子们分享科学的种种神奇,渴望在孩子和科学之间搭建一座奇妙的桥梁,种下一粒启迪的种子,让青春在科普中闪光。

　　丁　钊:培训团队成员,临沂市科技馆副研究馆员,理学博士研究生。从事科技馆展览教育和展品研发等工作有 5 年多的时间。带领展教团队创作科学实验表演节目,在第五届全国科技馆辅导员大赛、第五届全国科学表演大赛上获得佳绩。带领展品研发团队自主创新研发展品,在第一届全国科技馆展览展品大赛、2018 中国国际科普作品大赛中获得佳绩。

王　师：培训团队成员，临沂市科技馆助理馆员，工学学士。长期在科技馆展教部一线工作，具有丰富的展览教育经验，主要从事展览教育活动的开发、培训、演示等工作，曾在第六届全国科技馆辅导员大赛（山东赛区）中获得科学实验赛二等奖，在2020年山东科普宣讲大赛上获得三等奖。

五、创新与思考

这次有幸参加第六届全国科技馆辅导员大赛全国总决赛，最大的感受就是人外有人、天外有天。与全国各省市优秀的辅导员一起交流与切磋，我既学习了创新的辅导思路与方法，又收获了珍贵的友谊，既开阔了眼界增长了见识，又认识到了自身的不足。主要有以下几点体会。

（一）扎实的理论知识是辅导的基础

任何展品的辅导都离不开我们对展品背后科学原理的挖掘，而这些科学原理按不同学科划分成的数学、机械学、材料学、电磁学等方面都有其深远的发展史以及相关的理论知识，只有熟练掌握了这些基本的理论知识，才能与展品联系起来，多维度地辅导展品。

（二）循循善诱、因势利导是辅导的关键

我认为，科技馆辅导员的一项重要职责是用科学的方法引导学生自主探究展品，而不是大水漫灌式地进行讲解。通过学生的仔细观察、亲手操作、用心思考，让学生获取知识的途径由以往的间接经验变为直接经验，学生在辅导员的引导下通过自己得出结论的这种方式获取的知识更能给学生留下深刻的印象。我们作为辅导员要循循善诱、因势利导，引导学生手眼脑并用，培养他们独立思考的能力。

（三）不断实践、因材施教，感知辅导的精髓

科技馆的观众是多种多样的，他们的年龄、性别、身份、受教育程度等方面各不相同，很显然，我们只准备一种辅导方法是不够的，对不同的受众采取不同的辅导方法，才能有较好的辅导效果。例如在大赛第三轮现场辅导时，有的辅导员的辅导对象是小学生，而有的辅导员的辅导对象是一家三口，这就非常考验辅导员的能力了。有一位特别优秀

的同仁就针对家庭成员的不同身份，让他们采用不同的方式体验同一件展品，全家人一起参与其中，学到了科学知识，同时也取得了很好的辅导效果。这就需要我们在日常工作中不断实践，积累经验，灵活应变，因材施教，才能抓住辅导的精髓。

（四）创新让科普百花齐放，跨界让辅导绽放异彩

在本次大赛中，最能抓人眼球的便是创新，科普辅导的形式不再单一，而是通过相声、朗诵、快板、魔术、小品、音乐剧等方式表现出来，亦真亦幻、精彩纷呈，观众看得大呼过瘾，在传播科学知识的同时又给人以美的享受。在这个科技飞速发展的时代，人们的知识需求也发生了一定的变化，需要各个领域知识的大融通，需要人们相互学习。我们作为辅导员，也要跨界学习，才能不断满足科普传播的需要。例如科普与艺术相结合，科普与生活相结合，打破思维定式，对不同领域进行跨界学习与融合，形成自己的特色，才能产生 1+1 ＞ 2 的效果。

项目单位：临沂市科技馆

文稿撰写人：宋淑怡

韩　冰
第一轮单件展品辅导

手蓄电池

一、主题选择

在我们的日常生活中，电池无处不在。手蓄电池这件展品既能引起观众的兴趣，又能让其了解电池的基本构成，同时也符合趣味性的要求，故选择了这件展品。

二、创作思路

辅导目标：此件展品旨在让观众了解构成电池的基本条件。

辅导对象：小学高年级学生或初中生。

辅导思路：通过与观众互动的方式介绍构成电池的其中一个条件——形成回路，再用解释说明的方式介绍另外一个条件——具有电解质，从而让辅导对象对电池有基本的了解。

三、辅导稿件

大家好，今天我给大家介绍的这件展品叫手蓄电池。首先请大家跟我一起来观察一下，在展台上有两个手掌形的金属板和一个电流表，它们分别是铝板和铜板，并且它们与电流表之间有导线连接。看到这里大家是不是有一种想把手放在上面的冲动呢？现在我请一位观众来体验一下，将两只手都放在上面，我们可以很明显地看到电流表的指针发生了偏转，说明有电流产生了，就像图中这样连接了起来。这是因为两只手都在上面吗？带着这个问题，我们再请两位观众上来，分别将一只手放到金属板上。但是我们看到电流表的指针并没有偏转了，再回想一下，刚才电流表发生偏转是怎么做到的？我们是作为一个媒介将两个金属板连在了一起，那如果这个想法是对的，我们让这两个观众拉起手来电流表就应该会发生偏转了，是不是这样呢？我们一起来观察一下。实验证明电流表确实发生了偏转，这说明产生电流的条件之一就是要形成回路，大家一定想问了，电流又是怎么产生的呢？

我们先来观察一下自己的手，手会分泌汗液，汗液是一种电解质，里面含有一定的正负离子。由于铝板比较活泼好动，容易与汗液发生反应，从而使铝板上集聚了大量的负电荷；相反，铜板比较安静，不容易与汗液发生反应，会聚集大量的正电荷。于是，电子就从铝板流到了铜板。同时由于人体也具有一定的导电性，当我们把手放到金属板上时，就形成了回路，产生了电流。因此无论是一个人还是两个人，只要形成回路，手掌分泌汗液就会产生电流。我们再请两名观众上来，分别将两只手放到金属板上，对比一下我们就可以发现他们导致的电流表指针的偏转幅度是不一样的，这又是怎么回事呢？我们先来看看他们的手掌吧，一名观众的汗液要明显多于另一名，这说明，电流的大小和手掌的干湿程度还是有一定关系的。说了这么多，我们一起来做个游戏吧。大家觉得这件展品一共可以允许多少人参与呢？让我们拉起手来，人数一个一个地增加，我们之前的最高纪录是 8 个人，看看你们会不会打破这个记录呢？最后我要提一个问题，为什么随着我们人数的增加，电流表指针摆动的幅度会越来越微弱？感兴趣的观众可以亲自探索一下其中的奥秘。

那我们现在就开始吧！

图 2-77　韩冰现场辅导展品"手蓄电池"

四、团队介绍

韩　冰：参赛选手，河北省科学技术馆展教部辅导员，助理文博馆员。

徐　静：培训团队成员，河北省科学技术馆展教部副部长，文博馆员。

李凤刚：培训团队成员，河北省科学技术馆展教部辅导员，助理文博馆员。

五、创新与思考

以和观众互动的形式来讲解这件展品能够增强观众的参与感，让观众切身体会到科技馆展品的魅力，但是也存在不足，例如没有在书面上将原理呈现出来，可能会使观众理解得不够准确，如果能够在书面上呈现，这件展品的讲解会更加完善。

项目单位：河北省科技馆

文稿撰写人：韩　冰

科技馆教育活动开发与创新实践（下）

第六届全国科技馆辅导员大赛
优秀项目集锦

殷皓 主编
钱岩 廖红 副主编

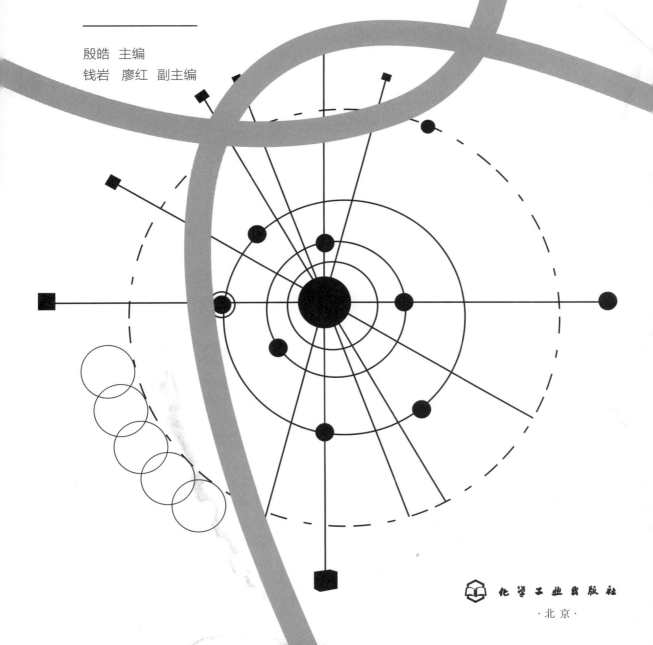

化学工业出版社

·北京·

目 录

第三章	290	**一等奖获奖作品**
科学实验赛	291	风来告诉你
获奖作品	297	一起摇摆
	303	畅游声之界
	310	嗨，你听见了吗
	315	泡泡的科学"膜"力
	323	**二等奖获奖作品**
	324	探秘陀螺仪
	333	123 牛牛牛
	340	谁骗了谁
	350	奇妙的重心与平衡
	354	高"盐"值的电
	361	永无止"镜"
	367	旋转之美
	372	最佳转换
	378	观察的美妙·静电
	382	点亮
	390	**三等奖获奖作品**
	391	光彩夺目
	397	一对好姐妹
		——作用力与反作用力
	403	走路到宇宙

	410	高分子聚场
	417	以柔克刚
	424	不离不弃的力
	430	光路
	438	吹不灭的蜡烛
		——附壁效应
	444	快乐乐器
	452	调皮的小方块
	455	熠熠生辉
	459	热啊，热啊，你慢点儿跑
		——导热万象新探究

第四章 其他科学表演赛获奖作品

	468	**一等奖获奖作品**
	469	天眼之光
	478	见习灯神
	486	我
	492	付强与小强
	500	**二等奖获奖作品**
	501	光旅历程
	507	声入人心
	513	科探使命
	520	6号房间
	529	元素奇遇记
	537	国宝奇谈
	545	谁是主角
	553	绝地求生
	558	**三等奖获奖作品**
	559	科学不思议

567	迷悟
576	通往净土
584	八十万里云和月
589	鹿族选美
595	出口气
600	博物馆密室盗窃案
608	飞天梦
613	他不是药神
618	科学的请柬
626	幻影
630	"视"目以待
636	地球保卫战

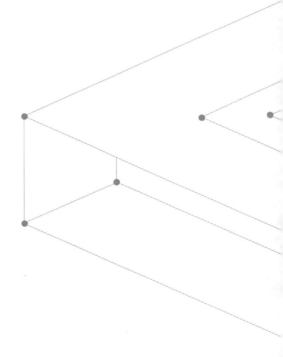

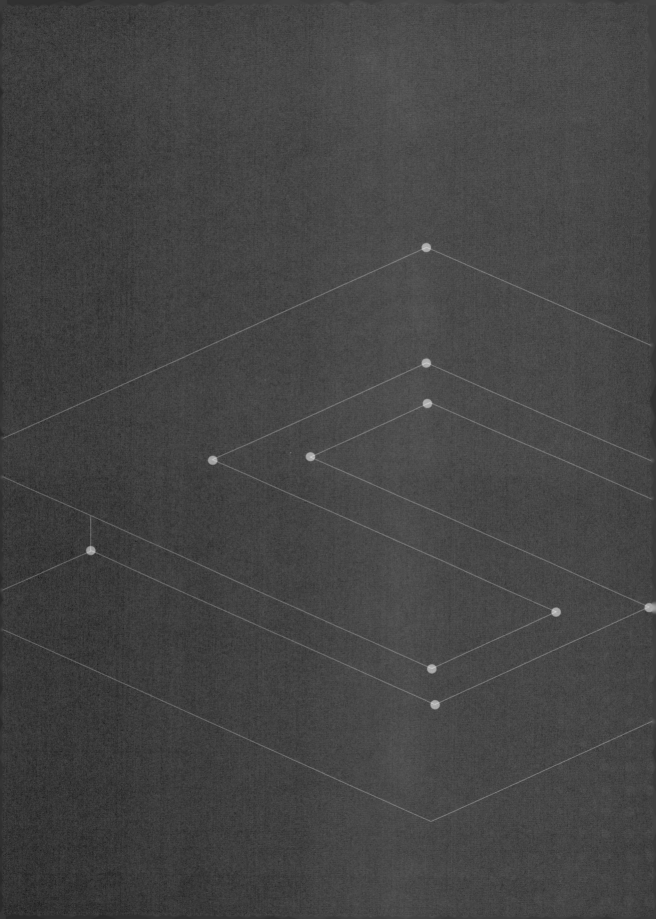

第三章

科学实验赛获奖作品

一等奖获奖作品

风来告诉你

一、活动简介

科学实验表演《风来告诉你》以学校的科学课堂为背景设定，由学生朵朵、科学老师、实习老师作为主要角色，串联起三个以"风"为主线的科学实验与科学原理——飞行器实验、吹蜡烛实验与烟道实验。

二、创作思路

《风来告诉你》从开始策划到打磨成形，经过了长达10个月的调整和完善，经历了三次重大的调整。

第一阶段：《飞翔的奥秘》参照当时的热点电影《流浪地球》为背景设定，在观感上加入了科幻的元素，在帮助学生朵朵探寻种子的飞翔和地下城通风的奥秘的过程中阐释伯努利原理、马格努斯效应在生活中（种子飞翔、地下城通风设计）的体现，并延伸到建筑、工程、运动等项目设计的运用中。

第二阶段：《风言风语》以"东施效颦"的故事为背景设定，既融合了传统故事的戏剧效果，又在剧情发展上加入了创新反转，东施好卖弄学识，却只知现象不懂原理，西施被说成花瓶后努力学习科学知识，并将科学运用到买房避坑中，东施西施同台竞技将康达效应、伯努利原理逐层展开。

第三阶段：《风来告诉你》以学校科学课堂为背景设定，快速进入实验，由学生朵朵对飞行器的兴趣引发一系列与伯努利原理相关的科学实验，串起伯努利原理在飞行器、吹蜡烛、地下管道设计三个不同方面的作用机制，并延伸到伯努利原理在国家重大工程建设中的运用。

（一）科学实验表演的背景设定

背景设定是否清晰，关系到科学实验能否在短时间内抓住观众的注意力，并迅速理清角色之间的关系。《风来告诉你》在创作的过程中，从不同的时间维度上策划了不同的背景设定，从"流浪地球"的未来科幻设定，到"东施效颦"的古代故事设定，再到"科学课堂"的现代生活设定，背景设定的适用度越来越高，未来科幻设定容易因表达手段的限制而难以达到表演效果，古代故事设定容易因历史时代的影响而限制科学实验的展开，而现代生活设定能快速拉近与观众之间的距离并进入实验本身，更契合观众的观摩需求。

（二）科学实验表演的实验设计

科学实验的目的是要一目了然地呈现科学现象、阐述科学原理、传达科学内涵，实验设计是否一脉相承，实验与实验之间是否紧密联系，关系到科学实验能否清晰地阐明科学原理。《风来告诉你》在实验设计的过程中，从不同的原理分支上选择了不同的实验内容，实验设计的内在联系和科学严谨性是越来越强的。《飞翔的奥秘》选择"翻滚翼实验"体现种子的飞翔，"烟道实验"体现地下城的通风设计，两个实验以故事串联，却未能深入研究它们之间的相互联系。《风言风语》选择"吹蜡烛实验"体现康达效应，"烟道实验"体现地下管道的空气流动，两个实验以戏剧串联，却未能揭示两者是伯努利原理在不同方面的体现。《风来告诉你》选择"飞行器实验"引出伯努利原理并具体解释，选择"吹蜡烛实验"说明在伯努利原理作用下的神奇现象——康达效应，选择"烟道实验"强化伯努利原理在建筑设计中的价值，实验与实验之间环环相扣、层次分明，同组实验在不同条件下的效果对照显著，将原理讲得深入、讲得透彻、讲得深入人心。

三、活动准备

（一）科学实验表演场地

高于观众席的大舞台（展示飞行器飞行过程），具备大型电子屏（投放科学实验幻灯片），具备电源插孔（启动吹风机操作实验），方桌2张。

（二）科学实验表演设备与材料

1. 飞行器实验

纸飞机 3 个，翻滚翼 18 个，纸杯飞行器 1 个，滚筒飞行器 3 个，鸟翼飞行器 3 个，收纳盒 1 个。

2. 吹蜡烛实验

圆酒瓶 1 个，方酒瓶 1 个，蜡烛 1 根，烛台 1 个，方盒 1 个，装饰布 1 块，打火枪 1 个，收纳盒 1 个。

3. 烟道实验

烟道模型 1 个，烟饼 1 袋，吹风机 1 个，打火枪 1 个，装饰布 1 块，打包袋 1 个。

四、活动过程

（一）科学实验表演的过程与原理

《风来告诉你》以学校的科学课堂为背景设定，由学生朵朵、科学老师、实习老师作为主要角色，串联起三个以"风"为主线的科学实验与科学原理。

实验一：飞行器实验

通过放飞纸飞机、翻滚翼、纸杯飞行器、滚筒飞行器、鸟翼飞行器，阐述飞行器能够飞行的原理——伯努利原理。

实验二：吹蜡烛实验

通过比较"隔着方瓶吹蜡烛"和"隔着圆瓶吹蜡烛"的实验效果，解释隔着圆瓶吹灭蜡烛的原理——康达效应。

实验三：烟道实验

通过烟道模型演示地下管道的设计，用吹风机模拟地面风的方向，对比地面风无论是"从平地吹向山顶"还是"从山顶吹向平地"，地下管道的风向始终"从平地通风口吹向山顶通风口"，说明伯努利原理在实际生活中的运用。

（二）剧本创作的首尾呼应

《风来告诉你》在剧本的创作上，是以学生朵朵的新家常受臭垃圾味的侵扰作为引

图 3-1　科学实验表演《风来告诉你》飞行器实验现场演示

入点的,看似一个不经意的开头,却为后续的"烟道实验"做了一个良好的铺垫,首尾形成"发现问题—解决问题"的闭环。

(三)实验设计的反转运用

《风来告诉你》通过良好的实验反转打破观众的预期认知,增强了科学实验的呈现效果。"烟道实验"首先用吹风机模拟地面风从平地通风口往山顶通风口吹(从右往左吹),地下管道里的臭气流动与风向一致(从右往左吹),然后再用吹风机模拟地面风从山顶通风口往平地通风口吹(从左往右吹),按照人们的一般认知,自然会认为地下管道里的臭气流动也会与风向一致(从左往右吹),但是当实验结果呈现出地下管道里的臭气流动始终从平地通风口往山顶通风口吹(从右往左吹)时,人们的预期与现实发生了严重偏离,更能被实验所震撼并加深对实验的理解。

(四)科学实验的主题升华

"科技强国"是我国的基本国策,近年来我国在科技学技术领域有了众多发展与突破,

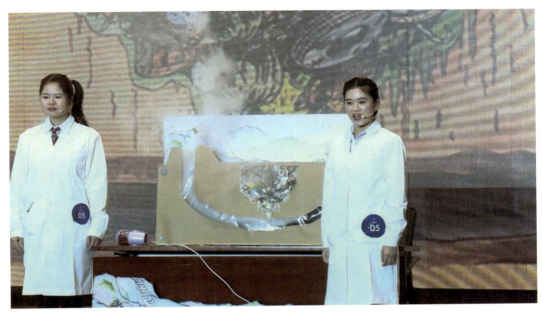

图 3-2　科学实验表演《风来告诉你》烟道实验现场演示

《风来告诉你》结尾联系与"风"相关的重要国家工程,以"让中国风刮遍全世界"结束实验表演,增强观众的国家自豪感,将科学精神感染给每个观众。

五、团队介绍

《风来告诉你》创作表演团队成员黄灵丽、蔡敏琪、李雪梅均来自上海自然博物馆(上海科技馆分馆)展教服务处科学教育团队。

黄灵丽:在上海自然博物馆(上海科技馆分馆)从事科学教育工作,研究方向为心理学。

李雪梅:在上海自然博物馆(上海科技馆分馆)从事科学教育工作,研究方向为现代汉语语言学。

蔡敏琪:在上海自然博物馆(上海科技馆分馆)从事科学教育工作,研究方向为植物学。

六、创新与思考

科学实验表演无论是在人物时空的背景设定上，还是在实验设计的科学性上，抑或是剧本创作的表演艺术上，都有着可以推陈出新的进步空间。在背景设定上，我们需要根据具体节目的需要来设定作品的人物形象和时空范围。在科学性上，优秀的作品必须赋有丰富的科学内涵，我们可以在传统实验的基础上进行创新，挖掘传统实验新的亮点、深度和表现形式，也可以打破常规实验，设计新的实验手段和内容。原创出优秀作品的过程，本身也是一种科学精神的实践。科学实验表演既要符合科学表演的规律，又要超出观众的欣赏预期。科学实验表演需要不断实践，在实践中我们也将不断把握其规律，更好地优化科学实验表演本身。

项目单位：上海自然博物馆（上海科技馆分馆）
文稿撰写人：黄灵丽　李雪梅　蔡敏琪

一起摇摆

一、活动简介

"一起摇摆"实验表演项目以"听话的摆（共振摆）""打脸的摆（牛顿摆）""跳舞的摆（蛇形摆）"三个与摆相关的物理实验为核心，通过一体化的舞台实验道具进行展示和探究，旨在通过摆的趣味现象，激发观众对于物理、对于科学的兴趣。

实验原理如下。

①共振摆：实验人员按照摆动频率操作道具，振动频率越接近摆球固有频率则摆动幅度越大。

②牛顿摆：摆球碰撞过程并非完全弹性碰撞，空气阻力和碰撞摩擦导致动能减小。

③蛇形摆：摆长依次等差递增，所以摆系统启动以后各个摆产生摆动的时间差也是呈规律性变化的。

二、创作思路

1. 活动设计思路

①通过一系列"摆"主题相关实验，展示趣味十足的科学现象。

听话的摆：解释共振的成因以及达到最大振幅的条件，可引申至龙洗、乐音等实例。

打脸的摆：摆的受迫振动以及能量守恒。

跳舞的摆：展示科学、数学与艺术的契合。

②利用一体化的实验表演道具通过角度变化展现奇妙的视觉效果。

2. 活动的重点及难点

牛顿摆的每个球心需要调整到同一直线上，龙形摆的摆长需要呈阶梯式变化，细微调整需要耐心、细心。

三、活动准备

铝型材一体化实验框架、钢丝绳、金属球、空心金属球、变色 LED 球灯、黑布、老虎钳等。

四、剧本

摇博士：各位观众朋友们大家好，欢迎来到科学实验室，我是摇博士。今天是我最新研制的摇摆魔术箱的首秀，我和摆助手会给大家带来 3 个与摆有关的有趣实验！

摆助手：当当当当！欸，博士你怎么把你的项链都拿来啦？

摇博士：你能戴这么大的项链吗，这是"听话的摆"。

摆助手："听话"？听谁的话？

摇博士：听你的话。

摆助手：啊？这怎么听？

摇博士：你选择任意一个摆，这个"听话的摆"就会让你选择的摆摆动的幅度最大！

摆助手：我可不信，那我就选最上面的摆。

摇博士：大家看好了。

摆助手：咦，还真的只有上面的摆得厉害，我们再换一个，对，就最下面的……这是怎么回事？太神了吧！哦，我知道了，摇博士，一定是你搞的鬼。

摇博士：这可不是搞鬼，这是科学。因为我掌握了科学的规律，所以它才能听我的话。

摆助手：那，它有什么规律呢？

摇博士：其实我刚才只做了一件事，就是转动这根杆。由于这三个摆都和杆相连，因此会发生共振，我只要随着大家选择的摆的频率去转动杆，就会让共振的幅度增大，也就会出现刚才的现象。

摆助手：原来是共振，我知道，科技馆的龙洗就是共振现象。

摇博士：没错，共振现象很多见，演奏的乐器、加热食物的微波炉，还有医学上的核磁共振，都是共振现象的应用。其实每种物质都有自己的固有频率，就像刚才的摆，振动频率越接近固有频率，共振越明显。

图 3-3　科学实验表演《一起摇摆》现场演示（一）

摆助手：我明白了，最上面的摆长最短，固有频率高，我就得快点转。果然，它摆得最高了！

摇博士：有意思吧，下面我们再看一个实验，我们一起转动魔术箱。（让道具旋转 180°）

摆助手：这个摆是这么玩的吗？（操作共振摆）

摇博士：没错，它叫"打脸的摆"，你松开最右边的小球，能量会通过碰撞一直传到最左边的小球，现在你站在右边，把脸放在距离小球 20 厘米的位置（掏出指示牌），我把最左边的小球抬到同样的高度，让小球来打你的脸，准备好了吗？

摆助手：哎，等等，这么珍贵的机会还是让观众朋友们尝试吧，有没有人自告奋勇？

观众：我来试试。

摆助手：等会儿，孙老师，博士都说了会打脸，您难道不怕吗？

观众：当然不怕，这个摆的运动会因为碰撞造成能量衰减，这边的球一定达不到释放的高度。

摆助手：他说的好像也有道理，不过您还是先试试吧。哦对了，我有祖传的面罩，可以保护您。

观众：不用，肯定打不到我的脸。

摆助手：那，我们大家一起来倒计时，3，2，1，放！咦？真的没有打到脸啊！太遗憾了，不对，是太幸运了！掌声欢送孙老师回座位。博士，我就说打不到吧。

摇博士：（拉住摆助手，工作人员换球）他说的没错，这是牛顿摆，在碰撞过程中，能量会散失，所以不会打到脸。

摆助手：这样啊！那我也想试试了。

摇博士：好，准备好，开始。

摆助手：等等，我还是再站远一点吧，再戴上面具。哎哟！不是打不到吗？

摇博士：我刚才趁你不注意，让人换了个质量更小的球。

摆助手：那为什么球变轻了就打到我了呢？

摇博士：我们再看一遍，小球仍然抬起20厘米，还是传递了相同的能量，但是后来的小球变轻了，速度就增大了，弹出距离变远，就打到你了。

摆助手：摇博士你好阴险。

摇博士：这不是阴险，是因为我掌握了科学的规律，所以我想让它打到脸就能打到脸，不想让它打到脸就打不到。

摆助手：早点知道科学规律，我的脸就不会被打了。

摇博士：好，最后一个实验让跳舞的摆给你压压惊！

摆助手：这些摆能跳舞？

摇博士：没错，它们的舞姿非常优美，请你用挡板推一下，暗场，music！（幻灯片放音乐）

摆助手：哇，好像一条龙。

摇博士：这是一个"蛇形摆"，它们的摆长是依次等差递增的，所以同时启动以后产生摆动的时间差也是规律性的，看起来就像是一段优美的舞蹈，这也是科学规律的体现。

摆助手：……

摇博士：怎么了，若有所思的。

摆助手：我还沉浸在今天的实验里没缓过神来，共振摆、牛顿摆、蛇形摆。今天的实验太有趣了，原来掌握了科学的规律就能让简单的摆玩出这么多的花样！

摇博士：简单的规律，却能带来精彩的现象，科学的魅力就在这里。观众朋友们，

图 3-4　科学实验表演《一起摇摆》现场演示（二）

就让我们保持一颗好奇心，不断探索、总结规律，在科学的世界里一起摇摆！

（剧终）

五、团队介绍

主创及主演人员如下。

侯易飞：中国科学技术馆展览教育中心讲师，工学学士，有多年科普一线表演、教学经验。作为项目"追逐，那一道光"的助演获得第四届全国科技馆辅导员大赛科普剧三等奖，作为项目"扭转乾坤"的主创和主演获得第五届大赛科学表演赛一等奖。作为项目"一起摇摆"的主创获得第六届大赛科学表演赛一等奖。

康　伟：中国科学技术馆展览教育中心助教，工学学士，展览教育中心从业八年，有多年科普一线表演、教学经验。喜欢手工，热爱科普，作为项目"一起摇摆"的演员获得第六届全国科技馆辅导员大赛科学表演赛一等奖。

祖显弟：中国科学技术馆展览教育中心助教，管理学学士，有多年科学实验、科普剧表演经验。在第四届全国科技馆辅导员大赛中获得手偶剧最佳创意奖、科普剧三等奖、其他形式科学表演二等奖。在第五届大赛中获得其他形式科学表演赛一等奖、科技教师特别奖，在第六届大赛中获得科学表演赛一等奖。在中国科技馆首部大型科幻童话剧《皮皮的火星梦》和首部科幻电影《皮皮的火星梦》中饰演猪胖胖一角。

高梦玮：中国科学技术馆展览教育中心讲师，理学硕士，有多年科普一线表演、教学经验。作为项目"一起摇摆"的主演获得第六届全国科技馆辅导员大赛科学表演赛一等奖。

孙伟强：中国科学技术馆展览教育中心讲师，教育硕士，有多年科普一线表演、教学经验。获得第四届、第六届全国科技馆辅导员大赛个人辅导赛二等奖，作为项目"扭转乾坤"的主创获得第五届全国科技馆辅导员大赛科学表演赛一等奖，以及个人辅导赛一等奖的指导教师。作为项目"一起摇摆"的演员获得第六届全国科技馆辅导员大赛科学表演赛一等奖。

刘芷廷：中国科学技术馆展览教育中心讲师，有丰富的科普一线表演、教学经验。2019年荣获中宣部、文旅部首届全国红色故事讲解员大赛优秀讲解员荣誉。作为项目"一起摇摆"的主创获得第六届全国科技馆辅导员大赛科学表演赛一等奖。2019年9月荣获北京市科学教育馆科学传播大赛展教辅导二等奖，个人最佳风采奖，科学实验一等奖。中国科技馆第六届"我爱我展厅"个人辅导赛二等奖，第八届"我爱我展厅"个人辅导赛一等奖。

武　佳：中国科学技术馆展览教育中心讲师，应用化学学士。拥有丰富的展厅辅导、活动开发、展览策划经验。参与第二届、第三届、第五届、第六届全国科技馆辅导员大赛个人辅导赛培训工作，以及科学实验赛的科学原理把关工作。

六、创新与思考

本实验项目创作之初希望借助体例较大的一体化实验道具带来科学表演视觉效果上的提升，但在比赛结束后由舞台向展厅转化时发现，由于道具体量较大，虽易于拆卸却不易于组装，在存放和移动方面都存在许多不便，并且将道具作为展品进行展示时又涉及存在安全风险且不易于让非专业人员进行操作的问题。因此，在今后的道具设计方面还需要严谨且周详地进行考虑。

项目单位：中国科学技术馆

文稿撰写人：侯易飞

畅游声之界

一、活动简介

通过实验，了解声音是如何产生的，认识声音的三要素。观察声驻波的产生原理，掌握声驻波传输的规律，让公众看见声驻波。重现伟大发明家爱迪生经典的"留声机实验"。聆听特雷门琴独特的演奏效果。第六届全国科技馆辅导员大赛科学实验类获奖作品"畅游声之界"带您走进声音的世界。

二、创作思路

（一）知识与技能

掌握声音的定义、传播方式及其要素，了解声驻波的产生、规律和生活应用，回顾声学经典"留声机实验"，利用电子乐器特雷门琴展示声音的独特魅力。

（二）过程与方法

通过科技辅导员PK赛，以比赛的形式引出科技辅导员A、科技辅导员B从声音的形成、传播、要素、能量、应用等不同角度开展科学实验。

（三）情感、态度与价值观

增强探究体验，激发学习兴趣。联系生活实际，感受物理的应用价值。培养科学意识，养成科学态度。引导合作精神，培养团队协作。

（四）活动设计思路

①《声音的形成》由主持人开场，串联出科技辅导员 A、科技辅导员 B 开展声音的形成实验、音调实验、响度实验、音色实验。

②《驻波看得见》重点介绍声驻波的形成、传播规律，以"激光圈""跳动的沙粒"实验展示看得见的声驻波。

③《留声机实验》回顾发明家爱迪生经典留声机实验，现场展示实验过程。

④《特雷门琴》介绍苏联物理学家利夫·特尔门发明的特雷门琴，现场演奏特雷门琴。

三、活动准备

活动场地：8 米 ×5 米。

活动道具：叉、鼓、钵、笛子、葫芦丝、PVC 管、点火器、功放装置、喇叭、激光笔、沙粒、留声机装置、特雷门琴。

四、活动过程

（一）主题导入

以拟音的形式导入主题，引出声音的各种要素。

（二）表现形式及实验

通过创设情境，主持人引领科技辅导员开展关于声音的实验 PK 赛，介绍声音是由物体振动产生的声波，是通过介质（空气或固体、液体）传播并能被人或其他动物听觉器官所感知的波动现象。开展音调、响度、音色实验，了解声音三要素。观察声驻波现象，认识声驻波。通过还原爱迪生留声机实验，致敬伟大发明。聆听特雷门琴独特的声音之美。通过科学实验让观众感受自然界中从宏观世界到微观世界，从简单的机械运动到复杂的生命运动，从工程技术到医学、生物学，从衣食住行到语言、音乐、艺术，都是现代声学研究和应用的领域。

（三）应用拓展

介绍声学是研究媒质中声波的产生、传播、接收、性质及其与其他物质相互作用的科学。

五、剧本

何老师：大家好，我是……欸？怎么没有声音？怎么回事，怎么回事？

小马老师：别急别急！

蔡蔡老师：声音来啦！

（拟音视频）

何老师：算你俩机灵！大家好，我是何老师，今天我们的实验要和大家说说声音。声音是如何产生的？它的高低大小由何决定？为什么不同的物体产生的声音各不相同呢？带着这些问题，让我们一起走进今天的畅游声之界，时间交给二位。

第一幕　奇妙的声音

蔡蔡老师：大家好，我是蔡蔡老师。

小马老师：我是小马老师。

（声音产生实验：口弦琴、铜钵、镲演示）

蔡蔡老师：关于声音的产生，我们可以这样理解。鼓槌敲击铜钵，钵体振动——声音。（蔡蔡老师演示）

蔡蔡老师：如果没有了振动（敲嚓，抹静），就没有声音。（蔡蔡老师演示）

（声音响度实验：敲鼓演示）

蔡蔡老师：振动产生声音。而振动幅度的大小影响声音的大小。轻轻敲击鼓面，振动幅度小，声音就小；重重敲击鼓面，振动幅度大（小马老师演示），声音就大。这，就是声音的响度。

（声音的音调：管子演示）

小马老师：声音除了响度大小，还有高低之分。这里有两根材质相同、长短不一的管子，加热管内的空气，管子竟然唱起歌来。短管振动频率高，音调就高。我们再来听一听长管，长管振动频率低，音调就低。（蔡蔡老师演示长、短管）

何老师：两位老师用生活中常见的物品为我们展示了声音的产生、响度、音调。

（名人声音秀）

何老师：接下来我们要跟现场的观众朋友们做一个互动（响指）。（播赵本山音频）

蔡蔡老师：先来听听这是谁的声音？（互动）真聪明！

小马老师：再来听听这个声音（播周星驰声音）没错，我也喜欢他！欸？为什么我们只听其声不见其人就能判断他是谁呢？

蔡蔡小马：音色。（齐声说、举手状）

何老师：聪明！

（演示葫芦丝和笛子）

何老师：葫芦丝和竖笛都是吹奏乐器，它们的发声原理相同，但是由于制作材料不同，演奏效果就不同。（蔡蔡老师葫芦丝演示、小马老师竖笛演示）

第二幕　驻波看得见

何老师：两位老师可真是多才多艺啊。声音不仅能够传递信息，它更是一种能量。实验还在继续，接下来我们来认识一位声音界的大咖——声驻波。

（激光圈实验）

蔡蔡老师：前方有两台扬声器，我们在扬声器上附上一层塑料薄膜，再将一面小镜子放置在薄膜中间，接下来启动激光器，对准镜面。

何老师：大家请看，此时在对面墙上形成了一个光点。

蔡蔡老师：让我们播放音乐看看会出现什么现象呢？

何老师：奇怪，一个光点变成了一个光圈，并随着音乐的变化而变化。小马老师，这是为什么呢？

小马老师：那就让我通过小实验来告诉你们。用一台扬声器和一个附了薄膜的桶，将桶放置在扬声器上方，撒上一些沙子（蔡蔡老师示范），借助扬声器，发出声音。

何老师：大家请看，当蔡蔡老师发出声音时，视频中桶面上的沙子图形发生了复杂的变化。小马老师，这又该如何解释呢？

小马老师：这是因为声波引起塑料膜共振，产生驻波造成的。我们一起来看，沙子聚集的地方振动小，这里是波节；沙子散开的地方振动大，这里是波腹。

（激光圈大小变化实验）

何老师：哦，那我就明白了。为什么光点会变成光圈，并随着音乐的变化而变化，这是声光的结合，完美！

何老师：既然声音能够传递信息，那么我们如何将它储存下来呢？

（留声机实验）

小马老师：这个问题问得好。1877年，爱迪生从电话的工作原理当中得到灵感，制作了世界上第一台留声机。我们在现场制作了一台留声机，接下来就请何老师为大家演示一下……

何老师：好的，小马老师。接下来我就带着我的大宝贝演示一下啦！把细针放在亚克力杯杯面上，让亚克力杯转动起来。接下来，让细针回到初始位置，对准杯口录入声音（何老师演绎：我最棒！我最棒！我最棒！）小马老师，录入完毕。

小马老师：好的，我们赶快来听听看（三个人作侧耳倾听状）。哇，太神奇了，这

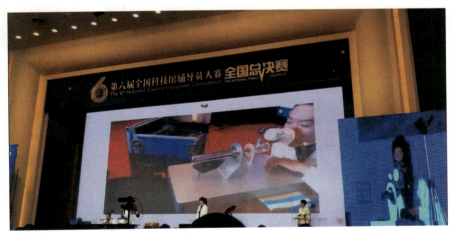

图3-5　科学实验表演《畅游声之界》纸杯部分现场演示

是怎么做到的呢？

何老师：当我对着纸杯说话时，纸杯带动细针振动，在转动的杯面上留下变化的波形，声音就被记录了下来。回到初始位置后，细针沿着波形转动，声音就被播放出来啦！

小马老师：噢！原来是这样啊！

何老师：科学家为我们记录了时光，留住了声音。让我们向伟大的科学家们致敬！

图 3-6　科学实验表演《畅游声之界》特雷门琴部分现场演示

蔡蔡老师：是的，科学家对声音的研究从未停止，这个过程中还有很多令人惊喜的发现。就比如前苏联物理学家利夫·特尔门发明的"特雷门琴"。这可是世界上唯一一种不需身体接触就可以演奏的电子乐器，一起来看看！（演奏）

（结束语）

何老师：喔，这特雷门琴发出的声音可真够独特的，为什么会发出这样的声音呢？其实啊，它就是利用了两个振荡器感应我们人体与大地的电容分布，振荡频率的变化会影响声音的变化。请欣赏……（演奏茉莉花）

朋友们，通过实验，我们对声音有了更深、更广的认识。声音既能传递信息，也能撩动心弦，更饱含着宇宙万物无限的能量。本期畅游声之界到此结束，再见！（三人作挥手状）

（剧终）

六、团队介绍

何丽娜：青海省科技馆展览教育部副主任。
何昌晶：青海省科技馆科技辅导员。
蔡　静：青海省科技馆科技辅导员。
马　洁：青海省科技馆科技辅导员。

以上 4 人为活动表演团队的主要成员，团队成员多次参加全国科技辅导员大赛个人辅导赛和实验赛，并取得优异成绩。

七、创新与思考

（一）活动的经验与体会

在科技馆的科普教育活动中，科学表演是一种重要的科普教育形式，是科技馆科普教育的承载体。科学表演要想取得较好的效果，应该充分考虑在内容中融入科学知识，形式要求生动有趣，表演效果追求跟观众互动、知识内容互相关联等。灵活运用好这一全新的科学教育形式，能够让科学表演更加贴近观众，引发更多兴趣，充分发挥其在科学教育中的重要作用。

（二）活动中的不足

通过作品，我们认识到仍存在许多不足，如表演方面内容单调、缺乏冲突、表演生硬、舞美缺失等，内容方面缺乏创造性、缺乏对知识点的深挖等。

针对以上不足，我们总结经验教训，在日后的活动策划表演中，不但要达到实验的视觉效果、舞台效果，同时也要注重深层次挖掘知识点、拓展知识外延，这样才能让科学与艺术巧妙地融合，创作出更优质的科学表演。

项目单位：青海省科技馆
文稿撰写人：何昌晶

嗨，你听见了吗

一、活动简介

声音作为交流的重要手段，具有特殊的魅力，生活离不开声音，《嗨，你听见了吗》是一个以声音为主题的科学实验表演，声本实验围绕听见声音、看见声音、创意声音三站声音探索之旅，层层递进，通过生活中常见的物品来开展一系列有趣的实验，让观众明白发声的原理，看见声音的模样，最后利用日常用品碗盘，敲出美妙动听的乐曲。

二、创作思路

（一）目标受众

少年儿童群体，针对这一目标受众，整个科学实验表演设计的基调比较趣味、轻松、活跃，原理解释朗朗上口。

（二）活动目标

带领观众体验和学习声音产生的原理、振动发声的形式，通过音乐、道具、幻灯片和实验表演的配合，让观众进一步了解和感受振动的现象，学会利用生活器材来巧妙发声，演奏音乐。

（三）活动设计思路

实验在声音实验室里展开，通过丁丁、当当两个角色围绕声音主题互相比拼，互相配合，互相探索合作，开展听见声音、看见声音、创意声音三站声音探索之旅，将实验表演推向高潮，引导观众通过这个实验表演，在生活中能观察、探究声音传播的条件以及解释生活中的声音传播现象。

（四）教学方法

对比法、探究法、讨论法、实验法、观察法等。

三、活动准备

实验材料包括锣鼓、号角、鸟笛、橡皮管子、玻璃杯、音叉、乒乓球、泡沫小球、玻璃罩、音响、各种大小造型的碗、筷子、屏风等。

四、剧本

丁丁：大家好，我是你们的老朋友丁丁！对了，大家看到我的实验搭档当当同学了吗？没看见啊？没关系，我有办法，吹响集结号（吹起号角），丁丁当当集合啦！

当当（小跑上台）：嘿哟，来啦！丁丁，你这集结号声太大啦！

丁丁（戳搭档脑袋）：声大才能让你听见啊！

当当：那倒也是，欸，对了，今天我们声音实验室是要做什么实验啊？

丁丁（掏出蝉鸣器）：你先闭上眼睛！你听（甩动蝉鸣器）！

当当（闭眼摇头晃脑地回答）：还知道卖关子，哦，我知道了！今天的任务是野外探索抓知了！

丁丁（戳搭档脑袋）：说什么呢，你看！这个啊是我自己做的蝉鸣器，你就说这声音像不像？（得意扬扬，继续甩动）

当当：嘿，你有蝉鸣啊，我还有鸟叫呢！（拿出水笛一吹）怎么样？声还比你还大呢！

丁丁：你……你别得意，（突然拿出橡胶管子）你看！

当当（被吓了一跳，拍着胸脯）：哎哟，什么东西？我还以为是一条蛇呢！

丁丁：别害怕，它就是一根橡皮管子（把管子的另外一头递给搭档），抓稳啦，甩起来！

当当（甩动管子，和台下的观众互动）：大家快听，管子发出了呼呼的声音！

丁丁：大家请看，现实生活中寻常可见的物品、改装的竹筒、普通的橡皮管子都可以发声！（两个人分别展示鸟笛和橡皮管子）

当当：这就是——生活处处有声音，可是，声音是从哪里来的啊？

丁丁：声音从哪来，它从振动来！在力的作用下，产生了振动。（利用敲锣演示）振动起，发声起；振动停，发声止。声音传播靠介质，以波的形式传出去。振动发声方式多，留心观察不稀奇（托下巴思考），出个问题考考你，请你给我举个例！

当当：这个问题并不难，桌上道具有答案，振动发声方式多，摩擦激发是其一，留心观察多思考，生活处处有惊喜！（摩擦盛有水的玻璃杯发出声音）

丁丁：哟，当当，这打油诗做得不错嘛！

当当：谢谢大家！不过丁丁，我还有问题！刚刚你这声音由振动产生的原理说得是挺溜，不过这振动的现象，也太不明显了，一点都看不见，没有说服力！

丁丁：不要着急，开启声音实验第二站——看见声音！我们说声音是由物体振动产生的声波，但是利用肉眼实在很难捕捉到这些物体振动的现象，不过我有办法！来来来，请你拿起音叉靠近乒乓球。

当当：音叉，乒乓球？切，我就是贴着乒乓球也没反应啊。

丁丁：请你拿上小锤子敲击音叉，再靠近乒乓球。你看见了吗？

当当（用小锤子敲击音叉，再靠近乒乓球，乒乓球转圈圈）：哦，我明白了，乒乓球被弹起，说明音叉在振动。

丁丁：我这还有两个大宝贝呢！请看！

当当：大水鼓？小喇叭？

丁丁：没错，科学助手请就位，当当你也别闲着，声音的模样很调皮，还要请你看仔细。

当当：收到！我们的口号是——认真观察，小心求证！

丁丁和科学助手台上就位：敲水鼓，奏音乐！

当当：哇！小球旋转跳跃，鼓面水花四溅，难道说这就是声音的模样？

丁丁：确切地说，我们看到的是物体的振动现象，声音由物体振动产生，巧用小道具来放大或者转化这种振动现象，使其更加具象化，有趣又好玩！声音实验第二站，看见声音，圆满完成！

当当：欸，丁丁，实验进行到这儿，我突然冒出个想法！今天我们听见了声音，看见了声音，你我二人能不能利用生活中的锅碗瓢盆创造出一点有趣的声音呢？

丁丁：丁丁当当来联手，敲个曲子露一手，声音实验第三站——创意声音，出发！

当当；那我们就叫它锅碗瓢盆交响曲！（两个人演奏歌曲《蓝精灵》）

（在敲击的过程中，丁丁敲击，当当唱歌）敲击锅碗瓢盆能创造美妙的音乐到底是为什么？丁丁当当联手来告诉你！

当当：这打碗音乐的原理嘛主要在于1——音色，与发声体的材料、结构有关，每个碗的材质结构大小都有差异，音色自然不一样。

丁丁：2——音调，音调高低与发声体振动快慢有关，每个碗的振动频率不同，音调自然不同。

当当：这就是小小的碗碟，大大的创意！音乐起（一个人饮酒醉背景乐）声音实验已到站，原理听我唱一唱！来到声音实验室，小心求证多尝试，声音振动来产生，通过介质传到耳。巧用放大转化法，看见声音俏模样，物体材质有差异，造型大小各不同！

丁丁：振动频率有快慢，振动不同声不同，巧妙组合来发声，加以技巧和练习，敲出各种奏鸣曲！

图 3-7　科学实验表演《嗨，你听见了吗》现场演示

合：最美的声音在哪里？就在大家的掌声里。声音实验有后续，我们在这里等你！

（剧终）

五、团队介绍

叶　影：浙江省科技馆科普辅导员、副研究馆员，研究方向为科学教育活动开发。

叶洋滨：浙江省科技馆科普活动部部长、副研究馆员，研究方向为科学教育活动开发。

董习睿：浙江省科技馆科普辅导员，研究方向为科学表演。

陈俊浪：浙江省科技馆科普辅导员、馆员，研究方向为展教活动开发。

六、创新与思考

在设计科学实验表演内容和形式时，要注意区别于课堂，对接于课标，切不可过于死板、机械，要更加强调艺术性和趣味性，以增进学生学习科学的志趣，培养学生的科学素养。剧本台词的设计应该充分考虑科学原理准确无误、表演形式活泼生动、能充分调动观众的互动参与性，利用一条主线将实验的原理或者是知识点有机串联，层层递进，逻辑清晰，注重与日常生活、社会热点的关联性。剧本中可以加入角色扮演、侦探破案、分组对抗、情景模拟、故事引入等形式，让趣味实验表演能够更加丰富多彩、形式多样，充分发挥其在科学教育中的重要作用。

项目单位：浙江省科技馆

文稿撰写人：叶　影　叶洋滨

泡泡的科学"膜"力

一、活动简介

借助魔术和科学秀等舞台互动表现形式来展示肥皂泡表面张力的系列科学实验，开发表面张力系列科学实验教育活动，创新肥皂拉膜实验装置及演示。通过验证生产生活中表面张力知识的应用，让观众学习到泡泡中蕴藏的表面张力的科学知识及生活应用。

二、创作思路

（一）活动目标

1. 知识与技能

活动紧密围绕"感知与探究液体表面张力"展开，学习"什么是液体表面张力？"；探究液体表面张力 F 与液面长度 L 的关系（$F=\sigma L$）；探究水分子与表面活性剂分子的受力关系，从而认知液体表面张力与肥皂泡的成因；拓展表面张力与吸附的知识；学习了解泡泡的表面张力在实际生产生活中的应用科学（极小表面、工业消泡剂等）。

2. 过程与方法

在认识液体表面张力大小的实验中，设计者通过魔术+实验的形式，让观众直观感受到液体表面张力的存在。两个一模一样的水瓶，翻转倒立使瓶口向下，一个瓶子中的水因为重力的作用，全部落了下去；另外一个瓶子里的水却大多被神奇地"锁"在了瓶子里，原来随着界面长度的增加，表面张力也会增大。这一环节我们通过控制变量法认识液体表面张力以及表面张力的大小与液面长度的关系。

实验者在对比肥皂液和水的表面张力大小的时候，利用两种液体吹泡泡，采用直观比较法对比水的表面张力与肥皂液表面张力的大小。

表面张力通常很微小，不容易被观察到。实验利用放大法通过创新的拉膜装置将微小的表面张力直观地展现在观众的视野中，产生了强烈的视觉感受，激发观众学习探索的热情，进一步巩固人们对表面张力的认知。

在泡沫聚合产生的几何结构中，我们通过实验构建泡沫模型观察学习，可以让观众直观地观察到因为表面张力的存在，泡沫表面的受力情况，以及所产生的夹角度数。

在消泡剂实验环节，设计了实验类比法对比两种截然不同的溶剂所造成的实验现象。

3. 科学态度

（1）科学好奇心　活动设计者站在求知探索者的立场，精心设计辅导员的互动问答和交流内容，通过现象提出问题，并带领观众积极参与科学实验，寻找答案。

（2）实事求是　肥皂膜拉膜实验环节，辅导员力求客观地展现这一科学实验操作的不确定性，措辞严谨，尊重事实。

（3）灵活性　根据实验证实的结论，辅导员积极主动地重新考虑自己的认识，并灵活组织语言，引导观众思考，增加了探究体验的收获感。

（4）严谨性　对于活动中所有的实验道具和耗材剂量，精益求精，提升了科学实验的严谨性。

4. 科学精神

（1）实践出真知　通过实验操作，引导观众观察、比较，得出结论。

（2）科学家精神　重现科学家发明创造时的经典实验过程和方法，例如：活动中讲述的佛雷奥拓拉膜实验、普拉托最小表面实验，弘扬讴歌了不畏艰难、坚持不懈、追求真理的科学家精神。

（3）怀疑与批判　活动中两位实验员一个站在批判怀疑、大胆尝试的立场；一个站在小心实验、不断进取的立场；直观生动地诠释了科学探索精神。

5. 思想情感

活动开场，伴随着轻快唯美的音乐，观众的思绪仿佛回到了纯真美好的童年，泡泡玩具的运用和肢体表演与活动主题的童真趣味性相互融合，紧接着从常规思维"泡泡是深受孩子们喜爱的玩具"到科学现象的展示，牢牢抓住了观众的探索好奇心，积极思考"泡泡有着怎样迷人的科学"，一步一步展开系列科学实验，从中学习科学知识和应用，最后通过情感的共鸣，升华主题"泡泡不光是好玩的玩具，更是强有力的科学武器"，倡导观众重新认知泡泡精灵，热爱科学，观察思考生活，探索科学的"膜"力，充满童趣，思想立意深刻。

（二）活动设计思路

①活动主题选材泡泡，是源于该事物深受公众熟悉和喜爱，具有先天的亲和力和趣味性。

②生活中处处有科学。泡泡中蕴藏的科学知识涉及的领域十分广泛，活动开发者果断取舍，紧密围绕"表面张力"这一主题，收集、归纳、提炼、设计教育活动。

③活动中涉及的系列科学实验我们尤其注重实验现象的演示效果和互动效果。

④将科学精神和科学家经典实验重现巧妙融合到活动中，寓教于乐，增强了科学性、趣味性。

⑤牢牢抓住活泼童真、学习探索、生活应用的情感脉络，力争让科学活动集观赏、体验、教育、情感等因素于一体。

（三）活动重点

（1）激发学习兴趣　活动先导实验的设计需要以激发学习兴趣为目标。

（2）抛出探索问题　站在观众的立场设计问题，切忌言之无物、牵强附会。

（3）观察实验现象　严谨操作实验，引导观众仔细观察记录实验中的现象。

（4）总结实验结论　通过实验方法得出结论，巩固学习任务和目标。

（5）拓展知识应用　联系实际应用，注重情感升华，激发观众学科学、爱科学、用科学。

（四）活动难点

（1）创新实验装置　创新的演示手段和效果需要实验装置的强力支持，比如拉膜实验装置的设计就让团队不断更改道具设计，进行了千百次调试，承受了诸多挑战。

（2）实验耗材　肥皂膜拉膜实验的稳定性会受到气温、气压、湿度等不可控因素的影响，团队会根据不同的演出环境提前调配适合的肥皂液，在实际操作时，实验也会面临各种不确定的状况，考验活动实施者的临场应变能力和活动执行过程中的灵活性。

三、活动准备

活动用耗材见表 3-1。

表 3-1 《泡泡的科学"膜"力》活动用耗材

名称	数量	名称	数量
纯净水	10 千克	吹泡泡的试管	4 根
泡泡液	1 升	电子打火器	1 个
甘油	20 毫升	防火手套	1 双
拉膜装置	1 个	水杯	2 个
水缸	1 个		

四、活动过程

（一）第一阶段

活动设计过程（一）见表 3-2。

表 3-2 《泡泡的科学"膜"力》活动设计过程（一）

引入问题：泡泡是如何形成的	
剧本	设计思路
辅导员用装有少量丁烷气体的管子在手套上吹出泡泡，然后用点火器点燃，泡泡会燃烧起来。 讲解：手套上的泡泡之所以可以燃烧是因为细密的泡泡与少量丁烷气体混合，瞬间燃烧。小朋友们请勿模仿	开篇通过辅导员对泡泡玩具的童趣演绎，利用科学秀的形式演示泡泡的科学现象，引发观众思考泡泡是如何形成的？泡泡中有怎样迷人的科学知识？导入科学主题泡泡中蕴藏的"表面张力"

（二）第二阶段

活动设计过程（二）见表 3-3。

表 3-3 《泡泡的科学"膜"力》活动设计过程(二)

研究表面张力	
剧本	设计思路
实验：准备一杯纯净水（加入了绿色的色素）、一杯肥皂水，用两杯水吹泡泡，会发现纯净水不能吹出泡泡，而肥皂水可以吹出泡泡。 　辅导员解释：纯净水是不能吹出泡泡的。这是因为纯净水的分子过度黏合，表面张力太大了。但是肥皂溶于水可就不一样了，（拉出肥皂膜）肥皂分子将水的表面张力减小到通常的 1/3，这是吹泡泡的最佳张力	用实验对比结合魔术表演的艺术形式，诠释表面张力的科学定义，探究表面张力大小的影响因素（不同液体、不同液面长度）。 　通过对比，可以论证水的表面张力比肥皂液大很多
实验：辅导员用两个相同的杯子，在杯口放上不同的网，一个网洞大，一个网洞小。将两个杯子的杯口朝下，可以看见网洞大的杯子在漏水，而网洞小的杯子没有漏水。 　辅导员解释：网洞越密，与水表面接触的周长越大，产生的表面张力就越大，抵抗了水的重力	

（三）第三阶段

活动设计过程（三）见表 3-4。

表 3-4 《泡泡的科学"膜"力》活动设计过程(三)

拉膜实验	
剧本	设计思路
实验：①利用道具拉出超大肥皂膜，在上面吹出泡泡，戳破肥皂膜的一端，由于表面张力的收缩力，泡泡被牵引向另一端。 　②拉出超大肥皂膜，用干燥的手尝试穿过，肥皂膜会破裂；用浸湿的玫瑰花穿过，肥皂膜完好无损。干燥的物体接触到肥皂膜，接触点附近的肥皂液会被大量吸附到干燥物体上，导致肥皂膜变薄破裂；相反，物体浸湿后不会被吸附，肥皂膜就能维持平衡了	通过特制的拉膜装置，生动呈现超大肥皂膜的科学现象，探究肥皂分子如何改变水的表面张力以及肥皂泡的成因。通过科学秀的方式，开展一系列表面张力科学实验，进一步让观众感受肥皂膜的表面张力

图 3-8　拉膜实验现场演示

（四）第四阶段

活动设计过程（四）见表 3-5。

表 3-5　《泡泡的科学"膜"力》活动设计过程（四）

应用拓展	
剧本	设计思路
①讲解佛雷·奥托获得普利茨克奖的故事，引出肥皂水为何会改变水的表面张力，分析肥皂的分子结构。 ②实验：准备一小缸肥皂液和一根连接氦气的管子，打开氦气的开关会产生氦气泡泡，泡泡聚集在一起形成氦气泡沫，这些泡沫有着精密的结构。1801 年比利时科学家普拉托揭示了所有泡沫相交时的固定夹角都为 120°。 ③实验：在桌上倒出肥皂泡沫，尝试用纯净水清洗泡沫，发现无法清洗干净。前面实验说过，水难以破坏肥皂膜的平衡。尝试用消泡剂来清洗，能够清洗干净，原理是其分散在泡泡膜表面，降低了水的表面张力。在污水处理、食品加工等行业，消泡剂用来消灭、抑制泡泡的产生。 ④尾声：升华思想情感，紧扣活动开场"泡泡不光是好玩的玩具，更是强大的科学武器"	①通过拉膜装置重现建筑师弗雷奥拓的发明创造，设计拉膜结构建筑的经典实验。再从肥皂膜实验装置转向肥皂泡实验装置，通过肥皂泡沫实验学习了解表面张力对极小曲面知识在应用数学、应用几何学领域中应用的启迪。 ②通过实验对比讲述表面张力在生活中的应用——消泡剂的科学原理和应用科学，拓展观众认知

五、团队介绍

胡　斌：机器猫老师扮演者，四川科技馆明星科学辅导员、四川科技馆科学秀剧场项目负责人，先后参加过第1~6届全国科技馆辅导员大赛团体赛并荣获趣味科学实验赛一、二、三等奖。中国科技馆发展基金会科技馆发展奖（辅导奖）获得者。在14年的科技馆一线展教岗位上积累了较为扎实的业务技能和经验。曾在行业内发表过数篇学术论文。深受公众的喜爱和好评。

王　薇：四川科技馆展览教育中心副主任，负责本馆展教活动、科学课程、科学实验的开发及其他相关工作。多次参加全国科技馆辅导员大赛个人赛及团体赛并获得优异成绩，积极参与全国科普场馆科学教育项目展评活动及业界相关赛事与活动。

郭　琪：参加全国青年科普创新实验暨作品大赛并获得二、三等奖及优秀组织个人三等奖；参加并获得第三到第六届全国科技馆辅导员大赛团体赛并获得一、二、三等奖；参加第四届科普场馆科学教育项目展评并获得二等奖；获得2017年全国科技活动周"万名科学使者进社区"突出贡献奖；在2019年度科技馆发展奖评选中获得辅导奖。

六、创新与思考

通过本次活动进一步锻炼了我馆科学教育活动及实验开发、编创、执行的能力，项目团队群策群力、团结协作，发挥自己的专长，不畏艰辛，反复打磨，经过努力取得了全国一等奖的优异成绩。

在活动设计之初，我们团队秉持着要引导观众对身边常见事物和现象的特点、变化规律产生兴趣和探究欲望的目标，密切联系生产生活进行提问，利用身边的事物与现象作为科学探索的对象。科普教育任重而道远，我们不能给观众灌输一些离他们很遥远的、高深的、抽象的科学知识，而是要来自生活，强调从日常生活中寻找科学教育素材。不要让科学教育蒙上神秘的面纱，科学就在我们的生活当中，科普自然应该贴近生活。

关于活动的内容，我们选择了表面张力这个比较陌生的科学知识。为了能够让观众了解并且对它感兴趣，我们选择以吹泡泡的表现形式来逐步引入这个概念。活动以泡泡为主题能极大地吸引观众的注意力，让他们能够产生探究身边的科学知识的好奇心。当他们发现孩子玩的泡泡其实也蕴含有大道理，并且接下来的活动是自己当前想要知道并能够理解的科学知识，甚至可以解决一些日常的问题时，观众就能够获得真正理解和内化的科学知识、经验，这样才能让他们有挖掘事物内涵的积极性和主动性。

活动整体为舞台表演，对辅导员的个人表现有较高的要求，必须要能够带动全场的气氛，吸引观众的注意力，让他们在关注表演的同时能够跟随辅导员的话语进行思考与探究。由于肥皂膜比较脆弱，容易在表演途中破裂导致实验失败，因此我们团队在设计道具时考虑了诸多因素，也尝试了非常多的方式方法来克服该问题，最后终于设计出了一套令人满意的道具。同时，肥皂膜拉膜实验的稳定性会受到气温、气压、湿度等不可控因素的影响，辅导员要根据不同的演出环境提前调配适合的肥皂液，冷静灵活地应对实际实验中的各种不确定状况。

活动在馆内落地开展 1 个月后，团队收集了观众的反馈以及我们的辅导员在实际操作中遇到的一些问题，对活动方案进行了进一步的改善，使得它更加生动形象，更适用于对大众的科普。

项目单位：四川科技馆

文稿撰写人：王　薇　胡　斌

二等奖获奖作品

探秘陀螺仪

一、活动简介

本活动以"陀螺仪的稳定性"为主题,以科学实验为主要表现形式,以体验式学习、多感官学习、情境教学和做中学为主要教学方法,以实验探究为主要活动形式,以幻灯片为辅助教学技术手段,让大家了解陀螺拍摄仪的稳定性与陀螺自身的特性密不可分,进一步掌握其中现象背后所蕴含的科学原理,从而理解力矩与角动量的关系和进动与章动现象。本项目活动创意点来自新中国成立70周年大阅兵中所拍摄画面的稳定性,引起探秘兴趣,适合在科普场馆和学校开展。

二、创作思路

(一)教学目标

1. 科学知识

通过本活动的学习,让观众理解力矩、进动、章动、角动量等概念,进而了解角动量守恒与陀螺仪的关系。

2. 科学探究

从陀螺转动快慢的引入,通过实验——用验证的方法来收集和分析影响陀螺稳定性的因素,掌握角动量守恒,得出陀螺仪稳定的探究结果和观点;初步了解从发现问题、做出判断到进行验证最后得出结论的科学发现的过程。

3. 科学态度

观众亲身经历以探究为主的学习活动,通过观察、实验、制作、调查等科学活动,培养他们的好奇心和探究欲，促进他们对科学本质的理解，使他们学会探究解决问题的策略，为他们今后知识的拓展打好基础。

4．科学、技术、社会、环境

了解陀螺仪在日常生活中的应用。了解社会需求是推动科学技术发展的动力，了解科学技术已成为社会与经济发展的重要推动力量。

（二）教学重点与难点

1．教学重点：力矩与角动量守恒

运用力矩、角动量等科学知识，在理解力矩与角动量守恒的基础上，解释陀螺仪的稳定性，通过实验再次进行验证与解释。学会用科学的方法进行实验探究，从而解决实际问题。

2．教学难点：进动与章动

让观众理解进动与章动的概念和区别。理解陀螺仪的稳定性，运用所学知识进行判断、验证。

三、活动准备

教学场地：多功能报告厅。

教学准备：计算机、显示屏、实验以及表演器材（见表3-6）。

四、活动过程

（一）导入

阶段目标：通过观看新中国成立70周年阅兵，思考为什么画面可以拍摄稳定，引出陀螺仪。

活动内容：从国庆70周年阅兵情境引入，通过好奇心激发观众学习探究的欲望，引发其自觉参与学习活动的积极性。

表 3-6 《探秘陀螺仪》教育器材

序号	物品名称	数量	序号	物品名称	数量
1	陀螺仪	1个	7	剪刀	1把
2	定制小陀螺	3个	8	绳子	1卷
3	自行车轮	3个	9	健身转盘	1个
4	车轮固定架	1个	10	陀螺轨道	1个
5	陀螺螺旋轨道	1个	11	手套	2双
6	定制大陀螺	3个			

（二）探究

阶段目标：想了解陀螺仪为何稳定，需先从陀螺开始。认真观察实验现象，探究陀螺的特性。

活动内容：①通过转动车轮实验来了解陀螺转动的快慢与力矩有关；②进一步做实验，陀螺可以稳定地绕着螺旋轨道转下来，不会发生偏转，是因为陀螺重力矩的大小和方向与角动量守恒。

（三）解释

阶段目标：了解陀螺可以稳定转动与角动量守恒的关系，再来通过实验了解陀螺的进动、章动现象。

活动内容：通过转动车轮实验、车轮绕绳实验观察实验现象，与陀螺实验中的进动与章动相联系，了解地球中也存在进动与章动现象。

（四）迁移

阶段目标：掌握陀螺的特性后，引出陀螺仪的概念，探究陀螺仪稳定的原因。

活动内容：陀螺仪是利用陀螺力学特性制成的仪器，在已经了解了陀螺及其性质的基础上，通过陀螺仪实验，进一步探究陀螺仪稳定的原因以及它如何有效规避了进动与章动。

（五）拓展

阶段目标：了解陀螺仪在日常生活中的应用。

活动内容：通过分解实验了解陀螺与陀螺仪，以及认识到生活中的导航仪、拍摄仪、姿态仪等都用到了陀螺仪。

五、剧本

白：你们看庆祝新中国成立 70 周年的大阅兵了吗？

张：看了啊，那直播画面特别稳定，一点晃动都没有呢！

刘：这是因为在摄像车上安装了陀螺拍摄仪。

白：为什么安装了它画面就稳定了呢？

刘：要想搞清楚这个问题，还得从三个部分讲起，我们先来看陀螺。

张：你看看这里就有陀螺。

白：不对，怎么转不起来呢？

张：我的就转起来了。

白：哦，我知道了，你的陀螺转得快。（转动重心低的陀螺，转不起来）

刘：这可不是转得快的问题，让我的助手 VV 告诉你。

张：想让陀螺转起来，首先需要给它一个力矩。

白：力矩是什么？

刘：为了更容易理解，先来看这个车轮，你能不能让这个车轮转起来啊？

白：这也太简单了吧，这不就转起来了！

张：那你试着在轴上用力，看还能转起来吗？

白：不行了。

刘：这就是力矩对车轮转动的影响。（指幻灯片）你看，这个点是我们用力的位置，我们用力 F 乘以车轮的半径 r 就是力矩 M。有了力矩，就能让陀螺转起来了。

张：如果在轴上用力，用力点和车轮的轴心距离为 0，力矩就是 0。

白：我明白了，要想让它转起来，要有力矩。（再做一遍旋转陀螺）我的陀螺转起来了！

图 3-9 科学实验《探秘陀螺仪》现场演示（一）

刘：关于转陀螺，这有个好玩的，我们来看看这个。

白：好呀！

张：（陀螺走螺旋）

白：欸，这个陀螺居然可以绕着螺旋的轨道从上到下地走。

张：而且这个陀螺一直竖直着转动，没有偏转，特别稳定。

刘：这就要提到角动量了，（指向幻灯片）这个陀螺垂直于地面快速转动时，重力矩为 0，角动量是守恒的。

白：可是我转的陀螺为什么会发生偏转呢？

刘：因为我们平时用手转动陀螺是无法实现完全垂直的，重力矩不为 0，那么这时候角动量就不守恒了。

白：不守恒会怎么样？

张：你看，因为不垂直，所以存在夹角，那么受到了重力矩的作用，角动量的大小虽然没有发生改变，但是方向变了，它在绕自转轴转动的同时，还会绕竖直方向的虚拟轴转动，这就是进动。

白:这可真神奇!

刘:这就是我要说到的第二部分——进动和章动。让你看个好玩的,帮我稳住车轮,车轮模拟的就是陀螺。

张:如果我突然放手,车轮会怎么样?

白:别,车轮肯定会掉下来的!

刘:那你看好了。

白:车轮不会掉下来,它会绕轴开始旋转。

刘:这就是进动现象。

张:没错,我们再来看看这个。(剪绳子实验)

图 3-10　科学实验《探秘陀螺仪》现场演示(二)

白:(表演出来)赶紧跑,车轮竟然没掉下来。

刘:同样的,车轮不但不会掉下来,还会绕着这边的绳子转起来。

张:这还是车轮的进动现象。

刘:再给你看这个。

白:我也想试试。(白和张抢)

刘：那你拿起车轮，站到转盘上，双手水平（快速转动车轮），请你偏转车轮。

白：欸，我怎么转起来了？好像有人在推我。

刘：现在的你其实扮演的就是刚才我道具里面的那根竖直的杆。

张：就是因为快速旋转的车轮存在进动现象，所以才能带着你开始旋转啊。

白：进动我明白了，刚刚提到的章动呢，又是怎么回事？

刘：为了方便大家观察，这次大家认真看车轴上的红点，我们再来做一次实验。

白：这个点一上一下的。

张：车轮在进动过程中，有时会发生上下的抖动，这种现象就是章动。对吧，教授？

刘：说得没错，那你知道宇宙中的天体中也有进动和章动吗？

张：比如地球。

白：地球？我怎么感觉不到，（做夸张的动作）没有啊！

刘：当然感觉不到了，因为地球的进动和章动现象非常微弱，而且时间比较长，进动的一个周期需要25786年，章动的一个最小周期也需要18.6年。

白：陀螺的进动、章动我明白了，那陀螺仪又是怎么回事儿呢？

刘：这就是我们要说的第三部分——陀螺仪。利用陀螺的力学特性制成的仪器就叫陀螺仪。看看这个……（陀螺走钢丝、陀螺仪走钢丝）

白：陀螺走钢丝，好玩，不过我只要轻轻一碰（碰陀螺），你看，掉了吧！

张：这个陀螺仪走轨道就没掉。

刘：我们在中心陀螺上加了一个垂直于转盘平面的外框，于是便可以增加陀螺的稳定程度，所以推陀螺仪它就不会倒了。

白：不过现在它像普通陀螺一样，开始偏转绕着竖直方向的虚拟轴转动了。

张：因为它也存在进动现象。

刘：是的，因为它发生了偏转，角动量不守恒了，所以也能出现进动现象。你看！（陀螺仪吊绳子）

白：那有没有不存在进动现象的陀螺仪？

张：当然，这个可以有。

刘：这个必须有，你看（幻灯片）刚才我们只是在陀螺的外面增加了一个相对垂直的外框，那现在我们把它的外圈再增加一个，再增加一个，你看看现在，是不是不管外框如何移动，内部陀螺的平面总是保持向上稳定不动啊，这样的陀螺仪可以说就绝对稳定了。

白：那陀螺拍摄仪呢？

刘：就是利用了陀螺仪的稳定性制成的。

白：那陀螺仪在我们生活中有什么应用吗？

刘：你坐过飞机吗？

白：坐过啊。

张：飞机的姿态仪帮助飞行员了解飞机在空中的姿态，调整飞机的俯仰横滚。

刘：航空航海中都有它们的身影。

白：这下我就全都明白了。

刘：那我要考考你了。

白：没问题！

刘：为什么陀螺会转起来？

白：力矩！

刘：陀螺为什么会发生偏转？

白：这是因为进动现象。

张：有时还会有章动，根本原因是重力矩不为零，角动量不守恒。

刘：陀螺仪为什么稳定呢？

白：因为角动量守恒。

刘：那我们今天的实验，探秘陀螺仪——成功！

（剧终）

六、团队介绍

仝鲜梅：山西省科学技术馆展教中心主任。

白思凝：山西省科学技术馆展教中心辅导员，2016年参演《听爸爸讲那过去的故事》获得全国第四届科学表演大赛三等奖；2017年表演实验《聪明的饮水鸟》获得东部赛区一等奖；2018年参演《算法的世界》获得全国第六届科学表演大赛一等奖；2019年参演

《元素奇遇记》获得全国第六届辅导员大赛二等奖；《探秘陀螺仪》获得全国第六届辅导员大赛二等奖。

刘统达：山西省科学技术馆展教中心辅导员。曾获第四届科普场馆科学教育项目展评一等奖；2018年参演《算法的世界》获得全国第六届科学表演大赛一等奖；第五届全国科技馆辅导员大赛科学赛东部赛区二等奖；第六届全国科技馆辅导员大赛科学实验赛二等奖；其他科学表演赛二等奖。

张　微：山西省科学技术馆展教中心辅导员。2014年获得首届科学表演大赛全国优秀奖；2015年参加第四届全国辅导员大赛获得西部赛区三等奖；2018年参演《算法的世界》获得全国第六届科学表演大赛一等奖；2019年参演《元素奇遇记》获得全国第六届辅导员大赛二等奖；《探秘陀螺仪》获得全国第六届辅导员大赛二等奖。

七、创新与思考

在学校的教学活动中，我们注重引导学生亲身实践、观察、交流，在探究中掌握陀螺相关的科学知识。通过层层递进的实验过程，让学生感受到客观、准确、安全地进行科学实验和探究的重要性，培养学生尊重事实、尊重科学的品质，为进一步的学习、研究奠定基础。

活动中也存在一些不足，需要我们继续改进与完善，如：力矩与角动量的关系以及概念的理解，是教学的重点难点，不是很容易理解与掌握，需要再研发一些实验，积累一些知识才能充分理解和掌握。陀螺仪中还有许多可开发的知识点，仍需要继续挖掘。也希望各位同仁提出建议，批评指正。感谢！

项目单位：山西省科学技术馆

文稿撰写人：刘统达

123 牛牛牛

一、活动简介

（一）活动内容

1. 认识牛顿第一定律

一切物体在任何情况下，在不受外力的作用时，总保持静止或匀速直线运动状态。知道惯性是牛顿第一定律中非常重要的概念。

2. 认识牛顿第二定律

物体的加速度跟物体所受的合外力成正比，跟物体的质量成反比，加速度的方向与合外力的方向相同。

3. 认识牛顿第三定律

两个物体之间的作用力和反作用力，在同一条直线上，大小相等，方向相反。

4. 学习科学家精神

敢于质疑，不畏艰难，勇于探索等。

（二）表现形式

科学实验。

（三）主要创意点

借助日常生活中常见的材料、道具，通过巧妙的设计呈现牛顿运动定律中的现象，把枯燥的知识具象化、趣味化，能让学生以更好的方式认知科学原理。

二、创作思路

（一）活动目标

1. 科学知识

①物体的运动可以用位置、快慢和方向来描述；知道用速度的大小来描述物体的快慢；比较不同的运动，举例说明各种运动的形式和特征。

②力作用于物体，可以改变物体的形状和运动状态；知道地球不需要接触物体就可以对物体施加力；举例说明给物体施加力，可以改变物体运动的快慢，也可以使物体启动或停止。

2. 科学探究

①提出问题：在教师的引导下，能从具体现象与事物的观察、比较中，提出可探究的科学问题。

②作出假设：能基于已有经验和所学知识，从现象和事件发生的条件、过程、原因等方面提出假设。

③搜集证据：在教师的引导下，能运用感官和选择恰当的工具、仪器，观察并描述对象的外部形象特征及现象。

④得出结论：能依据证据运用分析、比较、推理、概括等方法，分析结果，得出结论。

3. 科学态度

①探究兴趣：能在好奇心的驱使下，表现出对现象和事件发生的条件、过程、原因等方面的探究兴趣。

②合作分享：能接纳他人的观点，分享彼此的想法。

4. 科学、技术、社会和环境

了解人类的兴趣和社会的需求是科学技术发展的动力，技术的发展和应用影响着社会的发展。

（二）活动设计思路

1. 设计意图

①开场的推车、刹车表演，贴近生活，易于激发学生的参与兴趣。

②"柠檬跳水"实验材料简单易得，现象明显，便于结合现象解释科学原理，有利于学生获得有效知识。

③"小车快跑"实验能够直观帮助学生了解加速度与作用力的关系。

④"转圈圈"实验引发全场热情的同时揭示了作用力与反作用力形影不离的关系。

⑤实验最后梳理运动定律的发展史，引导学生感悟科学家敢于质疑、不畏艰难、勇于探索的精神。

2. 学情分析

小学生在日常生活中积累了一定的生活经验，对于生活中有关"力与运动"的现象有一定的观察。其中1~4年级学生不太清楚这些现象背后蕴含的科学故事及科学原理，而5~6年级学生在学校科学课本中已经对"力与运动"有了一定的认识，知道牛顿运动定律，所以在实验表演中需要采取不同的方式引导学生。3~6年级学生在学校科学课程中已具备提出假设、进行简单探究的能力，也有小组内合作交流的基础，有强烈的好奇心及探究欲望，乐于动手操作具体形象的物体，但自主获取知识和自主探究能力不强，所以在实验表演中需要教师适时引导。

3. 教学策略

借助日常生活中常见的道具结合情景剧表演，采用生动有趣的形式呈现科学现象，激发学生的参与兴趣，启迪思维，培养科学家精神。

（三）活动重点及难点

1. 重点

①认识牛顿运动定律。
②了解牛顿运动定律的发展与形成。
③知道惯性、加速度、作用力与反作用力的概念。
④能用牛顿运动定律解释自然界和日常生活中的一些现象。

2. 难点

在实验表演过程中如何引导学生利用发散思维联系生活认识牛顿运动定律，基于实验表演学习科学家敢于质疑、不畏艰难、勇于探索的精神。

三、活动准备

①活动场地：8米×3米平面舞台、LED屏幕。
②活动设备：音响及头麦（扩音器）、电脑。
③活动材料：见表3-7。

表3-7 《123牛牛牛》活动材料

名称	规格	数量	备注
平板车	73厘米×43厘米	1辆	—
小凳子	30厘米×25厘米×25厘米	1个	—
玻璃杯	直径8厘米	5个	—
亚克力板子	45厘米×20厘米	1块	—
托盘	52厘米×38厘米×3厘米	1个	—
纸筒	直径4厘米	5个	—
柠檬	—	5个	—
亚克力圆筒	外直径50厘米，内直径22厘米	1个	—
PVC管子	直径8厘米	1根	—
小车	1千克、0.25千克	2辆	各1辆
双层架子	150厘米×10厘米×60厘米/100厘米	1个	—
轨道	200厘米×10厘米	2根	—
弹射器	12伏、5安	2个	—
导线	—	若干	—
铅蓄电池	12伏、8安时	1个	—
天平	—	1个	—
鼓风机	—	2个	—
转椅	—	1个	—

四、活动过程

（一）主题导入

剧情引入（发脾气的小车），激发观众的兴趣，引发思考，最后引出实验一牛顿第一定律。

（二）实验一（牛顿第一定律）

1. 柠檬跳水实验

五个柠檬，装有干冰，五个杯子，装有不同颜色的水，还有板子和纸卷构成一套实验装置。当快速把板子打飞后，装有干冰的柠檬没有随着板子飞出去而是掉进了水杯里面，这是因为惯性。在最开始的时候，水杯和柠檬都是静止的。当瞬间把板子抽走时，水杯和柠檬在水平方向还处于静止状态，但失去垂直方向的支撑后，柠檬就掉进水杯里了。

2. 疯狂的保龄球实验

亚力克桶、亚克力板+绳、PVC管、保龄球为一套实验装置。当快速把亚克力板抽掉后，板子上面的PVC管掉落地面，但是PVC管上面的保龄球却掉在了亚克力桶里面。这也是因为惯性。

（三）实验二（牛顿第二定律）

小车快跑实验

两根相同的轨道，起点上有两辆小车。现在同时给它们施加一个相同的力，谁会先到达终点呢？小车到达终点时，相应轨道上的灯带亮起。通过实验，可以发现是上面的小车先到达终点并触发开关，灯带亮起。这是因为两辆小车的质量不一样，上面轨道上的小车轻，下面轨道上的小车重。这也是牛顿第二定律中的加速度与它的合外力成正比，与它的质量成反比。在受力相同的情况下，质量越小的物体，产生的加速度越大，速度也越快，所以它就会先到达终点；反之，质量大的小车会后到达终点。

图 3-11　科普实验《123 牛牛牛》牛顿第一定律现场演示　　图 3-12　科普实验《123 牛牛牛》牛顿第三定律现场演示

（四）实验三（牛顿第三定律）

1. 小车倒退实验

一位演示者坐在小车上，手持两个鼓风机，风口对准另一位演示者，打开开关，小车竟然向后退。这是因为牛顿第三定律——作用力与反作用力，当鼓风机打开时，鼓风机会向前吹风，吹出的风对空气产生作用力，而鼓风机也会受到一个向后的反作用力，因此小车就动起来了。

2. 转圈圈实验

演示者坐在转椅上，手持两个鼓风机，风口位置相反，打开开关，转椅旋转起来。这也是利用了牛顿第三定律——作用力与反作用力。

（五）实验结尾（学习科学家精神）

17 世纪，牛顿发现并总结了运动学的三大定律，为整个经典物理学大厦奠定了基石。而人类站在牛顿的肩膀上，完成了工业革命，推动了人类文明的向前发展，带我们去到了马匹与帆船到达不了的远方。4 个世纪过去了，时至今日，每一辆汽车的启动、刹车，每一艘火箭的发射、回收，每一个机器人的举手、投足，依然遵循着牛顿三大定律的法则。我们希望通过这几个小小的实验，向牛顿致敬！向经典物理学致敬！向科学致敬！

五、团队介绍

团队由徐晓萍、徐倩、何垒、王旭、罗勇五位成员组成。徐晓萍、徐倩和何垒负责实验内容、剧本、实验演示、实验道具设计、幻灯片、音效等方面的工作，王旭、罗勇负责实验道具的加工与改进工作。项目组成员多次参加全国行业内的赛事和交流，具有丰富的研发和实战经验，每一次大赛都在进步。

六、创新与思考

不足：在实验内容不变的情况下，实验形式和实验道具的创新就显得尤为重要。《123牛牛牛》实验项目的实验形式还需要改进，后期也会针对此块内容进行优化。

思考：建议针对实验人员进行全国性培训，共同提高。

项目单位：重庆科技馆

文稿撰写人：徐晓萍　徐　倩

谁骗了谁

一、活动简介

我们常说，眼睛是心灵的窗户，同时也是人类观察世界的宝珠。眼睛对人的重要性不言而喻，更有"耳听为虚，眼见为实"一说。由此可见，眼睛除了能帮助人们得到信息外，还有确认、辨认、证实的功能。但随着现代科技的发展以及生活中出现了一些违背常理的现象，我们不难发现，有些时候，我们所"看见"的东西并非是它们本来的样子，我们一般把这样的现象叫作"视错觉"，这种感觉导致我们在观察事物时会出现偏差，这难道是我们眼睛自身的缺陷吗？如果是，那么如今的错觉艺术又是从何而来的呢？我们与世界究竟是谁骗了谁呢？

科学表演《谁骗了谁》通过邓眼博士与他的助手珠子在"邓眼&珠子实验室"中的有趣互动以及多项实验，以诙谐轻松的方式向观众们介绍了凹面镜成像规律、莫尔条纹和视觉暂留等与视错觉有关的知识，激发起观众对错觉这一现象的探索兴趣，进而提升观众们的科学素质。

二、创作思路

（一）活动目标

1. 知识与技能

（1）凹面镜成像规律　当物距大于2倍焦距时，镜中呈缩小倒立的实像；当物距等于2倍焦距时，镜中呈等大倒立的实像；当物距在1～2倍焦距之间时，镜中呈放大倒立的实像；当物距小于1倍焦距时，镜中呈放大正立的虚像；当物距等于1倍焦距时，不成像。

（2）莫尔条纹　一种光学现象，当两条线或两个物体之间以恒定的角度和频率发生干涉时，人眼无法分辨，只能捕捉到二者干涉的花纹，这个花纹就是莫尔条纹，也叫作光栅动画。

（3）视觉暂留　人之所以能够看见世间万物，是靠眼睛中的晶状体成像，感光细胞感受光线并将光信号转换为神经电流，再传导至大脑产生视觉。而当光的作用结束后，视觉形象并不会立刻消失，称为视觉的"后像"，这种现象就叫作"视觉暂留"，也叫"余晖效应"。

2. 过程与方法

将科学实验与科普剧结合在一起，通过剧情的推动来完成各项实验，使得观众能够自始至终保持兴趣，更好地将科学知识与方法传递给观众。

3. 情感、态度与价值观

通过剧情中的人物设定以及与观众的互动，拉近辅导员与观众的距离，使观众能够跟随剧情的节奏逐渐提升兴趣，掌握科学知识与方法，形成积极探索的科学精神。

（二）活动设计思路

1. 设计意图

将凹面镜成像、视觉暂留、莫尔条纹等科学实验安排在虚构的"邓眼 & 珠子实验室"中，由邓眼博士和珠子这两个角色在剧情下完成，可以增加实验的趣味性和吸引力，更有利于科学知识和方法的传播。

2. 学情分析

生活中的视错觉现象可谓无处不在，但观众对这类现象普遍缺乏系统化的认知，对各类视错觉产生原因的了解程度较低。

3. 教学策略

①通过戏剧化的表演将观众带入剧情情境中，提升实验的吸引力。

②积极与观众互动，提升他们的参与感。

（三）活动重点及难点

1. 重点

将凹面镜成像规律、莫尔条纹以及视觉暂留等视错觉相关知识传递给观众，使他们对视错觉现象有一定的认知。

2. 难点

进行视觉暂留实验时需要全部暗场，现场灯光、音响、大屏幕以及演员的表演要配合默契，避免影响实验效果。

三、活动准备

（一）场地

天津科技馆"科技名人园"。

（二）设备

灯光，音响，大屏幕。

（三）道具

1. 凹面镜成像实验

凹面镜及支架、小球、钓鱼线。

2. 莫尔条纹实验

带背板的框架、莫尔条纹框架。

3. 视觉暂留实验

装有电机的支架、带图案的圆盘、频闪灯。

4. 其他

2个全息风扇、三角形错觉演示板。

四、剧本

[人物设计]

邓眼博士——"邓眼 & 珠子实验室"主要负责人，痴迷于错觉研究，他一直深信，有时我们眼里的世界并不一定就是世界本来的样子。

珠子——邓眼博士的助手，资深吃货一枚。因为他的加入，"邓眼 & 珠子实验室"里严肃凝重的科学氛围中忽然多了些幽默和有趣。

（邓眼博士上场，发现珠子没来）

邓眼博士：欢迎各位科学同仁来到我们"邓眼 & 珠子实验室"参观指导！大家好，我是邓眼博士！相信通过刚刚这一小段展示，大家应该知道今天的主题就是……

（珠子上场，发现自己迟到欲逃跑，博士抓住珠子）

邓眼博士：你赶紧的啊！底下这么多科学同仁看着呢，咱们可不能给实验室丢面子，准备一下，咱们再来一次！

邓眼博士：欢迎各位科学同仁来到我们"邓眼 & 珠子实验室"参观指导！大家好，我是邓眼博士！

珠子：大家好，我是珠子。我们今天的主题就是……是……幻觉！

邓眼博士：对，幻觉。不对不对，看你把我气的，咱们今天的主题是错觉。

珠子：啊？

邓眼博士：（绕着珠子走，故作神秘）珠子我问你，你觉得自己完整么？

珠子：（节奏）博士，我不是跟你吹，我有胳膊又有腿，吃饭全靠一张嘴！当然完整！

邓眼博士：不，你不完整。

珠子：（迟疑，上下打量着自己）不……不完整？

邓眼博士：你有毛病。

珠子：博士你怎么骂人呢。

邓眼博士：不要误会，我是说，你有缺陷。

珠子：那不可能，前些天体检医生还告诉我说我可健康了！

邓眼博士：医生怎么说的？

珠子：他说，小伙子，你看你这么年轻，想吃点啥就多吃点啥吧。

邓眼博士：（语重心长地拍了拍珠子的肩膀）想吃点啥就多吃点啥吧。

珠子：博士，这……我真的……有缺陷么？

邓眼博士：对，而且你这个问题还很严重。

珠子：博士，你说吧。哪儿，我挺得住。

邓眼博士：（指了指太阳穴）这儿。

珠子：博士你过分了，怎么又骂人。

邓眼博士：不要误会，我说的是眼睛。

珠子：哦，眼睛啊。博士，我这俩眼睛除了有点近视，别的没什么问题呀。博士你跟我说我眼睛有问题？

邓眼博士：好，那咱们先来一个初级的，（博士拿出演示板）珠子你告诉我，从这张图里你看到了几个三角形？

珠子：我数数，2个，不对！4个，不对不对，好多个！

邓眼博士：正确答案是——0！

珠子：哈哈，还说我眼睛有缺陷，朋友们，这下看出来了吧，到底是谁的眼睛有问题！这个、这个不都是三角形吗？

邓眼博士：你先别急着高兴，咱们说说三角形的定义。同一平面内，不在同一直线上的三条线段"首尾"顺次连接所组成的封闭图形叫三角形。

珠子：好像是有这么个说法。

邓眼博士：什么好像，这是定义！你现在再看看……（将板给珠子）

珠子：博士，我……我这眼睛真不好使了？

邓眼博士：其实根源不在你的眼睛，在大脑。

珠子：已经蔓延到脑部了？

邓眼博士：不光是你，底下在座的同仁们都是这样。

珠子：哦……我知道了，都是你们传染的。

邓眼博士：不对，是你的大脑自行"感染"的。刚刚这个现象叫作"主观轮廓"，也叫"错觉轮廓"。实际上这里面一个三角形都没有，但大脑根据后天的认知和我们所学到的经验告诉眼睛这些三角形存在，于是我们就"看见"了这些三角形。换句话说，你看见的所有三角形，全部都是你自行脑补出来的。

珠子：那是不是可以这么说，某些时候我看见的并不一定就存在，是我的大脑让它在主观上存在的。

邓眼博士：欸，珠子你都会总结了！

珠子：那是！欸，不对，那博士你之前说我有问题，还很严重，都是在忽悠我。

邓眼博士：这不是为了证明今天的主题——错觉嘛。你刚刚说到脑补，也不全对，不是所有的错觉都来自大脑，比如说下面这个。珠子拿着。

（博士拿出凹面镜递给珠子）

珠子：（拿起凹面镜仔细端详）博士，你怎么给我这么大一个盘子。你说得太对了，吃饭这种事怎么能靠脑补呢，我从来都是靠筷子。博士你找什么，筷子么？我帮你！

（博士从桌子下面拿出球）

邓眼博士：你就知道吃，还有这么多人在看着呐！

珠子：那我正好可以做美食分享直播呀，我觉得我有做美食分享直播的潜力。

邓眼博士：谁要看你呀？你仔细看看这是什么？

（拿过凹面镜）

珠子：哎呀，闹了半天是面镜子呀！但是镜子里的我怎么是倒着的呀！

邓眼博士：你再仔细看看。

珠子：嗨，还是个凹面镜！这能有什么稀奇的。

邓眼博士：要的就是它，你仔细看好了。（博士将凹面镜放在架子上，演示实验）

珠子：这……虽然球本身没什么变化，但在镜中的像突然变大又变小，甚至还有一瞬间消失了。这次也是因为眼睛产生了错觉？

邓眼博士：不，这次是凹面镜成像规律引起的。简单来说，小球在离镜面最远处，物距大于2倍焦距时，我们看见的是缩小倒立的实像；当物距等于2倍焦距时，我们看见的是等大倒立的实像；当物距在1~2倍焦距之间时，我们看见的是放大倒立的实像；等到小球快贴近镜面时，此时物距小于1倍焦距，我们看见的是放大正立的虚像，这就是镜中的像大小变换的奥秘。至于这个突然消失嘛，当物距正好等于1倍焦距时，不成像，所以镜中的小球会有那么一瞬间消失不见，给人造成一种突然消失又出现的感觉。珠子，你懂了吗？

［珠子在博士讲解"凹镜球摆"原理时并没有好好听，而是在博士的桌子底下翻出了一张彩色图案的圆盘（视觉暂留）］

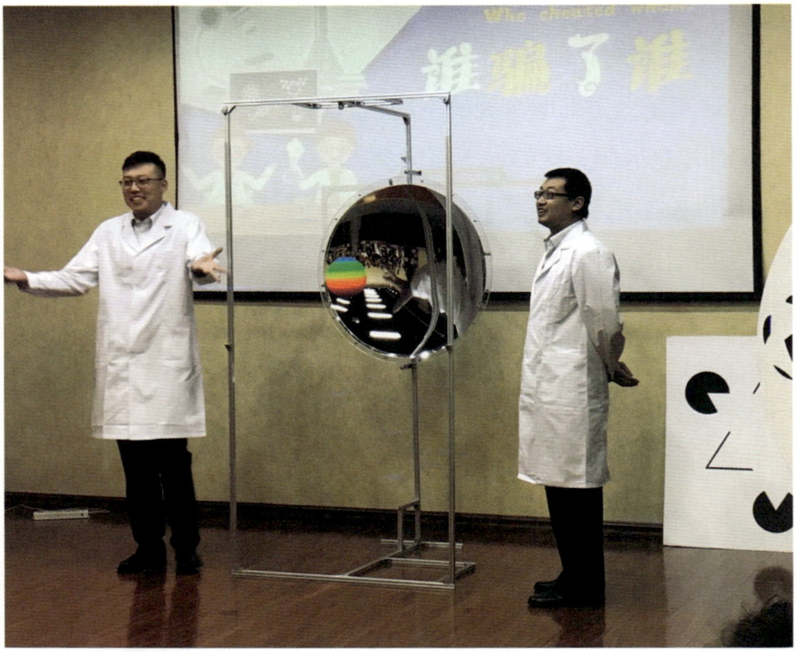

图 3-13　科普实验《谁骗了谁》凹面镜成像演示

邓眼博士：珠子，你又不好好听，你怎么把它给翻出来了？

珠子：一看咱们就有代沟！

邓眼博士：这都是我的青春呀。本来想拿别的，既然拿错了，那咱们就用它吧。

珠子：（仔细端详着图案展板）咱们今天的主题是错觉，这都是一张一张的照片，有什么错觉？

邓眼博士：所以我说你这近视眼也就是吃饭的时候最好使。珠子把电源打开，你看着啊，关灯。

（电机转动出现动画）

珠子：活……活了！

邓眼博士：这就是我最开始研究错觉的课题——视觉暂留！这是人眼极为重要的特性之一。人之所以能够看见世间万物，是靠眼睛中的晶状体成像，感光细胞感受光线并将光信号转换为神经电流，再传导至大脑产生视觉。而当光的作用结束后，视觉形象并不会立刻消失，称为视觉的"后像"，这种现象就叫作"视觉暂留"，也叫"余晖效应"！就拿动画来说，荧幕上我们看到的动态影像其实是由每秒30个连续的独立画面组成的，它们本来是一格格单独的画面，由映像管连续传输，传输时间小于0.4秒，因此人眼就产生了"画面连续不断"的错觉。据记载，世界上最先利用"视觉暂留"现象的，还是咱们宋朝的"走马灯"。珠子别光知道吃，多学点。

珠子：博士，没想到这个东西还挺有意思。有了这套装置，以后我就可以把各种片段都做成这样，这可比吃有意思！

邓眼博士：你成天就知道吃。

珠子：我赚钱不就是为了吃嘛？

邓眼博士：既然提到钱了，那咱们就说道说道。（拿道具）

珠子：博士，难道你要给我涨工资？（追过去）

邓眼博士：又浅薄了吧，我是说，在这一张小小的纸币上面，也大有学问。

珠子：又是错觉？哦，我知道，水印！

邓眼博士：水印是防伪手段，不涉及错觉。今天要说的是它——莫尔条纹。

珠子：没听说过。

邓眼博士：先来看现象。（博士将板子递给珠子，拿光栅动画道具）观众朋友们，请看。（两个人展示光栅动画）

珠子：这还真是有点意思，原本毫无关联的黑色线条组合在一起竟然产生了动态效果！

邓眼博士：这就是莫尔条纹欺骗咱们眼睛的地方。它的本质是一种光学现象，当两条线或两个物体之间以恒定的角度和频率发生干涉时，人眼无法分辨，只能捕捉到二者干涉的花纹，这个花纹就是莫尔条纹，也叫作光栅动画。

珠子：光栅动画……博士你要早点说这个名字我就明白了，不过，这和货币又有什么关系？

邓眼博士：那部电影——《无双》还记得吧？

珠子：当然记得！电影里双雄对决的场面过目难忘啊！

邓眼博士：剧中有个重要情节就涉及了伪钞的制作，（掏出眼镜戴上）而其中极其重要的手段之一，就是莫尔条纹。说得再详细一点，是动态莫尔技术和莫尔图像编码技术……（珠子咳嗽，博士摘下眼镜）当然，这个就属于题外话了。

珠子：原来这么神秘的科学原理就在身边啊。

邓眼博士：莫尔条纹的应用不仅仅体现在货币的防伪手段上，越来越多的文创产品也应用上了莫尔条纹，让原本静态无声的产品变得如动态电影一般"鲜活"。

珠子：我终于发现，视错觉本来是人类视觉系统上一种很特别的"缺陷"，但是在科学和艺术的加工下竟然变得这么生动有趣！果然，创造让世界更美好！

邓眼博士：珠子，我这还有一个更好玩的东西。

（两个人一起拿着全息风扇）

珠子：这个东西我知道。今天都是跟视觉有关的，"邓眼 & 珠子实验室"不仅要响亮，更要闪亮！（两个人打开风扇）

图 3-14　科普实验《谁骗了谁》光栅动画现场演示

（结尾音乐起）

邓眼博士：朋友们，"邓眼＆珠子实验室"里好看又好玩的东西可不仅仅只有今天这么一点点哦，如果意犹未尽，那我们欢迎各位的再次到访！

两个人一起：下次再见！

（剧终）

五、团队介绍

崔冰洁、朱勃同为参赛选手；于桐宇、张育豪负责道具；张丽、赵菁、邢瀚文组成主创团队。

六、创新与思考

科学实验赛是将科学与艺术完美结合的科普活动形式，兼具教育性与趣味性的和谐统一。天津科技馆的参赛作品《谁骗了谁》获得了二等奖的好成绩，在今后需要改进和提升的方面包括以下几点。

①剧本编写时在增强矛盾冲突和戏剧性效果方面有待提升。

②剧本创作中要加入更多的表现形式，如将魔术、快板、说唱等形式融合到一起，增加观赏性和教育性。

建议：希望主办方能够在今后召开的各种会议、论坛等中，加入关于科学表演、科普剧等方面的主旨演讲、学术交流和理论培训（如表演）课程的内容，促进广大辅导员业务能力的提高。

项目单位：天津科学技术馆

文稿撰写人：于桐宇　崔冰洁　朱勃同　张育豪

奇妙的重心与平衡

一、活动简介

（一）主要内容

奇妙的重心与平衡主要可以分为三个部分。

第一部分：神奇的盒子。

利用一个圆形的月饼盒，选定月饼盒的一个点放一块吸铁石，然后把它放在一个斜坡木板上，改变它重心的位置，让月饼盒在斜坡木板上呈现出向上滚动、向下滚动、站立在斜坡木板上三种情况。

第二部分：吊重物能否让活动的木板不活动？

我们把一块长的木板和一块短的木板用合页将二者相连，做成一个活动的木板。将一个锤子用橡皮筋挂在这个活动的木板下方，那么怎样能让活动的木板不活动了呢？

第三部分：酒瓶和木板怎样保持平衡？

用一个梯子和人保持平衡的现象引出酒瓶和木板怎样保持平衡。我们在一块中心有洞的木板上插上一个酒瓶后，寻找重心，最后保持平衡。然后再用三个酒瓶和有三个洞的木板来做这个实验。

（二）表现形式

主要表现形式是三个人对话，以每个板块为单位，每个人负责一块作为主讲，其余两个人进行配合，比如询问、操作、渲染气氛等，另外结合幻灯片、音乐等将原理知识显而易见地介绍给观众。

（三）主要创意点

以一种意想不到的结果来向大家展示实验的内容，来引起观众的好奇，比如活动的木板吊重物和梯子，与人不借助任何外力保持平衡等。

二、创作思路

（一）活动目标

通过实验让观众认识到以下几点。

①什么是重心？重心就是一个物体重量分布的中心点。

②找到重心可以使一些物品保持平衡，改变重心，还可以改变物体的运动方向。

③生活中的坐立行走、住高楼、建大桥都运用到了重心。

（二）活动设计思路

第一，实验开场我们会把几张有关重心的图片作为引子，引出今天实验的主题：什么是重心？（图片包括①吊钢丝，钢丝的安全挂钩都挂在演员肚脐下方丹田的位置，因为这是我们人体重心的位置；②孕妇，大大的肚子挺出来不是为了告诉大家她怀孕啦，而是为了把重心往后移，这样才能维持平衡；③中国功夫一脚为实一脚为虚，也是为了方便随时移动重心，重心扎稳，才能向一代宗师奋进。）

第二，开始做第一个实验，把一个带有吸铁石的圆形月饼盒放在一个斜坡木板上，然后松手，先让盒子向上滚动，让观众提出疑问为什么重心都是朝下的，而盒子却向上滚动？引起观众的思考，从而思想参与进来。再让盒子分别向下滚动、站立在斜坡木板上，用引导发现的方法让观众思考。最后打开盒子揭开谜底：其实就是改变了盒子重心的位置，从而改变了其运动方向。

第三，第一个实验结束后立即提出问题，吊重物可以让活动的木板变得不活动吗？给观众思考的任务，让他们寻找办法，运用任务型教学策略，让他们参与进来。然后告诉他们重物只有锤子，可以深入询问，用锤子怎样来让木板保持不活动。最后将谜底揭晓，观众对答案就会深刻铭记。保持它的稳定性，主要依据两个因素：重心都在整个装置的

图 3-15　科普实验《奇妙的重心与平衡》月饼盒滚斜坡演示

图 3-16　科普实验《奇妙的重心与平衡》梯子演示

最下方，支撑点和重心在同一条垂直线上。然后再向生活延伸，比如说街舞，无论舞者的造型多么炫酷，他们的重心和支撑点始终都在一条线上。

第四，做第三个实验之前，我们做了一个引子，让梯子与现场的观众相互配合可以保持平衡，让不可思议的事情发生在观众的身上。运用与观众互动的方式，让他们真看、真想、真感受。引导他们提出问题——怎么会这么神奇？然后用木板和酒瓶进行讲解。如果没有酒瓶，木板下面是斜的，木板本身立不住会倒，则需要在这边放上酒瓶，这样，结构的重心是在与接触面相垂直的一条直线上的，这样会使这个结构保持稳定。

第五，实验结束后，我们要做一个小游戏，找两个观众，一个人将自己的身体压在另一个人的身上，用脚勾住另一个人的身体，同时两个人都向后仰，居然可以保持平衡。通过交往互动的策略让大家对重心和平衡有一个深刻的了解。

（三）活动的重点难点

1．操作中

每一个实验都有失败的可能，要保证自己的动手操作能力。

2．知识点

①神奇的盒子其实就是改变了盒子重心的位置，从而改变了其运动方向。

②吊锤子让活动的木板不活动主要依据两个因素：重心都在整个装置的最下方，支撑点和重心在同一条垂直线上。

③酒瓶与木板保持平衡就是结构的重心是在与接触面相垂直的一条直线上，这样会使这个结构保持稳定。

三、团队介绍

这次活动的创意主要是由表象到内在、由疑问到不可思议、由实验到生活，由浅至深，用简单的道具讲解出深刻的科学道理。

团队主要人员崔滢滢、任中正、王一绮都来自河北省科学技术馆，是该馆的科普辅导员。我们坚定信念、不忘初心，在平凡的科普岗位上发光发热，将温暖带给每一位观众朋友。我们在之前多次业界比赛中都取得了优异的成绩，未来的日子里，我们会更加努力创作出好的科普实验、科普剧，将科学传递给每一个充满好奇的人。

四、创新与思考

这次比赛我们收获得特别多，也能明显地感觉到我们自身的不足，我们科技馆的业界比赛一直在进行，难度也越来越大，想要得到评委的认可也越来越难，希望以后的比赛多多鼓励参赛人员。希望中国科技馆等有实力的馆可以多向省馆、市馆传递经验，多举行科普培训等工作，让我们能够有更多的机会接触到更新颖的科学表演形式和更先进的科学知识。

项目单位：河北省科学技术馆

文件撰稿人：任中正

高"盐"值的电

一、活动简介

食盐不仅是重要的调味品,也是维持人体正常生长代谢不可缺少的物质。它能够调节人体内的水分,使之均衡地分布,还能保证人身体内酸碱度的平衡和体液的正常循环。可以说,人不吃盐是不行的!而科学实验《高"盐"值的电》就是通过食盐的多方特性开展的一场与"盐"有关的物理实验。

二、创作思路

(1)活动目标　激发青少年对科学实验的兴趣,促使其积极探索,寻找答案,萌发初步的探索欲望。

(2)科学知识　了解食盐水具有导电的特性;对比LED荧光灯在纯净水中发光,而在食盐水中却不发光的科学原理;了解利用饱和食盐水可以看到电流的形态;知道人体为什么会导电,以及人体的安全电压范围。

(3)科学态度　在科学探究中能以事实为依据,追求创新,乐于尝试运用多种材料、多种思路、多种方法完成科学探究,体会创新乐趣。

(4)科学难点　电流及电磁波导电的区别;科学实验操作的规范性、安全性。

三、活动准备

活动场地:室内(需有暗光效果)、舞台均可。
活动设备:外接电源、电子屏、舞台音响。

实验材料：见表 3-8。

表 3-8 《高"盐"值的电》实验材料

实验名称	实验材料	数量	备注
实验一： 电镀绘画	不锈钢板	2 张	—
	透明贴纸	2 张	需要提前制作贴纸形状
	针管	2 支	作用：画笔
	棉花	2 团	作用：笔头
	导线	2 根	导线与鳄鱼钳相连接，一根导线上分别连接两个鳄鱼钳
	鳄鱼钳	4 个	
	9 伏电池	2 块	—
实验二： 盐水导电实验	食盐	1 袋	—
	透明塑料盆	2 个	—
	纯净水	1 桶	—
	导线灯	1 个	—
实验三： 特斯拉线圈对比实验	玻璃量筒	2 个	—
	食盐	0.5 袋	—
	纯净水	1 瓶	—
	特斯拉线圈	1 个	—
	荧光灯管	2 根	不同颜色
实验四： 食盐水引电实验	饱和食盐水	适量	—
	高压发生器	1 台	—
	铝箔纸	1 卷	—
	木头支架	1 个	—
	高压导电线	2 条	—

续表

实验名称	实验材料	数量	备注
实验五：人体钢琴	导线	7条	长度自测
	电路板	1个	—
	音响	1个	—

四、实验过程

（一）活动受众

普通观众。

（二）活动时间

8分钟。

（三）活动目标

①了解食盐水的导电特性。
②利用实验灯检测水的导电性，通过实验认识纯净水、食盐水的导电性能。
③加深对导体的认识，通过做游戏的形式，让观众认识到人体本身就是一个导体。

（四）活动过程

1. 引入实验

实验一：电镀绘画实验

利用彩笔可以在纸张上任意作画，可是你尝试过用水在不锈钢板上任意作画吗？今天我们就来验证一下。

提问：为什么分别将导线连接在特制画板与不锈钢板上，相互接触就能够进行作画呢？这说明了什么？

科学原理：是通过电解腐蚀的方法来进行绘画的，通电之后盐水中的离子会与不锈钢表面的氧化物产生反应，所以电解腐蚀后的不锈钢表面就不会像原来那样有光泽了，利用这种反差的效果,就可以把我们想要印上的字或者图案留在不锈钢上。

2. 探究盐水的导电性

实验二:盐水导电实验

设计一个简单的电路连接,导线两端相互接触灯泡,分别放在纯净水及盐水中,观察灯泡在哪一种物质中会被点亮。

科学原理:经过实验,发现纯净水中的灯泡没有亮,说明这杯水中没有可以导电的离子。而食盐溶于水后产生了大量钠离子和氯离子,使水导电了。

另外,家中的自来水里就存在很多的金属离子,它也是导体。所以水和电的实验是很危险的,大家千万不要随便去尝试。

3. 电磁波点亮荧光灯管

实验三:特斯拉线圈对比实验

提问:将荧光灯管放置在导电的食盐水中与不导电的纯净水中,哪一种物质可以让

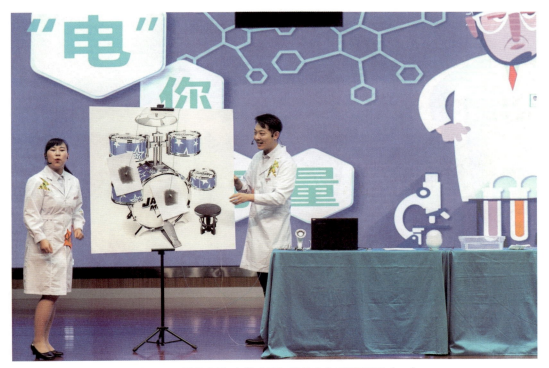

图 3-17　科学实验《高"盐"值的电》现场演示(一)

灯管亮起?

科学原理：特斯拉线圈释放的是电磁波而不是电流，而导体正好可以屏蔽电磁波，所以导电的食盐水不会让灯管亮起。在日常生活中，当我们拿着手机进电梯时，手机信号会变弱，就是因为手机释放的也是电磁波，而不是电流，电梯相当于一个巨大的导体，电磁波被屏蔽，所以信号就变弱了。

4. 利用饱和食盐水看见电流

实验四：食盐水引电实验

设计一个简单的电路连接，通过饱和食盐水就可以看到电流的样子。

科学原理：利用实验装置形成一个简单的电路，其中饱和食盐水具有导电性，在高频电压的条件下，装有饱和食盐水的玻璃瓶也变成了导体，因此就形成了闭合回路进行放电。

图 3-18　科学实验《高"盐"值的电》现场演示（二）

5. 人体的导电性

实验五：人体钢琴实验

科学原理：人体具有导电性，是因为水占据了人体体重的70%，当身体中的Na^+、K^+、Ca^{2+}等离子溶于体液中时，人体就具有了导电性。

（五）总结

科学实验教学内容较多，如何将这么多的教学内容流畅地开展下来是一个难题。所以在科学实验设计中，从简单到复杂，从熟悉到陌生，从固体的导电性入手，再到液体和人体的导电性。这样有助于观众对导体的了解和认识。

五、团队介绍

王魏涛：参赛人员，宁夏科技馆展览教育部辅导员，参加展教工作十余年，其间致力于科学实验的主要创作，在科普讲解、活动演出中独树一帜。2017年的自创剧目《BUBBLE盛焰》获得一等奖；第四届全国科技馆辅导员大赛总决赛中参与创作的剧目《吸引力》获得三等奖及最佳创意奖；第六届全国科技馆辅导员大赛中，主创科学实验《高"盐"值的电》获得二等奖。

李　静：参赛人员，宁夏科技馆展览教育部辅导员，参加展教工作十余年，其间致力于科学表演、讲解及活动策划，多次参加全国科技馆辅导员大赛，获得优异成绩。

科学实验《高"盐"值的电》由宁夏科技馆展览教育部部长田波组织推进，选手王魏涛、李静进行实验搜集、选择等，最终通过多次实验改进，以全新的表演形式为公众展现出来。值得一提的是，科学实验中多种道具、实验器械设计准备都是由培训团队中的田波亲力亲为，让科学实验效果达到最佳。

六、创新与思考

科学实验《高"盐"值的电》以小见大，从日常生活中必不可少的调味品——食盐谈起，引导公众探究食盐水具有导电的特性；通过与特斯拉线圈释放电磁波实验进行的强烈对比，让公众得知食盐水导电是在有电磁场的情况下才可以发生的。以环环紧扣的实验节奏来带动现场观众对科学知识进行探究，产生兴趣。

作为研发此作品的辅导员，需要思考得更多的是公众的接受度以及实验现象。如何将科普知识点通过简单易懂的方式表达出来是整个剧目的一大难点。对于不同层次的观众，他们的接受度不同会导致他们对于科学知识的理解度不同，化难为简是每一位科普传播者应当注意的细节，用最轻松的方式，学最有趣的科学，才应该是科普传播的要点。另外，整场科学实验的操作性也是创作中的一个难点，正确、合理的实验操作方式应当在科普传播中有所体现，以正确的方式进行科学知识的传播，这也是此后我们在项目创作中需要思考的问题，我们要让实验更接地气、更加亲民！

项目单位：宁夏科技馆

文稿撰写人：李　静　王魏涛

永无止"镜"

一、活动简介

镜,一种表面光滑并且具有反射光线能力的物品,最初古人以打磨光滑的青铜为镜。该实验节目从古代的青铜镜开始讲起,并通过各式各样的镜实验以及纹影摄影等新奇有趣的实验,利用原理计算证实了宇宙中类似于透镜的原理知识,让我们能够观测更远的星系,甚至于了解光线扭曲后拍到的黑洞的轮廓,让观众知晓这一切都是在众多前人以及科学家的努力下循序渐进发展起来的。每一个时代每一个发现都占有着至关重要的地位。节目主要创意点在于向公众展示关于"镜"的精彩实验,带领观众走进光学的神奇世界,展现人类从古至今利用镜面和光学规律认识自己、探索宇宙的科学精神。

二、创作思路

此节目的创作意图在于给观众讲解各式各样的镜,并引入1919年爱因斯坦的星光实验,证明了爱因斯坦所预测的"太阳的巨大质量使它周围的时空扭曲,远方的星光经过扭曲的时空会转弯"。其原理非常类似于光学透镜的作用,带入了引力透镜的概念。恰逢第六届全国科技馆辅导员比赛之年为爱因斯坦星光实验100周年,在此通过此节目向所有的科学家以及所有的科普工作者致敬。

三、活动准备

1. 道具

青铜透光镜、白板、手电筒、凸面镜、菲涅尔透镜、玻璃缸、水桶、老奶奶的照片、透镜组合、激光笔、护目镜、纹影摄影装置。

2. 服装

实验服三套。

3. 场地

此节目以实验表演的形式展现，以有灯光、大屏背景的剧场为佳。

四、剧本

［人物设计］ 婷婷老师、学生芊芊、学生小锦

芊：亲爱的朋友们，大家好，我是芊芊！

锦：大家好，我是小锦。

合：欢迎来到精灵实验室！

芊：小锦，老师给我们准备的实验服是不是特别美啊，要不我们去照照镜子吧！

锦：不不不，我最讨厌照镜子了，我胖胖的身材就是可恶的镜子告诉我的，我希望全世界的镜子都消失！（老师上场）

婷：（上场）小锦，怎么能不喜欢镜子呢！

合：老师好！

婷：镜子是我们认识自己、了解世界的工具。来，给你们看一个神奇的镜子……

芊：这个镜子有点像古董啊！

婷：这是青铜透光镜。

锦：那它有什么特别之处吗？

婷：我们先来做一个实验。小锦，帮我打灯！

（青铜镜实验）

锦：好……咦？快看！光滑的镜面怎么能反射出图案呢？

婷：表面上看不出来，但通过电子显微镜我们会发现，其实镜子表面是凹凸不平的，但由于古人使用了特殊的铸造打磨工艺，所以花纹被隐藏了。当光线照射到镜面上时，通过光的反射，这些隐藏的花纹就会出现。这也充分说明了中国古代高超的制镜技术和

对光反射特性的深刻认识。

芊：没想到这小小的青铜镜竟然蕴藏着那么多古人的智慧和匠心啊。

锦：老师，这有一个奇怪的镜子！

芊：老师，这个镜子我在弯道和路口见过它！

婷：这是凸面镜，也叫广角镜。它反射的光线是发散的，因此可以扩大司机的视野，减少事故的发生。（展示凸面镜）

锦：那凹面镜呢？

芊：凹面镜能汇聚光线，集中能量！

锦：老师，是不是因为有了光的反射，我们才能在镜子里看到自己？

芊：这个我知道。我们身上的光被镜子反射到眼睛里，我们就能看到自己在镜子中所成的像了。

婷：非常正确，芊芊真棒！

锦：老师，刚才我们所说的都是反光镜，那如果光线能从镜子中透过呢？

婷：那就变成透镜啦！

合：透镜？（拿着菲涅尔透镜）

婷：透镜是利用光的折射原理，使用透明物质制成的应用器具。

锦：是不是只有这样的才叫透镜？

（玻璃缸加水箭头实验）

婷：不对哦！你们看，这个玻璃缸，我有一个方法可以马上让它变成透镜。

芊：什么？玻璃缸变透镜？

婷：一会儿你就知道了！我们先把玻璃缸装满水。这照片里是一位老奶奶。放在玻璃缸后面，瞧！

锦：哇……老奶奶怎么变成了公主？

芊：我知道！因为光线发生了折射！

婷：（透镜概念）透镜可以帮助我们更深入地了解光学，认识世界。我们生活中的眼镜、望远镜、显微镜等都是利用透镜制作而成的。现在老师给你们一个任务。

合：任务？

婷：利用1个凸透镜、1个凹透镜和1个凹面镜，想办法让2支激光笔的光线汇聚。

芊：（思考）

合：有了！

锦：我们先来画个光路图，看看能否实现。

芊：先摆凸透镜汇聚光线。

锦：再摆凹透镜发散光线。

芊：最后……

合：凹面镜，聚集光线！

芊：设想有了，我们来进行实验吧！

锦，芊：老师，我们完成啦！

婷：现在我用火柴棒来试试你们是否成功汇聚了光线。

锦：成功了！成功了！

婷：你们真棒！（竖起大拇指）

锦：老师，结合不同种类的镜，还有什么有趣的实验吗？

婷：你们见过气流的影像吗？

图 3-19　科学实验《永无止"镜"》现场演示

（纹影摄影实验）

合:（对望）没有！

婷:老师今天就给你们做一个有趣的实验。

芊，锦:太好了！（走台）

婷:利用面镜和透镜的特性让你们清晰地看到气流的变化。

（先是点火枪）

婷:你们看到上升的气流了吗？

婷:再看看电吹风的效果。

芊:看到了！像火山喷发！

锦:这个实验装置太新奇了。

婷:这叫作纹影摄影。是利用气流对光波的扰动，将不可被肉眼看见的气流的变化，转化成可以被看见的图像。这个技术我们可以用来侦测隐形战斗机。

锦:真是太棒了！老师，经过今天的实验我才明白，镜子这么重要啊！

婷:没错，镜就像人类的眼睛，帮助人类探索光学成像规律，更让人类的视野从地面扩展到太空。

芊:1609年，伽利略第一次将望远镜指向夜空，掀起了一场人类科学史上翻天覆地的革命。

婷:100年前，英国的爱丁顿爵士，借由日蚀观测到太阳后方的星光。证明了爱因斯坦所预测的"太阳的巨大质量使它周围的时空扭曲，远方的星光经过扭曲的时空会转弯"。其原理非常类似于光学透镜的作用。这也就是引力透镜效应！

芊，锦:引力透镜效应！

婷:100年前的今天，爱丁顿爵士向世人公布了这一伟大的发现。时至今日，我们更是可以利用引力透镜效应，用更大的星系观测到更远的星空！

锦:是呀！从西汉的青铜镜到现代的望远镜，人类从认识自己到探索宇宙，镜让我们看得更真，看得更远。

芊:甚至于通过引力透镜效应了解光线扭曲后窥探到宇宙的轮廓。

芊:这一切都是在前人以及科学家的努力下循序渐进发展起来的。

婷:让我们透过此剧……

锦：向所有的科学家……
芊：所有的科普工作者致敬！
合：让科学的发展永无止"镜"！
（剧终）

五、团队介绍

张　锦：主创，广西科技馆展教部主管。
莫芊芊：演员，广西科技馆展教部主管。
莫婷婷：演员，广西科技馆科学辅导员。

六、创新与思考

《永无止"镜"》这个剧目从剧本撰写到排练到最后成品演出，凝聚了大家太多的努力和心血。借着爱丁顿爵士透过星光实验证明了伟大的爱因斯坦广义相对论的100周年这样伟大的日子，我们主创人员更是感慨万分，但值得反思的是，可能我们的剧目还不够接地气，讲得不够通俗易懂，为此我们会继续努力，把这个主题继续吃透讲透，让更多的人能够深入浅出地了解引力透镜效应，并被一代又一代科学家们不断探索的精神所感染，真正让科学的发展永无止境。

项目单位：广西科技馆

文稿撰写人：张　锦　莫芊芊　莫婷婷

旋转之美

一、活动简介

多多利用下课 10 分钟的时间给迟到的壮壮补习教授上课的内容，通过所学的知识告诉壮壮动画片里的科学误区，并告诉了他陀螺比赛的窍门！

二、创作思路

（1）知识与技能　知道什么是角动量，以及角动量在实际生活中的应用。

（2）过程与方法　通过实验培养学生的归纳概括能力。

（3）情感、态度与价值观　通过实验的演示，激发学生对科学的热爱。

（4）活动的重点及难点　对角动量的引入和理解。

三、活动准备

实验道具：转盘、哑铃 1 对、旋转座椅 1 个、自行车轮、车轮架、麻绳 1 根。

四、剧本

［人物介绍］

多多：勤奋刻苦的好学生。

壮壮：经常迟到但善于观察的学生。

（下课铃声响起）

多多：我说啊，这有些人就是特别爱迟到，教授课都上完了，他人还没来。

壮壮：这交通，看来下次我要开飞机上课才行。

多多：别找借口！

壮壮：是真的，你不知道最近堵车多厉害，没飞机，我头顶装个竹蜻蜓都比这快。

多多：（上下打量，点点头）你真是完美地错过了这堂课，今天教授还用实验验证了你这个不科学的设想。

壮壮：什么意思？

多多：也就是说，你想像哆啦A梦一样头顶上插个竹蜻蜓在天空中平稳飞行，这不可能。

壮壮：口说无凭。

多多：看来我得现学现卖教教你，来，你先站在这个大转盘上。

壮壮：哟，还是个360°的大转盘！

多多：这个自行车轮就用来模拟竹蜻蜓，请你握紧车轮的把手（壮壮动作），转动车轮（多多动作），然后将它举在头顶上体验一下。

壮壮：欸？我的身体怎么会不由自主地转动起来呢？

多多：所以说，一个竹蜻蜓是不能让你的身体保持平稳的。

壮壮：确实是，那想要保持平衡，该如何做呢？

多多：你得先观察，现在你站在转盘上转动车轮，将车轮向左倾斜。

壮壮：车轮左倾，我的身体会向右转。

多多：接着再向右倾斜。

壮壮：车轮右倾，我的身体会向左转，我发现我转动的方向和车轮转动的方向是相反的。

壮壮：也就是说，我再装一个反向竹蜻蜓才能让它平稳飞行，对吗？

多多：不错！

壮壮：难怪，这让我想起来，直升机不都是有两个螺旋桨么？它们旋转的方向相反，将力相互抵消，来保证机身的平稳飞行。

多多：没错，这就是今天教授上课讲的内容——角动量守恒原理。

壮壮：什么是角动量？

图 3-20　科学实验《旋转之美》角动量守恒原理现场演示

多多：咳咳（学教授口气），那我来转述一下教授的原话："物体在旋转时，会产生垂直向外的力量，这个力量就叫作角动量。我们都知道，地球上所有的东西都会受到地心引力的影响，为了保持平衡，角动量就会挺身而出，车轮两端就像有两根无形的绳子在往两边拉，一旦车轮停止转动，角动量也就无能为力了。所以，地球上每时每刻都在上演着角动量与地心引力之间的拔河比赛。"

壮壮：（唱）总有一天我要成为一个对抗地心引力的人！

多多：那你就旋转起来呗！

壮壮：（唱）旋转旋转！

壮壮：也就是说，只要旋转，就有角动量存在。

多多：嗯，总结得不错！

壮壮：这倒让我想起来之前参加的花式陀螺比赛，你看，陀螺被绳子牵着，静止的时候它受到地心引力的作用，垂直向下，而它旋转起来时，自己就能竖立起来，原来这就是角动量的功劳啊！

多多：行啊，会举一反三了，但是我觉得你是不是还得感谢我帮你补课啊。

壮壮：那是那是，你不但聪明伶俐，而且乐于助人。（给个点赞的手势）

多多：嗯，夸奖接受了，你这点赞的手势让我想起了点什么，是不是还有什么我忘了？哦哦，对了，对了，我来教你用点赞的手势测量角动量的方向。你来转动车轮，右手四指对准车轮旋转的方向，拇指的方向就是角动量的方向了。这叫右手四指螺旋法。

壮壮：右手四指螺旋法？记住了！

多多：欸？你说你参加了陀螺比赛？那成绩如何啊？

壮壮：嘿嘿，差那么一点，不过我发现下次我得给我的陀螺增加点重量，它才能转得更久。

多多：哎呀，你得用上刚才我教你的角动量守恒原理啊！

壮壮：对哦，也就是说，我要增强陀螺的角动量。

多多：你刚才说的增加重量是增加角动量的一种方式，当然还有另一种方法。

壮壮：什么方法？

多多：来，请坐！

壮壮：（心惊胆战地坐在座位上并玩起来）嘿，这转起来不错。

多多：拿好，现在你就来模拟陀螺，当你转动起来的时候，平举和收紧你的双臂看看。

壮壮：嘿嘿，有意思，缩手转得快，平举转得慢，对了，花样滑冰运动员不就是利用这个方法来调整转速快慢的吗？

多多：其实我们收缩手臂就相当于改变了物体与转轴的距离，所以……

壮壮：所以要想让陀螺转得更久有两个方法，一个是加重陀螺，一个是增大陀螺的半径。

多多：Binggo，答对了！

壮壮：嗯，这个我要好好记住，增加重量，增大半径！

多多：你的问题是解决了，但是教授留给我的课后问题倒是难倒我了，哎！

壮壮：说来听听，没准我可以帮你解决。

多多：真的？教授问，怎样才能不用任何道具自行在圆盘上转一圈？

壮壮：这有什么难的，我试试。额，是有点难度。（站在圆盘上思考一下）有了，我

家的猫不就是无论什么姿势都能四脚落地么，那我就学起来，Music！（完成实验）

多多：太棒了，课后作业终于完成了！

（上课铃响）

壮壮：（听到铃声）快快上课了！

多多：好，下次你可别再迟到了。

（剧终）

五、团队介绍

王晓虹：参赛选手，毕业于东华理工大学工程造价专业，工作单位为江西省科学技术馆。

许兰艳：培训团队指导老师，江西省科学技术馆展教部主任。

项目单位：江西省科学技术馆
文稿撰写人：王晓虹

最佳转换

一、活动简介

（一）主要内容

围绕电磁感应现象，通过角色设定和趣味表演，融合电与磁的科学实验，为观众解释能量转换与电磁感应。

（二）表现形式

角色设定为两个人，一男一女，男生角色为实验室老师，女生角色为助手，通过角色反差增添戏剧冲突。

（三）主要创意点

通过生活中的常见电器展示逆向思维，让原本的不可能变为可能，打破固化印象，增添展示效果。

二、创作思路

（一）活动目标

1. 知识与技能

电磁感应现象——电生磁、磁生电、手摇发电机工作原理、动圈式话筒工作原理、电动机工作原理。

2. 过程与方法

通过人物角色创设情景，台上演员的角色定位接近普通受众，在剧情背景下提出的问题更利于让观众接受。提出问题、作出假设、动手实验、解决问题、归纳总结。

3. 情感态度与价值观

通过剧情与实验设计，激发公众的科学兴趣，引导公众养成正确的科学观，掌握正确的科学方法解决现实问题。

（二）活动设计思路

1. 设计意图

本实验涉及电磁学知识，需有一定的物理学基础，电磁学相关实验的现象不如力学、声光学等学科知识，少有明显的现象反馈，公众提及电与磁往往分开二论，不知二者的内在联系，且谈电色变。本项目旨在揭开现象看本质，为公众揭示它们的内在联系，消除固化印象。

2. 学情分析

本活动的重点难点均在电磁学的相关知识，受众群体应该在初中二年级以上。

三、活动准备

本活动在科技馆表演区进行，道具为电源、动圈式话筒、动圈式扬声器、直流电机、手摇发电机、灯泡若干。

四、活动过程

（一）主题导入

在实验室内提出问题，让原本不可能发出声音的话筒发出声音，引导观众思考，并逐渐沉浸于剧情中。

（二）表现形式及实验

通过几个看似不可能完成的问题，用实验成果展示内在原理，解释法拉第电磁感应实验，了解通电导线周围会产生磁场、通电导体在磁场中会受到力的作用等内容，感受科研探索过程中的大胆假设、反复验证、务实求真以及不懈坚持的科学家精神。

①麦克风变扬声器、扬声器变麦克风实验：电磁感应原理，动圈式话筒和扬声器都是由线圈和磁铁组成的，说话的声音带动鼓膜震动，让线圈在磁场中做切割磁感线的运动，进而产生电流，最后形成音频信号输出。

②自制土麦克：缠上线圈的泡面桶，当磁铁贴近时便会发出声音。

③电风扇点亮灯泡：风扇内的线圈切割磁感线产生电流。

④手摇发电机点亮LED：展示发电机工作原理。

（三）应用拓展

本实验所采取的道具均是电磁感应原理在生产及生活中的应用，让观众认识发生在身边的科学现象。

五、剧本

A：科技馆里艺高胆大，自问自答难免尴尬，如今找个搭档来催化，把科学的精神发扬光大。欸，我的搭档哪去了？

B：聪明伶俐小可爱，要去实验室我真期待，别管自己懂不懂，揣着糊涂也要装明白。大家好，我叫噪声。

A：（制造噪声）跟这我的噪声你就来了，还噪声呢，你这名字就扰民了！行吧，你说你明白，你看看我这麦克风你明不明白？

B：咦？（唱歌，唱一句就把线拔掉）

A：哎呀我说噪声啊，你就不能安静点么？再说了，我这实验室里的道具就这么简单，麦克风就是用来唱歌的么，要唱歌你拿这个唱。

B：耳机？这能唱歌么？

A：我就让你拿它当麦克风，思维转换一下。

B：转换一下？（把耳机转过来）

A：（捂脸）我让你转换一下当麦克风，是这么转！

B：哇！

A：停止你的噪声、思考一下，同样的道理，麦克风可以怎么样。

B：麦克风还能干什么，难不成，还能当耳机么？

A：你这个思路是对的，不要动，认真听。

B：欸，老师，这麦克风真的有声音呀！

A：当然了，你也别光顾着自己听呀，给大家也听一听。

B：对对对，我就拿这个麦克风当作扩音器！对了老师，这个是为什么呀？

A：想知道答案？来，拿着这个泡面桶，运用转换的原理，想一想！

B：转换？转换？红烧牛肉面，香辣牛肉面，香菇鸡肉面！（咽口水）

A：停停停，你怎么就知道吃啊？

B：老坛酸菜面？

A：别再说了！听着，这是什么？

B：这是什么？（线圈）

B：放一起呢？（磁铁）

B：能泡面了？

A：（捂脸）我问你的是，放一起是什么原理？

B：那我哪知道呀！

图 3-21　科学实验《最佳转换》泡面桶现场演示

A：这不就是我说的转化么！每个麦克风和耳机里都有磁铁和线圈。

B：这里也有磁铁和线圈？

A：耳机是将电信号转换成鼓膜的震动，从而发出声音，而麦克风则相反，声音的震动带动鼓膜震动，在磁场中做切割磁感线的运动，转换成电信号输出。所以说，泡面桶能干什么？

B：（泡面桶拿过来）当麦克风？

A：大点声。

B：当麦克风！

A：现场的评委老师也可以拿起你手中带有标记的耳机说话，将扬声器放在耳边听，来感受一下电磁感应之间的转化。（反复强调）

B：（打开风扇）老师，您也说了这么半天了，喝口热水，吹吹风。

A：欸，对，你说到这个风扇，我得问问你，你知道这风扇有什么工作原理么？

B：这个我知道，风扇通电后会产生磁场，磁场在力的作用下就可以让扇叶转动起来了！

A：没错，但你只说对了一部分，我再给你解释一遍。首先，风扇里也有线圈和磁铁，插上电源，风扇旋转起来，这是因为风扇将电能转换成机械能，现在拔掉电源（拔掉，插上灯泡，转动风扇），拨动风扇，里边的线圈产生切割磁感线现象，进一步形成感应电流，为灯泡提供了源源不断的电力，所以这边是电生磁，另一边是磁生电，这就是电磁感应现象，也就是我说的转化！懂了吗？

B：不就是转化么，有什么难的，你给我上去，蹬，快，使劲蹬。

A：你让我蹬自行车干什么呀？

B：因为这个呀！

A：欸？灯还能亮呢！

B：还有这个呢！

A：这边也能亮呀！

B：当然了，根据你说的电磁间的转化与电能的转化，你骑车子就是将生物能转换成机械能，机械能带动发电机转动进行发电，发出的源源不断的电能就能让你周围的灯泡全部被点亮！

图 3-22 科学实验《最佳转换》拨动风扇现场演示

A：问题出现来问我，办法总比问题多。

B：如此转换真不错，趣味科学共传播。

合：下次再见！

（剧终）

六、团队介绍

张　敏：黑龙江省科学技术馆展览教育部部长。

马顺兴：黑龙江省科学技术馆展览教育部副部长。

郝　帅：黑龙江省科学技术馆展览教育部副部长。

梁志超：参赛选手，黑龙江省科学技术馆展览教育部辅导员。

徐碧莹：参赛选手，黑龙江省科学技术馆展览教育部辅导员。

项目单位：黑龙江省科学技术馆

文稿撰写人：梁志超

观察的美妙·静电

一、活动简介

通过一系列新颖有趣的"静电"小实验让观众初步了解静电产生的原理、在生活中的应用和发现历史,进而了解什么是科学方法以及观察的重要性,增强科学探究意识。

二、创作思路

本活动针对的具体对象是青少年,青少年在见到生活中类似静电吸附这样生动有趣的现象时,都愿意进行一番思考,但大多不知道如何用科学的方法来进行探究。本活动以静电为例,按照"观察现象—提问思考—反复实验—得出结论"的科学方法设计探究环节,让观众在学习科学知识的同时感受科研探索过程中的大胆假设、反复验证、务实求真以及不懈坚持的科学家精神。

三、活动准备

道具:长条桌 2 张、投影仪、静电发生器、静电球、荧光灯管 2 个、红绸布 1 块、毛皮 2 块、用聚苯乙烯塑料绳制成的"塑料水母"1 个、气球若干、用铝箔纸折成的"铝箔小帽子"若干。

四、活动过程

（一）表演导入，激发兴趣

将一块红绸布盖在表演老师的头上，配合音乐《掀起你的盖头来》左右拉动绸布，掀起绸布后观众看到头发被吸起，通过提问现象产生的原因让观众明白摩擦能产生静电，静电有吸附作用，激发观众探究的兴趣。

（二）探究实验，步步深入

1. "摩擦气球"实验

（1）实验设计　分别用气球与毛皮以及与另外一个气球摩擦，可以观察到和毛皮摩擦的气球可以粘在身上，和另外一个气球摩擦的不能粘在身上。

（2）设计意图　让观众通过自己观察得出"相同材质的物体摩擦不会产生静电，只有不同材质的物体相互摩擦才会产生静电"的论断，并提示观众像这样得到结论的过程就是科学方法，科学方法中观察很重要。

2. "塑料水母"实验

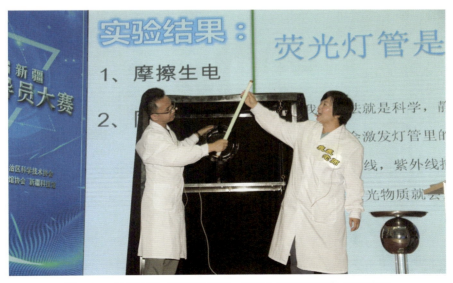

图 3-23　科学实验《观察的美妙·静电》"摩擦气球"现场演示

（1）实验设计　用毛皮分别与"塑料水母"以及与气球摩擦，而后将"塑料水母"放在气球上方，可以观察到"塑料水母"会悬浮在空中。

（2）设计意图　让观众通过观察了解"静电荷同性相斥"的原理。

3. "飞翔的小帽子"实验

（1）实验设计　蒋若干"铝箔小帽子"放在静电发生器的金属球顶端，启动静电发生器，可以观察到"铝箔小帽子"会飞到空中。

（2）设计意图　让观众了解静电在生产及生活中的应用。

4. "魔法点灯"实验

（1）实验设计　手握荧光灯的一端，将另一端靠近静电球，启动静电球，可以观察到荧光灯被隔空点亮，向观众解释荧光灯能被点亮与静电场之间的关系。

（2）设计意图　让观众明白静电荷能够产生静电场，以及静电场的性质和作用。

（三）归纳总结，拓展延伸

借助幻灯片向观众介绍静电的发现历史，并以此为载体，归纳总结科学方法的各个步骤，鼓励观众用科学的方法探究生活中的各种现象。

图3-24　科学实验《观察的美妙·静电》归纳科学方法

五、团队介绍

刘　燕：乌鲁木齐市科学技术馆馆长，负责总体设计。

李　佳：乌鲁木齐市科学技术馆展教负责人，负责舞台表演。

李绍良：乌鲁木齐市科学技术馆工程负责人，负责舞台表演。

六、创新与思考

"科普"的最终目的在于科学方法，就是要让青少年了解掌握科学方法，通过对一些日常生活中常见的现象、问题进行科学的分析、推理，从而"通过现象看本质"，继而做到"一法通万法明"。本活动从设计上来说不是直接告诉观众什么是静电，而是一点点地引导他们，告诉他们如何用科学的方法去探究，以实现"授人以鱼不如授人以渔"的目的。

项目单位：乌鲁木齐市科学技术馆

文稿撰写人：刘　燕

点亮

一、活动简介

该项目采用科学实验的方式，依次点亮铅笔芯、镍铬丝、酸黄瓜、破灯泡，通过点亮不同材质的物体，了解掌握不同的科学原理，主要创意点为点亮酸黄瓜和破灯泡实验。

二、创作思路

（一）知识与技能

①知道什么是闭合回路。
②知道铅笔芯的组成及导电原理。
③知道酸黄瓜的导电原理。
④了解用液氮点亮破灯泡的科学原理。

（二）过程与方法

①通过实验培养学生的动手能力和分析解决问题的能力。
②通过分工协作，培养学生的团队协作能力。

（三）情感、态度与价值观

①通过实验操作，激发学生对科学的求知欲。
②在解决问题的过程中，体验克服困难、解决问题的喜悦。

认识交流与合作的重要性，主动与他人合作，敢于提出问题，勇于修正错误观点。

（四）活动设计思路

①确定目标知识点。
②确定实现相关现象的表现手法和策略。
③解释相关现象的原理或知识点。
④激发观众的好奇心和求知欲。

（五）活动重点与难点

①活动重点：认识闭合回路。
②活动难点：实验过程中的安全保障。

表 3-9 《点亮》活动材料

序号	材料名称	数量	序号	材料名称	数量
1	木质长条桌（不导电）	2 张	10	陶瓷盘子	1 个
2	可调稳压电源	1 个	11	破灯泡	1 个
3	自制可通电支架（放铅笔芯）	1 个	12	可通电灯座	1 个
4	自制可通电支架（放镍铬丝）	1 个	13	专业装液氮的透明碗	1 个
5	自制可通电支架（放酸黄瓜）	1 个	14	电源排插	3 个
6	0.7 毫米的铅笔芯	1 盒	15	绝缘鞋	3 双
7	40 厘米的镍铬丝	1 根	16	护目镜	3 副
8	可通电铁扦（插酸黄瓜用）正负极（两根）	1 副	17	安全手套	3 副
9	液氮	若干	18	实验用安全装备	1 套

三、活动准备

（1）活动场地　有直流电源插座的小舞台。

(2)活动材料　见表3-9。

四、剧本

[人物介绍]

老顽童：桃子同学的科学老师。

桃子同学：科学达人。

坚果姐姐：桃子同学的好朋友，疯狂科学实验室的工程师。

第一幕　主题导入

[舞台上先放一张桌子，桌子上有一个亮着的台灯，老顽童在台灯下看书，桃子同学敲门（动作）进来]

桃子同学：老师，我来了。

老顽童：桃子同学，又到科学实验课考核的时间了，这次的考核跟以前有点不一样哦！你看看，这里有一盒铅笔芯、几条酸黄瓜，你要想办法让这些东西都亮起来，考核才算通过。

桃子同学：铅笔芯、酸黄瓜，让它们亮起来？老师，您是不是出错题目了？

老顽童：当然没错，哦，等一下，还有这个。（老顽童取下台灯里的玻璃灯泡，丢到地上摔破了它。）

桃子同学：这个，破灯泡？难道也要它亮起来？

老顽童：是的，若能让这三样物品都亮起来，你的考核就通过了。

（桃子同学唉声叹气，一脸无奈地走进场，手上端着盘子）

桃子同学：这个老顽童，什么乱七八糟的，铅笔芯、破灯泡，更过分的是竟然要让酸黄瓜亮起来，这都什么跟什么嘛？欸，有啦！我去问一下疯狂科学实验室的坚果姐姐吧，看她有什么好办法。

第二幕　实验过程

（背景"疯狂科学实验室"，坚果姐姐正在做隔空点亮灯管的实验。配合一段灯管Show）

桃子同学：坚果姐姐，你一定要帮帮我，老顽童给我布置的考核任务是让铅笔芯、破灯泡、酸黄瓜亮起来，你说这怎么可能嘛。

坚果姐姐：桃子同学，不要着急，我想想，应该没问题，来，我们一起来动手试试。

画外音：疯狂科学实验室提醒您，实验千万个，安全第一条，操作不规范，亲人两行泪。（出现画外音的同时，坚果姐姐做实验）

（实验操作：铅笔芯发光实验、镍铬丝发亮实验）

桃子同学：铅笔芯亮起来啦，好亮、好刺眼呀！为什么它能发光呢？

坚果姐姐：这就要说到它的材质了，铅笔芯是由石墨和黏土按一定比例混合而成的，它实际上是一个很大的电阻，接上电源，当电流通过它时，就会发光发热了。

桃子同学：石墨能发光，那是不是金属丝通上电也能发光呢？

坚果姐姐：你看，我这儿有一根镍铬丝，你试试看。（拿出已经做好造型的镍铬丝）

桃子同学：（做实验）我来试试给它通上电。亮啦！

坚果姐姐：其实这个实验还原了爱迪生发明灯泡的过程，他曾用1000多种金属丝做实验，通过各种操作对比，最后发现钨丝最适合作灯丝。

桃子同学：镍铬丝通电发光我是明白了，可是破灯泡又不一样了。没有了玻璃罩，钨丝通电肯定不会亮，这是常识。

坚果姐姐：（拿过破灯泡）我看看，确实是这样，现在灯丝没有惰性气体的保护，就很容易被氧化烧坏，那有什么办法能让灯丝不被氧化呢？这问题有点难，要不还是问问老顽童吧。

桃子同学：老顽童，老顽童！快来帮帮我们！

老顽童：来啦。我听到你俩的对话了，在做实验之前呢，我要再一次提醒大家，我们要做好保护措施。来，我看看这个破灯泡，让破灯泡亮起来，我需要一件很神秘的物品。

桃子同学：什么神秘的物品？

老顽童：液氮。

坚果姐姐：液氮，我这里有。

老顽童：液氮也有，好吧，果然是疯狂科学实验室，把它倒入盆里。

坚果姐姐：这液氮的温度可是有−196℃，老顽童，你用它干什么呢？

老顽童：你看看就知道了。

［实验操作：把破灯泡放到液氮里（灯丝部分浸到液氮里面）然后给灯座通上电］

桃子同学：破灯泡真的可以发亮呢，这是怎么回事呢？

坚果姐姐：欸，我知道了，灯丝通电后会发热，高温使液氮气化后在灯丝周围形成了一层氮气包裹住它，这层氮气就能保护灯丝不被氧化，所以就能正常发亮了。

老顽童：嗯，就是这样。

桃子同学：真的太神奇了！在液氮的保护下，破灯泡可以发亮，那我把酸黄瓜放进去，是不是也能发亮呀？

（老顽童端走液氮）

坚果姐姐：应该不能吧。刚才灯泡发亮是因为有一条完整的电流回路，现在老顽童您是想用酸黄瓜作灯丝，插入酸黄瓜的两根铁钉作为灯泡的两极，形成电流回路吗？

老顽童：就是这样，看！

图 3-25　科学实验《点亮》点亮灯泡现场演示

（实验操作：酸黄瓜发亮实验）

桃子同学：亮啦！亮啦！

坚果姐姐：亮啦！亮啦！

坚果姐姐：为什么酸黄瓜也能亮呢？

老顽童：这个奥秘就在于酸黄瓜里的盐水！

图 3-26　科学实验《点亮》放入酸黄瓜现场演示

桃子同学：盐水？

坚果姐姐：盐水？

桃子同学：我知道，我知道，盐水中的氯化钠通过电解形成了带正电的钠离子和带负电的氯离子，有了电位差，就会有电流通过，但是酸黄瓜的电阻很大，这就导致了它具有发光发热的效果，老顽童，我说的对吗？

老顽童：是的，就是这样。

桃子同学：我的考核通过啦！

第三幕　总结

老顽童：其实，探索科学真理的道路并不永远一帆风顺，实事求是、脚踏实地、勇于创新，这都是我们科学爱好者的探路灯。

（剧终）

五、团队介绍

黎　坚：主创人员，东莞科技馆高级主管，高级职称，一直在展教一线从事讲解辅导、科普教育及展览展品设计等相关管理工作，参加第一届全国科技馆辅导员大赛团体赛获得三等奖、第四届全国科技馆辅导员大赛其他科学实验赛获得二等奖，个人提交的两个选题被选入中国科协科普素材库，获得"科普贡献者"荣誉证书等，先后多次组织和辅导选手参加全国科普讲解大赛、全国科技辅导员大赛，获得多个奖项。

崔玉岗：主创及表演人员，东莞科技馆主管，高级职称，20余年科技馆科普一线工作经验，东莞科技馆场馆科普秀开展第一人，创作的科普表演作品《好奇心》荣获第四届全国科技馆辅导员大赛其他科学实验赛"最佳表演奖"，并受邀参加第十六届亚太科技中心协会年会（ASPAC2016），以及第八届海峡科学传播论坛。创作的科普表演作品《点亮》荣获第四届全国科技馆辅导员大赛其他科学实验赛二等奖，《探索》获得第五届全国科技馆辅导员大赛华南赛区其他科学实验赛二等奖等。

向萍萍：表演人员，东莞科技馆主管、中级职称，从事一线展教工作十余年。参加工作以来，参加全国科技辅导员大赛、科技场馆教育项目展评，多次获得个人、团体二等奖及三等奖等荣誉。

吴姝亚：表演人员，东莞科技馆馆员，主要从事一线展教科技辅导工作。曾获第六届全国科技馆辅导员大赛总决赛科学实验赛二等奖、广东赛区选拔赛展品辅导赛二等奖和科学实验赛一等奖；获得第四届全国科技馆辅导员大赛总决赛展品辅导赛三等奖、南部赛区展品辅导赛二等奖；获得2016年全国科普讲解大赛二等奖；获得中国科技馆发展基金会2015年度科技馆发展奖评选辅导奖提名；获得第三届全国科技馆辅导员大赛中南赛区预赛个人展品辅导赛三等奖、实验室三等奖等。

六、创新与思考

节目《点亮》通过一系列日常生活中不可思议的现象，展示了不同导体通电后实现亮起来的科学小实验。在节目的创作过程中，前期借鉴了一些相关的科学小实验，通过吸收、消化再创作的方式，在后期让节目所表达的相关实验和知识点在特定的表演环境中能更好地表达和传导，让看似不可思议的现象表达出相应的科学原理，从而激发观众的好奇心和求知欲。节目中的相关知识点在实验过程中使用了 220 伏交流电和液氮，因此要特别注意用电安全和做好相应的防护措施。

项目单位：东莞市科学技术博物馆

文稿撰写人：崔玉岗　向萍萍

三等奖获奖作品

光彩夺目

一、活动简介

科学实验赛作品《光彩夺目》通过富有创意的光学实验、炫酷的光影舞蹈秀、妙趣横生的皮影游戏，带领观众走进一个神奇的光的世界，了解与光有关的科学知识。作品将大型彩虹搬进室内天花板，以此作为整个科学秀的高潮环节，氛围烘托到位。在作品的各个环节中，带大家回首和光有关的科学事迹与重大发现，将实验升华，弘扬贯彻了科学家精神，符合当今科普作品的创作要求。

二、创作思路

（一）活动目标

1. 知识与技能

认识光沿直线传播以及光的反射、折射、色散等现象，并掌握其在生活中的应用。

2. 过程与方法

采用观察、比较、实验放大等科学方法进行实验探究。

3. 情感、态度与价值观

学习感悟科学家精神，意识到科学技术改变生活，生活中的美和艺术大多与科学息息相关。

（二）活动设计思路

①通过皮影剧引出光沿直线传播，在水中验证光的传播路径是一条直线。

②抛出问题：改变光的传播路径的方法有哪些？引出反射（反射出一个大的五角星）和折射（光线舞蹈秀）的概念。

③提出光的其他神奇现象：彩虹是怎样形成的？彩虹与光的折射有关。结合牛顿的实验，讲述彩虹的发现与探究，展示光的色散现象。

④呼应开头的皮影剧，回顾整个科学秀所涉及的知识点，升华结尾。

⑤教学策略：a.整个科学秀以趣味十足的皮影剧、光线舞蹈、室内彩虹等环节贯穿起来，寓教于乐，符合科学秀、科普剧的创作特点；b.环节中体现科学家的故事，重现科学现象的发明过程，有助于将观众带入，领悟科学精神。

（三）活动的重点及难点

重点：在寓教于乐的氛围中让观众从认识到理解光的反射、折射；单色光与复色光以及它们之间的关系。

难点：舞台灯光对实验现象有一定的影响，利用教具如何更好地呈现出实验效果为创作难点。

三、活动准备

（一）活动场地

见表3-10。

表3-10 《光彩夺目》活动场地要求

场地服务设备	数量	备注（特殊需求）
无线耳麦	3个	—
长桌（1.6米×0.5米×0.75米）	2个	—
幻灯片或视频		有☐ 无☐
音频视频是否分开操作		是☐ 否☐
需要舞台左侧有电源可以连插排；灯光明暗可以实现渐变调节；有水缸等道具，需要小推车一个；需要大屏幕和电脑进行幻灯片播放		

续表

（二）实验材料

见表 3-11。

表 3-11 《光彩夺目》实验材料

实验材料	数量
小猪佩奇皮影	1 套
皮影屏幕	1 个
皮影灯架	1 套
激光笔	5 支
方形玻璃缸	1 个
圆柱形玻璃缸	1 个
大型三棱镜	1 个
投影仪	1 个
五角星反光镜	1 套
桌子	1 张
圆凳	1 把
插板	3 套
教师服装	3 套

四、活动过程

（一）主题导入

通过观众广泛熟悉的动画角色乔治和佩奇的皮影故事进行"光"这一主题的导入，为后续内容进行铺垫，激发了少年儿童的科学学习兴趣。

（二）表现形式及实验

整个科学秀将几种常见的光学现象——反射、折射、彩虹的形成，通过玻璃缸里的

图 3-27　科学实验《光彩夺目》光学现象示意图（一）

光线、反射五角星、反射光线舞、制作室内彩虹等实验体现出来。在讲到光沿直线传播的时候回顾中国历史上的科学家墨子的发现，室内彩虹也是在现场重现了牛顿发现彩虹的过程，借此向观众展示了单色光与复色光的关系。整个剧情通过有条理、紧凑的安排，让大家在循序渐进的过程中认识到与光有关的科学知识与相关历史。

（三）应用拓展

在全剧的最后进行了首尾呼应，利用一个皮影小剧场回顾了整个剧中涉及的与光有

图 3-28　科学实验《光彩夺目》光学现象示意图（二）

关的知识内容，也进一步向大家展示出光在生活、艺术中的应用，让整部剧在轻松愉快的氛围中落下帷幕，并呼吁大家勇于探索，积极思考。

五、团队介绍

活动创意来源于生活。很多艺术表演形式都离不开"光"，光与我们的生活息息相关，只有掌握了光的科学知识才能更好地将其应用起来。

《光彩夺目》表演团队由郑州科技馆魅力科学课堂三位科学主讲教师组成，分别是开心老师、果冻老师、淘气老师。团队成员在2017—2019年间创作了多个科学秀、科普剧剧本，如第五届辅导员大赛全国二等奖《有趣的声音》、全国三等奖《爱丽丝梦游》，第六届辅导员大赛三等奖《光彩夺目》，校园科学秀《疯神榜》《T博士的生日会》，并全程出演。

田超然：开心老师扮演者，于郑州科技馆魅力科学课堂工作5年。主要负责场馆活动的策划、组织、实施，以及科普剧目创作表演。

李阳勃：淘气老师扮演者，于郑州科技馆魅力科学课堂工作5年。主要负责场馆活动的策划、组织、实施，以及编程机器人教学、创客教学、科普剧目创作表演。

丹加林：果冻老师扮演者，于郑州科技馆魅力科学课堂工作3年。主要负责场馆活动的教学、组织、实施，以及编程机器人教学、科普剧目创作表演。

六、创新与思考

通过此次科学秀的创作，我们认识到一部完美、充实的科学秀作品需要完善的舞台道具来支撑。这个"完善"要从三个角度来考虑，分别是道具是否将你所想呈现的内容和原理展示了出来，道具是否发挥了它的最大价值，道具在舞台上的呈现和摆放位置是否合适、美观。关于光学的科学秀在舞台上呈现的时候多会受舞台灯光的影响，在这次创作中，关于道具的定制和考量成为了我们一个最大的挑战。比如跑遍整个灯具市场只为找到一盏亮度最合适的照明灯；为了将光线最清晰地呈现出来，尝试了一种又一种的"造烟"方法；道具打磨了一遍又一遍，只为在舞台上呈现出最佳的效果。光学这一题材并不好呈现，但是在此次创作中我们尽了最大努力来完善教具、台词、剧本。比起拿奖，我们一直认为创作过程中的积累和沉淀是更有意义的！所以,《光彩夺目》科学秀的创作为我们积累了与之前创作中不一样的经验，也让我们有了更多的信心投入到今后的科普作品创作当中！

项目单位：郑州科学技术馆

文稿撰写人：田超然

一对好姐妹
——作用力与反作用力

一、活动简介

《一对好姐妹》作品的主要内容是牛顿第三定律作用力与反作用力。表现形式为角色扮演，两个好姐妹代表作用力与反作用力，通过生动有趣的实验，引起观众的共鸣。主要创意点为将作用力与反作用力拟人化，化作一对好姐妹，利用好玩的实验得出作用力与反作用力之间的关系。

二、创作思路

（一）活动目标

通过活动知道作用力与反作用力的内容，理解它的确切含义，知道力的作用是相互的，在活动过程中体验作用力与反作用力的不同效果，体会实验在发现自然规律中的作用，并培养观众将物理知识应用于生活和生产实践的意识，通过实验结果来领悟自然界中的美，提高对美的鉴赏力。

（二）活动设计思路

本活动以趣味实验为基础，探究过程充分体现物理学科的特点。其中设计了不同形式的实验，通过一系列的实验实例，在科技辅导员的点拨下，让观众逐步明确力的相互性，并理解作用力与反作用力，使观众体会到物理规律的得出不是靠一个实验就能实现的，突出从生活走向物理的新概念。

（三）活动策略

由实验实例引入火箭为什么能上天这个问题，再通过相关实验，让观众获得感性认识，激起观众的认知冲突，给观众发现问题和提出质疑的机会，最后通过实验认识牛顿第三定律，解决实验问题，完成从具体到抽象的过程。

（四）活动重点和难点

理解作用力与反作用力的关系与运动状态无关。

三、活动准备

道具：表演台、两张实验桌、多媒体幻灯片、材料（气动力火箭、拉力计、旋转水瓶、淀粉实验套装、气球升天套装）

四、剧本

A：（跑着上台）各位观众大家好，欢迎来到我的实验室！

B：（跑着上台，抢台词）是我的实验室，大家好！

A：（斜瞅一眼）怎么哪都有你！

B：就有我！

A：我是作用力，是姐姐。

B：（紧跟上）我是反作用力，欸，明明我们是同时出生的，怎么你是姐姐我是妹妹呢？只要大家换个角度看，我也可以是作用力！

A：那是因为我的作用比你大多了。

B：不是吧，我的作用可比你大多了。你有什么了不起的！

A：大家请看这个火箭，火箭之所以能上天，都是因为我！论资排辈（斜眼看）放一边，咱们先来看看这个火箭。火箭在发射的时候，燃料给了火箭向前的作用力，你服不服？

B：我不服！燃料在向前推火箭的时候，火箭在向后推燃料。这不就是我——火箭对燃料的反作用力吗？

A：我的本事可大着呢！不仅能让物体前进，还可以让它们旋转。大家看这个水瓶，盖子拧开之后瓶子就开始旋转了！这是因为瓶中的水通过吸管流向外侧的时候，推动了瓶子进行旋转，是因为我——作用力向后推！

B：不不不，水推瓶子的时候，瓶子也在向前推水！是因为我——反作用力向前推！

A：你这么有本事，那你给大家说说，为什么两个瓶子的旋转方向不一样？（扔瓶子给反作用力）

B：（拿起瓶子比画）因为吸管的方向不同，水流的方向也不同啊！黑色瓶子中你向后，我向前；白色瓶子中我向后，你向前。所以它们俩一个这么转，一个那么转！（瓶子转，手不转）我说的没错吧？

A：大家看看，我这个妹妹啊，天生和我性格不一样，我说向前，她偏要往后，我说往左，她偏要向右！

B：我们俩平时也没少打架。可是偏偏力气一样大，大家看，不管我们俩怎么打，这两个拉力计的示数总是相同的！所以打了这么久，从没分出过胜负。

A：但是，我们从不会出现在同一个物体上。我若作用在火箭中。（动作）

B：我就作用在燃料上。（动作）

A：我若作用在瓶子中。

B：我就作用在水流里。

A：反正就是我的本事大！

B：我的本事大！

A：我早就知道你爱较真，今天我就让你输得服心服口服！我还有你从来没见过的、更厉害的实验。（走向实验台）

B：你能有什么更厉害的实验？就这个塑料袋？

A：没错，不光是塑料袋，我还要给它加点燃料。

B：什么燃料？空气？

A：我用的燃料是淀粉。

B：淀粉？用淀粉做菜我知道，用淀粉作燃料，你们听说过吗？（观众配合：没有）那我倒要看看，你今天能玩出什么花样。欸……作用力，你别忘了戴护目镜呀。

A：（其实忘记，假装自己知道）这还用你提醒我啊，接下来我们把蜡烛点燃。

B：然后呢？

A：然后就是把最重要的塑料袋套在发射架上，过来帮我啊。

B：哦哦哦……

A：接着倒数！

B：3！2！1！（塑料袋飞上天，作用力向后跳）

B：这么大的火焰，你没事吧？

A：我没事！这个粉尘爆炸实验确实吓了我一跳。还好有你提醒我戴护目镜，否则后果不堪设想。我们的淀粉用量可是经过精确控制的，小朋友们在家里可千万不要自己模仿哦！

图 3-29　科学实验《一对好姐妹》粉尘爆炸实验部分现场演示

B：我想清楚了。这塑料袋能飞上天是因为里面的淀粉剧烈燃烧，燃气向上推动塑料袋。是你——作用力的功劳。我不和你争了。我们也别赌气了，好不好？

A：其实塑料袋也在向下推燃气，这里面也有你的功劳。仔细想想，我这个妹妹也挺重要的，少了她，我就不存在了。

B：对呀，所以我们不仅力气一样大，方向相反，而且也不会出现在同一个物体上。

A：而且我们总是同时出现、同时消失！

A：所以，火箭和塑料袋能上天，瓶子能旋转。

B：人类能行走，气球能升空依靠的是……

合：我们俩！（三遍）

A：欸，等一下，人类行走没问题，但你说气球升空……这平常的氢气球不是因为气球中的气体比空气轻，依靠空气的浮力才升上去的吗？

B：你说的浮力是另一种情况，你看这个，（把长气球松手）这里面装的是空气，所以它没有升空。

A：那你为什么说气球升空是因为我们俩呢？

B：我们俩也可以让它升空，看我的（放飞长气球），厉害吧？

A：原来就是反冲运动，那我还有更好看的呢！来，你配合我一下（给气球充气）。接下来，观众朋友们跟我们一起倒数，3，2，1！起飞！

（B和观众们一起喊3，2，1！）

A：这下大家记住我们了吗？我就是作用力。（比心）

B：我就是反作用力。（比心）只要大家换个角度看，我也可以是作用力。（换标签）

A：那我当然也可以是反作用力啦。（换标签）

合：我们是一对好姐妹（一起比心），谢谢大家！

（剧终）

五、团队介绍

周佳星：参赛选手，创作团队成员，陕西科学技术馆科技辅导员。

刘慧高：参赛选手，陕西科学技术馆科技辅导员。

杨远丛：创作团队成员，陕西科学技术馆展示教育一部主任。

惠朝晖：创作团队成员，陕西科学技术馆展示教育一部副主任。

伍　茹：创作团队成员，陕西科学技术馆科技辅导员。

六、创新与思考

　　此次大赛为科技辅导员搭建了一个锻炼自己、展示风采的平台，在这个过程中能够更清晰地认识自己、磨砺自己、提升自己！在准备实验赛的过程中，选题就是第一步，初步选定了几个内容，最后决定科普牛顿第三定律，选好题材后就对它进行深入的研究，进行各方面的挖掘。在实验选择方面，我们提倡以观众为主的理念，重视观众在整个活动中的参与感与共情感，实验的演示效果要有趣、好玩、出其不意，还要条例清晰，能够从不同角度演示出牛顿第三定律的几点内涵，使得活动现场充满生机。在多媒体幻灯片的设计方面，让幻灯片起到提纲挈领的作用，使得幻灯片的实用性得以加强。在模拟演练环节，一直推敲再推敲，多个演员共同试角色、一句话、一个动作、一个微表情，一遍遍进行演练，争取把活动表现得更精彩。进入正式比赛时，心中难免产生一种紧张的情绪，已经知道什么都准备好了，就是有些紧张，等待最后的放手一搏。与其说紧张，其实不如说是对成功的一种期待，对结果的一种期许，最后比赛结果还是比较理想的。比赛已经结束，但是细细回味，这是一次难忘的经历。通过这次大赛，让我深刻地认识到作为科技辅导员应该具备的专业素养。对于我们科技辅导员而言，要学的东西太多，而且要一直更新，我们从活动中不仅得到了丰厚的收获，还获得了深刻的思考。

项目单位：陕西科学技术馆

文稿撰写人：伍　茹

走路到宇宙

一、活动简介

《走路到宇宙》实验剧主要说明了什么是"角动量"以及什么是"角动量守恒",利用角动量守恒去解释正常人走路为什么左手右脚、右手左脚;利用自行车轮子+茹科夫斯基转椅进行多次的对比实验,阐释角动量守恒;通过反转实验进一步佐证角动量守恒;利用角动量守恒原理向观众道明"哆啦A梦"中不符合科学的剧;最后总结升华,将观众的视角由渺小的个人拉向太阳系、宇宙,旨在培养观众以小见大的科学观。

二、创作思路

由于角动量这个概念比较难,因此中小学阶段不涉及此知识点,但角动量守恒定律又普遍存在于世界万物中,于是考虑从与人联系密切的"走路"进行引入,通篇化专业为通俗,利用常见道具进行实验,实验之间层层递进,反复强化对比,使角动量与角动量守恒变得通俗易懂。在实现知识目标的同时向观众传达万物互联的、世界具有统一性的世界观。

三、活动准备

(一)道具

发射神器、发射环、两个车轮子(一轻一重)、两座铁架(一高一矮)、茹科夫斯基转椅、一个带抽绳的网袋(用来装篮球)、一个儿童篮球。

（二）服装

男士白大褂一件、女士白大褂一件、两副棉手套。

（三）场地

此表演以舞台剧的形式展现，场地以有灯光、耳麦、大屏背景的剧场为佳。

四、活动过程

活动过程可根据观众的参观路线或剧场位置分为两种。

（一）在观众初入场时组织观看

工作人员组织刚入馆的观众有序进入剧场后，循环播放场馆内的注意事项、科学活动时间、特色展品展览时间等（5分钟左右），待观众入座后，科学辅导员进行表演（10分钟）。

（二）在观众参观结束后组织观看

在参观路线的最末端组织观众进入剧场，可以把场馆内的不文明现象、展品的正确操作方式等以拟人化视频的形式循环播放（5分钟左右），观众入座后，科学辅导员进行表演（10分钟）。

五、剧本

第一幕　发问

老师对助手耳语（窃窃私语："你会同手同脚走路吗？"营造一种引人好奇的感觉）

助手：那还不简单！

老师：走一个！（背景音乐起）

［顺拐走路，助手表情慢慢发生变化……（表情由开心变为尴尬、不耐烦）　］

助手：哎呀，我不要走了（音乐渐弱），别扭死了，怎么一顺拐，感觉整个身子都要转起来了……

老师：这下你知道正常走路有多舒服了吧！（老师表示得意）

助手：我们是来做科学实验的，怎么研究起走路了？（非常疑惑的语气）

老师：走路就是在做实验啊。你有没有想过，为什么人走路都是左手右脚、右手左脚（配合动作）？

助手：（表现出通过思考然后突然想到答案的状态）我觉得就是习惯（回答时自信满满）！

老师：恭喜你回答（语速快、脸上露出笑容）——错误（表情严肃），根据科学分析，人走路时甩手是为了让整个人的角动量守恒，走路更平稳（表现出老师严谨的姿态）。

助手：（助手在上一句台词走路更平稳未结束时急忙打断，）等等等等！脚动量？脚动量是什么？（助手默认是同音字"脚"，抬起脚转动）

第二幕　铺垫

老师：不是脚动量（指着脚），是角……动……量（幻灯片）。（拨动轮子）角动量就是描述物体转动剧烈程度的物理量，用字母 L 表示，它有大小、有方向，方向是沿着旋转轴的。

助手：也就是说，物体转动时就具有角动量。可它的方向呢？（老师随手戴上手套，

图 3-30　科学实验剧《走路到宇宙》角动量部分现场演示（一）

转身去拿轻的轮子）

老师：很简单，教你一个判断的方法，伸出右手，让四指指向轮子转动的方向，大拇指所指的方向就是轮子角动量的方向。（老师边说边做出相应动作）

助手：哦，轮子此时逆时针旋转，角动量的方向朝上。

老师：而且轮子转得越快，角动量越大，方向越不易改变。

助手：方向不易改变？（趁助手说话，将轮子放回地上）

第三幕　实验解释

老师：来（老师转身拿出发射器道具），用我的角动量发射神器证明给你看！

助手：射击？我喜欢！（表现得非常开心，接过发射器）靶子呢？

老师：靶子就是我，来吧，朝这打。（指着自己的胸部、自信满满）

助手：啊？这不合适吧？（嘴上说着不合适，却赶紧做好打的准备，发射，没打中）切，这纸环也太飘了吧！怪不得你那么从容。换我当靶我也敢。（笃定的语气）

老师：（接过发射器）那你站好啦，看我的……爱的魔力转圈圈（演唱的方式），发射！（拖点音）

助手：（很不屑）啊！（惨叫）怎么会这样？

老师：纸环而已，夸张了吧。（嫌弃的语气）

助手：我就是奇怪，你怎么能打中我？（转移话题，假装坚强）

老师：我说了啊……因为（停顿）爱的魔力。（助手挥手打人状）（老师躲避）好啦，是转圈圈啦。

助手：转圈圈？

老师：你没注意吧，我在向后拉的同时扭转了橡皮筋，纸环旋转着飞出……（大屏播放幻灯片）

助手：（抢话，助手表现出一点就通的感觉）具有了比较大的角动量，方向不易改变，命中率大大提高！

老师：不错不错，小脑袋转得挺快嘛！

助手：那我再试一次，安上纸环，转圈圈，放平，发射！哇，一往直前……

老师：台下拿到发射器的幸运观众，大家也试试，握紧，转圈圈，放平，发射！（互动环节，语速放慢，能够引导观众操作）

助手：（如果观众发射得很乱）哈哈，乱箭齐飞，老师，看来还是我比较有悟性，一教就会！

老师：那咱们趁热打铁！

助手：好！刚才我明白了角动量和它的方向，那角动量守恒是什么啊？

老师：简单来说，角动量守恒就是对于一个整体来说，在不受外力距作用的条件下，角动量的大小和方向保持不变。

助手：不明白。（双手一摊）

老师：（老师转身搬转椅，助手随手戴手套）来，实验告诉你，这是一个摩擦力很小的转椅，帮我把轮子拿过来。

助手：然后呢？

老师：然后我会拨动重的轮子，看好了。

助手：（扑哧一笑）你这不光轮子转了，椅子也转了，你要研究谁呀？

老师：轮子、椅子，我缺一不可（边说边指着目标物体），缺了谁都不能研究角动量守恒！

助手：什么意思？

老师：你也来试一试。（转好轮子给助手，轮子转速比较快）

助手：（发现椅子不转，左右观察）咦，老师，怎么我这次椅子没有转起来？

老师：转动脑筋想一想。

助手：不对不对，你捉弄人，你是先坐上椅子，再转动轮子；我呢，是先转动轮子，后坐上椅子！

老师：观察得很仔细嘛！一开始，轮子、我、椅子都没转动，角动量为0。我用手拨动轮子让它逆时针旋转，轮子具有了角动量L_1、方向朝上；凳子与我随即顺时针旋转，产生方向朝下的角动量，大小与L_1相等，所以两相抵消，整体来看角动量仍然为0，这可不就是……（大屏配合播放幻灯片，老师重复做实验，边做边说，最后看向助手，希望助手已经领悟了其中的奥秘）

助手：就是角动量守恒！而我（大屏播放幻灯片）坐上凳子前轮子已经转起来了，轮子转，我静止，凳子静止；坐上凳子后，轮子转，我静止，凳子静止，前后都只有转轮的角动量，大小没变，方向也没变，凳子当然不需要转啦！哈哈，我明白啦！（助手

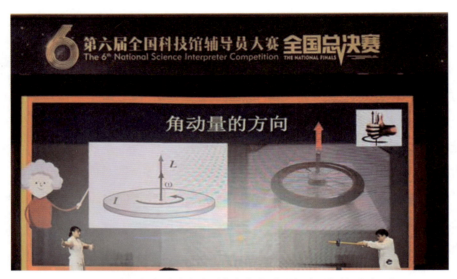

图 3-31　科学实验剧《走路到宇宙》角动量部分现场演示（二）

很开心,将道具放回地上,好像突然想到了什么）欸,那我岂不是被哆啦 A 梦骗了很多年。

老师:哆啦 A 梦骗你？（疑问的语调,感觉助手说这话很无厘头）

第四幕　呼应开头

助手:(自己拿着轮子坐上椅子,拨动轮子,抬高至头顶,大屏播放幻灯片并播放动画片经典音乐)这不就相当于哆啦 A 梦头上的竹蜻蜓吗,你看,我的身子转动了,但哆啦 A 梦没有转,那不科学啊。

老师:(思考一下)哎哟,不错哦,学会用科学的视角看动画片了。

助手:学以致用。

老师:说得好,那你来和大家说说人走路时角动量是如何守恒的?

助手:小意思（自信满满）,当人走路时,(大屏播放幻灯片显示人走路的俯视图,助手配合做出走路动作,老师可小范围来回走路,演示走路动作)双腿转动产生的角动量记为 L_1,双手摆动产生的角动量记为 L_2,L_2 与 L_1 的大小正好相等,方向相反,所以人走路时前后角动量为 0,达到角动量守恒,整个身体自然就不会产生转动了。

老师:孺子可教也。

助手:所以,人走路时左手右脚、右手左脚并不是因为习惯,而是角动量守恒的体现。

第五幕　升华

老师：（大屏切换幻灯片，背景音乐起，音量可慢慢变大）是的，利用角动量守恒可以使某个系统处于稳定。不止走路（停顿一两秒，演员走路，调换位置），我们看到的许多有趣的现象都可以用角动量守恒来解释，包括骑自行车、转动的陀螺……还有，我们看不到的……

助手：我们看不到的？难道是……（助手比画一个大圆圈，老师快速拿起轮子）

老师：（点头，拨动重的轮子快速旋转）小到微观世界，大到卫星、行星、恒星……包括我们居住的太阳系，它们都在一刻不停地旋转（将旋转的轮子放在支架上），各个天体组成整个系统的角动量守恒，构成了整个宇宙的稳定。从走路到宇宙，角动量守恒无处不在。（情绪饱满）

助手：所以，渺小的我们才能平安地成长，积极地探索，享受发现带来的快乐！

老师：没错，世界具有统一性，今后还会有更多的知识让我们"走路到宇宙"。（演员从两边走到中间）

（剧终）

六、团队介绍

葛宇春：编剧、导演，合肥市科技馆培训活动部部长。

宁　凡：主创，合肥市科技馆科技辅导员。

鲍龙辉：主创，合肥市科技馆科技辅导员。

史　川：主创，合肥市科技馆科技辅导员。

蔚　娟：演员，合肥市科技馆科技辅导员。

杨　健：演员，合肥市科技馆科技辅导员。

项目单位：合肥市科技馆

文稿撰写人：鲍龙辉

高分子聚场

一、活动简介

本科学实验节目《高分子聚场》主要以高分子材料为实验表演题材,基于科学,取材于生活,以在实验室开展趣味横生的科学实验为背景,将动手与思考相结合,用明显的实验现象向观众介绍日常生活中处处皆是的高分子聚合物。另外还融入了三个科学实验——聚脲纸杯实验、聚脲雨伞实验和自由树脂实验,使节目在具备观赏性的同时又不失科学性。

二、创作思路

材料科学是未来的发展趋势,而其中的高分子聚合物在生活中比比皆是。科学需要追随时代的步伐,响应党和国家大力提倡的环境保护的号召,向观众介绍常见的环保材料——高分子材料。通过创设情境,扮演大学中致力科研的研究生在实验室中做实验的场景,带领观众一起做实验。让观众了解什么是高分子材料、高分子材料的特性,以及列举典型的高分子材料等,感受科研探索过程中的大胆假设、反复验证、务实求真以及不懈坚持的科学家精神。高分子材料早已充斥着我们的生活,衣(衣服)食(饭盒)住(砖头)行(轮胎)中满是高分子材料的身影。比如塑料瓶在大自然中分解需要 500 年,而热塑土可以再利用。在这个大力倡导环保的时代,可循环利用无疑是很好的亮点。未来,高分子材料将会朝着更高更远的方向发展。通过整个实验让观众了解环保材料,重视环境保护。

三、活动准备

（一）道具

实验需提前进行聚脲材料的调试与涂抹，利用热水壶将水烧开，准备插排，摆放道具布景等。其他道具有：高分子电控调光膜、可推拉桌子3张、液氮、开水、普通纸杯、喷过聚脲的纸杯、普通雨伞、涂过聚脲的雨伞、自由树脂等。

（二）服装

白大褂三件。

（三）场地

此实验表演在实验室内展开，以做实验的形式展现，场地选择实验室、舞台均可，以有灯光、大屏背景的剧场为佳。

四、活动过程

活动过程根据剧场需求分为两种。

（一）在观众初入场时组织观看

工作人员组织观众有序进入剧场后，循环播放场馆内的注意事项、科学活动时间等（5分钟左右），待观众入座后，科技辅导员进行表演（8分钟）。

（二）在其他节目前后观看

观众于现场就座，科技辅导员进行注意事项的讲解，并提出科普问题进行节目导入（2分钟）。科技辅导员进行表演（8分钟）。

五、剧本

［人物］ 三名实验员。

[道具] 一个实验台，上面摆有各种实验器皿。

（空无一人的实验室内，梦梦走进来）

梦梦：师兄师兄，你在吗？

大师兄：师妹师妹，我在呢。

梦梦寻找大师兄，却不见踪影。

（这时毕毕走进实验室）

毕毕：师兄，你在哪呢？

大师兄：你怎么也来了？

（这时，大师兄按下调光膜的开关，出现在两人的背后）

（梦梦、毕毕两个人吓了一跳）

梦梦：咦，你在这儿呀，可是刚刚这也不是透明的呀！

毕毕：是呀，这个是什么材质的，这么神奇？

大师兄：这个是我装修新房用的电控调光膜。

毕毕：哦？可以用电来控制？

大师兄：哈哈哈，这可是科技的结晶呀！断电时，里面的液晶分子会不规则地散布，呈现透光而不透明的状态；当通电之后，液晶分子就会井然有序地排列，就瞬间透明啦！

梦梦：哇！这么说来，这东西可是同时兼具了采光和遮蔽的功能呀！

毕毕：欸，不对呀，分子还分高低吗？

大师兄：你问到点子上了，像这一类的新型材料，我们称之为高分子材料。想要认识高分子材料呢，我们得先知道一个专业名词，叫相对分子质量！

梦梦：什么是相对分子质量呀？

大师兄：哈哈哈，这你就不懂了吧！例如氢原子的质量是1，氢分子的质量就是2，普通的化合物啊，我想来想去最多也不过1000，而高分子化合物的相对分子质量最高可以达到104万至106万。

梦梦：106万！这么大呀，可是，相对分子质量大了，做成材料又有什么特别的呢？

大师兄：你们可别小看高分子材料，它们具有良好的耐热和耐腐蚀的性能，而且还具有可塑性和高弹性。尤其是这高弹性，更是高分子化合物所独有的。

毕毕：师兄，听了你的介绍，我也知道一种很厉害的高分子材料。

（随手拿起桌上的一次性纸杯子）

梦梦：纸杯！这有什么稀奇的呀？我这也有两个纸杯，你来说说你的纸杯有什么厉害的！

毕毕：我这个纸杯最大的特点就是踩不碎！

梦梦：踩不碎？这怎么可能！我来试试。

（梦梦踩到纸杯上）

梦梦：你看，我就说不可能吧。

毕毕：现在让你看看我的。

（毕毕站到纸杯上，众人惊叹）

梦梦：这……我的……你的……这怎么可能啊？

毕毕：这是因为我事先在纸杯里面涂了一种神奇的物质，叫作聚脲。

大师兄：那你就来给我们介绍一下聚脲吧！

毕毕：好嘞！聚脲是一种高分子化合物，不仅耐磨、防水，还耐高温、防腐蚀呢！它无毒、无污染，在户外使用可长达10～20年。偷偷告诉你们，前些日子我家隔壁做防漏，就是涂的这个！

（展示聚脲涂料）

大师兄：不过你说的这些只是聚脲的基本特性，接下来让你们看看聚脲的"隐藏功能"。

毕毕：还有我不知道的隐藏功能？（激动）

大师兄：来，我们先来看看这把伞。

毕毕：这个黑色的部分是涂了聚脲吗？

大师兄：没错，现在你在涂有聚脲的和没有涂聚脲的位置分别扎个洞，让我们来看一下有什么不一样！

大师兄：梦梦，你来倒水。

梦梦、毕毕：好的！

（毕毕用锥子在雨伞上扎洞）

大师兄：大家仔细看好哦。

梦梦：欸？你们看！涂有聚脲的位置流出来的水流慢慢变小了。

毕毕：原来聚脲还有"自愈"的功能啊！

大师兄：并不是聚脲有自愈的功能，记得刚刚说过的高弹性吗？聚脲受到外力导致形状改变后，受损的部分并没有完全复原，创伤还在，只是慢慢地变小了。利用这样的特性，聚脲还能运用在核电站的防护和战士的防弹头盔的制作上！

毕毕：原来高分子材料这么厉害啊！

梦梦：师兄师兄，我也知道一种很厉害的高分子材料，看，就是这个。

（梦梦拿出一种颗粒物质）

毕毕：这个颗粒也是高分子材料？

梦梦：没错，这个颗粒也是一种高分子材料，它叫热塑性树脂，又叫自由树脂，属于塑料的一种，就是利用了师兄刚刚说的，可以改变形态——是通过刚刚倒入的热水的温度改变了它的形态。大家看，它现在已经变透明了，接下来我可以将它进行塑形。它是一种可以重复利用的材料。

大师兄：这可真是个好东西呀，要知道塑料制品想要自然分解，需要花上百年的时间！有了这种可重复利用的材料，对保护环境可是大有帮助呀！

梦梦：没错！而且，这种材料冷却之后的强度及韧性都非常高呢！现在我已经塑形完成了，接下来，我们就将它进行冷却吧。

大师兄：欸！正好，我刚才发现实验室有一桶液氮，你说巧不巧。

梦梦：太好了！

毕毕：师兄，你说梦梦的实验能成功吗？

大师兄：这个实验在我们之前的实验中是有一定的失败概率的，但是就像获得诺贝尔医学奖的屠呦呦先生一样，她经历了380多次实验的失败才发现了青蒿素，可我们能说之前的那么多次实验都是毫无用处的吗？（不能）所以啊，就算梦梦的实验失败了，但她的这种科学精神也同样值得我们鼓励和学习！

梦梦：来看，神奇的钩子已经做好啦。师兄，拿去给大家展示一下吧！

毕毕：这个白色颗粒真神奇啊，这么短的时间就做出了这样的钩子，但是它有什么用途呢？

（梦梦趁人不注意，将水桶挂在钩子上）

毕毕：呀，能承重，只不过这才2千克嘛！还能不能再加点？

（加重量，至5千克）

毕毕：哇，它竟然可以承受这么大重量啊，我真是小瞧它了。

梦梦：当然了，这就是科技的力量嘛！其实啊，它还可以承受更大的重量，就留给大家去探索吧！

毕毕：高分子材料这么神奇，就只有这些吗？

大师兄：今天我们说到的这些只是高分子材料大家庭中的冰山一角，高分子材料早已遍布我们的生活，我们的衣（衣服）食（饭盒）住（砖头）行（轮胎），都能看到高分子材料的身影。未来，高分子材料将会朝着更高更远的方向发展。其实，我手里还有一种高分子材料也很有意思，下次再给你们详细介绍，科技需要我们不断地去探索，朋友们，我们下届大赛再见！

（剧终）

图3-32　科学实验《高分子聚场》现场演示

六、团队介绍

吕宪杰：主创，辽宁省科学技术馆工会主席。
冯　琳：编剧，辽宁省科学技术馆科学教育部部长。
周宇新：导演，辽宁省科学技术馆科学教育部业务主任。
任　孟：演员，辽宁省科学技术馆科学教育部科技辅导员。
蒋中田：演员，辽宁省科学技术馆科学教育部科技辅导员。
毕绍楠：演员，辽宁省科学技术馆科学教育部科技辅导员。
栗铭阳：场务，辽宁省科学技术馆科学教育部科技辅导员。

七、创新与思考

　　这一届科学实验赛的共同特点是实验原理鲜明，剧情有所创新，在活泼的氛围里感受科学实验带来的魅力。除了人物形象、人物关系，还有更多的互动环节。整体内容更偏重于简单的实验，但效果很明显，使科学实验更具互动性和趣味性。科学实验节目《高分子聚场》虽然体现了鲜明的形象，并紧扣环保主题，创新性较强，但可能正是因为这一点，大众对此的认知度不高，因此缺少了一定的共鸣。所以，我认为在创新和探究的道路上还需要更加努力。

项目单位：辽宁省科学技术馆
文稿撰写人：任　孟

以柔克刚

一、活动简介

（一）主要内容

《以柔克刚》是武汉科技馆科普剧场 2019 年系列科学实验秀之一。该剧以生活中常见的结构为载体，利用生活中大家习以为常的火柴、棉线、气球和木板，将压力与压强知识运用其中，通过不同形式的自制道具，让平常柔软脆弱的材料也能承受巨大的压力，变得刚强有力，从而直观地将原理巧妙地呈现。丰富的剧情结合欢乐有趣的脱口秀方式，用一系列有趣的实验，寓教于乐，启发小朋友们在日常生活中细观察、勤动手，更加细致地了解我们所处的环境中一些容易被忽视的生活细节，从而发现其中所蕴含的科学理论知识。

（二）活动对象及规模

武汉科技馆科学实验秀目标观众为 6~12 岁的儿童，每逢周末和节假日演出，每天上午进行演出，每场 60 名儿童观看科学实验秀的表演，现场参与每个实验环节。

（三）表现形式

本剧时长为 8 分钟，以剧情串联科学实验，剧情内容以脱口秀的方式呈现。活动内容旨在引导孩子们在观看实验环节的过程中，学习力学方面的基本科学知识，见识结构的妙用和各种材料的特殊性质。同时，通过相关实验的参与环节，让孩子们学会制作简单的结构，进行初步的实验演示与推理，鼓励家长参与体验，提高教育活动观众的参与度。

利用实验结果，引导孩子们寻找生活中的典型案例，进行知识的拓展和运用。

二、创作思路

（一）活动设计思路

趣味科学实验能将一些枯燥难懂的科学概念、原理与知识巧妙地融入到精心设计的小实验中，这些小实验不仅好玩实用，而且简单易行。围绕日常生活中常见的物体与现象开展趣味科学小实验体验活动，能直观有效地引起孩子们的兴趣，引导孩子们观察生活当中的常见物理现象，启发思考。

（二）活动目标

1. 知识与技能

①首先了解压力与压强关系的基本原理；压力、摩擦力与支撑力在三角结构中的作用，不同结构的承重能力；了解压强与受力面之间的关系。

②通过上述系列实验，学会观察生活中常见的结构和一些特殊结构的性质，进而根据结构的承重能力，思考大型结构体，如桥梁、房屋等建筑的结构特点和内在的科学原理。

2. 过程与方法

①利用三个实验环节，引导孩子们细致观察压力实验过程，了解相关原理知识。

②用现场提问的方式，鼓励孩子们用语言描述现象，并作猜想与预测。

③让孩子们初步掌握各种工具和实验器材的操作方法，学习实验演示过程，培养他们的动手能力。

3. 情感态度与价值观

①从日常生活中探索深奥的科学知识，激发孩子们对各种事物和现象进一步探究的欲望。

②引导小朋友和家长共同参与体验过程，培养团队合作意识和解决问题的能力。

③准确运用所学科学知识，更好地了解相关知识在生活中的运用范围和功能。

三、活动准备

（一）活动场地

武汉科技馆儿童科普剧场。

（二）活动准备

实验器材：火柴（若干）、棉线、矿泉水瓶（带水）、吸管（若干）、胶枪、木板、气球。
基本设施：实验桌、椅子、麦克风、道具服。
活动素材：音频、图片、幻灯片。

（三）人员配备

演员：科技辅导员（2名）。

四、活动过程

具体活动过程设置见表3-12。

表3-12 《以柔克刚》活动过程设置

环节设置	表现形式及展示过程	科学原理总结
演员出场	小柔：逗哏，负责实验部分。 小刚：捧哏，负责接话。 演员以脱口秀的方式进行自我介绍，形成角色和性格特征的对比	—
表演引入实验环节	小柔和小刚进行较量，小刚发起挑战，以矿泉水瓶挂得多的为胜者，进行比赛，引入实验1	—

续表

环节设置	表现形式及展示过程	科学原理总结
实验1：火柴挂矿泉水瓶	演员（小柔）首先将一根火柴平放在桌面边缘，尾端用一个矿泉水瓶压住，在火柴上挂上一根细绳，在细绳底端悬挂一瓶矿泉水。向演员（小刚）展示，展现实验难度后遭到嘲笑。进入实验第二个阶段：小柔在两根棉线的中间横放一根火柴，再将一根火柴的尾部放在横着的火柴中间，头部顶住桌面上火柴的头部，构成一个立体三角结构，随后，移开压在火柴尾端的矿泉水瓶，立体三角结构完整，底部悬挂一个矿泉水瓶保持不动	—
现场提问（配实验示意图）	提问：每瓶矿泉水的重量是多少？火柴的承受能力是多大？最多能挂多少个矿泉水瓶？	—
情节引入和补充实验	小刚对实验现象和结果表示不服，引入对比实验环节。对比实验：小刚食指悬挂矿泉水瓶数量对比立体三角结构悬挂矿泉水瓶数量。	实验现象：立体三角结构，三根火柴能支撑起5瓶矿泉水的重量
互动环节	请现场小朋友上台，在立体三角结构上增加矿泉水瓶的数量，挑战承重能力	实验原理解释：三根火柴组成一个相互支撑的结构，压力、摩擦力与支撑力三者平衡
实验2：吸管桥梁	通过举例的方式引入实验2。演员（小柔）向观众展示：1根吸管、1个木块和3个用吸管做成的方形结构，分别为横梁结构、横竖间隔结构和斜梁结构。通过向结构上依次摆放一定重量的木块，比较各结构的承重能力，进行吸管桥梁承重能力实验	—
现场提问（配实验示意图）	演员（小刚）提问："放的木块更多了，也就是承重能力更强了，为什么？"	实验现象：斜梁结构能承受更大的压力
互动环节	邀请小朋友来尝试，请小朋友将木块一个一个地均匀摆放在各种方形结构上，对比承重重量	实验原理解释：斜梁结构将矩形分成了四个三角形，具有更好的稳定性，能承受更大的重量。木质房屋的主梁就是三角结构

续表

环节设置	表现形式及展示过程	科学原理总结
情节引入和补充实验	通过举例的方式引入补充实验3。 演员（小柔）用针戳气球，气球爆炸，解释压强与受力面积的关系	—
实验3："我能站立在气球上！"	演员（小柔）借助木板，将木板放在气球上，邀请演员（小刚）先坐在椅子上，把脚放在木板上，然后慢慢地站起来	实验现象： 将木板放在气球上，人站在木板上，气球不会破
互动环节	邀请现场小朋友的家长，进行实验体验	实验原理解释： 将力均匀分布，增大受力面积，减小压强，即减小单位面积的压力

图3-33　科学实验《以柔克刚》现场演示

五、团队介绍

该项目团队成员为 4 名来自武汉科技馆展览教育部的表演骨干，业务专长涵盖科普教育、科学表演、展示设计及教育活动开发与实施专业领域，具体人员如下。

赵　英：参赛成员（饰小刚），武汉科技馆科技教员。

宋　妍：参赛成员（饰小柔），武汉科技馆科技教员。

杨　遍：培训团队成员，武汉科技馆科技教员，科普教育专业，武汉科技馆科普剧剧组组长，从事科普实验和科普剧创作、剧目编导及培训工作。

汪　红：培训团队成员，武汉科技馆科技教员，艺术设计专业，武汉科技馆科普剧剧组副组长，从事科普实验和科普剧后期制作、舞美、宣传及相关赛事的演出工作。

六、创新与思考

武汉科技馆新馆开放之后，科普教育活动逐步参与各类全国性的赛事，科技辅导员作为演员，以不一样的身份传播科学知识。2017 年，《气球历险记》作为武汉科技馆科学实验首秀，亮相第五届全国辅导员大赛南部赛区。2019 年，《以柔克刚》参加了第六届全国科技辅导员大赛，在全国性的大赛中，与各大科技馆同行同场竞技，科技辅导员的技能水平和专业水平得到逐步提高。特别是在 2019 年第六届全国科技辅导员大赛中，作为科普教育活动的实施者，对于场馆日常科普活动的开展、科学实验秀与科普剧的开发和创作活动有了很大收获，对当前教育活动的发展水平与自身局限性做了总结与反思。

针对科普教育活动的准备工作，特别是类似于科学实验秀这类的教育活动，在工作开展的前期，要对科技辅导员的穿着、精神面貌的展现、普通话水平以及道具使用的熟练程度等进行考核。在活动开展的整个过程中，要对剧目演出时长、互动时长、探索过程时长进行精确地把握，在处理现场突发情况方面，要提高辅导员的应急处理能力；在活动结束阶段，能及时反思总结教育活动的不足，并积极完善和改进；要关注观众反馈，接受观众的意见和建议；要细致关注受众长时间的学习效果等。

进一步提升科学实验秀这类教育活动的开展水平，应对不同的教育活动内容和开展形式进行评估。目前，国内尚未形成统一的科普教育活动评估体系，针对不同类型的科普活动，构建系统科学的评估体系显得尤为重要。评估是衡量科学教育活动效果的主要方式，也是改进科学教育活动的主要依据。在评估过程中发现活动的优、缺点，从而检验活动开展的有效性与实效性，健全活动设计体系与开展环节，这项工作极具意义。在日后各大科技场馆与科普教育领域进行的交流学习中，应当给予重视。

项目单位：武汉科学技术馆
文稿撰写人：汪　红

不离不弃的力

一、活动简介

（一）主要内容

《不离不弃的力》是一个大型科学情景实验秀，由两位老师同台以表演的形式在实验中运用购物小车、二氧化碳气瓶、座椅、风机、滑板、水箱装置和液氮向大家展示作用力与反作用力的原理和其在生活中的运用。利用寓教于乐的方式让小朋友们学习到身边的科学小常识。

（二）表现形式

科学表演秀。

（三）主要创意点

利用"飞天"视频引出主题，以角色扮演的表演形式和小实验穿插的方式让台下的观众了解到力的作用是相互的，科普作用力与反作用力的科学原理。

二、创作思路

（一）活动目标

1. 知识与技能

①知道力的作用是相互的，了解作用力与反作用的知识。

②运用模拟火箭装置简单了解现代火箭的飞天过程。

2. 过程与方法

①通过实验和表演的形式，结合视频引导学生们学习作用力与反作用力的知识，列举作用力与反作用力在生活中应用的实例，让学生们更深刻地理解"不离不弃的力"。

②通过模拟火箭发射装置，结合视频演示，让学生们简单直接地了解火箭飞天过程中蕴含的力学知识。

3. 情感、态度与价值观

①全面发展学生的科学素养、知识技能、情感态度与价值观的和谐统一。

②全面培养学生的科学探究能力、良好的操作习惯、不怕困难以及热爱科学等方面的科学素养。

③在观察和实验中充分发挥学生的各种感官功能，调动学生探究科学知识的积极性，激发学生对科学的热爱。

（二）活动设计思路

1. 设计意图

通过科学实验表演的形式培养学生热爱科学的良好习惯，调动学生在生活中发现科学并动手操作实验的积极性，激发学生的情感动机。

2. 教学策略

科学学习要以探究为核心。探究既是科学学习的目的，又是科学学习的方式，亲身经历以探究为主的学习活动是学生学习的主要途径。学生是科学学习的主体，教学时要体现出教师是学生探究活动的组织者、参与者和引导者，做到学生才是研究活动的真正主题。教会学生正确的实验方法，体验通过实验挖掘科学的乐趣。

（三）活动重点

①了解作用力与反作用力的知识与特点。

②拓展作用力与反作用力在生活中的应用。

（四）活动难点

①激发学生自我思考的能力。

②引导学生动手操作模拟火箭发射实验。

三、活动准备

（一）相关场地

开阔场地。

（二）设备

耳麦、大屏、电脑。

（三）材料

购物小车、气球、二氧化碳气瓶、旋转座椅、风机、滑板、水箱装置、液氮。

四、活动过程

（一）创设情景

老师乘坐装有二氧化碳气瓶的反冲小车入场，大屏开始播放"飞天"视频，视频结束后老师提出问题：火箭是如何飞入宇宙苍穹的？

（二）主题导入

今天让我们通过几个小实验和小游戏探究"飞天"中蕴含的科学原理，并拓展其原理在生活中的应用。

（三）表演形式

创设情境，通过两位老师扮演师生在科学课上做实验来带领台下观众了解作用力与反作用力的科学原理。

（四）表演过程

①老师入场自我介绍，通过大屏播放的"飞天"视频引出主题。

②学生驾驶喷气小车入场并询问老师喷气小车的运动原理。

③老师带领学生观看大屏播放的"墨鱼逃生"视频并提出问题："墨鱼逃生的方向与喷墨的方向有什么关系？"学生通过自我思考并借助气球实验得到答案："它们的方向是相反的。"并引出作用力与反作用力的科学原理。

④老师引导学生解答喷气小车的运动原理："气瓶中的气体快速喷出，这股气体会对气瓶产生作用力，正是这股作用力推着小车朝着与喷气相反的方向运动了。"

⑤老师借助旋转座椅和风机做一个小实验，通过实验现象阐述其蕴含的科学原理："由于座椅中间有一个固定点为圆心，可做旋转运动，当风机一前一后吹风的时候就形成了作用力，正是这股风给风机施加了相同的反作用力，所以学生就会在座椅上快速旋转起来。"

⑥老师通过大屏播放的"灌溉系统"视频向学生科普旋转的作用力与反作用力在生活中的应用。

⑦老师利用滑板实验让学生明白作用力与反作用力在日常生活中是无处不在的。

⑧老师指导学生操作模拟火箭发射的实验，展示火箭发射的运动现象并科普其蕴含的力学知识。

⑨老师引导学生进行总结："今天学到了不离不弃的力，它们就是作用力与反作用力，

图 3-34　科学实验《不离不弃的力》现场演示

它们的大小相同、方向相反，还学习到它们在生活中的种种应用，大到火箭装置，小到灌溉系统。"

⑩老师简单地向学生拓展讲述我国力学的发展征程，激发学生们的爱国情怀。

五、团队介绍

杜雨杨：2019年5月1日入职甘肃科技馆，现任甘肃科技馆展教部科技讲解员并兼任展教二组副组长。2019年8月参加第六届全国科技馆辅导员大赛甘肃分赛，凭借《不离不弃的力》荣获甘肃分赛区科学表演赛一等奖；2019年9月参加2019年全国科学实验展演会演活动，凭借《不离不弃的力》荣获二等奖；2019年11月参加第六届全国科技馆辅导员大赛全国总决赛，凭借《不离不弃的力》荣获科学表演赛三等奖；2020年8月参加2020年全国科普讲解大赛预选赛暨甘肃省第五届科普讲解大赛总决赛，荣获优秀奖。

雷雨：2019年5月1日入职甘肃科技馆，现任甘肃科技馆展教部科技讲解员。2019年8月参加第六届全国科技馆辅导员大赛甘肃分赛，凭借《不离不弃的力》荣获甘肃分赛区科学表演赛一等奖；2019年9月参加2019年全国科学实验展演会演活动，凭借《不离不弃的力》荣获二等奖；2019年11月参加第六届全国科技馆辅导员大赛全国总决赛，凭借《不离不弃的力》荣获科学表演赛三等奖。

赵彦钧：2019年5月1日入职甘肃科技馆，现任甘肃科技馆展教部科技讲解员。2019年8月参加第六届全国科技馆辅导员大赛甘肃分赛，凭借《不离不弃的力》荣获甘肃分赛区科学表演赛一等奖；2019年9月参加2019年全国科学实验展演会演活动，凭借《不离不弃的力》荣获二等奖；2019年11月参加第六届全国科技馆辅导员大赛全国总决赛，凭借《不离不弃的力》荣获科学表演赛三等奖。

赵永亮：2019年5月1日入职甘肃科技馆，现任甘肃科技馆科学实践与体验中心科技讲解员，并兼任科学实践与体验中心四层副组长；2019年8月参加第六届全国科技馆辅导员大赛甘肃分赛，凭借《不离不弃的力》荣获甘肃分赛区科学表演赛一等奖；2019年9月参加2019年全国科学实验展演会演活动，凭借《不离不弃的力》荣获二等奖；2019年11月参加第六届全国科技馆辅导员大赛全国总决赛，凭借《不离不弃的力》荣获科学表演赛三等奖；2020年9月参加2020年第十届北京国际电影节"科技单元"暨中国科技馆特效电影展映——"电影中的奇妙定格"定格动画征集活动，荣获优秀奖。

六、创新与思考

（一）经验与体会

通过此次科学表演与实验演示，我们学习到了简单而又实用的知识，更重要的是做实验的过程，以及思考问题的方法，这与做其他实验是通用的，使我们受益匪浅。同时我们也能深深地体会到，科学源于生活。简单的科学道理，我们生活的方方面面都能看得到。科学距离我们一直都不遥远，只是需要我们仔细观察，留意生活中的点点滴滴。不积跬步无以至千里，希望各位大朋友小朋友都能善于观察，留意细节，学以致用，提升自我。

（二）收获与不足

通过这次的表演，我们向大众普及了力学方面的知识点以及作用力与反作用力，并且通过几个简单的小实验进行了验证，可是我们的目标远不止于此，我们希望大众能感觉到，简单的小实验却能传达出大大的科学道理，我们希望大众朋友们能够通过观看表演联想到自己在生活中发现的科学现象，懂得科学就在生活中。不过通过这次科学表演，我们也发现了不足之处，比如在表演时与大众的互动不够，这将是我们在未来表演时需要提升的地方。

（三）问题与建议

在表演的过程中也发现了不少存在的问题，例如：主题内容还有待升华，实验的操作过程需要更加严谨。在以后的作品中，我们将更加严谨、认真，努力提升作品的质量，提升自我能力，为大众带来更加精彩的科学知识盛宴。

项目单位：甘肃科技馆

文稿撰写人：杜雨杨

光路

一、活动简介

本活动通过一系列常见又有趣的光学实验，让公众了解光的传播路径、光的漫反射、镜面反射、丁达尔效应、折射、折射率、全反射以及光与颜色等知识。以演示实验为主要表现形式，主要创意是通过光沿直线传播的实验，证明光沿直线传播的经典实验是小孔成像，但是小孔成像在舞台上的展示效果不佳，我们将此实验换成了用激光照射加入了少量牛奶的水，利用丁达尔效应直观展示光沿直线传播的现象。激光笔射气球的环节让观众了解光与颜色的关系。本活动集合了多个光学知识与现象，观众反响较好。

二、创作思路

（一）活动目标

1. 知识与技能

了解光是沿直线传播的，了解光在一些物体表面可以发生反射，初步了解光的反射规律，知道光的折射现象、折射率、全反射以及光的色散等知识。

2. 过程与方法

通过实验推理得出光的传播路径，验证光的反射、折射与全反射的性质，通过射气球环节推理得出光的色散原理。通过演示实验指导学生观察现象，提升分析、归纳的能力。

3. 情感、态度与价值观

培养学生对物理现象的兴趣，通过对日常光现象的分析，建立热爱科学的态度，密切联系实际，提高将科学技术应用于日常生活和社会的意识。

（二）设计思路

科学上的发明和发现，往往来源于提问和思考，我们为什么能看见这个多姿多彩的世界，是很多孩子也是科学家们曾经思考过的问题，本活动的设计思路来源于对这个问题的思考。旨在通过一系列既常见又有趣的光学现象，引起观众对科学问题的思考。本活动是一个集物理现象、物理概念、物理规律于一身的科普教育实验活动。题目《光路》即光的传播路径，主要想展示光沿直线传播，以及光的反射、折射、全反射等知识。

（三）学情分析

受众以小学、初中阶段的青少年为主。此阶段的青少年对周围的世界充满了极大的好奇心和探究欲望，可以观察到身边细微的事物，对周围的物质世界也有很多疑问和思考，喜欢魔术，具备一定的科学思维，对科学实验表现出浓厚的兴趣。

（四）活动的重点及难点

1．活动重点

光在均匀介质中沿直线传播。针对此教学重点，活动设计在水中加入牛奶，在空气中加入烟，用激光笔照射，直观展现光沿着直线传播，同时引入漫反射及丁达尔现象的概念。

2．活动难点

理解光的折射及全反射。

三、活动准备

活动需要暗场或相对较暗的环境，过程中需要有人控制照明开关。

所需材料包括：玻璃缸（或亚克力材质）2个，小镜子，铁架台，教学量角器，绿色激光笔1支，直尺1把，放大镜1个，牛奶1盒，熏香，火柴，500毫升烧杯2个，玻璃棒，抹布，水桶1个，塑料瓶1个，彩色气球4个，透明气球1个，食用油1升，2000毫升量筒1个，蓝色1600毫瓦激光器1个。

四、活动过程

(一) 主题导入

提出问题,引导观众思考每天太阳升起时能看到什么,以及我们为什么能看到五彩缤纷的世界,导入主题光的传播、反射与折射。

(二) 表现形式及实验

通过让激光穿过滴入了牛奶的水以及放了烟的玻璃缸:让观众直观看出光的传播路径。

通过用玻璃棒变魔术的环节让观众了解光的折射与折射率的概念。通过让激光照射弯折的水流以及量筒中的水,让观众了解光的全反射,通过激光射气球的环节让公众了解光遇到透明物体与不透明物体的区别,以及光与不透明物体颜色之间的关系,同时感

图 3-35 科学实验《光路》现场演示

受科学探索过程中的大胆假设、反复验证、务实求真以及不懈坚持的科学家精神。

（三）应用拓展

介绍光的全反射相关原理在生产生活中的应用，延伸观众认知，让观众了解光纤的原理及用途。

五、剧本

毛毛老师：各位五年级的同学，你们好，我是科技馆的毛毛老师。

小米粒：我是毛毛老师的助手小米粒。毛毛老师，您今天要给同学们带来什么有趣的实验呢？

毛毛老师：欸，小米粒，在做实验之前，我问你，每天当太阳升起的时候，你能看到什么呢？

小米粒：那还用说，当然是五彩缤纷的世界了。

毛毛老师：那为什么你能看到五彩缤纷的世界呢？

小米粒：太简单了，因为有太阳光啊。

毛毛老师：嗨！和没说也差不多。今天我给大家带来的实验就是有关光的反射和折射现象。

小米粒：好的，那就快开始吧！

毛毛老师：咱们先来看看光是怎样传播的，常见的均匀介质包括水、空气、玻璃等，我在水中加入了几滴牛奶，在空气中加入了烟，我用激光照射，你看……

小米粒：和我的尺子一样直，这是不是说明光是沿着直线传播的啊？

毛毛老师：对，不过，还不严谨，光是沿着直线传播的，但是条件是在均匀的介质中。

小米粒：可是为什么要滴牛奶，加烟呢？

毛毛老师：那是为了让你和观众们看到光路啊，这就是传说中的丁达尔现象。你看，我用这支激光笔照射空气，你还能看到光路吗？

小米粒：看不到了。

毛毛老师：你之所以能看到五彩缤纷的世界，是因为漫反射。

小米粒：什么是漫反射呀？

毛毛老师：很多物体，如墙壁、衣服等，表面看起来似乎是平滑的，但用放大镜仔细观察，就会看到其实是凹凸不平的，光被这些物质反射后，杂乱无章地射向不同的方向就叫作漫反射。如果没有漫反射，我们就看不到物体了，我用凹凸不平的铁片给你做个模拟漫反射的实验，你一看就懂了。

小米粒：除了漫反射，还有什么反射呢？

毛毛老师：还有一种反射你也一定见过，就是镜面反射。我们把一个量角器和一块镜子放进刚才滴了牛奶的水中。当我以一个角度照射镜子的时候，看看出现了什么？

小米粒：哇，出现了另一条光线，而且和你照射的光线是左右对称的。

毛毛老师：嗯，总结得不错。

小米粒：既然您夸我总结得不错，那就奖励我一下呗！

毛毛老师：那我教你表演一个和光有关的魔术吧，你看这是什么？

小米粒：玻璃棒啊。

毛毛老师：看我不费力地把它折断。（假装折断玻璃棒）

小米粒：看起来的确像是折断了，但是这也太平常了。不算魔术！

毛毛老师：那我让玻璃棒消失算不算魔术？

小米粒：那当然算，您快教我怎么做。

毛毛老师：还是这根玻璃棒，你来给它加点油。（拿出来用毛巾擦干，放入另一个空杯子里，将油倒入杯中，玻璃棒消失了）

小米粒：哇，玻璃棒还真的看不见了，快给我讲讲，这究竟是为什么呀？

毛毛老师：这就说到了光的折射。光在不同介质中的传播速度不同。比如光在空气中传播得非常快，而到水中就会变得很慢。神奇的大自然要让光走得更快些，聪明的光就选择了一条用时最短的路径。所以光从一种介质进入另一种介质，便会发生折射。

小米粒：我明白了，玻璃棒在水中看起来折断了就是因为光的折射。可是玻璃棒在油里为什么会消失呢？

毛毛老师：光在真空中的传播速度和在某种介质中的传播速度之比就是折射率，油的折射率和玻璃十分相近，因此光在玻璃棒和油的界面不发生反射和折射，显得浑然一体。玻璃棒就隐形了。

小米粒：光的世界还真是神奇又有趣，还有没有关于光的实验，让我开开眼界？

毛毛老师：好，那我让你看看弯曲的光线。

小米粒：啊，弯曲的光线？

毛毛老师：我把塑料瓶扎个孔，装上水，用激光从另一侧照射小孔，你看光是不是会随着水流发生弯曲？

小米粒：是呀，不过刚才咱们还说光沿直线传播，这不是矛盾了吗？

毛毛老师：真的矛盾吗？我们用量筒代替水流放大来看一看究竟是怎么回事。

小米粒：这回我看清楚了，原来是光发生了来回反射。

毛毛老师：是的，这就是光的全反射。现代通信的主要支柱光纤就是利用光的全反射性质发明的。

小米粒：这个全反射应用我给点赞。毛毛老师，您为了烘托气氛还准备了这么多气球啊？（配乐）

毛毛老师：这些气球可不仅是为了烘托气氛，我还要用它给你出个难题。

小米粒：什么难题？

毛毛老师：如果我在气球里插一根火柴，我要用激光把气球里的火柴点燃，但是气球不爆，你觉得可能吗？

小米粒：不可能，激光的威力我可知道。

毛毛老师：让我们用实验验证一下你的猜测，来，戴好护目镜。

小米粒：哇，火柴被点着啦，不过气球……（气球居然没有爆）

毛毛老师：有趣吧，（如果气球爆炸的话，并不是激光射爆的，而是被火焰烧爆的）这边还有几个彩色的气球，你觉得它们会被激光射爆吗？

小米粒：我猜不会。

毛毛老师：好，那我们试试红色的气球怎么样，还有黄色的、绿色的、蓝色的。

小米粒：天哪，透明的气球不爆，红色、黄色、绿色的气球会爆，而蓝色的又不爆，这是为什么呢？

毛毛老师：你有没有注意到我射气球用的是什么颜色的激光？

小米粒：蓝色的啊。

毛毛老师：那好，这个问题就留给你和台下的同学们去思考吧。

毛毛老师和小米粒：谢谢大家！

（剧终）

活动创意来自对"天为什么是蓝色的"这个问题的思考，这个问题曾经多年萦绕在作者的脑海中，直到成为了一名科普辅导员，才知道了答案，所以希望能把关于光与颜色的科普知识让青少年更多地去了解和思考，故创作了此活动案例。

六、团队简介

毛彦芳：内蒙古科技馆展教部副部长，2009年来到科技馆工作，热爱科普事业，曾获得内蒙古科技馆第五届科学实验展演会演三等奖，第六届全国科技馆辅导员大赛科学实验三等奖，第五届全国科学教育项目展评二等奖。

孙　鹤：内蒙古科技馆展教部辅导员，曾获得内蒙古科技馆第五届科学实验展演会演三等奖。

七、创新与思考

（一）活动经验

创作出一个优秀的科学实验作品需要团队共同的努力，除了台前表演的人员外，灯光、音乐、幻灯片的配合都至关重要。舞台表演建议使用较大的容器、光线强的激光笔，方便后排的观众观看，食用油建议使用颜色较浅的大豆油或玉米油，不建议使用颜色较深的菜籽油及亚麻籽油。活动过程中把握节奏，多加互动，给观众一些时间进行思考及猜测，使观众更容易投入实验过程，为了观察效果更好以及更快速准确地点燃透明气球中的火柴，建议在用激光照射时关闭场灯及面灯。

（二）活动体会

在创作并实施活动的过程中体会到了台上1分钟台下10年功的艰辛，准备道具，千万次台词动作的打磨更让我们体会到表演人员的不易，体会到基本功需要日积月累进行锤炼，不是一朝一夕就可以做到的。

（三）活动收获

我们在设计活动时查阅了大量资料，使得对于光学方面的基础知识掌握得更加扎实，通过不断地打磨，也提升了自身的舞台表现能力，增强了心理素质。在专家及同事、同行的各种点评中找到了自己的不足之处，和搭档在活动中建立起了深厚的友谊，结识了很多优秀的同行，学到了很多好的经验。

（四）活动不足

剧本编排缺乏新意，依然是老师与助手这种传统的形式，活动内容趣味性不足，亮点不突出，幻灯片制作较为简单，不够出彩，实验内容比较常规，创新点较少。

（五）活动建议

提早准备，文稿反复推敲，初步形成后为不同观众展示，听取观众意见，根据意见进行修改。找到观众的兴趣点，拓展内容与形式，把一个问题讲清楚、说明白。

项目单位：内蒙古自治区科学技术馆

文稿撰写人：毛彦芳

吹不灭的蜡烛
——附壁效应

一、活动简介

《吹不灭的蜡烛——附壁效应》是由六盘水市科学技术馆表演团队的裴正富、骆玲玲、韩雪三人自编、自导、自演的科学表演实验作品。该作品用平板及折叠板进行实验，探索"在不对称边界条件下，流体（这里主要指气流）往往是偏向于固体一侧流动的。"这一原理，该实验有别于传统演示附壁效应时强调的"凸出表面物体"条件，另辟蹊径地对附壁效应进行了科学演示。

二、创作思路

在实验过程中，一根蜡烛在隔着一个玻璃瓶的情况下，蜡烛与玻璃瓶的距离远近是否会影响实验效果，对于这一点我们团队花了三天时间去研究去测试。两个玻璃瓶前方放置一根蜡烛，但两个玻璃瓶中间预留一个缝隙，针对预留多大的缝隙这个问题，我们不断进行了多种尝试，在这个过程中请了很多人（社区居民、青少年）参与到我们的实验过程中。经过多次实验，最终确定了两个玻璃瓶之间缝隙的大小，让实验得以成功。这组小实验只是《吹不灭的蜡烛——附壁效应》的开篇实验，后来我们团队设计了平板不对称边界条件下的附壁效应实验和彩线模拟气流走势实验，并用专业软件模拟气流走势进行了实验验证，最后还研发出了一个我们自己的展品：风车式附壁效应自制实验展品。

三、活动准备

活动设备如下：实验桌2张，电源，长线插排，圆柱玻璃瓶2个，蜡烛2根，蜡烛座2个，点火器2个，吹风机，折叠板，电脑，彩色细线，风车式附壁效应自制实验展品等。

四、剧本

活动是以《吹不灭的蜡烛》的经典实验为导入，通过系列实验设计以"附壁效应"为主题的科学表演情景剧。本实验剧角色共 3 人，捧哏 1 人，实验员 2 人。剧情中将实验员分别定为实验员 1 和实验员 2。

捧哏：嗨！你们又泡在实验室里，在研究啥？

实验员 1：你来得正好，我们准备玩一个吹蜡烛的游戏。

捧哏：可以呀，怎么玩？

实验员 1：现在我们点燃两根蜡烛，一根放在一个玻璃瓶的正后方，另一根放在两个玻璃瓶缝隙的正后方，注意，两个玻璃瓶中间有一条缝哦，你觉得哪一根蜡烛会被吹灭？

捧哏：这还用说？隔着玻璃瓶肯定吹不灭，有缝隙的肯定能吹灭呀。

实验员 1：难道真的是这样吗？（面对观众），那我们来验证一下。（开始实验）

捧哏：奇怪，隔着玻璃瓶也能吹灭，你那边怎么还没吹灭，你这肺活量不行啊，换我来！（换位置吹蜡烛后）哎呀，缺氧了，脑瓜疼。

实验员 1：看来你这肺活量也不行呀！那我们换个肺活量大的家伙试试？（演示吹风机代替人吹蜡烛）

捧哏：这都吹不灭，什么原因？

实验员 1：让我来给你解释一下，这就是附壁效应。当流体经过凸出的物体时，由于物体表面的摩擦阻力会让流体的两侧产生压力差，使得流体附着于附壁面一侧的压力小于另一侧，流体在压差的作用下向低压侧偏转，因此会达到稳定的附壁流动状态。

实验员 2：所以你隔着玻璃瓶能将蜡烛吹灭是因为气流沿玻璃瓶壁流动向前汇集；而另一种情况是由于气流沿玻璃瓶壁流动而向两侧分散了，因此蜡烛没有熄灭。

捧哏：这看不见摸不着的，你们怎么知道气流一定是附壁流动的呢？

实验员 1：就知道你会有这样的疑问。那我给你做一个看得见摸得着的实验，用彩线模拟气流走势。你看，在吹风机的作用下彩线的方向是竖直向下的。现在我们拿一个玻璃瓶慢慢靠近它，可以看到彩线的方向确实发生了改变，它的确是沿着瓶壁流动的。你再过来看看用软件模拟的气流走势。

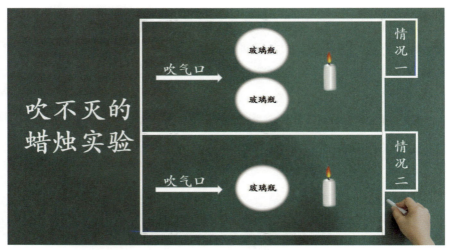

图 3-36 "吹不灭的蜡烛"实验示意图

捧哏：我好像懂了。

实验员 2：你真的懂了吗？我们自己研发了一个新的实验，我来考考你怎么样？

捧哏：请开始你的表演。

实验员 2：这是一个折叠板，现在我们把它放置成一个平板。将一根蜡烛紧贴 B 板一侧，另一根大致放到风源入射的反射角位置，我们在 A 板上制造一个风源，你觉得哪根蜡烛会先熄灭？

捧哏：当然是反射角位置的蜡烛先熄灭呀，因为风会被反弹回来。

实验员 1：好像挺有道理的哟，那咱们试试。

捧哏：试试就试试。（捧哏拿着吹风机进行实验演示）

捧哏：咦？怎么是紧贴平板的蜡烛先熄灭了呢？

实验员 2：待会再告诉你答案，你再来看看这个实验。（实验员 2 开始准备实验）

实验员 2：现在我们将折叠板放置成角度大于 180°，蜡烛紧贴 B 板一侧，这时我们在 A 板上制造一个风源，你说蜡烛会熄灭吗？

捧哏：应该不会吧，难道风还会转弯。

实验员 2：那可不一定哦。

捧哏：试试啊？

实验员2：试试就试试。（捧哏拿着吹风机进行实验演示）

捧哏：这也能被吹灭？什么原因呢？

实验员2：让我来告诉你答案。这是附壁效应的另一种情况，当射流遇到不对称边界条件时，会偏向于固体一侧流动，这就是紧贴平板固体侧蜡烛熄灭的原因，咱们再来看看软件模拟的情况。

捧哏：这次我真的懂了。你们的实验非常有创意，但是有没有想过玩火危险呢？

实验员2：我们早就考虑到了，为了方便在场馆演示，特意研制了一个既有趣又安全的辅导教具。（实验员2、实验员1拿出自制的实验道具）

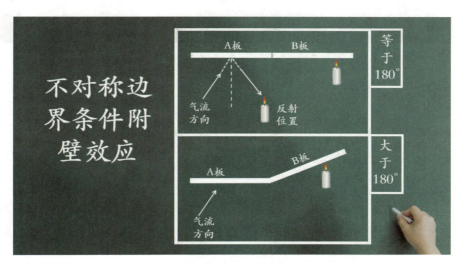

图3-37 "不对称边界条件附壁效应"实验条件示意图

捧哏：这么酷，介绍一下呗！

实验员2：这是一个大圆板，边缘均匀分布着若干个风车，风车与圆板的高度可自由调节。仅制造一个风源如何让所有的风车都同时转动起来呢？

捧哏：那我往圆板中心吹试试。果然都转动起来了。明白了，这也是附壁效应。那我改变风车高度，处于高处的风车就不会转动了吧。

实验员2：哎哟，不错哟！这么快就会举一反三了。

捧哏：那当然了。

图 3-38　科普实验剧《吹不灭的蜡烛——附壁效应》现场演示

实验员 2：是这样吗？

捧哏：选得挺有代表性的嘛。看，处于高处的风车果然没有转动。那附壁效应在生活中很常见吗？

实验员 1：没错！比如飞机，利用附壁效应有意识地诱导气流来提升飞机升力。

实验员 2：还有汽车，通过增加排气管数量，增大附壁面积，可以加速废气排放。

实验员 1、实验员 2：所以，这就是附壁效应。

捧哏（问观众）：你明白了吗？

（剧终）

五、团队介绍

来自六盘水市科学技术馆的三位员工组成了《吹不灭的蜡烛——附壁效应》科普实验剧设计实施小组。针对科学表演赛事，团队成员认真学习专业知识，研读相关论文，设计实验并进行验证，编写科学实验表演剧本。在团队里，有思维灵活的韩雪、能言善辩的骆玲玲，还有善于思考的裴正富。团队集合了每个人的优点共同完成了这一作品，成功将《吹不灭的蜡烛——附壁效应》科普实验剧推上了第六届全国科技馆辅导员大赛总决赛的舞台。

六、创新与思考

从确定附壁效应选题开始，团队便通过查找资料、咨询专家共同探讨研究实验的可行性，探索实验的亮点及创新。在贵州赛区的比赛中，团队修改完善了实验剧的台词，对实验进行了优化设计并融入实验模拟，通过多次试验确保了实验的顺利完成。在探究实验的过程中，团队学到了很多新的知识，掌握了新技能，扩充了知识储备库。在贵州赛区的比赛中荣获省级一等奖，在全国比赛的大舞台上，荣获全国三等奖，这些奖项让我们更加深刻地认识到自己的优点及不足。优点是我们的实验创新点得到了专家们的认可，缺点是我们的舞台经验、表演能力、台词功底都需要得到更多的锻炼。希望以后我们能有更多的作品参加全国赛，与全国优秀的科技馆同仁成为朋友和合作伙伴，感谢主办方给予我们这么广阔的平台，让我们对国赛有了新的认识，找到了新的出发点，团队会继续努力，争取在下一届比赛中交出更优秀的作品。

项目单位：六盘水市科学技术馆

文稿撰写人：裴正富　骆玲玲　韩　雪

快乐乐器

一、活动简介

《快乐乐器》采用了趣味科学实验表演的形式,主要借助身边触手可及的道具表现一些有趣的现象,在激发学生对科学产生兴趣的同时让大家了解声音是如何产生的、声音的响度是如何改变的,以及声音的音调是如何变化的。在道具的选择上,利用了身边随处可见的物品,在实验操作上也尽量做到演示清楚,让学生看一次就能学会,让实验可以在学生中更快更广地传播。

二、创作思路

(一)学情分析

本科学实验主要针对的活动对象以儿童为主,根据《小学科学课程标准》物质科学领域中的学习目标分析,重点面向 3~4 年级的小学生。这个年龄段的学生具有较强的好奇心,对新奇的事物有探索欲和求知欲,同时已经具备了一定的动手能力。本科学实验利用生活中常见的物品,探究声音的产生原因及响度改变的原因,引导学生对生活中的物品进行观察、思考、探索。培养学生的科学思维和勇于探索的科学精神。

(二)设计意图

①促进青少年进行主动性学习。让观众尤其是学生在观看的过程中自觉地走进"剧情",主动地接受科学教育,体现出青少年对知识主动探索和对所学知识主动建构的积

极性，通过寓教于乐的教育形式，把掌握科学知识的主动权交到观众手中，避免了以往常见的"灌输"式、被动式的教育模式。

②有效地将抽象的科学知识具体化、生活化、趣味化，它积极地利用了学生对事物充满好奇、渴望了解新奇事物的心理特点，把书本上、生活中的科学现象、科学原理以及科学知识，通过有趣的实验，利用幽默夸张的舞台表演形式，传授给学生，使学生在观看中满足好奇心，激发求知欲。

③充分体现科学就在身边。用身边的事物进行科学实验，让大家看到了精彩的实验效果。平常的东西，此刻，也变得神奇起来。以此来向观众传达科学就在身边，身边到处都是科学。

（三）教学策略

以演员的生动表演为基础，通过设立简单的剧情，将观众融入演员的角色阵营中，使观众产生一种沉浸感。在轻松活泼的氛围中讲述科学原理，普及科学知识，获得情景教育的效果。

（四）活动的重点及难点

在《快乐乐器》实验表演中，我们通过触手可及的道具，完成了让大家眼前一亮的科学实验。所以在这个过程中，重点是通过简单的道具就可以带领学生进行互动，让同学们在轻松愉快的氛围中了解有关声音的知识点；难点是以老师表演为主，以学生互动为辅，学生的动手能力和探究能力不能得到充分的展示。

三、活动准备

活动道具：吸管2根，剪刀1把，纸筒喇叭1个，铝管1根，长短不一的金属棒1套，松香粉1盒，大理石1块，桌子1张。

四、活动过程

（一）主题导入

通过两位老师的对话直接引入声音的实验主题，引导学生观察实验现象，发现声音是由振动产生的这一科学事实。

（二）表现形式

通过两位老师的相互挑战，带领学生进入实验环节，通过实验让大家观察现象，了解一系列科学原理，如：吸管能发声是由于簧片振动，剪短吸管可以改变吸管的固有频率，从而改变吸管音调高低；普通铝管可以搓出声音是由于摩擦力带动管壁振动，从而带动周围空气振动；长短不一的金属棒由于自身固有频率不同导致音调不同，按顺序排列就可以演奏乐曲等。

（三）科学原理

1. **实验一：现场制作吸管乐器**

科学原理：声音是由振动产生的，簧片的振动可以使吸管发出声音。

2. **实验二：剪短吸管改变音调**

实验原理：剪短吸管使吸管的固有频率发生变化，从而改变音调高低。

3. **实验三：搓铝管**

实验原理：手指沾上松香粉会加大手指与管壁之间的摩擦力，摩擦力带动管子振动，从而带动周围空气振动进而发出声音。摩擦力越大，振幅越大，声音越大。

4. **实验四：《小星星》**

实验原理：金属棒长短不同，所以自身固有频率不同，导致音调不同，按顺序排列好就可以演奏出乐曲了。

五、剧本

老师1：科学无限精彩！

老师2：实验就在身边！

老师1：现场的观众朋友们大家好！

老师2：今天我给朋友们带来一系列有关于声音的科学实验。

老师1：欸，我也将为大家表演声音实验。

老师2：就你，也会表演声音的实验？

老师1：那当然了！

老师2：你身上什么都没有，怎么给大家表演？

老师1：这就不用你担心了，麻烦你先往旁边站一站，再站一站，别影响我表演。

老师2：哼！看你有什么花样。

老师1：接下来我要教大家做一个神奇的乐器。大家请看，这是什么？

老师2：这不就是一个普通的吸管吗？

老师1：对，我可以只用5秒钟就把它改造成乐器。

老师2：5秒钟？我不信，朋友们你们相信吗？

老师1：那不妨我们现在就来试一试。

老师2：那我来帮你计时，你准备好了吗？

老师1：准备好了。

老师2：计时开始：5，4，3，2，1！

老师1：完成。

老师2：这就完成了？

老师1：对，就这么简单，朋友们请看，刚才我用剪刀在吸管的一端剪了2下，就形成了2个可以振动的簧片，那么我们都知道振动可以产生声音，那我的这个乐器会发出怎样的声音呢？

老师2：我也非常好奇。

老师1：我可以告诉大家一个词，就是天籁之声。

老师2：那我还真想听听是什么样的天籁之声。

老师1：可以，注意听。

老师2：啊！太难听了。要求完美的我怎么能忍受这么难听的声音。大家请看，我刚才也准备了一个吸管乐器，接下来我也用5秒钟让大家听到音调的变化。

老师1：你也5秒？那我来帮你计时。5，4，3，2，1！

老师2：怎么样，我厉害吧？

老师1：厉害，厉害什么呀，你这个不过是利用剪短吸管的方法，使吸管的固有频率发生改变，从而达到了改变音调的目的，对吧？

老师2：没错，还真是这么回事。

老师1：你这都不算什么，我可以利用这个剪短的吸管做口技表演呢！

老师2：呦呦呦，你还会做口技表演呢？

老师1：那当然了！

老师2：那我倒想听听是什么样的口技表演。

老师1：好，朋友们注意了。

老师2：欸，这是谁家孩子哭了？

老师1：这哪是孩子哭了，这是我的口技表演。

老师2：哎呦，那还真不错。

老师1：朋友们，我们再来听一听。

老师2：好了，别玩了。朋友们，这是我为吸管乐器制作的神器。

老师1：你这是什么神器啊？

老师2：你别给我弄坏了，我还要给大家表演呢！

老师1：你这是什么神器啊？

老师2：这是我做的超级无敌大喇叭，我的喇叭口对准谁，谁听到的声音就会变大。

老师1：真的假的，敢不敢试一试？

老师2：可以啊，朋友们听好了。

老师1：哎呀呀，听听这个声音确实很大啊。看来你的这个神器制作得确实厉害。

老师2：那当然了。朋友们，他刚才的实验是利用簧片振动发声，这和生活中很多乐器的发声原理是一样的。一定是这样的，哈哈我太聪明了。

老师1：来，你看看能不能让它也发出声音？

老师2：你怎么把装修用的铝管都拿出来了。

老师1：这你别管，就想办法让它发出声音吧。

老师2：这还不简单。看，发声了吧。

图 3-39　科学实验《快乐乐器》现场演示

老师 1：欸，当然不能这么简单了。朋友们，大家有什么办法让它发声吗？不会是扔在地上吧？开个玩笑，其实我有一种神奇的方法能让它发出声音。

老师 2：神奇的方法？

老师 1：我采用的方法就一个字，"搓"。

老师 2：什么什么，搓？

老师 1：对，不过在搓之前我需要在手上沾上些松香粉末，这样会增大手指和管壁间的摩擦力。大家看这个管子是中空的。我的摩擦会带动管壁振动，那么振动就会……

老师 2：我知道我知道，振动就会产生声音。

老师 1：没错，那么它会发出什么样的声音呢？接下来，就让我们一起欣赏一下。

老师 2：有声，不过你这声音也太小了。

老师 1：别急啊，我还没用力呢，如果我增大力气，就会使振幅增大，声音也会随之变大，你听。

老师 2：好了好了，太刺耳了。你就不能发出点好听的声音吗？

老师1：想听好听的声音，没问题啊，不过需要你与我合作一下，可以吗？

老师2：为了让声音更好听，我就勉为其难跟他合作一下吧。（面对观众）

老师1：来了，请看。（拿出道具）

老师2：这又是什么呀？

老师1：我手中是两根长短不同、粗细相同的金属棒。金属棒因为长短不同，所以自身固有频率不同。如果我把它们扔在大理石板上，那么可以发出不同的声音。

老师2：那我们来试一试，先扔长的，再扔短的。这短的金属棒，它的音调要比长的高很多啊。

老师1：完全正确，如果我们按照一定的顺序把不同音阶的金属棒排列起来，就能演奏出非常优美的乐曲啦。

老师2：太好啦，那快点让我们一起为大家演奏吧。

老师1：好，那我们开始啦，大家听出是什么乐曲了吗？

老师2：没错，是《小星星》，让我们继续演奏完吧。

老师1：非常感谢大家，我们的小星星演奏成功，谢谢！

老师2：今天我们利用触手可及的道具进行实验就是为了让科普内容更容易被模仿和传播。

老师1：我们希望科普可以变简单，科学就在你身边。这样就可以让科学内容传播得更广，更远。

老师2：科学无限精彩。

老师1：实验就在身边。

合：朋友们，再见啦！

（剧终）

六、团队介绍

周静、赵成龙是本实验的表演人员，曾代表吉林省科技馆参加了2016年"丝绸之路"科学节、2016年科学大咖秀、第六届全国科学表演大赛、第六届全国科技辅导员大赛，具有丰富的舞台表演经验，在活动中会根据观众的需求不断创新，力争为广大观众提供最优质的科普服务。安美齐、张茹琛是本实验的主创人员，他们扎实的理论基础和丰富的教育活动、科学实验研发经验，为实验的创作奠定了较为坚实的基础。这是一个善于思考、善于学习，有激情、有创新力的团队。

七、创新与思考

《快乐乐器》在场地、人员、道具方面均不受限制，可以在舞台、展厅、操场、教室等地随时开展，可由一人表演完成，也可由两人配合表演。本实验从学生的兴趣爱好出发，引导学生发现身边的科学，培养学生的动手动脑能力和科学的思维方式。在参加比赛与各馆同仁交流学习的过程中也发现了自身存在的问题，例如《快乐乐器》在实验过程中以老师表演为主、学生互动为辅，学生没有足够的思考、动手时间，影响了学生创新意识的形成。

项目单位：吉林省科技馆

文稿撰写人：周　静　赵成龙

调皮的小方块

一、活动简介

《调皮的小方块》是第二型超导体的磁悬浮实验,实验中展示了超导磁悬浮的抗磁性,是磁通量量子化状态下的超导磁悬浮。

二、创作思路

超导磁悬浮的展品在很多科技馆都有,但是展示的都是超导体的迈斯纳效应,第二型超导体在一定条件下磁通量量子化状态的展品或者实验在科技馆从未出现过。《调皮的小方块》科学实验从超导体的迈斯纳效应现象的实验递进到了磁通量量子化状态的实验。

三、活动准备

道具:低温液氮 150 毫升,第二型超导块 2 块,圆形强磁铁 1 块,强磁铁铺成的正方形磁铁盘 1 个,强磁铁铺成的圆形轨道 1 条,强磁铁铺成的莫比乌斯带 1 条。

四、活动过程

(一)导入

通过对话引出实验内容超导磁悬浮(人物:墨子老师、小蚊子)。

墨子老师：同学们好，我是墨子老师，欢迎来到梦想实验室，我们实验室的口号是："只有想不到，没有做不到！"

小蚊子："没有做不到！"

墨子老师：小蚊子，你不是回老家了吗？

小蚊子：我坐的是高铁，太快了，每小时 300 千米，不仅乘坐舒适，还为我节省了好多时间呢。

墨子老师：这算什么，超导磁悬浮列车的时速可以超过 600 千米，列车悬浮在轨道上，完全是一个低空飞行器。而且我们今天的实验就是超导磁悬浮。

（二）表现形式及实验

梦想实验的小课堂作为此次实验的场景，墨子老师带领小蚊子做实验。

1. 迈斯纳效应

小蚊子将超导块浸入液氮中，之后将其放在磁铁上方。

这就是超导磁悬浮。超导是 1911 年荷兰科学家昂内斯在测量低温下水银电阻率的时候发现的，当温度降到 −269℃附近时，水银的电阻消失了，成为超导体。发生超导磁悬浮的原因一是零电阻效应；二是超导体具有完全抗磁性——将磁铁靠近超导体，磁感应线将从超导体中排出，不能通过超导体，这种现象称为抗磁性。

2. 磁通量量子化

将超导块重新放回液氮中，之后取出来，放在磁铁上，轻轻按压一下。

当施加在第二型超导体的磁场小于临界磁场 H_{c_1} 时，由于迈斯纳效应，超导体内没有磁通，超导体会有超抗磁性，此情形下的磁学性质和第一类超导体相同。但若外加磁场大于另一个临界值 H_{c_2}，则超导体内会有离散的磁通量。

3. 超导块沿着垂直磁感应线的方向运动

①将浸过液氮的超导块轻轻地按在圆形磁铁的下方，然后给超导块一个初速度。超导块的运动方向刚好是垂直磁感线的方向，所以给它一个初速度，他就能一直沿着这个方向运动下去。

②超导块沿着圆形磁铁轨道下方循环运动。

③超导块在磁铁制成的莫比乌斯带上循环运动。

第一个实验为我们展示了超导磁悬浮的基本状态。接下来的实验展示了超导磁悬浮不是普通的悬浮，而是一种"锁定状态"，同时给它一个初速度，超导体就能沿着垂直磁感线的方向运动下去。

超导磁悬浮列车，我国现在实验室的速度可达到每小时1200千米。

图 3-40　科学实验《调皮的小方块》现场演示

五、团队介绍

张小敏、许雯、廖云龙、谷洁、张艺蕴为主创人员；许雯、张小敏为参赛选手，表演人员。

六、创新与思考

《调皮的小方块》共包含五个小实验，一个比一个精彩。莫比乌斯带磁铁轨道实验效果比较明显，圆形磁铁轨道实验只能近距离观察到效果，在舞台上的展示效果不理想，舞台表演需要进一步改进。

项目单位：云南省科学技术馆

文稿撰写人：张小敏

熠熠生辉

一、活动简介

（一）活动主要内容

光作为一种能量与我们的生活息息相关。科学表演《熠熠生辉》分别通过铅笔芯通电产生热量发光、特斯拉线圈产生高压电发光、荧光材料化学发光等实验，演示了热能、电能、化学能都可以转换为光能，让学生了解不同的发光方式。

（二）表现形式

实验表演。

（三）主要创意点

通过丰富、创新的表现方式，例如笔芯发光、荧光摩天轮等，给学生带来新鲜的视觉感受，将热能发光、电致发光、化学发光串联在一起，让学生了解发光方式的多种多样，通过实验传达给学生科学家的发现与发明都来自他们的大胆假设以及数不尽的科学实践，并总结出"实践出真知"的科学真理。

二、创作思路

（一）活动目标

1. 知识与技能

了解热能、电能、化学能转换为光能的原理和方法，学习科学过程技能，培养良好的科学探究习惯和态度。当然，获得实验结果并不是唯一的目的，我们应该积极鼓励学生注重"过程"而不在于"结果"。

2．过程与方法

引导学生在学习热能、电能、化学能转换为光能的过程中，对实验现象进行分析，充分发挥学生的主体作用，提高学生在这个过程中的比较、分析、归纳等思维，形成整体概念，理解和归纳相关科学知识规律。

3．态度与价值观

培养学生善于观察发现科学现象的能力，以及分析解决科学问题的能力；引导学生乐于探究实验本身的现实应用；培养他们实事求是、尊重科学自然规律的科学态度。

（二）活动设计思路

通过铅笔芯通电产生热量发光、特斯拉线圈产生高压电发光、荧光材料化学发光等实验，帮助学生了解热能、电能、化学能转换为光能的原理和方法，并能联系实际应用，学习科学过程技能，培养良好的科学探究习惯和态度。

（三）活动的重点及难点

1．活动重点

探究不同的发光方式，通过铅笔芯通电产生热量发光、特斯拉线圈产生高压电使灯管发光、荧光材料化学发光等实验，证明热能、电能、化学能都可以转换为光能。

2．活动难点

使学生在实验过程中更有代入感并能更加直观形象地观察到实验现象，创设趣味情景，循序渐进地提出探究性任务，引导学生探究不同的发光方式。

三、活动准备

设备：追光灯，高压电源，特斯拉线圈，灯管摩天轮，香槟塔。

材料：手电筒，笔芯，烟花棒，白炽灯，灯管，防电手套，荧光粉，脂类物质，双氧水，烧杯，玻璃棒，催化剂，荧光棒。

四、活动过程

（一）主题导入

创设趣味情景，循序渐进地提出探究性任务，通过铅笔芯通电产生热量发光、特斯拉线圈产生高压电使灯管发光、荧光材料化学发光等实验，证明热能、电能、化学能都可以转换为光能。引导学生对其中的科学知识产生深刻的理解和认识。

（二）表现形式及实验

以科学表演的形式呈现科学知识，相关实验包括：铅笔芯通电产生热量发光、特斯拉线圈产生高压电使灯管发光、荧光材料化学发光等。

（三）应用拓展

通过探究不同的发光方式，介绍相关原理在生活中的应用，引导学生把书本知识尽可能地拓展到日常生活中，学会举一反三，闻一知十。

图 3-41 科学实验《熠熠生辉》现场演示

五、团队介绍

表演团队的成员有：杨传青、陈汶、缪炜烜、张丽玲、吴明钦、刘珊珊。

福建省科技馆挑战惊奇科普团队，鼓励和支持多样化的科普教育活动，倡导爱科学、学科学、用科学的教育理念，运用和发挥省科技馆的优质资源，开发了"科学过大节""小茉莉科学工坊""STEAM科学大玩家""挑战惊奇科学秀""酷科一族科学营""茉莉花科学梦"等科学教育品牌系列活动项目，成功开展了数以千计的科学教育活动，走进二十多所中小学，曾多次登上"学习强国"学习平台，团队成员陈汶、缪炜烜、张丽玲在2020年福建省科普大赛中分别斩获一等奖、二等奖、三等奖的好成绩。

六、创新与思考

（一）经验与体会

科学表演是一种用艺术表演的方式诠释科学原理、传播科学知识、弘扬科学精神的表演形式，使学生认为枯燥难懂的知识变得生动有趣并且贴近我们的日常生活。在科普剧创作的时候，除了要保证科学知识的正确性，还要注重科学与艺术的巧妙融合，尽可能地呈现出一场精彩纷呈、妙趣横生的科学表演。

（二）不足与建议

可以探索更多以不同领域的科学现象为切入点，同时又包含前沿科研成果的通俗形象化的实验。实验设计在某种程度上停留在了趣味性上，在科学知识的深入性方面有些欠缺。另外，实验道具稍显烦琐。

项目单位：福建省科技馆

文稿撰写人：杨传青　张丽玲　艾　欣

热啊，热啊，你慢点儿跑
——导热万象新探究

一、活动简介

现代生产生活以"三传一反"为科学理论基础，即动量传递、热量传递、质量传递和化学反应，而热量传递又分为热传导、热辐射、热对流三种基本形式。

热传导与我们日常的衣食住行用关系非常密切：食物存放要用泡沫保鲜盒（泡沫塑料就是布满气体微孔的塑料，所以保热保冷），冷链运输要塞塑料气垫层，衣服、被子里的羽绒和棉花在充盈分离的情况下更保暖，居住场所的双层玻璃和保温墙砖都是为了蓄热蓄冷，这些都是降低介质热导率让热传导速度变慢的实例。而笔记本电脑的散热铜管、烹饪食物的金属器皿、温度传感器等则需要利用导热性好的介质加速热传导。

实验表演计划以两个有趣的生活实例对比和三个导热介质探究类科学实验为主要表现方式，以幽默的语言语境为辅助，重点突出涉点用火的操作以及科学实验中的规范和安全性，涵盖小朋友未来生活能够认知并接触到的导热介质，从微观到宏观，从身边物品到广袤宇宙，激发他们对物理中神奇传热学的探索欲。

二、创作思路

①立意高远，科普强国，科普为民，注重实效。

结合山西作为中华古木建筑之乡（梁思成夫妇，应县木塔，悬空寺，大院文化）而因保护失当代价惨重，生活中楼房火灾事故连年频发造成巨大的生命财产损失等现实背景进行科学教育。

传热学基础实验在现阶段的基础教育及科普场馆活动中缺乏引导，而热传导等换热方式既是少年儿童每天都要接触和用到的科学，又事关能源动力机械设备、微电子半导体材料等前沿核心技术，需要让大家认识到其重要紧迫性，启发创新思路。

②为评委和现场观众营造良好的演播观感。

③不刻意追求好玩和炫酷，但必须在舞台现有条件下尽可能地放大所展示的实验现象，做到让观众看清楚、看明白。人物着装和道具布置整体简洁自然，美观大方，最重要的是能突出实验环节，让观众的目光聚焦到实验上，不喧宾夺主。

④密切联系生活应用，把与大家日常生活息息相关的一些知识穿插好。

⑤在剧本台词方面尽可能地别具一格，独出心裁，实验则展示给少年儿童一种新技术，一种新材料，在解决问题的同时畅想未来。

三、活动准备

场地设备：演示大屏，耳麦音响若干，长桌一组，尽量空旷通风的环境。

材料：各类保温杯隔热结构设计原版、放大版道具各1组，常见导热材料触摸板及名签1组，配套展架1个，成型纯气凝胶1小块，等尺寸其他材料（如耐热玻璃）1块，铁架台3个，变色指甲油2瓶，指甲油光疗机1台，小金属薄板3个，酒精灯3盏，细铁纱网3块，打火枪3支，小型卡式炉1个，深色金属平板或平底锅1个，气凝胶粉末若干，小烧杯，滴管，大木塔模型2座，丁烷喷枪2把，腻子刀1把，护目镜3个，灭火器1个，清水少许，实验统一服装等。

四、剧本

（一）提出问题——木建筑防火的关键

主持人：各位观众下午好，今天来到了中华古木建筑之乡——山西，本期实验主题同此息息相关。请看大屏幕。（播放视频1：巴黎圣母院大火等现场视频）

主持人：究竟如何在一次次大火中拯救这些历史文化瑰宝？这是当下不得不面对的新问题。为此，G实验员和聪明细心的H同学今天也来到了实验室。面对火灾现场上千摄氏度的高温，首先请问H同学，你认为保护这些木建筑的关键在哪儿？

同学：我知道一般木材的燃点低于300℃，那关键是不是要控制火焰的热量慢点冲向木材表面?

实验员:不错!让热量跑得慢点儿就是问题核心。

主持人:这样的例子生活中倒有不少,像双层玻璃、羽绒服等都是为了拦住"热"这个狂奔的小家伙。

同学:还有更有趣的呢!大家看保温瓶的瓶胆和冬小麦上厚厚的大雪是不是也巧妙地阻绝了热量的传导?

(二)结合生活实例猜想假设

(生活对比一:纸杯防烫结构——"不怕烫"的茶/咖啡杯)

实验员:这也是瑞雪兆丰年的由来。我们看另一个身边常接触到的让热跑得慢点儿的实例——只要在纸杯表面设计一些波纹凹槽、套上瓦楞纸套或者加装一个杯托,就能明显改变手与热水的接触形式,主要的导热介质也由单一的纸转化为空气。

同学:可我好奇的是,纸杯防烫和要解决的木建筑防火背后是不是蕴藏着相同的科学原理呢?

实验员:何止它俩,要弄清热跑得快慢都得靠这条傅里叶定律。这也是热量跋山涉水到达物体表面的指导性方针。

主持人:噢!通过公式我们看到,材料的热导率、接触面积、温差越小,介质厚度越大,热就跑得越慢。

(三)案例分析论证及实验方案规划

(生活对比二:不同导热材料的冷热触觉)

实验员:嗯,其中热导率由介质材料决定。

同学:在课上我学到过,导热介质有固体、液体、气体和真空四类。

主持人:因为分子热运动的快慢不同,所以热导率固体>液体>气体,真空中则几乎不存在热传导。

同学:那在建筑表面创造真空环境不就完美隔绝热火了吗?

实验员:点子很棒!可当下真空、气体、液体这类环境都无法实现,而建筑的大小固定,所以改变火焰的覆盖面积也不切实际。让热跑得慢点儿的核心就归结到了导热介质的厚度和材料上！

主持人：常见的固态介质也被搜刮到这儿了，下面一起来探究一下，它们的热导率和厚度能否满足要求呢？

实验员：要得知热导率呢，首先邀请 H 同学挨个来触摸一下！

同学：哇！这感觉不由得让我想起在冬天触摸铁栏杆和木板凳时也有过相似的体验。

实验员：对，相同温度下接触金属表面，掌心热量明显散失得更快，像热量的高速公路。相反，木块和毛毯因导热慢而手感温暖，把这样的触觉量化后，就是身后这张热导率排行榜。

主持人：可我也注意到了，其中较为优秀的隔热材料，像有机玻璃、椴木、毛毯，它们的燃点都很低，当然也经不住大火的考验。

同学：还有个问题，这三种物质作为保护材料都会大改木建筑的外观。

实验员：对，这都是很难克服的问题，但最关键的是它们的热导率还不够低，难以阻绝上千摄氏度的高温。

同学：那谁才是热导率最小的固态材料呢？

主持人：是谁呢？

（四）利用实验解决问题

（热导率最小的固体材料气凝胶实验一：观察酒精灯用气凝胶块隔开后指甲油变色的快慢）

实验员：那就来一同见识一下它的强大性能吧！

主持人：我们看到这边有三组铁架台酒精灯，架设的小工具表面呈红色。（3 把小工具角度转至水平）

实验员：显示红色的其实是一种高于 40℃ 就会开始变色的温敏涂料。

主持人：（自由描述且简单明了）经我观察，它们分别与火焰直接接触、中间隔一块白色半透明固体以及间隔与白色半透明固体等厚的空气层。

实验员：接下来一起点燃酒精灯（观察涂满指甲油的金属薄板在气凝胶和等厚耐热玻璃的保护下的变色情况，同步直播或播放视频2），观察三者会呈现怎样不同的变化。

同学：有两个瞬间因为加热变黄了。（3 把小工具转至垂直）

主持人：而另一个一直保持红色。它对高温的阻隔能力居然比空气还强。

同学：我记得刚提到热导率一般是固体＞液体＞气体，那它究竟为什么这么特殊呢？

实验员：如此强大的阻热性能来源于其纳米结构。（拿起）这块材料就像烟一样轻，占它体积 10% 的纳米固态架构里充斥着 90% 的气体分子，在热量传来的瞬间锁住了每粒分子的热运动。它叫作气凝胶（放下），是目前世界上最轻也是导热最慢的固态材料。

（五）判断可行性并进一步探究

（热导率最小的固体材料气凝胶实验二：气凝胶粉包裹的不被蒸发的小水珠）

同学：那它作为木建筑表面的保护材料肯定不能是这么厚的一整块。

主持人：既然气凝胶是纳米级的，想必在粉末状态下它的隔热表现也不会差。

实验员：让我们来验证一下。将表面裹满了气凝胶粉的小水滴和普通的小水滴同时滴在高温平面上（同步直播或播放视频 3）。显然这层薄薄的气凝胶比沸腾产生的空气层能够更好地保护里面的水滴。

同学：之前在科普杂志上气凝胶被称为改变世界的神奇材料，今日一见果然不同凡响，有了它，木建筑的防火问题不就迎刃而解了吗？

实验员：唉！难题出在气凝胶的制备上。这些纳米孔隙必须在高温高压下置换形成，现今造价异常高昂，难以大规模使用。但在未来，它一定能大显身手。

主持人：可回到今天的实验主题，我们的对策究竟在何方呢？

（六）解决问题

（木建筑防火涂料对比实验）

同学：等等，我们现在是不是忽略掉了一个非常关键的因素——厚度。

实验员：没错，接下来让我们进入最终关于厚度的实验环节。（戴护目镜，拿起喷枪）请主持人跟随我的实验一起操作。（戴护目镜，拿起喷枪）

主持人：……（戴护目镜，拿起喷枪）

实验员：话不多说，准备好了，3，2，1！

（同步实验现象直播或放大聚焦播放视频 4）

同学：（对实验现象的真实反应）那究竟是怎样的处理让我们的木塔在如此高的温度

图 3-42　科学实验《热啊,热啊,你慢点儿跑——导热万象新探究》现场演示

下都无法被引燃呢?

实验员:其实这种处理一点儿也不神秘!就是在木塔表面加涂一层新型膨胀防火涂料。它可以在火灾发生的瞬间膨胀几十倍以上,最高从 2 毫米膨胀到 16 厘米,而且这种透明的涂料在常温下丝毫不会影响建筑的美观。

主持人:可它这一遇火,身上就长出了"蘑菇云",还能复原吗?

实验员:(刮)大家请看!

同学:咦,原本的纹路轻轻一刮就清晰可见啦!

主持人:看来我们的古建筑防火新科技终于通过材料和厚度的双管齐下,完美地实现了热啊热啊慢点儿跑的目标。

同学:这样的涂料是不是同样可以应用到居民楼、商场甚至是森林防火中,这样就能避免非常多的人身和财产损失啦!

实验员:是啊,作为一种新的防火安全材料,它有着特别广泛的应用领域和极高的安全价值,也希望在场的各位小小科学家能应用今天介绍的新点子创造出更多的保护性材料和新科技。

主持人:感谢 G 实验员和可爱的 H 同学,也感谢认真收看的各位观众朋友,希望今天的导热万象新探究能为大家带来不一样的启发,我们下期节目再见啦!

(剧终)

五、团队介绍

团队成员有南京科技馆的崔瑜慧、周洋、王光华。

六、创新与思考

该项目的设计需求、灵感、实践出发点、活动环节方面的经验来源于多年来在场馆中基于展品所进行的各类关于热力的科学教育活动,并对近年科技馆赛事交流中所选择的课标主题内容进行了方向上的创新。

其中很多经典的或经过转化的实验内容在过往的展厅媒体、展品原理讲解诠释、实验表演中获得了来自青少年观众诸多值得深思与改进的反馈。进行了以隔热涂层防火技术为切入点呈现热传递规律的尝试。前沿新闻连线中,受众包括教育界人士、家长和各年龄段的小朋友,他们在现场活动结束后的提问和意见对我们的尝试起到了切实有用的作用。

总结过往的实践,梳理项目各类受众在展厅现场主动参与的访谈、评价,我们发现全方位系统化地认识生活中的热力科学并将其联系到尖端科学工程问题的思路对科学课堂的学习有不错的帮助,也因为很少在科技馆里去接触这样的主题项目,所以我们的教育活动在充满新奇的同时更正了热力科学科普的一些认知盲区。

但更让我们认识深刻的是,热力科学是科技馆展品、实验表演中极为受限和特别的一块,它与大千世界和其他各类学科息息相关,但很多核心原理的近景呈现不似力声光电磁化学等那样富有生趣,安全与道具的制作也需要别出心裁,相应的科普媒介与这种系统项目相对应的颇为稀少,各方面的不足和有待调整的地方仍然会长期存在。就此我们希望小学、初中的科学课上老师在讲授"冷和热"的相关知识时,我们能够设计有针对性的沟通问卷来向他们获得实际教学中更多的意见,让科技馆的项目获得更加实在的针对性、可行性。

项目单位:南京科技馆

文稿撰写人:王光华

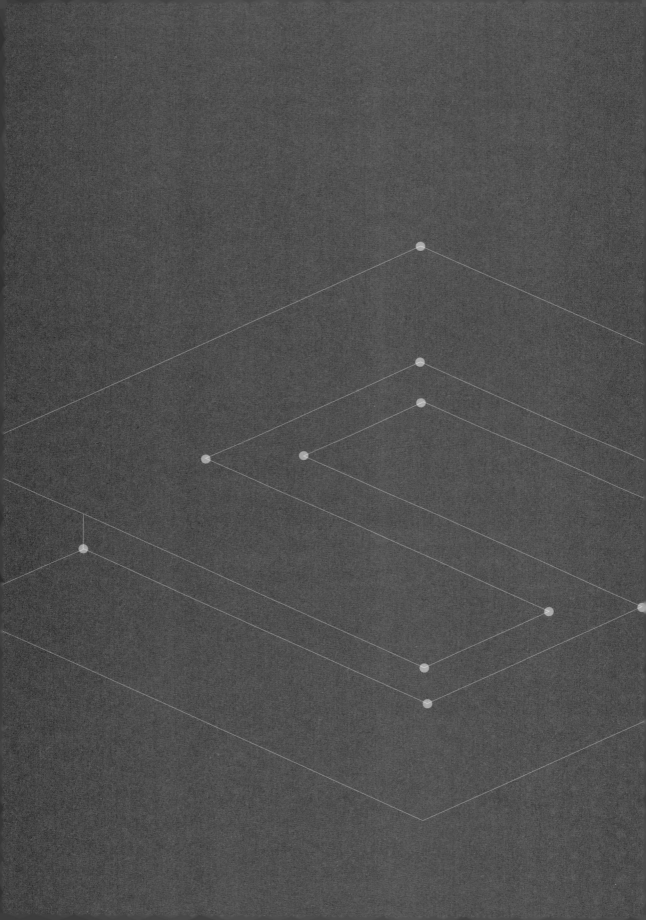

第四章

其他科学表演赛获奖作品

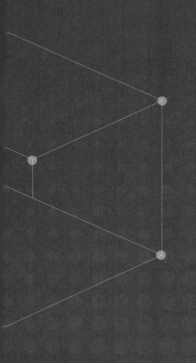

一等奖获奖作品

天眼之光

一、活动简介

古往今来，人类探寻科学奥秘的梦想从未改变。1994 年，南仁东提出，在中国建设一台 500 米口径的射电天文望远镜。风雨 22 年，南仁东和他的科学团队在贵州高原上铸就了这一问鼎宇宙的"中国天眼"！中国天眼启动以来，人类共新发现了 93 颗脉冲星（截止到 2019 年 8 月 31 日的统计数据），它们正以精确到毫秒的规律性和准确性，向人类一次又一次发出光束信号，这也使中国天眼这个独一无二的研究保持世界领先地位 20 年！

诗朗诵《天眼之光》立足科学，诗化呈现，以南仁东这一人物作为切入点，将他的奋斗、理想、信念、精神内核贯穿全诗。全诗以南仁东的个人科学情怀为经，以科学家们创造中国天眼的伟绩为纬，经纬相接，点面结合，递进铺陈，抒情与激情共存，个人信念与时代精神相连，折射出中国科学者在未知的科学领域道路上，上下求索、艰苦卓绝、后来居上的新时代精神！

二、创作思路

在航天技术诞生之前，观测宇宙的主要手段是天文望远镜。随着望远镜各方面性能的不断改进和提高，宇宙观测越来越精细，观测波段从光学发展到几乎覆盖整个电磁波谱，望远镜的观测平台从地球一直延伸到太空。世界上口径最大、功能最强的单口径高灵敏度射电望远镜——500 米口径球面射电望远镜（FAST）工程，在贵州省平塘县大窝凼喀斯特地区的洼坑建造。FAST 的反射面由约 1800 个边长为 15 米的六边形球面单元拼合而成，接收面积有 30 个足球场大。与此前号称"地面最大机器"的德国波恩 100 米望远镜相比，其灵敏度提高约 10 倍；与被评为人类 20 世纪十大工程之首的美国阿雷西博 300 米望远镜相比，其综合性能提高约 10 倍。南仁东和他的科学团队在贵州高原上铸就了一只问鼎宇宙的中国天眼！

2018 年 10 月 15 日，一颗编号为 79694 的小行星正式以我国天文学家、"天眼之父"南仁东的名字命名。这颗星不但世界闻名，让中国人骄傲和自豪，这颗星也牵动着贵州四千多万人民的心，他就是"南仁东星"。南仁东将一生奉献给科学研究和中国天眼，他的精神值得我们每一个人学习和传承！通过配乐诗朗诵《天眼之光》，将南仁东的奋斗、理想、信念、精神内核贯穿全诗，激励所有百折不挠的科研志士和千千万万个科学少年在探寻科学奥秘的道路上勇往向前。

三、活动准备

科学表演是以情节串联科学知识的一种科普教育新形式，是经历构思创意、撰写剧本、排练作品的二度创作，设计制作相关的服装、道具、音乐，大到舞台整体效果，小到演出人员的眼睫毛都要考虑到的一系列系统工程。每一次科学表演，从创作到比赛，都会耗费大量的精力。如配乐诗朗诵《天眼之光》，首先要收集相关知识点及科学原理，邀请相关专家进行专业审核；其次，根据剧本情景设计制作好服装、道具、场景等。

四、活动过程

通过创设南仁东和妻子的心灵对话、学子的求学之问、科学者对未来探索的激情抒发几个情境，全面地、艺术化地勾勒出南仁东将一生奉献给科学研究和中国天眼的丰富的艺术形象和高昂的理想信念。通过青少年充满好奇的询问，使人们了解到脉冲星是宇宙的参照物，是宇宙的定位系统，是天体物理领域最准确的时钟，是宇宙中最好的计时工具。脉冲星对我们人类有很多用处，其强大的定位功能可以为引力波探测，为航天器导航，为太空探索技术提供极大帮助，是人类深入研究外太空、探索地外生命最牢固的基础。青少年仰望星空时对南仁东星说道："南仁东爷爷，您没有告别，中国天眼，是您送给我们爱科学的青少年最好的礼物，而用天眼探索未知的宇宙，是我们对您最好的纪念!"他与妻子的心灵对话,句句感人至深,留下的精神财富,够孩子们受用一生!在这条追寻科学、求索未来的路上,有百折不挠的科研志士,有千千万万个科学少年!中国天眼,寄托千秋梦想,中国天眼,承载万民夙愿。它是中国大地上的探天利器,它是中国步入外太空新的起点。

图 4-1　配乐诗朗诵《天眼之光》现场表演(一)

五、剧本

(音乐起)

第一幕

(视频情景一:蔚蓝的星空,幽远而神秘)

(一个男孩仰望星空)

男孩:蔚蓝的星球,浩渺的宇宙,

你能告诉我,我的眼睛究竟能看多远?

星空啊,我有一个梦想,

梦想自己长出一双探寻科学奥秘的天空之眼——

女1：古往今来，我们头顶上的灿烂星空，

寄托着人类的科学憧憬，

激发着放眼太空的梦想期盼。

男1：多少未解的难题，

等待我们去开掘；

多少科学的领域，

等待我们去发现。

群体：看，亿万光年在眼前，

看，未来科学更深远！

第二幕

（视频情景二：天眼。贵州苍茫的群山，最终定格于镶嵌在青山间巨大的"天眼"）

男1：任世间沉浮，人类问鼎宇宙的梦想从未改变。

那是1994年，是你，南仁东，

提出了一个"狂妄"的梦想。

男2：在中国建设一台500米口径的射电天文望远镜。

男3：和你的团队，踏上了问鼎苍穹的千难万险。

男合：生死22年，你在贵州高原上铸就了一双问鼎宇宙的——

群体：中国天眼！

男1：生死22年，

你以命相搏，渡过重重难关。

男合：生死22年，

为年轻一代留下天眼利器。

群体：望宇观天。

女1：2017年10月10日，

一个值得铭记的日子，

中科院国家天文台宣布，

中国天眼发现新脉冲星，

在此之前，你带着遗憾，带着不舍，

与我们永远告别。

男1：你人在天国，魂系天眼！

看吧，天眼正为人类攀登天宇做着巨大贡献——

男2：中国天眼启动以来，

人类共新发现了93颗脉冲星。

男3：它们正以精确到毫秒的规律性和准确性，

向人类一次又一次发出光束信号！

女1：你用无数个长夜，

让中国的天眼睁开了双眼！

男1：你用魂归九泉——

群体：让中国天眼这个独一无二的研究领先世界20年。

男孩：（充满好奇地）

脉冲星？多么美丽而又神奇的名字。

什么是脉冲星？

女1：脉冲星，是宇宙的参照物。

女2：脉冲星，是宇宙的定位系统。

女3：脉冲星，是天体物理领域最准确的时钟。

女合：脉冲星，是宇宙中最好的计时工具。

男孩：那它对我们人类有什么用处呢？

男1：脉冲星强大的定位功能，

可以为引力波探测，为航天器导航，

为太空探索技术提供极大帮助，

是人类深入研究外太空、探索地外生命最牢固的基础。

男孩：南仁东爷爷，你没有告别，

中国天眼，是你送给我们爱科学的青少年最好的礼物，

而用天眼探索未知的宇宙，

是我们对你最好的纪念！

女1：你的灵魂已融进了璀璨星空——

女合：化作一颗"南仁东星"，闪耀在天边。

男1：你的血液已流入了浩荡银河——

男合：汇成一条人类通往宇宙的航线！

女1：你走了——

群体：天眼还在！

男1：你走了——

群体：星空还在！

男孩：你走了——

群体：上下求索，探寻未来的勇气和信念还在！

图 4-2　配乐诗朗诵《天眼之光》现场表演（二）

第三幕

（视频情景三：星河。无数闪亮的星光聚集，汇成一条璀璨的"星河之路"）

（音乐起）

（妻子、男孩及演员们手拿鲜花，眺望星河）

（视频：出现南仁东影像）

妻子（女1）：野棠花落，又到了清明时节，

仁东，我来了，你却走了，

我多想，迎向你那坚毅而深邃的眼神，

可惜泪水模糊了我的双眼。

我多想，再和你来一次心灵的碰撞，

可惜我在这边，你在天边。

南仁东（男1）：虽阴阳两隔，

你的声声呼唤，我都听得见。

我想说，天眼是我最好的纪念碑，

而你还有家，

是我此生无法弥补的亏欠。

妻子：不！虽然你没有给孩子们留下什么钱财，

但你留下的精神财富，

够他们受用一生！

男孩：南仁东爷爷，我要告诉你，我有一个梦想，

有一天，创造更多探寻科学奥秘的天空之眼；

有一天，外太空的生命物体成了我们的好伙伴；

有一天，太空成了我们的新家园！

南仁东（男1）：我无比欣慰，无比自豪，

在这条追寻科学、求索未来的路上，

我从来就不是孤军作战。

我的生前，有百折不挠的科研志士；

我的身后，是千千万万个科学少年！

群体：中国天眼，寄托千秋梦想，

中国天眼，承载万民夙愿——

男1：它是中国大地上的探天利箭。

女1：它是中国步入外太空新的起点。

男孩：我们心有梦想——

群体：上下求索路漫漫其修远！

男、女（合）：我们展开双翅——

群体：飞过高山，

飞过河流，

飞过星河苍穹，

飞翔在人类通向宇宙之路的最前沿！

（剧终）

六、团队介绍

在贵州省科协杨泳滨主席的指导下，在贵州科技馆滕英杰副馆长的带领下，具体相关工作由展览部工作人员牵头，秉承"一根筷子易折断，十根筷子抱成团"的思想，根据剧本人物需求，在全馆各部门干部职工中选出最合适的参演人员，以及协助比赛的相关工作人员，如技术保障、灯光、音乐播放人员等。

七、创新与思考

在科学表演的创作期间获得了很多宝贵的经验，有激情、有专业、有付出、有成功、有瓶颈、有挫折、有光明，但看到贵州科技馆获得的一次次荣誉和公演时孩子们开心的笑脸及渴望知识的眼神，大家的汗水、泪水都化为欣慰。针对两年举办一次的辅导员大赛，在馆领导的高度重视下，迅速组成专项小组。大家为了一件事聚集在一起，有着共同的目标，团结一致、热情满满，先不管赛事最终的结果如何，过程才是最重要的。我们始终相信：一分耕耘，一分收获！

不忘初心，牢记使命！如何在新时期培养青少年对科学技术的兴趣和爱好，增强其创新精神和实践能力，引导他们树立科学思想、科学态度，逐步形成科学的世界观和方法论，是我们科普工作者的使命。科学表演就是以情节串联科学知识的一种科普教育的新形式。我们在未来的工作中，要充分利用资源，开拓创新，积极进取，继续为科技馆事业奉献、奋斗！

项目单位：贵州科技馆

文稿撰写人：冯　丽

见习灯神

一、活动简介

科学表演早已成为国际上流行的一种科普形式，它将科学知识、科学实验用表演的形式进行艺术表达，最近几年在我国也受到了关注与重视，内容和题材均在不断探索和创新。音乐剧是起源于英国的一种歌剧体裁，它将戏剧、音乐、歌舞等结合在一起，其中不少富于幽默情趣和喜剧色彩。音乐科普剧《见习灯神》正是将二者结合，以此为创意点，把阿拉伯神话故事《天方夜谭》里的阿拉丁与灯神形象进行再创作，以女主角寻找明灯为故事线索，穿插以"发光"为主题的系列科学实验，将实验现象用歌舞的形式表达出来，同时用故事传达出积极向上、不惧挑战的科学精神。

二、创作思路

国内的科学表演形式多样、内容丰富，但还没有出现过音乐剧的形式，怎样将科学表演做出新意，是我们首要考虑的因素。此外，科学表演面向大众，寓教于乐、喜闻乐见是能让不同年龄和不同背景的观众接受的关键，所以我们将轻松、幽默作为音乐剧的基本风格。《见习灯神》的灵感来源于阿拉丁神灯，人类古往今来，一直都在追求光明的道路上不断探索，我们将"发光"主题的实验进行了归纳总结，使"灯神"与各种会发光的"明灯"相结合，成为了一个不错的故事，再加上演员们的表演、音乐的配合、道具的帮助，这场科学音乐剧就能有趣和精彩了。

本剧所含实验是建立在初中化学"燃烧及其利用"等单元的基础上的，对燃烧和发光所需要的条件及其原理进行了再探究。在学生已有认识中，燃烧一定需要氧气；而通过本剧中钾的燃烧实验，可以让学生们认识到，氧气只是一种常见的助燃剂，在可燃物不同的情况下，也可以有其他的助燃剂。比如，水也可以与钾燃烧，钾与水剧烈反应，生成氢氧化钾和氢气，反应时放出的热量能使金属钾熔化，并引起钾和氢气燃烧。

三、活动准备

实验所需主要材料：镁条、钾、磁悬浮灯泡、发光石、锥形瓶、液氮、双氧水、二氧化锰、碘粉与金属粉末等。

环境营造主要器材：LED 灯泡、液晶显示屏、景观树等。

四、活动过程

（一）设计意图

让观众跟随剧情，和主角一道发现问题、提出猜想，并针对这些问题发散思维、找出解决方案，培养学生敢于质疑的科学精神。通过层层设疑，调动学生主动探究的能动性，从而培养他们严谨的科学态度。

（二）主题引入

主角需要寻找到与发光和燃烧有关的东西，才能破解魔咒，解救王子。

（三）问题

燃烧和发光的基本条件是什么？这些条件之间有何关系？

（四）延伸

除了常见的助燃剂之外，生活中的哪些物品能够发光和燃烧？

（五）设疑

钾能在水面继续燃烧说明什么？生活中是否还有类似的现象？

（六）小结

在某些情况下，可燃物不一定非得是含碳元素的物质，水也可以与钾燃烧；镁是一种非常活泼的金属，不仅可以在氧气中燃烧，甚至在二氧化碳、氮气中也能燃烧。

①磁悬浮灯泡。利用高频电磁场在金属表面产生的涡流来实现对金属球的悬浮通电。

②双氧水与二氧化锰反应。

③液氮冰雾（液氮加开水）。液氮遇到开水，瞬间发生剧烈的汽化反应。

④滴水成烟实验。（碘粉加金属粉加水），碘粉与金属粉末发生反应，水起到催化剂的作用，冒出的紫黑色烟雾是高温下升华的碘。

⑤水中火（钾与水燃烧）。钾与水剧烈反应，生成氢氧化钾和氢气，反应时放出的热量能使金属钾熔化，并引起钾和氢气燃烧。

⑥镁条燃烧。镁条在空气中燃烧，最引人注意的现象是产生耀眼的白光，生成氧化镁和氮化镁。

图 4-3　科普音乐剧《见习灯神》现场表演

⑦点亮石头（发光石）。发光石里面有一个感应模块，当用手拍打感应模块时，会输出感应脉冲信号，改变里面电路的电容量大小从而使石头发光。

⑧人体导电。人是导体，在安全电压及微电流条件下，双手接触两根导线，电路被接通，电流经过演员的身体形成回路，使灯泡发亮。（经过人体的电流为安全电流，但切勿自行尝试！）

总的来说，燃烧就是可燃物与助燃剂之间发生的发光发热的剧烈化学反应。

五、剧本

[故事梗概]

在很久以前，有一个被黑暗笼罩的王国。王子听说在一个神庙里藏着能给世间带来光明的明灯，便前去寻找，不料在寻找过程中无意间得罪了看守明灯的神灵，被神灵用魔法囚禁了起来。阿拉拉得到王子被困的消息，便踏上旅途，克服重重困难，拼尽全力，最后救出王子并取得了明灯。

[地点]

森林深处，藏有明灯的神庙。

[人物介绍]

阿拉拉：贫民窟长大的普通女孩，勇敢善良，有点一根筋，为了营救王子取得明灯而踏上了这次冒险之旅；

灯神：长年居住在神灯中，浑身蓝色，性格开朗奔放，法力无边，被阿拉拉无意间召唤；

神灵：负责看守明灯，沉默寡言，自尊心极强，一直在等待可以通过考验的人；

王子：正直善良，但说话太直，容易得罪人，寻找明灯时惹怒了神灵，被神灵囚禁。

画外音：在很久以前，有一个被黑暗笼罩的王国。[出现明灯。（实验一：磁悬浮灯泡）]王子听说在一个神庙里藏着能给世间带来光明的明灯，便前来寻找，却被看守明灯的神灵用魔法囚禁了起来。这时，一个名叫阿拉拉的姑娘为了救出王子并取得明灯，来到了这里……（音乐停）

（阿拉拉十分疲惫地从舞台左边上台……）

阿拉拉：一路风雨，一路困难前行，为了让黑暗不再降临，遥远国度和被囚禁的你，等待光明前的晨曦，我要坚强，不流眼泪，不脆弱，我不会退缩，不管路途多坎坷，我不会妥协，我的王子你要等我，谁也不可以阻止我，我愿意付出我的一切。

（阿拉拉来到门前，转动把手，齿轮转动咔咔咔……）

神灵：只有智慧之光如星辰般闪耀的人，才能破解谜题，得到你想要的东西。

阿拉拉：谜题？

神灵：谜题就在你的面前，去吧！

[阿拉拉发现周围摆着各种破解谜题的道具，她看了一圈，拿起了其中的"神灯"，就在这时，神灯发出"嗞"的一声，冒出一缕白烟（实验二：神灯，双氧水+二氧化锰）]

[在另一侧假山后面，随着烟雾冒出（实验三：液氮冰雾），灯神缓缓出现]

灯神：我在灯里长眠，渴望得到自由，是谁打破宁静在呼唤，你在这里出现，毁了我的家园，告诉我这是为什么，当灯神被召唤，我的法力无边，让手中的水变成烟（实验四：滴水成烟），不用怕，看着我，我满足你的愿望，告诉我你的心中所想。

（灯神从假山下到舞台，走到阿拉拉面前，扭来扭去，音乐停）

阿拉拉：你是灯神？那你能实现我的愿望吗？

灯神：哈哈哈，这个嘛，当然没有问题，不过你弄坏了我的灯，所以我的法力不多了。

阿拉拉：不多了？那你还能帮我吗？

灯神：No problem！

阿拉拉：看！这些就是神灵给我的考验。

灯神：哦，so easy！

阿拉拉：我们先来到这个奇怪的水瓶面前，刚刚神灵让我把它点燃。

灯神：这我得想一想……有了！你把这块神奇的石头捏在手里，看我再来施一段咒语，不然毫无意义。

阿拉拉：燃烧吧！（实验五：水中火）

灯神：燃烧吧！多么神奇！

合：有你（我）的魔法，我（你）才能完成它。

合：难题被破解了！难题被破解了！难题被破解了！

阿拉拉：跟你。

灯神：跟你！

阿拉拉：一起。

灯神：一起！

阿拉拉：哦，该去下一个啦！灯神，你刚才是用的什么魔法啊？

灯神：哦，我把这个钾放进水里就有火花出现了。这有个南瓜。

阿拉拉：然后呢？

灯神：我们换个方式。

阿拉拉：点亮它。

灯神：你抢了我的词儿！

阿拉拉：我不需要你，我也有超能力，不巧真没亮。

合：我们还要同心协力，才能解开这个难题。

灯神：让——

阿拉拉：魔法——

合：继续发力！〔（实验六：镁条燃烧）点亮南瓜灯〕

阿拉拉：让我的——

灯神：让你的——

合：愿望快实现吧，光明就在前方等着我，魔法门打开了！魔法门打开了！魔法门打开了！

阿拉拉：跟你。

灯神：跟你！

阿拉拉：一起。

灯神：一起！

合：魔法门打开了。

灯神：欸，没有打开啊！

阿拉拉：哦，我们还得把这个石头点亮。

灯神：没问题。（实验七：点亮石头）

神灵：你果然是拥有智慧的人，现在我就把明灯和王子都给你！

（大门缓缓打开，门内一只猩猩正在举着小狮子辛巴，转头看了一下观众）

神灵：（尴尬）停！放错了！重来！别着急，看，你们的王子来了！

［大门再次打开……王子缓慢转身，拿起明灯（实验一：磁悬浮灯泡），从门里走出来……］

阿拉拉：王子，我终于找到你了！

王子：勇敢的姑娘，谢谢你救了我！

王子：真的没有想过，还会有人来救我，我的王国从此不再只有漫漫长夜，请你闭上双眼，和我遨游这世界，坐上这张神奇的魔毯，去探索一切，梦的实现，需要你勇敢地跨越，找自己的方向，凭着信念，就会跟梦想见面。

阿拉拉：科学世界，闪耀的光芒在眼前，当我飞翔天际，伴着星星，我的世界因光亮而改变。

王子：科学世界。

阿拉拉：科学世界！

王子：翱翔天际。

阿拉拉：翱翔天际！

王子：崭新天地。

阿拉拉：齐心协力。

合：一起建立（实验八：人体导电）！

（音乐停）

（剧终）

六、团队介绍

郭长健：总导演、总编剧，云南省科技馆体验教育部副部长。

刘亚频：演员、主创，云南省科技馆辅导员。

张砚非：演员、主创，云南省科技馆辅导员。

王重恩：演员、主创，云南省科技馆辅导员。

廖嘉辉：演员、主创，云南省科技馆辅导员。

夏松彦：实验员、主创，云南省科技馆辅导员。

段金海：道具制作，云南省科技馆技师。

邹金霞：道具制作，云南省科技馆辅导员、技师。

本团队其他作品获奖情况：科普剧《玩具店奇妙夜》获第五届全国科技馆辅导员大赛西部赛区预赛其他科学表演类一等奖、全国总决赛三等奖，获第五届全国科学表演大赛科技馆成人组一等奖；获奖作品还包括《光的奥秘》《"周博士解梦"——奇妙的共振》《飞天幻梦》等。

项目单位：云南省科学技术馆

文稿撰写人：郭长健　刘亚频

我

一、活动简介

本科学表演节目的名称为《我》，主要以科学辅导员的日常工作内容为创作素材，旨在将科学辅导员在展厅中的日常工作、参观科技馆时的注意事项以及科普精神以诙谐幽默的表演形式展现给观众。节目的主要创意点在于自己演自己，观众在观看时更加有带入感，另外还融入了三个科学实验：液氮炮弹经典实验、聚脲纸杯实验和可溶解塑料袋实验，使节目在具备观赏性的同时又不失科学性。

二、创作思路

此节目的创作意图在于向观众展示科学辅导员的岗位职责及科普精神。创作灵感来源于展厅巡厅经历，大多数观众对于科学辅导员的岗位职责并不了解，参观科技馆时也会遇到一些问题。通过三位科学辅导员的表演，将自身工作的日常片段整理编排搬上舞台，以展厅巡厅、科学实验、科普精神三个主题依次展开，使观众透过表演去了解科学辅导员、了解科普，同时知晓如何科学文明地参观科技馆。另外，此科学表演节目针对所有来馆群众，不同年龄段观众在观看时都将有不同的收获和触动。

三、活动准备

（一）道具

床、可推拉桌子（3张）、电脑、电话、斜挎背包、液氮大炮、液氮、开水、普通纸杯、喷过聚脲的纸杯、玻璃缸、可溶解塑料袋、行李箱、双肩包、戒指、手机等。

（二）服装

迷彩服（1套），男士西装（1套），女士西装裙（1套），女士休闲裙（1套），女士连体裤（1条），白大褂（1件）。

（三）场地

此表演以舞台剧的形式展现，以有灯光、大屏背景的剧场为佳。

四、活动过程

活动过程可根据观众参观路线或剧场位置分为两种。

（一）在观众初入场时组织观看

工作人员组织刚入馆的观众有序进入剧场后，循环播放场馆内注意事项、科学活动时间、特殊展品展览时间等（5分钟左右），待观众入座后，科学辅导员进行表演（10分钟）。

图 4-4　科普剧《我》现场表演

（二）在观众参观结束后组织观看

在参观路线的最末端组织观众进入剧场，可以把场馆内的不文明现象、展品的正确操作方式等视频循环播放（5分钟左右），观众入座后，科学辅导员进行表演（10分钟）。

五、剧本

第一幕

（背景：一页日历，10月7日，时间7：00）

（舞台中间，一张床，闹钟响，玲起床，杜、阳躲床后）

［一束光照在舞台中央，闹钟（7：00）响起］

玲：今天是国庆节的最后一天，加班的好处就是不堵车，还可以再睡20分钟……

（闹钟显示8：00，追光随着玲跑去舞台一侧。）

玲飞速起床，赶地铁、吃包子、背稿子……

玲追光不灭，杜追光起。

电话响，杜接电话）

杜：您好，科技馆服务中心，是的，我们国庆七天正常开馆，欢迎您来参观。好的，再见。

您好，科技馆服务中心，团队预约是吗？下午2：00，40人的团，好的，已经给您做好了登记，好的，再见。

（阳在旁边戴耳麦，整理着装）

（阳追光起，玲、杜追光不灭）

阳（走向另一侧，边走边说）：大家好，欢迎大家来到科技馆参观……

画外音：哎哎哎，你们这个展品怎么不动呢？

阳：先生您好，这个展品本来就是不动的，想参与互动，请上二楼。

画外音：那个……服务员！

阳：您好，我们是科学辅导员，不是服务员。

画外音：老师，二楼怎么走？

小姑娘，这个展品怎么玩呀？

……

（三束追光灭。幻灯片显示"这就是我，一天的开始……"）

第二幕（科学剧场）

旁白：欢迎大家来到科学秀剧场，今天的实验和往常有些区别，为了筹备全国大赛团体赛，我们的辅导员们为我们准备了几个节目。今天，你们不仅是观众，还是评委，希望大家给我们提出宝贵的意见，现在让我们掌声有请他们。

杜：我的大炮就要万炮轰鸣，我的装甲车就要隆隆开进。收到指示，准备发射。怎么样？大家觉得我给大家带来的这个实验震撼吧？什么？我这个是不是真的大炮？那当然……不是了。哈哈，我们在大炮里面加入了热水，而我刚刚往里边倒入的液体是温度为$-196℃$的液氮，它们二者接触之后由于巨大的温差会迅速发生汽化反应，看起来就像爆炸一样。如果你们觉得我很酷，请记得给我投上宝贵的一票哦。

阳：还是看我的吧，这次大赛我决定讲新材料，看这里（拍纸杯）！

玲：啊？这就是你的新材料？

阳：当然不是，这只是一个普通的纸杯。我要展示的啊，在这里，炮兵同志，你来站上去。（踩纸杯）嗯？你们想不想知道我对它动了什么手脚？看这里，我在里面喷了一种叫作聚脲的新材料，它有防腐防水和耐磨坚固的特性，只需要薄薄的一层，就可以让柔软的纸杯变得牢不可摧。

玲：不错不错，和我的想法不谋而合，科学在进步，但是地球只有一个，看，这是我准备的实验。

阳：这不就是打鸡蛋用的打蛋器吗？这是个透明玻璃盆子。

玲：我的实验在这里。

阳：塑料袋？

玲：请看，每天人类都会制造很多塑料垃圾，你们知道地球降解一个塑料袋需要多久吗？

阳：我知道，400年。

玲：瞧，这是最新研发出来的环保塑料袋，它可以迅速溶于水，毫无污染，甚至可以食用。也不会对我们的地下水造成污染。

阳：好了，你们看到的这三个实验，都是我们的一些初步想法，希望通过你们的意见，能让我们创造出最精彩的节目。谢谢大家。

（杜抱着意见箱冲上来，拿出意见单）

阳：液氮大炮，在很多节目里见过，创新性需要加强。

玲：新材料聚脲，探究过程不够清晰。

杜：这个观众有意思，他说把我们的节目整合起来，名字都给我们想到了，叫作"爆料"。

（背景广播：现在是下午4：50，我们即将关闭所有参观系统，欢迎大家下次参观）

杜、阳、玲：耶！下班了！

第三幕

［办公室背景（欢快音乐，边跳边把桌子推成办公室的样子，再推3个凳子变成办公室背景，换好衣服，背好背包等）］

阳：其实错峰回家也挺好的，我明天的机票才3折。明天我就可以吃到爸爸拿手的刀削面了。

杜：我女朋友已经请好年假，等了我整整7天，我明天就带她去五台山上看日出。你们看，求婚戒指我都买好了。

玲：明天是我儿子的运动会，已经报名和他参加两人三足的比赛了，我一定要给他拿个冠军。

（电话响，音乐停。）

画外音：国庆7天你们辛苦了，你们的新节目反响很好，现在有个任务，我们省唯一不通公路的小学，需要我们派一位辅导员去做科普活动，你们商量一下谁去。（三个人愣住3秒）

玲站起来说：我先换衣服。

杜：我上个厕所。

（玲在衣架上拿出手机，屏幕出现微信对话框"老公，明天儿子的运动会只能麻烦你去参加了"）

杜（打电话）：亲爱的，单位有一个很重要的科普任务，我下周一定陪你去爬山。

（电话挂断的声音……）

画外音：喂，宝贝出发了吗？你爸爸啊已经买了一大堆你爱吃的零食了。

阳：妈……明天，我可能回不了家了，领导安排了新的工作。

画外音：没事儿……工作重要，工作重要，先忙工作。

（亮灯，电话响。）

画外音：你们想好了吗？谁去？

三个人一起说：想好了！我！

（三个人相视一笑，音乐起，开始唱歌）

（幻灯片放照片墙）

（剧终）

附——歌词

有多久工作是我全部的生活，

错过了爱情的浪漫时刻。

多少回犹豫着自己的选择，

心疼着父母已弯下了腰，

爱人守候的苦涩。

因为这一刻，所有付出都值得。

骄傲地坚持着自己的选择，

坚守着自己的执着。

因为这一刻，

甘愿用热血和汗水涂抹。

我为自己的取舍，再难再累也要微笑着，

微笑着，因为我明白了职责。

六、团队介绍

庞　博：编剧、导演，四川科技馆外联部副部长。

杜　泽：主创，四川科技馆科学辅导员。

彭　玲：演员，四川科技馆科学辅导员。

杨　阳：演员，四川科技馆科学辅导员。

项目单位：四川科技馆

文稿撰写人：杜　泽　杨　阳　彭　玲

付强与小强

一、活动简介

该科普剧以蟑螂与人类科学家的"博弈"为主线,通过跌宕起伏的情节,不断探究蟑螂的生存特性,并从中得到启发,研究出治疗人体创面和胃溃疡的药物。此外,还将"蟑螂可以分解餐厨垃圾"这个可能性展现给观众,揭示了大自然中生命的百态与神奇,弘扬了勇于探索的科学家精神。

二、创作思路

此节目创作灵感来自一瓶以"美洲大蠊"为药材的治疗创面与溃疡的药物,以及《本草纲目》中的蟑螂药虫。剧中科学家付强通过"消灭蟑螂"到"研究蟑螂"这一思想的转变,利用蟑螂身体里的表皮生长因子类物质,研制出药物。创作中还根据蟑螂杂食性这一特点,推演设计了蟑螂处理餐厨垃圾的工厂雏形。该剧受众广泛,不同年龄段观众都将有不同的收获和触动。

三、活动准备

(一)道具

实验柜模型1套、蟑螂模型1套、杀虫剂模型1套、餐盘模型1套、实验桌1张、高脚凳1个、椅子1把、签字笔1支、本夹子1套。

（二）服装

白大褂 2 件、蟑螂服装 2 套、黑衣人服装 1 件、厨师帽和围裙 1 套。

（三）场地

此表演适合于舞台或剧场，以具备一定背景屏幕、音响、灯光等条件为宜。

四、活动过程

（一）主题导入

通过科学家付强与蟑螂小强的对话，交代各自身份，以及科学家付强与蟑螂小强相遇的故事背景。以倒叙形式为观众呈现二者充满戏剧性的关系，以及最终的"和解"——合作研究药物的非常规结果，为事情的起因与经过留下悬念，激发观众进一步了解其中原因的渴望。

（二）表现形式

以"情景喜剧"的表现形式，将科学知识的普及和诙谐幽默的表演相结合，展示蟑螂这个物种的自身属性。通过创造情境，令科学家付强与蟑螂小强共同演绎现在和过去发生的故事，将观众巧妙带入情境。同时，让观众了解蟑螂顽强的生命力、身体的特殊构造以及耐超强辐射量等特点，并且利用这些特点加以思考与假设，如美洲大蠊入药、利用蟑螂处理餐厨垃圾等，打破了观众的固有思维，延伸了观众认知。

（三）剧情设计

从人们对蟑螂"四害"的初始印象到对蟑螂众多种族的了解，再到蟑螂为什么"打不死"，层层递进，伴随着跌宕起伏的剧情，揭示了蟑螂生命力顽强的原因。此外，角色设定上的"冲突和反转"，比如蟑螂与科学家之间的"博弈"、蟑螂女友后期"变形"等，在增加趣味性的同时也为观众提供了更多思考空间。

（四）科学原理

整体以蟑螂生命力顽强的原因为主要知识脉络，对物理构造（尾须）、食性（杂食）、繁殖能力、耐药性以及体内特殊的生长因子等方面进行解释。

（五）其他拓展

探讨科学家与蟑螂的关系，从赶尽杀绝到研究其奥秘，再到利用蟑螂自身特点让其发挥作用，从侧面烘托永无止境的探索和求真务实的科学家精神。

五、剧本

[人物]

科学家付强、蟑螂小强、院长、蟑螂女友大莲、黑衣人。

[道具]

一个实验台，上面摆有各种实验器皿（付强使用的道具都摆放其上）；一个壁柜（正面为外表面，反面为柜内景，下面有轮子可旋转）。

第一幕

（幕启，激动人心的科幻感音乐起，科学家付强和蟑螂小强上场分立。）

付强：我叫付强，领导和同事们都叫我小强，我是一名制药科学家。

小强：巧了，我也叫小强！我是一名住在实验室里的科学虫！

付强：他啊，不过是我们养的一只美洲大蠊，就是蟑螂的一种！

小强：别小看蟑螂，我们曾跟恐龙生活在同一时代，在地球已经生存了4亿年。

付强：那我们的总人口还有74亿呢！

小强：嗯……我们无法统计自己的数量，不过我们的美洲大蠊、黑胸大蠊、德国小蠊家族……已经占领了你们的学校、宾馆、餐厅……保守估计，数量是人类的100万倍吧。

付强：我们有超强的大脑，靠智慧在这个星球上顽强地生存！

小强：我们没有超强的大脑，但即使头掉了也还可以再活九天！

付强：这么顽强吗？！不过别忘了，我们还是有办法对付你的，比如……

小强：欸……等等，你不还需要我入药呢吗，怎么说翻脸就翻脸？！

付强：欸……我和这只蟑螂小强的相处，还得从一年前讲起。

第二幕

小强：一年前的 2 月（拿出一朵花）——14 号！

付强：那时的我正在为研制一种新型胃药而焦头烂额……（抱头跑下台）

小强：那时的我在橱窗里享受爱情的甜蜜……看，我的女友来了——（招呼女友）大莲！

大莲：强哥！（上海滩音乐起，缓步上台接住玫瑰花）

大莲：亲爱的，我想去应聘一个工作。

小强：啥？啥工作？

大莲：现在人人呼吁环保、垃圾分类，我要去工厂，做餐厨垃圾处理员！

小强：那是人类的地盘，你要真是上那去……

大莲：咱要去了那，火锅海鲜小甜点，要啥有啥！

小强：我问你，人为啥好吃好喝伺候你。

大莲：我那是工作！咱能吃，还不挑食，就算死，也能无忧无虑吃上一阵子，又得了一个保护环境的好名声，也不枉这短暂的一生了。

小强：哎呦，你可真是个吃货！

大莲：讨厌！（下场）

第三幕

（院长上场，表情严肃）

院长：小强！

付强：唉，院长来检查工作了！

院长：胃药研究得怎么样了啊？

付强：院长，我们试过了 50 种制剂，可效果不明显……（院长接过文件看）院长您坐，我给您倒点水吧。（背过身，撤到台边）

（小强和女友大莲旋转橱柜，大莲向院长招手）

院长（颤抖着）：小……强……

付强（胆小地）：我在，院长！

院长（惊恐地）：小……强……

付强：您说，院长！

院长（尖叫）：小强！

（付强转身，脱鞋）

付强：该死的小强，我要铲除你们！（脱鞋打蟑螂，四人开始跑）

（黑衣人上场接鞋，慢动作）

大莲：（上场，解说）我们可不会被轻易打败，要知道我们蟑螂身体上有一个特殊构造——尾须。在尾须上密密麻麻地生有2000多根丝状小毛，相当于付强的腿毛！不过付强的腿毛没啥用，我们的小毛却构成了一个高度敏感的"微型震感器"。一旦发生震动，就会迅速地报警（和小强一起跑，躲在桌子下）。见冷兵器不起作用，可怕的人类科学家决然使用了——杀虫喷雾剂！（蹲下看见院长，二人大叫跑开，蟑螂女友顺势下台，黑衣人扮喷雾剂上场）

院长（小心翼翼）：怎么样了？！

付强：彻底消灭了！（喷雾剂嗞嗞两下，喷雾剂下场）

院长：太好了！我最怕的就是蟑螂了！

大莲：喷雾剂又怎样？！就算在核武器的试验场，也存活着我们的身影，我们能忍受的辐射量是人类的十几倍！所以才被称为打不死的小强！我们啊，除了能装死迷惑敌人，还会吃掉同伴的尸体，产生抗药性。

院长：吃掉同伴的尸体，产生抗药性？

付强：院长，我还有最后的杀手锏，小黑，上杀蟑胶饵！

（黑衣人拿盘子上胶饵）

大莲：哦，我的天呀，这是什么神仙味道？闻起来甜甜的，看看这质地，湿润有光泽。不行了，亲爱的，我饿！

小强：你回来，我告诉你啊，这东西可危险，隔壁老张就是吃了这种白色东西，结果没了，你没听这两天隔壁消停了吗？全家都没了！（黑衣人拿胶饵引诱，蟑螂二人下场）

院长：怎么样？

付强：肯定没问题！胶饵是一种胃毒，可以有效杀死蟑螂，而且，根据蟑螂分吃同类尸体这一特性，可以成群消灭。

院长：瞧瞧，这就是科学家精神啊，认识事物规律，并利用规律，不断探索，造福人类！

第四幕

［欢乐音乐起（军乐队），小强从院长眼皮子底下经过，摆出一个个小蟑螂模型。院长和付强看呆了］

大莲：哈哈哈，毒死一窝，还有一窝，我们有着超强的繁殖能力，平均一只蟑螂在半年时间内就能繁衍一万只后代！一些种类，还能孤雌生殖，也就是说雌虫未经交配也可产生能发育的卵！快跑！（跟着跑下台）

付强：还没死？！蟑螂为什么这么顽强！？它到底是什么做的？！

院长：唉，是啊，蟑螂的身体里到底有什么，让他这么顽强？

院长：这样吧，咱就换个思路研究蟑螂，先培养一批科学虫，看看能得到什么突破。

小强：就这样……我稀里糊涂地成了一只科学虫，住在实验室的培养皿里，和科学家们暂时友好相处。（配合院长做检查）

付强：研究表明，蟑螂的免疫细胞对病变细胞有着超乎想象的攻击性，且敏感异常，目前来看，也许可以用来治疗癌症呢！院长，您快来看看！

院长：（拿着资料）我们从蟑螂体内提取出了有效活性成分——表皮生长因子类物质，它能促进细胞增殖和新生肉芽组织增长，加速病损组织修复。

付强：没错，我们根据蟑螂的这一特性，终于研制出了治疗胃出血、溃疡，修复创面的药物。

小强：不过，只有我们美洲大蠊有较高的药用价值，我的那些亲戚们啊，还有待科学家们去慢慢发现！

院长：科学虫可跟外面的虫子不一样，需要经过特殊饲养，这家里的蟑螂啊，该抓还得抓！

（变形女友大莲上场）

大莲（变形）：强哥，我是大莲呀！

小强：你怎么变成这样啦？！

大莲（变形）：我去餐厨垃圾厂上班了！

小强：你在垃圾场都经历了什么？

大莲（变形）：就是吃呀！一日五餐，种类丰富。卵鞘用来孵化新生力量，粪便用作有机肥料……

小强：（打断）哎呀，你这个吃货呀！（二人下台消音）

付强：虽然一切都在起步阶段，人类还在实验性地探索蟑螂身上更多的可能，但作为大自然的一份子，我们期待人类与自然界的万物能够和谐共处。

院长：没错，地球上有数不清的生命，每一种生命都有独特的存在价值和生存密码，能够一一发现与破解它们，才是——

（一起说）：科学家精神！

（剧终）

图 4-5　科普剧《付强与小强》现场表演

六、团队介绍

吕宪杰：主创，辽宁省科学技术馆工会主席。

冯　琳：主创，辽宁省科学技术馆科学教育部部长。

周宇新：主创，辽宁省科学技术馆科学教育部业务主任。

王小瑜：表演，辽宁省科学技术馆科学教育部科技辅导员。
巨　晶：表演，辽宁省科学技术馆科学教育部科技辅导员。
李京泽：表演，辽宁省科学技术馆科学教育部科技辅导员。
王思彤：表演，辽宁省科学技术馆科学教育部科技辅导员。
柏德好：表演，辽宁省科学技术馆科学教育部科技辅导员。

七、创新与思考

（一）收获和体会

项目初衷是通过喜闻乐见的科普形式将"某一科学发现"传递给观众，但通过本次创作，我们意识到科学性的支撑才是作品成功的关键。在今后场馆内的科普创作和演绎方面，我们会更加聚焦科学性。

（二）问题和不足

"蟑螂"选题可参考的文献较少，导致科学性的把握相对困难；利用蟑螂处理餐厨垃圾这一项目还处于初试阶段，具体实施效果与未来发展方向有待进一步研究。

项目单位：辽宁省科学技术馆

文稿撰写人：巨　晶　王小瑜　任　孟　朱　琳

二等奖获奖作品

光旅历程

一、活动简介

活动以"光"为主题,通过人造光发展的时间线,分别展示烛光、电灯、激光的诞生过程及其产生的深远影响;活动中以角色扮演的形式穿插表现了发生在科学家身上的故事并结合大型放电实验,在声音、灯光的配合下带领观众实现穿越。

二、创作思路

(一)知识与技能

掌握光源(从火把到烛光,从电灯到激光)的发展过程,学习了解各种人造光源的作用及产生的深远影响。

(二)过程与方法

通过角色扮演、故事讲述的形式,引出不同时代具有代表性的人物及科学实验。

(三)情感、态度与价值观

情景带入,锻炼观察力、分析能力、实验操作能力,提高动手能力,培养想象力和创造力,增进团队的合作与交流能力。

(四)活动设计思路

第一幕,公元前3000年前,从古埃及人使用火把到几千年后蜡烛的诞生,讲述了人类在没有电的时候，是如何制造简单光源的，借助蜡烛燃烧的实验，帮助观众了解物质燃烧的科学知识；

第二幕，重点介绍照明工具的第二次革命（电的产生），纠正"灯泡是由爱迪生发明的"这一错误说法，通过实验引出"碳丝灯泡"；

第三幕，通过亮度对比，引出激光，并通过激光舞表演，帮助观众理解和记忆；

第四幕，尼古拉·特斯拉（下面简称特斯拉）出场，表演大型放电实验，帮助观众了解交流电的产生对照明工具变革的影响（在时间充裕的情况下，可补充设置拓展——法拉第笼和等电位）。

活动的重点及难点：特斯拉与爱迪生的人物关系、特斯拉放电装置的放电原理。

三、活动准备

活动场地：8米×5米的舞台。

活动道具：铁丝网（用于接地）、特斯拉放电装置、电焊机、烛台、激光手套、舞台用电（220伏）。

四、剧本

[人物介绍]

主持人、古埃及人、爱迪生、特斯拉。

第一幕

（视频播放《光旅历程》：因为有了光，生命孕育出更加丰富的形式，万物呈现出更加亮丽的色彩，文明在光的沐浴下发展、繁荣。从烧油点蜡的柴薪时代，到使用煤油煤气的煤炭时代，再到发明电灯、激光、发光二极管，伴随着科技的进步，人类利用光、制造光的历史不断延续，对光的探索也会一直进行下去，永不停歇……）

（主持人上台，按停视频）

（音乐1）

主持人：光是色彩，光是能量，光是生命的燃料、精神的食粮，千百年来它一直改

图 4-6　科普剧《光旅历程》现场表演

变着这个世界。欢迎走进《光旅历程》!

据《大英百科全书》记载,早在公元前 3000 年,古埃及人就有了使用火把的相关记录,他们将动物脂肪涂抹在树皮上制造出了火把,这就是蜡烛的原型。(指向古埃及人,然后拉出火,点燃火把)

几千年后,有人从石油中提炼出大量的石蜡,蜡烛因此在全球得到了普及、推广(点燃桌子上的蜡烛)。然而烛光遇到风就会熄灭(古埃及人吹灭蜡烛),吹不灭的蜡烛真的存在吗?(手指古埃及人)

古埃及人:蜡烛是由石蜡和蜡烛芯组成的,我们在蜡烛芯上混有少量镁粉,镁的燃点很低,只有 38~40℃,蜡烛熄灭后的余温已达到或超过了它的燃点,所以灭后可以复燃。(吹灭"蜡烛",然后"蜡烛"复燃)

第二幕

主持人:石蜡硬脂蜡烛的出现,在人类照明史上开创了一个新时代;而电的出现则拉开了照明工具第二次革命的序幕。

(音乐 2)

(主持人掏出怀表,看看时间)

主持人:时间来到 1879 年 10 月,在美国俄亥俄州的米兰镇,伟大的发明家爱迪生正在努力试验着他的专利——"灯泡"(主持人指向爱迪生)

（爱迪生走上台，拿起桌子上的灯泡，然后安装在台灯上，点亮）

爱迪生：噢，上帝，都说是我发明了灯泡，其实我只是拿到了专利，一切都是亨利·戈培尔那个家伙干的，他用炭化的竹丝通电发光，就像是这样（展示碳丝发光实验），（关掉电源）但是他却没有经费继续研究，便把专利卖给了我，我只是……呃……只是改进了一下（做出"一点点"的手势）。

主持人：是的，谢谢爱迪生先生您的坦诚，最早的灯泡确实是戈培尔的碳丝灯泡，它的主要成分是石墨，导体通电后温度瞬间上升到 2000℃。（走回舞台左后方位置）亨利·戈培尔无疑就是爱迪生生命中的一盏灯，如果没有他的碳丝灯泡，或许，就不会有今天爱迪生的成就。

第三幕

主持人：（戴好手套和眼镜）时代在进步，科技也在发展，我们已经不满足于普通钨丝灯泡所发出的光了。人们开始追逐那些有着更绚丽的色彩的能量更强大的光，照明工具的第三次革命悄然到来。

（音乐 3）（激光舞）

主持人：（音乐 4）激光又叫镭射光，最早由爱因斯坦在 1917 年提出，激光具有单色性、方向性好和能量密度大三大特性，若中等强度的激光束经过会聚，可在焦点处产生几千至几万摄氏度的高温。

（说完，走近实验桌，开启激光笔，点爆火光纸）

主持人：哦，不不不，看看我这个脑子，我好像忘掉了什么东西。19 世纪，从火光到电光时代诞生了两位伟大的人，一位是我们刚才认识过的爱迪生先生，而另一位……（手指向特斯拉），嗨，特斯拉先生，如果我没记错的话，爱迪生先生应该是你曾经的老板吧？

第四幕

（特斯拉慢慢走上台）

特斯拉：噢，我亲爱的朋友，抱歉，我只能以这个造型和你们见面，因为我正在研究我的新发明。爱迪生的确是我曾经的老板，他雇佣我在他的公司负责直流电机的设计工作。

主持人：后来的事情，我知道，1886 年你成立了自己的公司，并在 1891 年发明了

图 4-7　科普剧《光旅历程》现场表演

特斯拉线圈,它从很大程度上帮助工程师了解了电的性质。

特斯拉:现在你们看到的就是特斯拉线圈,呃……这是个有些危险的玩意,它能放出近百万伏的电压,真希望你们一会儿不会被我吓到。

(音乐5)

(特斯拉闪电实验,身体拉电弧,利用灯管发光)

主持人(鼓掌,缓缓走上台):哇哦,简直太酷了,特斯拉先生,能否为我们介绍一下您伟大的发明呢?另外,您又是怎样做到在这近百万伏的电压下毫发无损的呢?

特斯拉:哈哈,我亲爱的朋友,特斯拉线圈应用了谐振原理,能够将日常家用的220伏电压提高至近百万伏,当灯管靠近线圈的时候,线圈放出的百万伏电压击穿空气产生电弧,在线圈周围形成了很强的高频电场,灯管正是受到了这种高压的作用,所以会被点亮。而我身上的这件金属盔甲,它近似一个等位体,衣服里的电势差和电场均为0,外部获得的电荷只会分布在金属衣服表面,所以,我很安全。

主持人(鼓掌):哈哈,谢谢您,电学之父特斯拉先生。(走到舞台中央)爱迪生和特斯拉是两位伟大的人,他们用光和电改变了我们的生活。

(音乐6)

主持人:朋友们,没有了光,生命就失去了颜色!在光的世界里,充满了活力,也充满着生机。感谢观看，再见！

（剧终）

五、团队介绍

袁　晨：青海省科技馆科技辅导员。

王　黎：青海省科技馆科技辅导员。

王志杰：青海省科技馆科技辅导员。

该活动表演团队的主要成员有 3 人，曾多次策划并表演科学实验及科学秀，多次参加全国性科普大赛，并取得过西部赛区第一、全国赛第二的优异成绩。

六、创新与思考

本次活动是一次新的尝试，我们第一次采用角色扮演的形式，从以往的只注重实验效果，拓宽为实验和表演两手抓。为了更加形象地扮演好爱迪生和特斯拉等人，我们认真钻研了人物传记、电影等中对科学家的描述。因为对人物理解程度的深浅直接关系到舞台上组织角色行动的准确与否。另外，所有对应实验必须准确无误。经过为期 2 个月的反复排练，我们真正地明白了什么才是好的表演。

当然，活动中也有一些不足。在策划阶段，由于团队意见不统一，导致剧本更改频繁，始终无法确定主题和中心；在实验操作环节，为了使舞台效果更佳，所用的道具较为庞大，这也使运输遇到了一定困难，拆解后的道具虽然方便了运输，但也容易造成损坏和零件丢失。

针对以上不足，我们总结经验教训，在日后的活动策划表演中，不但要达到实验的视觉效果，同时也要注重表演时的表情和肢体动作，这样才能吸引观众走进预先设定好的故事情节中。

项目单位：青海省科技馆

文稿撰写人：袁　晨

声入人心

一、活动介绍

（一）主要内容

在人类大脑的认知系统中，视觉系统是人体最高的信息收集者，人类接收的外部信息有 85% 来源于眼睛，10% 来源于耳朵，两者相互作用、互为补充，人类才能准确地认知事物。由中国科技馆原创的科学表演项目《声入人心》，在现场模拟出大型真人实验秀的录制环境，通过一系列拟音实验，带领大家从心理学的角度了解人类认知事物的基本原理，并最终落脚到该项目的核心理念——让你听到你"看到"的声音。

（二）表现形式

其他科学表演。

（三）主要创新点

心理学是科学表演较少涉及的学科范畴，拟音是科学表演中较少使用的演示方式，科学表演项目《声入人心》将二者结合，用全新的形式诠释了有趣的科学现象。

二、创作思路

（一）活动目标

该项目以科学表演为主要表现形式，以拟音实验为主要表现手段，带领观众从心理学的角度认识和了解人类认知事物的基本原理，引导现场观众通过现象认识事物的本质。

（二）设计思路

心理学是科学表演较少涉及的科学领域，科学表演项目《声入人心》选取其中的一个知识点，通过公众感兴趣的演示手段让公众了解事物认知的科学原理，引发公众的科学兴趣，进而探究其背后蕴含的科学精神。

（三）活动重点及难点

拟音实验对舞台环境和设备的要求较高，准确演示拟音实验，可使观众感受到相似度较高的声音，这将影响整个项目的实验结果。

三、活动准备

（一）道具

专业收音话筒、稳定性较高的桌子、返送电视、拟音材料（主要包括西装上衣、安全带搭扣、铁铲、竹子、芹菜、豆子、塑胶手套、玻璃纸、磁带、绿植等）。

（二）服装

为进行角色区分，建议后排拟音演员统一着装（连体裤），主持人着正装。

（三）场地

该项目主要使用拟音的形式进行科学表演，考虑到拟音对舞台环境及设备的要求较高，建议选择具备专业舞台音响、灯光、大屏幕的场地进行演示。前期要对专业收音话筒的反馈效果、返送电视的画面传输质量等进行调试。

四、活动过程

（一）主题导入

通过拟音实验，引导观众观察现象并提出疑问，引出活动主题"让你听到你看到的声音"。

（二）表现形式及实验

该项目以拟音为主要表现形式，先通过画面对比和声音对比两个科学实验引发观众的兴趣，随后通过一系列拟音实验进行验证并得出结论。

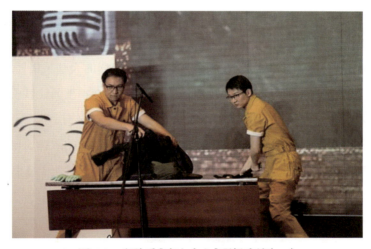

图 4-8　实验秀《声入人心》现场表演（一）

五、剧本

（主视觉→开场音乐）

主持人：大家好，欢迎来到《声入人心》大型真人实验秀的现场，今天的实验和大脑认知有关。在接下来不到 8 分钟的时间里，现场所有观众都将成为我的实验对象，我们今天的实验主题就是——让你听到你看到的声音。（字幕：让你听到你看到的声音）不要疑惑，就是让你听到你看到的声音。让我们一起进入第一个实验，大家跟我一起说

"Bar-Bar-Bar",现在大家跟我一起说"Far-Far-Far",两种口型是不是完全不同呢?好,记住这两个口型,我们来看看到底是哪一个口型?(播放"麦格克效应"实验视频)。接下来神奇的事情就要发生了,一会儿你只要盯着左边的画面看,发音一定是 Bar,你只要盯着右边的画面看,发音就一定是 Far,不信你们看!(播放"麦格克效应"实验视频)。其实,我只是改变了视频的画面,用的还是同一段声音,为什么改变画面我们就会产生截然不同的认知呢?俗话说得好,"百闻不如一见",就大脑的认知而言,视觉是人体最高的信息收集者,人类接收的外部信息中,85% 是由眼睛获得的,10% 由耳朵获得,两者相互作用、互为补充,我们才能准确地识别事物。

主持人:接下来,我们进入第二个实验。请我们的科技辅导员为大家模拟两个声音,大家调动听觉信息通道,看看能不能判断出这是什么声音?(橡胶手套、包装袋演示)我听到有的观众说是油炸、下雪的声音。看来大家并不太确认自己的答案,我们结合画面再来听(播放雪地和油锅的视频,开屏风)。哦,原来是踩雪地和油炸的声音。(主视觉)是的,耳朵可以获得 10%,眼睛可以获得 85%,这就是我们的大脑采集外部信息的模式。

主持人:既然视觉这么重要,那么如果我们仅仅靠看呢?下面让我们一起进入第三个实验。这次请大家首先调用的是视觉系统(播放炸鸡、下雨的视频,但不出声音)(主视觉)请大家脑补一下,这是什么声音呢?我看见了很多鄙视的眼神,哈哈,大家一定觉得这也太简单了吧,当然是下雨和炸鸡的声音了。真的是这样吗?(科技辅导员拟音

图 4-9 实验秀《声入人心》现场表演(二)

演示，再播放炸鸡、下雨的有声视频）（主视觉）怎么样，朋友们，85%重要，10%同样也不能小看。看来只有依靠视觉系统和听觉系统的共同"努力"，我们才能准确地认知事物。

主持人：下面，就让我们协同视觉和听觉，一起进入实验的最后一个环节——终极秀场！我们的科技辅导老师将为大家展示一种应用于影视艺术中，能够将人的视觉系统和听觉系统双重叠加的现象——拟音。观众朋友们，你们准备好了吗？接下来的环节可能会让你眼花缭乱，我要提醒大家，千万不要被我们台上帅气的科技辅导员老师所吸引，还要注意我们的大屏幕，说不定会让你有意外的收获。（阅兵、卧虎藏龙、葫芦娃视频）

（主视觉→结尾音乐）

主持人："声入人心"大型真人实验秀到此结束，睁大你的眼睛、竖起你的耳朵，我们下次再见！

（剧终）

六、团队介绍

中国科技馆科学表演团队是一支专门从事科学表演研发、实施的专项团队，成员全部由科技馆的一线科技辅导员组成。多年来，项目团队研发了大型科幻童话剧《皮皮的火星梦》及《科学大爆炸》等多个原创科学表演项目，多次荣获全国专业赛事一等奖。

团队主要成员介绍如下。

王　霞：编剧、导演，中国科技馆科技辅导员；主要从事科学传播和教育活动研发工作，具备丰富的科普工作经验，曾荣获首届全国科技馆辅导员大赛三等奖，第三届北京科普基地优秀教育活动展评一等奖，参与研发的科普剧、科学表演项目多次荣获省部级奖项。

张　然：编剧，中国科技馆科技辅导员；主要从事科普剧及科学表演研发工作，参与研发的科普剧、科学表演项目多次荣获省部级奖项。

王　鹏：主创，中国科技馆科技辅导员；主要从事科普影视创作工作，拥有丰富的创作经验，曾参与制作《海上科考直播》《建设我的月球基地》《嫦娥归来》等多部科普影视作品，参与创作的科普剧、科普影视作品多次荣获省部级奖项。

胡　杨：演员，中国科技馆科技辅导员；主要从事科学表演的研发及表演工作，曾多次荣获全国科技馆辅导员大赛一等奖。

景仕通：演员，中国科技馆科技辅导员；主要从事科普教育活动研发和科普剧表演工作，曾荣获全国科技馆辅导员大赛二等奖。

王先君：演员，中国科技馆科技辅导员；主要从事科普教育活动的研发工作，曾荣获全国科技馆辅导员大赛二等奖。

王亚楠：演员，中国科技馆科技辅导员；主要从事科普教育活动的表演工作，曾荣获全国科技馆辅导员大赛二等奖。

尹俊尧：演员，中国科技馆科技辅导员；主要从事科普教育活动的表演工作，曾荣获全国科技馆辅导员大赛二等奖。

项目单位：中国科学技术馆

文稿撰写人：王　霞　张　然

科探使命

一、活动简介

这是一部值得推敲的科普剧，科学与奇案相结合，情感与道义相交织。每一位嫌疑人都有犯罪动机，真凶到底是谁？两位足智多谋的侦探，谁才是"逻辑鬼才"？不法之徒利用"科学"犯罪，而正义之剑运用科学破案。纸包不住火，发生过的不会消失。当正义降临时，真相将浮出水面。

二、创作思路

科学与生活从来不是矛盾体，勇于探索、科学生活，是理想，也是使命。一部好剧，带来的反思空间和价值远远大于剧作本身。希望观众看完这部剧后，能够细细回味的除了剧情本身，还有对于科学的探索和思考。

三、活动准备

设备与材料准备见表 4-1。

表 4-1 《科探使命》道具清单

项目	名称	道具名称	数量
实验道具	脚印实验	罗宾汉的脚印（塑封）	1
		胶带纸（宽）	1

续表

项目	名称	道具名称	数量
实验道具	电致变色玻璃	喷水壶	1
		玻璃实验套装	1
	液氮香蕉	液氮	1
		液氮保温盒（桶）	1
		置物盒	1
	液氮香蕉	香蕉	1
		液氮手套	2
		香蕉夹子	1
		护目镜	1
		黑色桌布	1
		可移动道具桌	1
场景道具		旋转椅	3
		钱袋子	1
		电吉他模型	1
		公文包模型	1
		可移动道具桌	1
		可移动道具桌 KT 板布景	1
角色道具	玛丽肖	流汗装置	1
		滴管	1
		胶带纸	1
		扳指	1
		秘书套装	1
		高跟鞋	1
	罗宾汉	矿工灯	1
		黑色卫衣	1

续表

项目	名称	道具名称	数量
角色道具	罗宾汉	黑色运动鞋	1
	杰克张	金色首饰（戒指、项链）	2
		耳饰	2
		白色铆钉夹克	1
		白色九分裤	1
		铆钉休闲鞋	1
	摩斯	撒花碎片	1
		放大镜	1
		白衬衫	1
		格子裤	1
		侦探披风外套	1
		马甲	1
	菠萝	胡子	3
		烟斗	1
		侦探披风外套	1
		侦探帽	1
		白衬衫	1
		马甲	1
杂项		吸尘器	1

四、活动过程

（一）主题导入

（导入是活动的起始环节，良好的导入可以起到先声夺人的效果。）本剧以一段紧张的舞蹈作为导入，引起观众的关注和兴趣。

图 4-10 科普剧《科探使命》现场表演

（二）表现形式

以科普剧的形式展示。两位侦探对三位犯罪嫌疑人进行询问，一步一步发现犯罪真凶，感受探案中大胆假设、勇于探究的科学精神。

（三）实验及原理

（1）脚印实验　根据研究表明，一个人脚印的长度，跟他手腕到手肘的长度是一样的。

（2）液氮香蕉实验　液氮温度为 -196℃，具有制冷的效果，所以常用作制冷剂。把香蕉放到液氮中，就相当于把香蕉冷冻，会使香蕉里的水分结晶，同时香蕉皮里的纤维素跟水结合，形成晶体，香蕉就会变得非常坚硬。

（3）电致变色玻璃　玻璃的中间夹入了一层透明的导电膜和含有许多液晶分子的聚合物，通过改变电流的大小可以调节液晶分子的排列状态，实现玻璃从不透明到透明的调光功能。

五、剧本

摩丝：罗儿……

菠萝：丝儿……

二人合：粉儿！

菠萝、摩丝（互相说）：你怎么在这儿？！

菠萝：我就不能出来探个案吗？那你呢？

摩丝：我？！哼，我就不能出来做个头发吗？

菠萝：嗯？

摩丝：我也是出来破案的，哼！

旁白：本市发生一起重大刑事案件，所有线索都提供给二位，谁先破案谁就是第六届全国侦探大赛第一名。

菠萝、摩丝：第一名！！！哇！！

摩丝：4倍速！

菠萝：8倍速！

摩丝：16倍！

菠萝：128倍！

摩丝：哥啊，您超速了。

菠萝：停！

菠萝：看来，犯罪嫌疑人就锁定在他们三个人身上，他们分别是追求者杰克张、秘书玛丽肖、惯偷罗宾汉。

罗宾汉：到！

菠萝：罗宾汉，把你的脚伸出来！

罗宾汉：腿软。

菠萝：那就把手伸出来！这是在犯罪现场找到的脚印，根据研究表明，一个人脚印的长度，跟他手腕到手肘的长度是一样一样、一样一样哒。

罗宾汉：这44码的脚多了去了，怎么能证明现场的脚印就是我的？

菠萝：我们根据脚印进行了3D智能建模，完全匹配了你的年龄、身高、体重，还有你的内八字，老实交代！

罗宾汉：哎呀，人不是我杀的！

摩丝：那你昨天晚上8点半，去她家干啥啦？

罗宾汉：昨晚，你这话问得真有意思，你说我一个小偷去她家能干嘛呀？偷！偷啊！

摩丝：那把你的犯罪过程交待一遍。

罗宾汉：得嘞！我到了她家，拉开窗户，翻了进去。打开柜子，耶！琳琅满目，全是珠宝！突然，她回来了，我一紧张就用珠宝盒"咣当"了她一下，她不会就这样

Game Over 了吧？！不对啊，欸，我是穿着鞋进去的呀，你怎么会有我脚印呢？我发现，你这人不地道嘿，你怎么能诈我呢？

菠萝：不诈你，诈谁？坐下！那么你呢？玛丽肖？

玛丽肖：Mr.Boro，你找我到底有什么事情？

菠萝：哎呀，好好说话，说国语。我问你，昨天晚上8：20你去她家干嘛了？

玛丽肖：她最近……

菠萝：嗯？

玛丽肖：咳，习惯了。最近，她心情特别不好，总是借酒消愁，我去安慰她。没想到电话不接，敲门不开，然后我就走了。这有什么问题吗？

菠萝：就这么简单？

玛丽肖：这能有多困难？

菠萝：好的，肖女士，谢谢你提供的线索。

摩丝：杰克张，你别装了，凶手就是你！

杰克张：大侦探摩丝儿，你的眼睛，是什么时候瞎的呀？

摩丝：呵呵，我早就看透你的犯罪动机了。

杰克张：哎呀，不用你看透，动机我来告诉你。我费尽心思地追求她，却只换来好人卡，白日做梦，她休想！这就是我的杀人动机！可凶器呢？没有凶器你依然定不了我的罪！

摩丝：液氮。菠萝先生，here！根据监控，我判断香蕉就是凶器，保温盒就是运送液氮的容器。香蕉在冷冻时，丰富的纤维就相当于加强筋，其强度接近马氏体钢，具有惊人的杀伤力，你还有什么要说的？

杰克张：不接电话就算了，还关机，我绝不允许！我到了她家，门开着，我直接闯了进去，哎呀，她竟然还躺在椅子上听歌剧，我想！想什么想？我转身就逃离了现场……

玛丽肖：凶手是他！

杰克张：凶手是我！

罗宾汉：凶手是他！

杰克张：凶手是我！

杰克张：大侦探摩丝儿，我认罪！

摩丝：真的吗？咳，哥，承让承让，我赢啦！

菠萝：No，no，no，真相只有一个，用液氮冷冻过的香蕉是不足以致死的，不要把侦探小说当现实。根据检查，书房内其他玻璃都是一面粗糙一面光滑的磨砂玻璃，但唯独那块"玻璃"两面都是光滑的。

玛丽肖：前两天玻璃坏了，是我叫人换的，那又能证明什么？

菠萝：哟哟哟，这还没说是你，你就跳出来了！大家请看，磨砂玻璃的磨砂面喷上水以后，是能够看到里面的情况的。

玛丽肖：那又怎样，又看不清楚！

菠萝：看来你已经试过很多遍了。这就是你换上电致变色玻璃的原因，通电以后，房间里的情况一览无余。还有，你在中指上戴了扳指，不合适吧？行了，擦擦你的汗吧！

玛丽肖：我有流汗吗？没有吧！

菠萝：你现在汗多得都可以洗脸了！

玛丽肖：一开始我不想这样的，透过电致变色玻璃，我看到海伦被砸晕了，这可是拿到文件的天赐良机，还可以嫁祸给小偷。我正要走的时候，突然听到海伦喊道"玛丽，是你？"不！不！我难道还要替小偷顶罪？我别无选择，只能捂住她的口鼻。这个咬痕就是在那个时候留下的。我马上伪造了现场，杰克张不停地打电话来，机会来了！我马上就关机了，以他的暴脾气即使不能嫁祸给他，也能把现场破坏得一片狼藉。这样我就可以逃出生天了。菠萝先生，谢谢你抓住了我，我将用我的生命去忏悔。

海伦小姐：你们说的我都听到了，我原谅你们。

合：你还活着？

菠萝：幸亏她的保姆临时回来，才救了她一命。

旁白：本案宣判如下，罗宾汉，犯抢劫罪，判处有期徒刑10年；杰克张，犯故意杀人罪，判处有期徒刑15年；玛丽肖，犯盗取商业机密罪、故意杀人罪，判处有期徒刑20年。

罗宾汉：天网恢恢！疏而不漏！

合：科技强国，使命必达！

（剧终）

项目单位：温州科技馆

文稿撰写人：蔡　璐　夏立明　苏　侃　张自悦

6号房间

一、活动简介

2019年被联合国大会誉为国际化学元素周期表年,这一年也是俄罗斯化学家门捷列夫发明元素周期表150周年。为了纪念这一科学发展史上的重大成就,激发青少年对化学的学习与探索热情,我们创作了科普剧《6号房间》。

世界万物是由哪些最基本的物质构成的?这些最基本的物质又是怎样变成万物世界的?这是人类一直好奇并致力于破解的物质世界奥秘。该剧以"碳"元素为主人公,在不断寻找、探索、认识自己的过程中,让观众了解碳元素、碳的原子结构、碳循环等科普知识,简单、清晰却非常深刻地揭示出复杂物质世界的内在规律。该剧在表演形式上除了运用传统的舞台剧表演形式以外,还融入了人偶互动、光影投射、立体展板等元素,从而展现了一场既生动又有记忆点的科普剧表演。

二、创作思路

(一)活动目标

①认识碳的原子结构、质子、中子、电子。
②认识碳的化合物及其自然形态。
③初步了解碳排放、碳循环。
④初步了解元素周期表。

观众通过观看科普剧表演,可以了解组成世界万物最基本的物质结构,知道元素周期表是化学家门捷列夫在150年前发明的。通过科学家们的不断努力,在其后的150年间又陆续发现了很多化学元素，而未来还将会有更多的新元素被发现，从而激发青少年对化学学习和探究的兴趣，不断推陈出新。

（二）活动设计思路

本剧的主要服务对象为低龄青少年，利用舞台剧的表演形式，设计不同的场景和人物，让观众跟随主人公"碳"的疑问和经历展开探索；随着"碳""元素""拉瓦锡""同素异形体""化合物""门捷列夫"等关键词在舞台上依次显现，不断推进剧情的发展，最后，密码"6、2、4、8、N"的出现，把观众对最终答案的思考引向高潮。

（三）活动重点及难点

在化学领域，有关元素的知识对青少年十分重要，它既是今后学习化学的理论基础，又是不可缺少的工具。可化学元素的概念较为抽象，青少年在学习过程中较难理解，因此，该剧将一些抽象的化学知识点以文字及类似快闪的图片、视频等形式呈现，尤其对低龄的青少年能起到化学知识启蒙的作用。

三、活动准备

①提前了解表演舞台的尺寸是否适合现有的道具、舞台的设备设施条件如何，着重了解是否有定点光、追光，是否可以暗场等。

②根据道具清单，准备表演所需的道具（36块投影板、遮光板、聚光灯、伸缩架、碳电子灯、布偶、投影仪、笔记本电脑……）、服装、化妆品、音乐、幻灯片等，明确

图4-11　科普剧《6号房间》道具制作

分工，责任到人。

③演员和后台配合人员做好各项演出准备。

四、活动过程

（一）主题导入

通过一段暗场舞蹈和"碳"的自我设问，引导观众思考——他是谁？

（二）剧情发展

拉瓦锡出场，揭示"碳"的身份，并回应前段设问中提出的"碳"的物理、化学性质，点出"碳"的同素异形体，并引出"碳"的化合物。接着，"氧"姐妹（两个氧原子）出场，通过和"碳"的对话与舞蹈，介绍氧气、二氧化碳的产生及对地球的影响，并通过"氧"姐妹手中的道具，展示碳排放和碳循环。

（三）剧情转折

至此，"碳"已对"我是谁"有了大致了解，接下来"碳"继续追问"我的家在哪里？"

（四）故事高潮

门捷列夫出场（工作人员在后台操控布偶），此处设计了人偶对话的表现形式，事先在背景墙上开了若干个小窗，门捷列夫在多个小窗口与"碳"进行对话，引导"碳"认识自己的原子结构和"碳"在自然界中的重要地位（投影显示），进而找到"碳"在元素周期表中的位置，并引申介绍元素周期表的发明和发展。此段通过紧凑的台词、丰富而又巧妙的舞台表现形式、唯美的灯光，给观众以强烈的视觉、听觉冲突，让观众在欣赏剧情的同时，不知不觉地掌握了原子结构和元素周期表的相关科学知识。

（五）结尾点题

"碳"独白点题（致敬元素周期表的发明和人类知识宝库的浩瀚），6个电子暗场舞蹈收尾。

五、剧本

（全场漆黑，音乐起，舞台中间亮起6个电子围绕着碳运动）

碳：我是谁？

有人说我柔软，也有人说我坚硬；

有人说我昂贵，也有人说我便宜；

有人说我绝缘，也有人说我导电；

有人说我是死亡，也有人说我是生命；

有人说我是好的，也有人说我是坏的。

我，到底是谁？

（6个电子离场，拉瓦锡出场）

拉瓦锡：我知道你是谁。你既普通，又伟大。

碳：What？

拉瓦锡：在化学界，你是一个非常重要的元素；而在自然界，你无处不在，还能跟不同的元素结合成为更多的物质。

碳：你又是谁？

拉瓦锡：我？是第一个把你定义为元素的人。

碳：元素？

拉瓦锡：我叫拉瓦锡。

碳：拉瓦什么？

拉瓦锡：拉瓦锡。

碳：拉什么锡？

拉瓦锡：拉瓦锡。

碳：哦，拉瓦锡。那我是谁？

拉瓦锡：你是碳，英文名Carbon，符号C。

碳：碳？那我是好的，还是坏的？

图4-12 科普剧《6号房间》现场表演——"碳"与"氧"姐妹

拉瓦锡：我只能说，你是地球生命的基础。

碳：生命基础？

拉瓦锡：所有生物的主要组成元素中都有你。

碳：要是缺了我呢？

拉瓦锡：地球的生命将不复存在。

碳：哇！我竟然这么重要！

拉瓦锡：而且你不止于此，你还扮演了很多重要的角色。

碳：比如呢？

拉瓦锡："钻石恒久远，一颗永流传。"

碳：坚硬无比的金刚石也是我？

拉瓦锡：质地轻软，即能导电，又能导热的石墨。

碳：我也是铅笔芯。

拉瓦锡：没错，这两个都是你的同素异形体。

碳：我是金刚石，我也是铅笔芯。同素异形体！同素异形体！同素异形体！

拉瓦锡：我刚说同素异形体你就这么嘚瑟，那我还是不往下说了。

碳：不，你快说，快说。

拉瓦锡：你的化合物目前已知的就超过了1000万种。

碳：这么说，我能有1000万种不同的化身？我变！我变！我变！不行啊！

拉瓦锡：化合物，是由两种或两种以上不同的元素组成的纯净物。

碳：两种或两种以上？那我需要和不同的元素结合在一起？

拉瓦锡：没错，你能和不同的元素和睦相处。比如，她们。

（拉瓦锡下场，氧姐妹出场）

氧姐：我是氧。

氧妹：我也是氧。

氧姐妹：我们的中文名叫氧。

碳：哦，你们是氧气。

氧姐：不对，我是氧。

氧妹：我也是氧。

氧姐妹：我们两个在一起才叫氧气，而你和我们在一起就是二氧化碳。

碳：二氧化碳？哦，我是二。

（拉瓦锡的场外音：不！你是碳。）

碳：对。我是碳，英文名Carbon，符号C。

氧姐：在地球的大气中有很多二氧化碳。

氧妹：动植物呼吸会产生二氧化碳。

氧姐：燃烧煤和石油会产生二氧化碳。

碳：那我们二氧化碳组合会充满整个地球。

氧姐妹：不行。

氧姐：这样会引起很多环境问题，人类和动物们可能会窒息而死。

碳：难怪他们说我是坏的。

氧妹：还好有植物，它们通过光合作用吸收二氧化碳，可以释放氧气。

（氧姐妹下场）

碳：呃……那我的家在哪儿啊？

（砰！砰！砰！碳去打开柜门，"6、2、4、8、N"弹出来）

碳：6、2、4、8、N，是什么意思？

（门捷列夫从窗口出场）

门捷列夫：真相只有一个！6、2、4、8、N不仅能揭示你的身世之谜，还能指引你的回家之路。

碳：6、2、4、8、N，能揭示我的身世之谜？也能指引我的回家之路？

门捷列夫：作为碳原子，你知道你有几个质子吗？

碳：6个。

门捷列夫：对。中子呢？

碳：6个。

门捷列夫：不，大部分是。那电子呢？

碳：6个。

门捷列夫：对。

碳：那我就是666！

门捷列夫：不，你是碳。

碳：哦，我是碳，英文名 Carbon，符号 C。那 2、4 呢？

门捷列夫：我还没说完呢。2 加 4 等于多少？

碳：6。

门捷列夫：你有 6 个电子，分为两层，内层有 2 个，外层有 4 个。

碳：那 8 呢？

门捷列夫：最稳定的外层电子数是 8 个。

碳：可我的外层电子数只有 4 个。

门捷列夫：请看！

（投影出现分子式）

门捷列夫：每个氧原子和你共用 2 个电子，那么你就有……

碳：8 个电子。

门捷列夫：没错。再来个复杂的。氢氧一起来。

（投影出现分子式）

碳：每个氢和你共用 1 个电子，氧和你共用 2 个电子，所以又是 8 个！那 N 呢？

门捷列夫：正因为你这既容易失去电子，又容易获得电子的特性，使得你可以和不同的元素组成无穷的变化。什么蛋白质、脂肪、碳水化合物，甚至在 DNA 链上也少不了你的身影。

碳：哇，太厉害了。6、2、4、8、N，你说可以让我找到回家的路，那我的家在哪儿？

（舞台上出现元素周期表）

门捷列夫：这是元素周期表，你能找到你的房间吗？

碳：我有 6 个质子，我住 6 号房间。

门捷列夫：没错。我刚开始建这座房子的时候，里面只住了 63 个元素，随着科学的发展，这里留下的空位已先后被慢慢填满，至今已有 118 种元素被陆续发现。我相信，在未来，还会有更多的新元素被人类发现，住进这个家。

碳：对了，你是谁？

门捷列夫：我是门捷列夫。

（门捷列夫下场）

碳：门捷列夫！既然每个房间都住着一个元素，我一个碳就有这么浩瀚的知识，那这一百多个房间，每个房间都是智慧的宝库。我知道我是谁了！

（音乐起，6个电子上场）

碳：我很柔软，也很坚硬；

我很昂贵，也很便宜；

我是死亡，也是生命；

我是碳，英文名Carbon，符号C。

我住在6号房间。

（屏幕：致敬元素周期表发明150周年！）

（剧终）

六、团队介绍

（一）创作团队

该剧由东莞市科学技术博物馆公共教育部科技辅导员集体创作，从选题、立意、剧本编写，到舞台排演、服装和道具的设计与制作、化妆设计等，全部自己完成，主创人员为叶建强、黄明秀、卢玉燕3人。

叶建强：东莞市科学技术博物馆公共教育部部长。

黄明秀：东莞市科学技术博物馆公共教育部副部长。

卢玉燕：东莞市科学技术博物馆公共教育部主管。

（二）表演团队

该剧演员共8人，全部为东莞市科学技术博物馆公共教育部科技辅导员。

苏皓东：饰演碳。

黄振华：饰演拉瓦锡，兼门捷列夫配音。

刘云池：饰演氧姐，兼演电子。

曾桂余：饰演氧妹，兼演电子。

邹娉娉、林文政、张嘉雯、刘慧：饰演电子。

七、创新与思考

该剧从选题到成型历时近一年,几乎动用了部门全部的人力资源,所以,团队的力量是该剧得以获奖的主要原因。举个简单的例子。剧中有一个环节是"碳"询问"我的家在哪里?"紧接着一串密码"6、2、4、8、N"出现在舞台上,仅仅对这一串密码的呈现方式,我们就换了好几个方案。最开始是由门捷列夫直接说出来,但感觉太过直白,没有悬念;第二方案改为无人机释放密码条,航模团队几经调试改进,解决了无人机的噪声问题、飞入角度和速度问题、无人机身隐藏问题,却发现耗时太长,影响整个剧的节奏;于是再改为第三方案——制作可折叠的密码弹跳盒,模仿骰子瞬时撒入舞台,弹跳盒的设计和制作也是让同事们耗尽了脑汁,材料、形状、颜色、尺寸、折叠方式、撒入位置,诸多因素需要考虑,最后还是被否定了,因为弹跳盒在舞台弹跳落定的位置每次都不一样,影响舞台调度;不断地创新,不断地迭代,同事们上班在想,下班还在寻找灵感,最后敲定了用后台射灯投影的方式呈现。可以说,这个作品虽然最终在证书上出现的只有11个人的名字,但是东莞科技馆公共教育部的每个人都为之付出了极大的心血,该剧是真正意义上的集体智慧的结晶。

全国科技馆辅导员大赛是一个非常好的交流平台,通过参赛,我们在不断成长的同时,也看到了自身的不足和差距。各兄弟场馆的优秀作品在带给我们震撼的同时,也启迪和开阔了我们的思路。科普事业路漫漫,我们将继续快乐前行!

项目单位:东莞市科学技术博物馆

文稿撰写人:黄明秀　卢玉燕　邹娉娉

元素奇遇记

一、活动简介

本活动的创意点来自 2019 年是门捷列夫元素周期表发表 150 周年，本剧以"元素"为主题，以科普剧表演为主要表现形式，结合焰色反应、惰性气体通电发光等实验，配以幻灯片辅助教学，让观众了解元素周期表、周期与族的概念及其典型特征，进一步了解元素构成的（有机与无机）物质世界。本项目活动适合在场馆和学校开展。

二、创作思路

2019 年是门捷列夫元素周期表发表 150 周年，根据这个热点话题创作了科普剧《元素奇遇记》。剧中通过公主寻找救命恩人时发生的一系列不同寻常的故事，将焰色反应与惰性气体通电发光等化学知识融入剧中，在带给大家精彩演出的同时，弘扬了门捷列夫发现元素规律的孜孜以求的科学精神。

三、活动准备

教学场地：多功能报告厅。

教学准备：计算机、显示屏、实验及表演器材（见表 4-2）。

表 4-2　实验及表演器材

序号	物品名称	数量	序号	物品名称	数量
1	淀粉公主服装	1 套	7	火龙卷实验道具	2 套
2	侍女服装	1 套	8	钾	1 盒
3	碘侍卫服装	1 套	9	酒精	2 瓶
4	氩气服装	1 套	10	公主座椅	1 把
5	钾先生服装	1 套	11	表演背景视频	1 个
6	蓝色钴玻璃	3 块			

四、剧本

[故事梗概]

一年前公主被绑架，一个让公主变蓝的人救了她，公主为了报恩，寻找拥有蓝色魔法的人，这时候绑架她的人再次来到公主身边，故事就这样开始了。

第一幕　就不告诉你

（音乐起，大屏字幕：有机王国公主召开盛大的媒体发布会，寻找拥有蓝色魔法的人）

公主：啊哈哈哈哈哈，哈哈哈哈，哈哈哈哈。

（侍女点头送客。碘侍卫一脸装酷地站在旁边）（音乐穿插）

公主：这次召开了如此盛大的新闻发布会，相信大家一定可以帮我找到那个会蓝色魔法的人！

侍女：公主，你确定这次就能找到他？

公主：当然啦，你还不相信本公主的魅力？

　　　你说呢？碘侍卫？

碘侍卫：作为公主的侍卫，我的任务就是保护好公主。其他的事情我都看不见。

侍女：公主，一年前发生的事情您忘了吗？上一次您被绑架多危险啊。这次会不会又出什么状况？

碘侍卫：尊敬的公主殿下，对于您这次要找到拥有蓝色魔法的人，我也觉得不妥。

公主：哪里不妥？

即使这次真的有什么危险,我也一定要找到他,因为当时就是有一个会蓝色魔法的勇士救了我。

侍女:您不知道他的名字吗?

公主:不知道

碘侍卫:那您记得他的模样吗?

公主:不记得了。那个时候我只看到蓝色,就晕过去了。

碘侍卫:可是公主殿下,会蓝色魔法的人很多,您怎么能知道他是谁呢?

公主:哦,这可是我的秘密哦。我……我不告诉你们。(跑下场)

侍女:公主,等等我,您告诉我嘛。(跟下场)

碘侍卫:(起音乐)不管发生什么危险,我都一定会守在公主身边。

第二幕 密谋

(斧头帮音乐)

钾:嘿嘿嘿嘿嘿嘿。

氩:呵呵。

钾:可爱的小公主,一年前,那个不知道从哪跑出来的臭小子坏了我们的事儿,让你躲过一劫,这次,你又要找会蓝色魔法的人,哈哈哈,我倒要看看这次谁会来救你啊。对不对,阿氩?

氩:呵呵。

钾:哎哎,我说,你的确是个惰性气体,但不等于弱智啊。我说什么你都呵呵,你还有别的词吗?

氩:你看看,你们碱金属家族都是火暴脾气。一点就着,走到哪都得拿液体石蜡罩着。呵呵呵。

钾:你认为我愿意啊,若没有这石蜡罩着,我早就被氧化了。

氩:作为成熟稳重的惰性家族气体氩气,我觉得有必要提醒你,公主要找的是会蓝色魔法的人。

钾:我就是会蓝色魔法的人。

氩:那又怎样?

钾:你说怎样?在碱金属家族中,透过蓝色钴玻璃能呈现蓝色火焰的人只有我,锂、钠、铷、铯、钫可没有这本事。

氩：别生气，我知道你是最棒的。不过在惰性气体家族中，唯一能通电发出蓝光的人只有我，氦、氖、氩、氪、氙、氡，呵呵，这都不行啊。

钾：那还等什么，让我们赶紧开始行动吧！

第三幕

画外音：参加蓝色魔法展示的选手，请登场。

侍女：公主，已经看了这么多选手的表演了，您要找的人会出现吗？

公主：再看看下一位选手的表演。

碘侍卫：请开始你们的表演。

（相声节目音效中两人上场）

钾：魔法是一种表演艺术。

氩：欸……

钾：先做个自我介绍，我是来自碱金属家族的钾，虽然我在我们家族中做出了一些贡献，但是不值一提，站在我旁边的这位是我的搭档，同样，不值一提。

氩：哎，你得介绍我啊！

钾：哦哦，这是来自惰性气体家族的氩气。

氩：呵呵。

钾：我热情似火。

氩：我懒惰成性。

钾：我动若脱兔。

氩：我纹丝不动。

钾：接下来，就由我们为大家带来大型恐怖犯罪悬疑超现实主义魔法秀。

（钾做实验，氩捧哏）

氩：当炙热的火遇上钾……

侍女：蓝色蓝色！

氩：别着急，好戏还在后头呢！当炙热的火焰遇上钾，再透过蓝色的钴玻璃，就会看到蓝色的火焰！

公主：Pass.

钾：（继续夸）蕴丹田之气，聚洪荒之力，引九天玄雷，燃元素圣火。

氩：嘛咪嘛咪吽！

公主：对不起，你们不是我要找的人。

钾：什么？我们兄弟俩折腾这么半天，你一句不是就要打发我们走，今天行也得行，不行也得行。阿氩，给我上！

氩：哎，别生气。

碘侍卫：（一个箭步冲到公主前面）公主小心！请公主退后。（公主与侍卫接触，全身变成蓝色，音效配合）

氩：等，等一下！公主变蓝了！

公主：原来上次救我的就是你，碘侍卫。

钾、氩：原来上次就是你这个臭小子。

氩：我就说他还会来嘛。

钾：就是因为你！这个乌鸦嘴。撤！

氩：别生气！

（钾、氩跑下场）

侍女：碘侍卫，你可真厉害啊！（崇拜的语气）

公主：碘侍卫，能告诉我这是怎么回事吗？

碘侍卫：（音乐起）其实我是来自卤素家族的碘，当碘与淀粉相遇，就会化作梦幻般的蓝色。

侍女：原来是这么回事。

碘侍卫：也许是上天的安排，我们无机王国的钾和氩要绑架您被我得知，于是我阻止了他们的第一次绑架行动，但我知道他们不会善罢甘休，因此就来到您的身边，成为您忠实的侍卫。

公主：我更愿意把你当作我最忠诚的朋友，谢谢你。

侍女：一切皆有可能。

公主：元素构成了丰富多彩的物质世界，有机和无机共同创造了美好的生态环境。

（放元素周期表之歌）

（剧终）

图 4-13 科普剧《元素奇遇记》现场表演

五、团队介绍

仝鲜梅：山西省科学技术馆展教中心主任。

郝思远：山西省科学技术馆展教中心辅导员，主要负责展厅工作和科普剧表演。2016 年参演《听爸爸讲那过去的故事》获得第四届全国科学表演大赛三等奖；2017 年参演《走西口》获得第五届全国科学表演大赛三等奖、第五届全国辅导员大赛东部赛区优秀奖、科技馆论坛唯美科学秀荣誉；2018 年参演《算法的世界》获得第六届全国科学表演大赛一等奖；2019 年参演《元素奇遇记》获得第六届全国辅导员大赛二等奖。

周宏艺：山西省科学技术馆展教中心辅导员，主要负责展厅工作和科普剧表演。2017 年参演《走西口》获得第五届全国科学表演大赛三等奖、第五届全国辅导员大赛东部赛区优秀奖、科技馆论坛唯美科学秀荣誉；2018 年参演《算法的世界》获得第六届全国科学表演大赛一等奖；2019 年参演《元素奇遇记》获得第六届全国辅导员大赛二等奖。

白思凝：山西省科学技术馆展教中心辅导员，主要负责展厅工作和科普剧表演。2016 年参演《听爸爸讲那过去的故事》获得第四届全国科学表演大赛三等奖，2017 年表演实验《聪明的饮水鸟》获东部赛区一等奖，2018 年参演《算法的世界》获得第六届全国科学表演大赛一等奖，2019年参演《元素奇遇记》获得第六届全国辅导员大赛二等奖，《探秘陀螺仪》获第六届全国辅导员大赛二等奖。

刘统达：山西省科学技术馆展教中心辅导员，主要负责展厅工作和科普剧表演。曾获第四届科普场馆科学教育项目展评一等奖、第六届全国科学表演大赛一等奖、第五届全国科技馆辅导员大赛科学赛东部赛区二等奖、第六届全国科技馆辅导员大赛科学实验赛二等奖、其他科学表演赛二等奖。

张　微：山西省科学技术馆展教中心辅导员，主要负责展厅工作和科普剧表演。2014年获得首届科学表演大赛全国优秀奖；2015年参加第四届全国辅导员大赛获西部赛区三等奖；2018年参演《算法的世界》获得第六届全国科学表演大赛一等奖；2019年参演《元素奇遇记》获得第六届全国辅导员大赛二等奖，《探秘陀螺仪》获第六届全国辅导员大赛二等奖。

白　璐：山西省科学技术馆展教中心辅导员，主要负责展厅工作和科普剧服装制作。2016年《听爸爸讲那过去的故事》（辅助）荣获第四届全国科学表演大赛三等奖，2017年儿童手偶剧《宝贝欢迎你》荣获第五届全国科技馆辅导员大赛东部赛区预赛其他科学表演赛二等奖，2018年《算法的世界》（辅助）荣获第六届全国科学表演大赛一等奖，2019年《元素奇遇记》荣获第六届全国辅导员大赛总决赛其他表演形式二等奖。

王　嫔：山西省科学技术馆展教中心辅导员，主要负责展厅工作和科普剧服装、道具、字幕制作。2015年《板块的运动之美》荣获"最美的诠释"优秀案例奖，儿童手偶剧《宝贝欢迎你》荣获第五届全国科技馆辅导员大赛东部赛区预赛其他科学表演赛二等奖，科学秀《走西口》荣获第五届全国科学表演大赛三等奖，2019年《元素奇遇记》荣获第六届全国辅导员大赛总决赛其他表演形式二等奖。

程文娟：山西省科学技术馆展教中心辅导员，主要负责科普剧和科学秀的编排、创作、舞美工作并参演。作品有《超市奇幻夜》《走西口》《博士的密室》《元素奇遇记》《你我它，是一家》，其中科学秀《走西口》在2017被科技馆论坛评为"全国最唯美科学秀"。

崔　雯：山西省科学技术馆展教中心辅导员，主要负责展厅工作和科普剧表演、音乐。2016年参演《听爸爸讲那过去的故事》获得第四届全国科学表演大赛三等奖，2017年参演《走西口》获得全国第五届科学表演大赛三等奖、第五届全国辅导员大赛东部赛区优秀奖、科技馆论坛唯美科学秀荣誉，2018年参演《算法的世界》获得第六届全国科学表演大赛一等奖。

六、创新与思考

本活动结合当下热点话题元素周期表发表 150 周年，并利用科普剧形式进行表演，诠释元素周期表中的族与周期，以及各元素之间的关系。利用物质之间的物理与化学反应，将科普剧与科学实验相结合，激发观众的科学兴趣，引导他们探究实验现象背后的科学原理。本活动表演时间略短，有部分知识点并未完全解释，这可能对剧情的推动及科学知识的传递造成一些影响，仍需完善。

项目单位：山西省科学技术馆
文稿撰写人：刘统达

国宝奇谈

一、表演简介

本剧通过古今对话和生动有趣的舞台表演,展示并介绍了葡萄花鸟纹银香囊的结构及其科学原理,穿插了一些关于"平衡"的科学原理知识,展现了科学的"传承"理念。

二、创作思路

本剧的创作灵感来源于杨贵妃香炉,即葡萄花鸟纹银香囊,在《国家宝藏》节目中对其有过介绍,但是其中的科学原理并未加以介绍。其实,在生活中也见过类似的万向节的结构,因此创作了此剧,重点在于展现"传承"这一理念,突出科学的发展都是建立在前人基础之上的道理。

三、活动准备

(一)场地

此节目以表演的形式展现,会有场景的切换,要在具有灯光、大屏背景的剧场内表演。

(二)道具

详见剧本每一幕的开头。

四、剧本

第一幕

（背景：某科技馆的实验室，舞台左侧有一个门，舞台中央有一张试验台，桌上放着平衡鸟，两把椅子放在旁边，椅子上挂着VR眼镜）

（晓丽正戴着VR眼镜在VR虚拟空间实验室进行试验，何鑫非常憔悴地推开门）

何鑫：晓丽，早。

晓丽：何鑫，你来了！

（何鑫打开VR眼镜，进行自己的试验。背景同步播放幻灯片）

（背景音：管理员何鑫进入房间）

（舞蹈）

晓丽：何鑫，你帮我看看吧！我真的是弄不出来了。

（屏幕中何鑫的手迅速移动到晓丽面前，三秒搞定）

晓丽（开心）：何鑫，你真厉害，我弄了一上午都没有弄好（嘘后打断）……

何鑫（厌烦）：嘘！

晓丽：哦。

（晓丽摘下VR眼镜坐在椅子上，开始看视频）

晓丽：上上……下……下……左左左！右右……

何鑫（摘下眼镜）：李晓丽，你是不是在耍我？！

晓丽：何鑫，我都已经从VR实验室退出来了。

何鑫（生气）：（冲上前）你不知道我在准备科学活动吗？捣什么乱啊？

晓丽：何鑫，别急，你都主讲过上百场了，这次肯定没问题。

何鑫：我能不急吗？"平衡"不难讲，但是想创新哪有那么容易！（拿着VR眼镜面对观众）

晓丽：（拿出平衡鸟）何鑫，你看，这是什么？

何鑫：（转身）平衡鸟！

晓丽：你就没点什么想法？

何鑫：这就是最简单的平衡原理，能有什么想法。

晓丽：我们把平衡鸟的科学原理输入VR眼镜，（戴上VR眼镜）让孩子们戴上VR

眼镜，就可以把自己想象成这只鸟。

何鑫（发怒）：什么鸟！我还动物园呢！华而不实！这根本没有意义！胡闹！（转身拿包出门）

晓丽：什么啊，我帮你还帮错了……

（试验台上的平衡钉倒了，时间像是触碰了开关，疯狂地倒转，身在门外的何鑫并没有察觉）

（全场熄灯）

何鑫：（走下舞台，练习主持词）各位小朋友大家好！我是科技馆辅导员何鑫姐姐，我今天……我今天要给大家讲的主题是……是"平衡"（越说声音越小）……不行，我还得回实验室！

第二幕

（背景：梦溪园。门的位置不变，前一幕的道具背面便是梦溪园的道具，舞台中央偏左有一张书桌，桌上放着笔墨纸砚，舞台右侧有一个屏风，一盆花放在旁边）

（何鑫开门走进梦溪园，不相信自己的眼睛，再走进去，还是梦溪园）

何鑫：晓丽？（大声，走到舞台前方）晓丽？（小声，走到屏风后）

（沈括拿着实验器材从屏风后走出，何鑫正好从屏风后另一侧走出，两个人都吓了一跳）

沈括：你！（慢）

何鑫：你！（快）

沈括：你是何人？为何在此？

何鑫：（拿画轴）这句话应该我问你！

沈括：姑娘。（左腿踱步上前）

何鑫：你别过来！（弓步双手抓画轴）

沈括：好。（右脚后退）我沈存中身无长物，家里唯有这些自己制作的小物件，并不值钱。

何鑫：沈存中？（疑惑）沈括！（恍然大悟）

（何鑫拿着竹竿突然靠近沈括，沈括吓坏，两个人围着书桌转圈）

何鑫：你就是《梦溪笔谈》的作者沈括？！

沈括：姑娘，冷静。

何鑫：你就是发现地磁偏角的沈括？

沈括：老夫只是发现地磁的南北极与地理的南北极并不完全重合，存在偏差。

何鑫：果然是您，沈老先生，（拿着画轴冲上去，沈括躲，何鑫转身放画轴）这次让我遇见您，真是太（拍打沈括）好了，您可一定要帮（拍打沈括）帮我，我实（拍打，沈括躲开）在是……

沈括：莫急，莫急，老夫能帮你什么呢？

何鑫：不好意思，沈老先生，我刚刚太激动了。我是一个……在这个时代怎么说来着……老师！对，我是一个老师！我明天就要给孩子们讲关于"平衡"的问题了，可是我到现在还没有想好应该讲什么，您能不能给我一些建议？

沈括：平衡？那我这里倒是有一件宝物。来，坐。

（何鑫跟上，半坐。沈括拿出葡萄花鸟纹银香囊，边说边走到舞台前）

沈括：这是一个前朝的葡萄花鸟纹银香囊，也叫被中香炉。它的各部分之间依次垂直连接，无论球体如何转动，炉体之口可以始终保持向上。

何鑫（无趣）：沈老先生，这个我知道，不过它还是太简单了。

沈括（疑问）：简单？

何鑫：我们那里根据它的结构，制作出了很多有意思的东西。（掏出平衡鸟）看，（沈括把玩平衡鸟）我还有这个呢。

沈括：这是何物？

何鑫：这个叫三轴陀螺仪，可以测量水平方向是否平衡，也可以用来测量方向。其实，任何物体，要实现平衡，只要受到的合力为0就行了。

沈括（记录）：（喃喃自语）平衡……合力为0……

何鑫：沈老先生，我是不是说得太多了。

沈括：姑娘，我觉你非常地了解"平衡"，你并不需要我的帮助。

何鑫：沈老先生，我希望给孩子们带去一场有创意的科学活动，可是……我现在讲的东西还是太普通了。

沈括：姑娘，抬头，你看到了什么？

何鑫：美丽的星空。

(音乐起,聚光灯在沈括身上)

沈括:这浩瀚的日月星辰,每时每刻都在变化着。我们的先人一代代记录着、研究着、传承着,才能让我们在学习复杂的天地运转规律时如此简单。老夫将自己的所见所闻记录下来,也同样希望这些记录传承下去,能让后人在探索这世间万物时少走弯路,永远

图 4-14 科普剧《国宝奇谈》现场表演(一)

充满好奇心。

(何鑫看着沈括认真地记录着,终于受到了启发)

何鑫:变化……传承……探索……我明白了,我知道应该怎样给孩子们讲"平衡"了。(何鑫转身,看看沈括,看看手中的陀螺仪,放下,拿包,对着沈括深深地鞠了一躬)

(何鑫悄悄地走出梦溪园,轻轻地关上门,在关门的刹那,音乐停。何鑫并不知道,时间的平衡恢复了)

何鑫:(与观众交流)你们知道我刚才遇见谁了吗?

沈括!北宋著名的科学家!

什么?你们不相信?用手机拍下来……

对啊!我应该要张合影的!(何鑫赶紧跑回去)

第三幕

(背景:一把椅子放在旁边某科技馆的实验室里,舞台左侧有一个门,舞台中央有一

张试验台,桌上放着平衡鸟,两把椅子放在旁边,此时平衡鸟依然转动)

(何鑫一开门,被眼前熟悉的摆设惊呆了)

何鑫:沈老先生?晓丽!

(晓丽出场)

晓丽:你回来了。

何鑫:(冲上前)这是我们科技馆的实验室?

晓丽:(摸何鑫额头)你没事吧?

何鑫:(抓住晓丽手腕)晓丽,你知道我刚才见到谁了吗?

(大喘气)哎呀,和你说不清楚!

晓丽:谁?

你告诉我嘛!在现在这个科技发达的社会,你说看见了外星人我都信!

何鑫:我看见……

(同事1、同事2、同事3分别拿着游标卡尺、指南针、万向环)

图4-15 科普剧《国宝奇谈》现场表演(二)

同事齐:何鑫、晓丽,你们看,有重大发现!

同事1:我手中的游标卡尺早在2000多年前的汉朝就已经出现了,想不到自己天天使用的学习工具,居然是国宝,这太奇妙了。

同事2：司南更是国宝，这可是中国古代四大发明，是指南针的始祖。

同事3：我这个比你们都厉害，这是一个在中国西汉时期就出现的万向环，只要简单地改动一下，你们看，这像什么？

晓丽：这个像我手上的稳定器。

何鑫（拨开众人）：你们这些跟我的经历比起来，不算什么。

众人：什么经历？

何鑫：（得意）我见到沈括了。

众人：切。

何鑫（回头左右走动）：我……算了，你们不相信也没关系，反正我真的见到沈括了，他让我明白我们现在了解的很多科学技术，是一代代科研工作者通过不断探索和实践得来的。真正的国宝不仅仅是一件件的文物，也是从古至今传承下来的科学技术和匠人精神。（向前一步）各位小朋友大家好！今天我要为大家讲解的科学内容是"平衡"！

（剧终）

五、团队介绍

苏　超：主创、演员，广西科技馆展教部主管。

赵婷婷：演员，广西科技馆科技辅导员。

杨　莉：演员，广西科技馆科技辅导员。

曾德蓉：演员，广西科技馆科技辅导员。

林　孜：演员，广西科技馆科技辅导员。

李　然：演员，广西科技馆科技辅导员。

六、创新与思考

本次比赛是我馆在"其他科学表演"独立成赛后第一次参与该项赛事。同样，本次的参赛项目也是我馆首次创作的非实验类、主要体现科学理念的表演剧本。在创作过程中，随着对杨贵妃香炉的了解和对生活的观察，我们发现现代生活中的很多科技都有古代科技的影子。但是，如何展现出来却遇到了问题，预赛时采用的是搞笑小品的形式，决赛又重新定稿。不过写作、排练过程中也遇到很多问题，最大的问题就是科学知识支撑不足。原本已经习惯了编写剧本要有实验支撑，此次几乎没有实验，导致剧本完成得很艰难。另外，由于我馆没有相关专业人才，因此后期剧本请了外单位人员来协助完善其艺术性。此次比赛虽然过程艰辛，但我们收获良多。不但积累了无实验科普剧的编写经验，对于如何展示科学的多面性也有了更深、更全面的认识。此外，在未来新实验剧的创作上，我们对于实验与艺术的结合有了更加开阔的思维与灵感。

项目单位：广西科技馆

文稿撰写人：苏　超

谁是主角

一、活动简介

奥莉和嗯哼不仅是相亲相爱的"兄妹",更是一对欢喜冤家。妹妹奥莉无意间知道了马戏团要裁员,她想让哥哥留下,于是在最后一次与哥哥上台表演的时候倍加珍惜。从哥哥搞怪让自己输了扑克牌开始,展开了一场以科学实验秀为主题的比拼。

二、创作灵感

小丑(马戏演员)一直是大家熟知的喜剧角色,搞怪的装束、古怪的动作常常逗得大家捧腹大笑。本次实验秀表演以两个小丑(马戏演员)作为主要演员,通过风趣幽默的表演,展示炫酷多彩的科学实验,激发观众对于科学的热情,渴望了解物理、化学的相关知识。

三、活动目标

(一)知识与技能

通过表演,让学生了解剧中氧化还原反应的现象与原理,知道改变摩擦力大小的两个影响因素。

(二)过程与方法

以动感的舞蹈让观众认识到科学是绚丽多彩的,学习科学的方法也是多种多样的,以强烈的视觉冲击让观众对科学原理印象深刻。

（三）情感态度与价值观

小丑兄妹的搞怪表演，从他们在实验中不断争抢，到妹妹主动为哥哥分担，向观众传达了合作意识与主动分担的良好品质。

四、剧本

［人物介绍］

小丑奥莉：活泼、可爱，很听哥哥搞怪王的话。

搞怪王嗯哼：爱搞怪、爱破坏，很爱自己的妹妹。

［舞台布置］

一张方形桌子（桌子下方有隔层，可摆放表演中所需的实验道具，桌子铺上颜色鲜艳的桌布，以遮挡放在隔层中的实验物品），演员在舞台中间以固定造型入镜，灯光以冷色系追光在舞台中间开场。

第一幕　在排练室里彩排节目

图4-16　科普剧《谁是主角》角色造型

（小丑以定点造型入镜，哥哥行为搞怪、表情张扬）

[背景音乐：Cartoon（RaphaelBeau）+ 后期配音（人声搞怪）]

（音乐起，造型亮相，桌面上有摆放好的演出扑克牌，搞怪王嗯哼想通过扑克牌来决定出场顺序，两人达成共识以后拉开了排练的序幕。两人分别从桌上拿了两张扑克牌）

奥莉：看到自己的牌后，高兴地跳起来。（心里暗暗欣喜，一副绝对能赢的样子）

嗯哼：默默地拿起自己的牌，看到自己手中的牌（心里很惆怅但不能表现出来，内心纠结，表情却很自然）。他不想输给妹妹奥莉，心生一计，故作姿态，用夸张的表情及动作指向奥莉背后的方向。

奥莉：看到嗯哼这么认真地比画，心中暗想"不会是在骗我吧？"但是又想看看到底有什么，便顺着嗯哼手指的方向看过去。

嗯哼：在奥莉转头去看的时候，乘机将自己拿到的纸牌扔在地上，并拿出自己事先准备好的"王炸"纸牌。

（奥莉发现嗯哼手指的方向什么也没有，正纳闷呢，一回头，搞怪王拿着"王炸"一副幸灾乐祸的样子对着她）

奥莉：（低头发现地上被丢弃的两张纸牌）明白了一切，原来嗯哼在忽悠自己。

（此刻，两人摩拳擦掌，一段舞蹈动作结束两人的"斗争"）

第二幕 排练室的实验大比拼

[背景音乐：Cartoon（Raphael Beau）+ 节奏感强的音乐]

（灯光效果：冷色、暖色灯光交替，灯光渐暖至全场亮起）

（奥莉发现舞台前方有一个漂亮的花架，上面扣着一个彩色的碗，揭开碗，发现里面有一大团棉花。此时，嗯哼拿出了一根长长的吸管对着棉花吹了一口气，一会儿，棉花就被点着了，奥莉惊呆了，嗯哼得意地拿着吸管炫耀）

奥莉：看着得意的嗯哼，奥莉念头一转（他能吹气点棉花，我这还有更劲爆的呢！）遂将嗯哼带到了另一个被布蒙住的架子前，然后掀开了布，里面是两根超大的蜡烛。

嗯哼：（面带诡异的笑容）又一次指向奥莉背后的方向，示意奥莉回头有惊喜，想要借机骗走奥莉的蜡烛，然后研究研究。

（奥莉觉得其中有诈，并没有照做）

嗯哼：见奥莉不上当，四下寻找也没有发现周围有什么火源，疑惑地问奥莉到底要干什么?

奥莉:(得意)拿出了一个滴瓶,将里面的液体喷在蜡烛上,蜡烛瞬间被点燃。

嗯哼:(十分震惊)发现奥莉的蜡烛比自己的棉花燃烧得快,火苗也更大。

(奥莉作势要再把滴瓶内的"神秘液体"喷在蜡烛上,嗯哼觉得太可怕了,立即逃跑,在逃跑的过程中,他发现了四个超级大的高脚杯,赶快叫奥莉过来看)

(奥莉也没有见过这么大的高脚杯,两人拿起高脚杯开心地跳起舞来。正在两人跳舞时,发现桌子上除了高脚杯,还有一瓶"红酒",两人都想要,开始争抢。但是搞怪王没有成功抢到,"红酒"被妹妹拽走了)

嗯哼:十分生气,但还是想看看这4个杯子后装上"红酒"的样子。

奥莉:看出了哥哥的好奇,叫他过来近距离观看,然后将"红酒"逐步倒入4个杯子中,令人惊讶的是,"红酒"进了这4个杯子后竟然呈现出不一样的颜色。

嗯哼:努力地观察这4个杯子,但是什么也没发现。突然,他的脚踢到了一个东西,拿出来一看,是一个大花瓶。

(奥莉还想抢,可是嗯哼这次早有准备,没有让奥莉抢走,两人在争斗的时候,不知道碰到了什么,花瓶开始冒起了数米高的白雾)

图 4-17　科普剧《谁是主角》现场表演

奥莉：不想要这些白雾，只想要一个花瓶，便使劲吹，想将白雾吹散，可是却无济于事。

（白雾散去后，他们发现桌子上有两本书，两人拿起来认真地翻开看，可是看完书以后却发现两人的书夹在一起分不开了，两个人拽啊拽，奥莉生气了，把书扔在地上让哥哥想办法，可是哥哥并没有什么好办法，他用尽了全身力气也没能让书分开）

奥莉：看着哥哥，（思考）猜想是不是书夹得太紧，没有空隙，所以摩擦力太大了才分不开。为了验证自己的猜想，她接过了书本，用膝盖使劲一折，果然书有了空隙就分开了。

第三幕　兄妹演出完美谢幕

［背景音乐：新年快乐（旋转木马版）+ 小丑马戏团落幕音乐］

这时，妹妹奥莉有些累了，坐在椅子上想要打个盹。哥哥嗯哼牵来一个板车想要把东西收拾收拾带回家。妹妹看着哥哥那没轮子的光板车，玩心大起，跳到了哥哥的车上，哥哥其实也很累了，生气地把妹妹赶了下去。妹妹看哥哥这么辛苦，心生一计，拿来了两个圆柱形的管子垫在下面，将滑动摩擦变成了滚动摩擦，果然拉动板车变得十分轻松了。

哥哥很高兴自己的妹妹帮自己改良了板车，开心地和妹妹在一起又跳起了舞蹈。兄妹的温情在此刻展现得淋漓尽致。

最终，马戏团决定兄妹两人都可以留下，可以一直代表马戏团演出。看到这条消息后，两人快乐地完成谢幕。（手里拿着雪花纸抛向空中，谢幕）

五、实验原理

（一）吹气点棉花

实验器材：长导管、蒸发皿（或者碗）。

实验物品：过氧化钠、棉花。

实验原理：过氧化钠是强氧化物，遇到水或者二氧化碳会发生氧化还原反应，放出大量热量，引燃棉花。

$$2Na_2O_2+2H_2O = 4NaOH+O_2\uparrow$$

$$2Na_2O_2+2CO_2 = 2Na_2CO_3+O_2\uparrow$$

实验步骤：

①将 1 药匙过氧化钠放入干燥的棉花球内部（不能有水）；

②一人用导管向棉花球内部吹气；

③当棉花球内部的过氧化钠接触到呼出的二氧化碳与水后，发生剧烈反应，放出大量热量，引燃棉花。

（二）喷"水"点蜡烛

实验器材：2 根大号蜡烛、洗瓶。

实验物品：三氧化铬、酒精。

实验原理：三氧化铬是强氧化物，在撞击、摩擦等作用下很容易与可燃物（如酒精）反应，燃烧起来，生成低价态的三氧化二铬。

实验步骤：

①将三氧化铬（红色固体）在研钵中研细；

②将三氧化铬粉末放入大号蜡烛中心；

③将装在洗瓶中的酒精喷到三氧化铬粉末上；

④三氧化铬剧烈燃烧，生成三氧化二铬，铬在反应中得到电子，从而化合价降低，被还原成 +3 价铬。

（三）红酒变饮料

实验器材：4 个高脚杯、1 个分酒器。

实验物品：高锰酸钾、氢氧化钠、葡萄糖、维生素 C。

实验原理：高锰酸钾中的锰离子为 +7 价，当其被还原成 +6 价时呈现绿色，被还原成 +4 价时是红棕色，被还原成 +2 价时是浅粉色，接近无色。

实验步骤：

①配制一瓶低浓度高锰酸钾；

②若要无色，就加入维生素 C，生成 +2 价锰离子，使高锰酸钾褪色。

③若要绿色，就加入高浓度氢氧化钠与极少量葡萄糖，生成 +6 价锰离子，变成绿色；

④若要红色，就加入葡萄糖和氢氧化钠，生成 +4 价锰离子，变成红褐色；

⑤若要紫色，即为高锰酸钾溶液，不需配制其他药品。

（四）蒸汽大爆发

实验器材：排钟架子、4个瓶子、4个细口大肚瓶。

实验物品：30% 双氧水、高锰酸钾纸包。

实验原理：$2MnO_4^-+5H_2O_2+6H^+ =\!\!=\!\!= 2Mn^{2+}+8H_2O+5O_2\uparrow$

实验步骤：

①取小半药匙的高锰酸钾用卫生纸包住，制作4个这样的小纸包；

②取4个细口大肚瓶，分别加入70毫升双氧水；

③将高锰酸钾纸包分别放入4瓶双氧水中，剧烈反应，产生大量水蒸气。

（五）分不开的书本

实验器材：2个大号书本。

实验原理：将两本书的书页交叉摆放，每一页之间都会产生摩擦力，摩擦力的叠加使得两本书分开十分困难。

实验步骤：

①将两本书的书页叠放插在一起；

②两人分别拿住书的两端，使劲往外拉，书本拉不开。

（六）铁棍运人

实验器材：若干圆润的铁棍，1个结实的大板子（有拉绳）。

实验原理：铁棍将滑动摩擦转化成滚动摩擦，减小了摩擦系数，达到了省力的目的。

实验步骤：

①人站在大木板上，拉动拉绳，无法拉动；

②抬起一侧，将铁棍不断插入木板下方，拉动拉绳，可以拉动。

六、团队介绍

截至目前，石嘴山市科技馆科学表演团队共有8人，团队全体人员始终以习近平新时代中国特色社会主义思想为指导思想，在科学教育工作中贯彻"科教兴国"战略，让青少年认识现代科学技术，培养其爱国热情，锻炼其逻辑思维，培养正确的科学价值观。

团队自成立以来，不断研发各类科普剧、科学秀、科学小讲堂，并将成熟的各类科普表演带入校园、社区、乡镇与新时代文明实践站，团队也积极参加各类与其他场馆的交流活动，以学促进，学以致用，努力提升石嘴山市科技馆科学教育团队的整体素质，为研发更好的科学表演作品奠定坚实的实践基础。具体成员信息如下。

李　侦：石嘴山市科技馆外联部部长，行政管理专业。

李文婧：石嘴山市科技馆外联部副部长，化学教育专业，研究方向为科学实验研发与创新、科学教育活动及课程设计。

张梓馨：石嘴山市科技馆科普辅导员，多媒体设计与制造专业。

房　燕：石嘴山市科技馆科普辅导员，动物科学专业。

韩　昊：石嘴山市科技馆科普辅导员，化学工程与工艺专业。

华蓉蓉：石嘴山市科技馆科普辅导员，城市轨道交通运营管理专业。

叶佳苑：石嘴山市科技馆科普辅导员，音乐表演专业。

周海英：石嘴山市科技馆科普辅导员，形象设计专业。

七、创新与思考

此剧本以点至线，从线到面，延伸剧情。以都市编舞风格编排齐舞环节，以科学实验突出科学原理，在丰富的剧情中展现情感，节奏多以欢快为主，最后点题，情感缓和，温暖收尾。

第六届科技辅导员大赛科学表演赛，作为科普场馆的一项大型比赛，为所有场馆的科普辅导员提供了优质的学习、交流、创新的平台。一流的讲解、特色的活动创新思路、夺人眼球的科学表演都展现了中国科普事业的蓬勃发展，越来越贴近公众（尤其是青少年）的实际需求。希望以后还能够参加此类大赛，学习先进经验，以更优质的科普作品服务公众。

项目单位：石嘴山市科技馆

文稿撰写人：李文婧

绝地求生

一、活动简介

（一）主要内容

科普剧《绝地求生》是以地震坍塌后的秘密实验室为背景，讲述了救援小组的 4 名成员被困后，为了在最后一部救援直升机到来之前发出求救信号，发生的一系列运用科学知识自救的惊险刺激又不乏有趣感人的故事。

（二）表现形式

科普剧，实验表演。

（三）主要创意点

故事的丰富度和科学实验安排得巧妙，故事情节引人入胜，有利于学生在跌宕起伏的故事中学习科学知识。

二、创作思路

（一）活动目标

1. 知识与技能

知道火燃烧的三要素分别是着火点、可燃物、助燃剂；知道三氧化铬遇到酒精燃烧的特性；知道氯化锶燃烧的火焰为鲜红色；培养观众把知识通过实践转化成技能的科学态度。

2. 过程与方法

引导学生利用生活中有限的材料和物品，运用书本知识，解释并解决现实生活中的问题，让知识来源于生活又回归于生活，认识到一切科技创新最终都要应用于实践。

3. 态度与价值观

有将科学技术应用于日常生活、社会实践的意识，乐于探究实验本身的现实应用；有团队精神，培养实事求是、尊重科学与自然规律的科学态度。

（二）设计思路

1. 设计意图

通过讲述救援小组在地震坍塌后的秘密实验室中自救的故事，帮助学生加深对有关火燃烧的科学知识的学习，培养学生将知识转化为技能的实践观念和能力。

2. 学情分析

学生能够从剧情中了解有关火燃烧的科学知识及实际应用，利用物质的物理或者化学特性解决实际问题，并激发对其他现实应用的联想。

3. 教学策略

通过跌宕起伏的剧情设计，潜移默化、寓教于乐地引导学生思考科学知识的现实应用，帮助他们拓宽思维，打破书本知识和实践应用的界限。

（三）重点及难点

1. 活动重点

让大家知道火燃烧的三要素分别是着火点、可燃物、助燃剂；三氧化铬遇到酒精燃烧的特性；氯化锶燃烧的火焰为鲜红色；激光的高能量特性可用来点火。

2. 活动难点

通过剧情的编排，巧妙地安排科学实验，让学生学会科学知识并留下深刻记忆，灵活运用于现实生活当中。

三、活动准备

准备设备：烟雾机、背景板、大塑料桶、铁桶、铁箱、特制垃圾桶（铁网、带可旋转底座）、卫星电话模型、演员服装、舞台灯光。

准备材料：三氧化铬试剂、氯化锶试剂、酒精、水、火柴、激光笔、肥皂水、丁烷。

四、活动过程

（一）主题导入

以救援小组为了发出求救信号而发生的一系列运用科学知识自救的惊险刺激又不乏有趣感人的故事为主线，通过塑造4名性格迥异的人物形象，吸引学生对其中的科学知识产生深刻的理解和记忆。

（二）实验表演

以科普剧的形式呈现科学实验，包括三氧化铬遇到酒精燃烧的特性，三氧化铬受潮后便不能燃烧，氯化锶燃烧的火焰为鲜红色，利用激光的高能量特性可以将火柴或者可燃气体点燃，等等。

图 4-18 科普剧《绝地求生》现场表演（一）

图 4-19 科普剧《绝地求生》现场表演（二）

（三）拓展讲解

介绍相关原理在生活中的应用，延伸观众认知，通过运用书本知识，解释并解决现实生活中的问题，让知识来源于生活又回归于生活。

五、团队介绍

表演团队的成员有陈汶、缪炜烜、张丽玲、冯敏枫、何旭、吴明钦、林晨、杨传青、陈宇亮和金美善。

福建省科技馆挑战惊奇科普团队，鼓励和支持多样化的科普教育活动，倡导"爱科学、学科学、用科学"的教育理念，运用和发挥省科技馆的优质资源，开发了"科学过大节""小茉莉科学工坊""STEAM 科学大玩家""挑战惊奇科学秀""酷科一族科学营"等科学教育品牌系列的活动项目，成功开展了数以千计的科学教育活动，共走进过二十多所中小学开展科普活动，曾多次登上"学习强国"学习平台。团队成员陈汶、缪炜烜、张丽玲在 2020 年福建省科普大赛中分别斩获一等奖、二等奖、三等奖的好成绩。

六、创新与思考

（一）经验与体会

利用科普剧的形式，可以生动地传达给学生经过科学和生活检验的正确的科学知识。如果说科学知识是骨架，那么科普剧故事的一波三折、跌宕起伏，有鲜明的人物形象和人物语言，有强烈的矛盾冲突和关键高潮，以及出乎意料而又合乎情理的转折，这些都是科普剧的血肉，能让一个作品变得丰富又立体，真正起到理论联系实际、寓教于乐的教育效果。

（二）不足与建议

在科普剧的编排过程中，要注意如造型、灯光等环节的自然流畅，将科普剧更清晰地呈献给学生。本剧中部分实验设计和剧情设计的结合稍显牵强。科学实验应该注重于实验本身，要平衡好实验和表演之间的比重。

项目单位：福建省科技馆

文稿撰写人：陈　汶　缪炜烜　艾　欣

三等奖获奖作品

科学不思议

一、活动简介

（一）主要内容

《科学不思议》表演秀主要为大家科普物理中的电学知识，电学是一门抽象难懂、逻辑性强的学科。我们将艺术、趣味、工程与科学融入到表演中，在演出过程中阐述了电路的基本知识、制作了独具特色的电路作品，还包含了电路连接、设计创意电路形式、认识导电材料等内容。独辟蹊径、化繁为简，将枯燥难懂的电路在趣味与欢乐中体现。

（二）表现形式

科学表演秀。

（三）主要创意点

将表演以舞台综艺秀的形式呈现在表演过程中，以知识问答PK赛来突出表演层次；表演秀中的人物设计巧妙，人物间形成鲜明对比，突出人物个性；将复杂的学科概念通过表演的形式演绎，让人们在轻松活泼的氛围中了解科学知识。

二、创意思路

（一）科学知识

描述某些材料的导电性、透明程度等性能；知道有些材料是导电体，容易导电。

（二）科学探究

能从对具体现象与事物的观察中提出可探究的问题；能基于已有的经验和所学知识，从现象发生的原因、过程等方面提出假设；能基于所学知识，制定简单的探究计划；能运用感官观察并描述观察对象的外部形态特征。

（三）科学态度

能在好奇心的驱使下，表现出对现象和事件发生的条件、原因、过程等方面的探究兴趣；乐于尝试运用多种材料、多种思路、多样方法完成科学探究，体会创新乐趣；能分工协作，进行多人合作探究。

（四）科学、技术、社会与环境

了解并意识到人类会对产品不断改进以适应自己不断增加的需求。

（五）学情分析

3~4年级学生对于物体的导电性已有初步的了解，但是对于哪些物体是导电体的了解还有所欠缺。该年龄段学生的思维敏捷，对新鲜事物充满了好奇，且具有一定的创新意识，但是合作意识不够强，常以自我为中心，不善表达。

三、活动准备

（一）场地

5米×10米的场地。

（二）设备

头戴耳麦3个，电脑、音响、大屏幕各1。

（三）材料

辉光球2个、灯管1支、写有"电"字的KT板1张、导电纸1卷、导电笔1支、彩色 A4 纸 10 张、LED 灯珠 1 袋（直径 5 毫米）、LED 灯珠 20 颗（直径 1 厘米，白色、蓝色）、纽扣电池 10 粒、鳄鱼嘴导线 16 根、电脑 1 台、钢琴琴键软件 1 套、电池盒（6 节 5 号）10 个、5 号电池 20 节、MK 板 1 张、透明胶 1 卷。

（四）其他准备

答题板、长条木桌、黑色桌布、插线板、人物服装、演出道具、幻灯片演示、背景音乐、星球展板。

四、剧本

[人物介绍]

主持人：女，导电星球主持人电子小姐（可以带个头饰，如发光小触角，或服饰上区分于人类）。

电宝：手袋玩偶（节目里的画外音解说）。

瑶仔：女，戴着厚螺旋眼镜片、学霸、保守、传统，凡事喜欢说"我在书上看过"，喜欢推眼镜。

团子：女，乐观幽默、爱思考、爱创新、凡事离不开吃。

[涉及的实验道具]

辉光球、银漆导电、纸导电、导电纸飞机、人体电路。

（正剧开始：放有科技感的激昂背景音乐）

主持人：（兴奋地来到舞台中央）科学不思议！擦亮你的眼睛！欢迎大家来到导电星球大型科普综艺《科学不思议》，我是主持人电子小姐，这是我的宠物搭档电宝。热爱科学的朋友们，你们好吗？

（画外集体音欢呼。欢呼结束，背景音乐停）

主持人：200 位来自各大行星的选手，经过 3 个月的激烈角逐，如今还剩下 2 位站在了我们的决赛舞台，下面就有请 1 号选手，来自地球的学霸瑶仔小姐！（一声巨响）

瑶仔：（朝后埋怨）欸欸欸，推什么推，我自己会走。（推眼镜，朝前对观众说）哎，你们知道吗，几个月前我在高考考场里考得好好的，突然就被一艘飞船吸到这里，我高考还没考完呢。（指向主持人拼命）欸，你们这些人……

主持人：好了，（示意别闹）暂时先不管它。（转头）这是我们的2号选手，吃货团子小姐。

团子：别推，你们推不动的！这不公平，凭什么抓他的时候是用吸的，抓我就用网兜！

主持人：你还好意思说！就你这体形，连我们最大的飞船都吸不上来，报废了三艘。抓到你俩的时候我们还以为抓的不是同一物种，抓错了呢。

团子、瑶仔：你也好意思说，你们这是绑架！对！是绑架！是绑架！

主持人：那你们谁赢了比赛，我们就把她送回家好吗？

瑶仔、团子：不好！不好！

主持人：准备好了吗？

瑶仔、团子（退回挺胸、秒变画风）：准备好了！

["气体辉光球"实验]

主持人：我们导电星人最喜欢捣鼓一些奇奇怪怪的导电材料了，今天我们比赛的主题就是神奇的导电性。请听第一题，在这两个大玻璃球里，装满了稀有气体，请问当我给它通上电时，玻璃球会？（顺便做夸张手势）A，气体爆炸满堂彩；B，气体导电炫彩光；C，什么也没发生。请选择。

团子：我选C。在我们的常识里，气体是不导电的，否则我在插座边上不小心放了个屁（蹲、发出"bu"的音），那我的小屁屁岂不是也会被电到？（做电到状）

瑶仔：我选B。我在物理书上看到过，这叫"辉光球"，惰性气体在高频电场的电离作用下会光芒四射。让你不好好读书！（对着团子说）

主持人：到底花落谁家，下面就是见证奇迹的时刻了。（团子、瑶仔起立走到玻璃球前，一人用手直接触摸玻璃球，一人拿着灯管隔空点亮）

电宝（实验同时）：当灯管靠近辉光球的时候，灯管亮起来了，因为灯管里也充有惰性气体，在辉光球电场的作用下，也会电离发光。

（团子、瑶仔各自回到自己的座位）

主持人：恭喜学霸瑶仔，回答正确加1分。（两人表情各异）

["导电纸"实验]

主持人：接下来进入到第二轮。我这里刚好有一个电路，看谁能用手边的材料将电路中的小灯泡点亮呢？

瑶仔：这个简单啊，我手里这根小纸条就可以！（瑶仔把导电纸撕下来，贴在电路上点亮灯泡）

团子：哇！纸居然能导电！但我这支圆珠笔比你厉害，不信你看！（团子将导电纸撕下来，用导电笔点亮灯泡）

瑶仔：咦？等下，这个笔的墨水为什么是银色的呢？哦，我明白了，银色就是液态银，你这支笔的笔芯是液态金属。

团子：不愧是学霸呀，那你的纸导电是怎么回事呢？

电宝：这个我知道！你们瞧，纸条是什么颜色的呀？（所有人看向电宝）

所有人：金色的呀！

电宝：瑶仔的小纸条其实是把金属铜做成了平面纸，当然能够导电啦！

主持人：为了让现场的朋友们能够近距离地观察导电纸，我们给大家准备了用导电纸折成的纸飞机。

瑶仔、团子：（一起朝台下放飞纸飞机）让我们一起飞起来、亮起来。

主持人（在其他人扔纸飞机时）：在刚刚的环节，两位选手平分秋色，各加1分。（团子、瑶仔扔完，回到座位）

["人体钢琴"实验]

主持人：在前两环节我看到了你们的智慧和热情，在最后环节让我看看你们的勇气如何？现在场上有很多根电线，我们将让一个人用这些线接通到这个电路中，你们谁上？

瑶仔：根据科学依据，电压高于36伏就有生命危险，你这个电压未知，哼，我才不去呢！

团子：怕啥呢，我来！我肥，不怕电着。

主持人：请团子左手牵起红色的导线，右手触摸黄色导线。

团子：（声音响起，缩一下手）呀，我这是死了吗？我是不是听到了上帝的声音？

电宝：声音响起，说明电路是接通的；而你还活着，说明电压在36伏以下，在人体能承受的安全范围内。

团子：（又去摸其他几根导线，发现有不同的声音）瑶仔，你过来，没事儿，你拿着。（递给瑶仔一根线，当她拿着后顺势去拍瑶仔的肩膀，声音响起）

图 4-20　表演秀《科学不思议》现场表演

团子：为什么我拍你的肉肉也有声音呢？

电宝：因为人体是导电的呀！当团子触碰到瑶仔时，形成了回路，电路被接通，就有声音了呀。举一反三，团子兜里的鸡腿、培根、香蕉，都能接通电路让它演奏。

主持人：接下来我们有请拿到标有数字纸飞机的幸运观众上台。

这位小姐姐，你会钢琴吗？你就把这些人当成琴键（主持人引导小姐姐试音），弹一首你最拿手的歌好吗？

（开始演示人体钢琴，弹奏《×××》，此后，主持人感谢，请观众下台）

团子：哎哟！哎哟！（捂住肚子）

其他人：这是怎么了？快！快叫救护车！

团子：刚刚被电连通后，我又饿了。

主持人：团子勇气可嘉，获得最后 1 分。精彩的比赛结束了，我们通过各种实验认识了神奇的导电性，原来气体、纸张、墨水、甚至人体在特殊情况下都能导电。

最终比分 2 比 2 平（拉长调），恭喜两位共同获得《科学不思议》总冠军（拉长调，兴奋）。你们都能重返地球了！

同时，感谢你俩为我们展示了地球人对科学的热爱和孜孜探索的精神，正是这种精神，引领你们前赴后继研究出了这些神奇材料。我们导电星人是得好好向你们学习了。最后让我们一起喊出今天的口号：科学不思议……

集体：擦亮你的眼睛！

（剧终）

五、团队介绍

本项目是结合了学生时代的学习经历而确定的。中学时期，学习物理课程的电路章节时觉得枯燥乏味且抽象，许多电路实验也因为导线开关等各种电路材料的繁琐显得无趣。在本项目中，我们打破常识，另辟蹊径。"隔空点灯"让我们看到灯管没有电源也能发光；用"纸"替代导线，让童年的纸飞机带着闪闪发光的信号灯轻盈地在场馆中飞翔；人体是导电的，那是否也能作为导线接通电路呢？所有谜底尽在《科学不思议》。我们希望利用新型的导电材料，展示新奇的电路玩法，改变孩子们心中物理课上电路学习难度大、枯燥无趣的观念，让电路连接变得既简单又多元化。

团队成员有5人，介绍如下。

陈　静：重庆科技馆展览教育部，参与研发及表演的第四届、第五届、第六届全国科技馆辅导员大赛科学表演赛，分别获得优秀奖2次、三等奖1次。

魏　然：重庆科技馆展览教育部，参与创作及表演的第五届、第六届全国科技馆辅导员大赛科学表演赛，分别获得优秀奖、三等奖，参与创作的《国之重器盾构机》展评项目获得第五届科普场馆科学教育项目二等奖。

周瑶瑶：重庆科技馆展览教育部，参与研发及表演的第六届全国科技馆辅导员大赛科学表演赛，获得三等奖。制作的《119防灾训练营火隐行动》《厉害了达·芬奇》《翱翔的铁鸟》等馆校课程深受学生们喜爱，设计开展的"中华小航家"等主题活动也广受好评！

谭茗元：重庆科技馆展览教育部，参与研发及表演的第四届、第五届、第六届全国科技馆辅导员大赛科学表演赛，分别获得优秀奖2次、三等奖1次。参与研发的《探秘电磁》展评项目获得第四届科普场馆科学教育项目展评一等奖，所在团队获得第五届科技馆进校园活动展评优秀团队。

王　旭：重庆科技馆展览技术中心，参与该项目的表演和道具制作。

六、创新与思考

今年，我们很荣幸代表重庆科技馆参加了第六届全国科技馆辅导员大赛的决赛，也算是给职业生涯增添了一些精彩。

通过参加大赛，我们学到了许多在平时工作中学不到和感受不到的东西，深刻认识到科学实验的严谨性，失之毫厘，差之千里。同时，参加比赛是对我们个人能力和团队协作能力的全面锻炼，是一个自我提升的过程。在这个过程中所得到的经验对以后的学习、工作和生活都很重要。我们收获的不仅仅是理论知识和技术，更是团队之间的完美合作。通过这次比赛，我们更加了解比赛的各项流程，积累了丰富的经验教训，知道了自己专业知识的匮乏，视野还不够广，促使我们更有热情地去学习知识和运用知识，为共同目标而努力奋斗。在总结我们团队的成败得失并吸取其他成功团队的宝贵经验后，我们发现，一个团队要想取得成功，以下几点非常重要。

（一）指导老师很重要

他们具有较强的知识水平和实践能力，可以充分调动整个团队的积极性，发挥选手的长处，挖掘选手的潜能。

（二）明确的目标、坚定的信念和不灭的斗志

坚持到最后就是胜利。生活最怕没有目标，做一件事如此，参加比赛亦如此。没有一个明确和强烈的目标就很难取得比赛的成功。

（三）各方面的支持

很感谢主办方和馆里的支持，在我们遇到困难的时候，他们总是为我们耐心解决、做我们坚强的后盾。感觉疲累的时候，队友的互相支持也让我们事半功倍。

另外，在比赛过程中和其他团队作品比较，我们认识到了自己的不足，对自己在今后的学习、生活、工作上也有很大的帮助，让我们意识到提升自己的专业素养非常重要。再次感谢主办方和馆里的大力支持，让大家通过比赛受益颇多，也相信今后的科技馆辅导员大赛会越办越好，能创造出更多优秀的作品并为社会文化建设做出更多贡献。

项目单位：重庆科技馆

文稿撰写人：魏 然 陈 静 周瑶瑶 谭茗元

迷悟

一、活动简介

在 2099 年，飞速发展的科技已经覆盖了普通人家的日常生活，3D 打印、体感操控、云监控、纳米技术、量子通信已稀松平常，智能机器人更是逐渐替代忙碌的人们完成照顾家中老人的任务。

木偶爷爷是一位阿尔兹海默病（老年痴呆）患者，皮球爸爸和妈妈为了安心工作和让老人得到更好的治疗，提议把木偶爷爷送到"夕阳幸福中心"（未来时代的养老院），慈祥外公的唠叨从生活中的突然"消失"让一直调皮玩闹（青春期）的皮球心中激起波澜，他误会爸妈的用意，在夕阳幸福中心找到了外公，并准备带他"逃离"养老院，可外公却开始记不起皮球。为了唤醒外公的记忆，皮球带着木偶爷爷开始了一段"回归故乡，拯救记忆"的躲避科技之旅。可事实上，未来的云计算技术和人脸识别技术早已让所有人提前知道了这件事，并在目的地等待着外公和皮球。他们配合外公再一次撑起了传统的木偶戏，演了一幕木偶爷爷撑了一辈子的木偶剧《猴子吃西瓜》。传统老手艺的亮相，让大家在泪花中明白了：科技改变生活，但细腻无私的关爱才能让越发智能的科技生活更加美满。

二、创作思路

科技改变生活，但细腻无私的关爱才能让越发智能的科技生活更加美满。

三、活动准备

科普剧场、舞台灯光、幻灯片、音频文件。

四、剧本

编剧：熊伟

顾问：宋军

[角色介绍]

木偶爷爷：阿尔兹海默病患者，木偶戏老艺人。

皮球：木偶爷爷的外孙女，性格像个长不大的假小子，狂热的 AR 爱好者。

皮球爸爸：科技研究者，满脑子都是 3D 打印的再升级。

皮球妈妈：科技研究者。

匹诺曹：未来的智能机器人（因为木偶爷爷一辈子爱着老手艺，所以皮球爸爸特意给木偶爷爷定制的生活助理机器人）。

孙悟空：扮演 AR 中的角色。

医生：负责在养老院中照顾木偶爷爷。

[时间]　2099 年（假设时空）

[场景]　家、养老院、户外

第一幕　家

（绚烂的灯光，五光十色，灯光的剪影中，匹诺曹捧着一本童话书认真又机械地念着）

匹诺曹（慢，11 秒念完）：在很久很久以前的一本古老的童话里，有一个木偶人，他的鼻子因为爱说谎而变得越来越长。他的名字叫作——

（假小子皮球，大喊着上场）

皮球：匹诺曹！

匹诺曹：答对了。

皮球：你在哪？

匹诺曹：根据云端数据比对和肌肉扫描反射分析，小主人现在很生气！

皮球：匹诺曹，你知道现在是什么时候了吗？！

匹诺曹：广义地说现在是公元 2099 年，狭义地说现在是中午 11 点 27 分 43 秒，44 秒，45 秒……

皮球：你就别念紧箍咒了。

匹诺曹：紧箍咒，你是指神话小说《西游记》吗？（开始投影）

［从侧面打出一道强光，孙悟空显现（以此来充当 AR）］

（接下来，孙悟空与皮球做相同的动作，以表示镜面 AR 交流）

皮球：嘿，虚拟投影，真棒。这就是外公常说的西游记里的孙悟空吗？

匹诺曹：用 2099 年的细胞分析学来解释，它不过就是一只基因突变的 monkey。

皮球：（看着孙悟空，对匹诺曹说）它真的有外公说得那么厉害？想要什么都能变得出来？

匹诺曹：你想要什么，我也可以立马用 3D 打印技术打印出来。

皮球：我想要……不……我想要知道外公他怎么还没回来——

（突然提醒声响起）

匹诺曹：木偶爷爷，到点该吃药了。（网络云端发信息震动患者手环进行提醒）

皮球：外公病了？他在吃什么药？我一直在找他，平时这个点他该给我讲故事了。

匹诺曹：这，我不能说。关于病情，没有得到你妈妈的授权，系统禁止透露信息。

皮球：你！！（打开屏幕，点击血缘生命视频监测）

（剧场灯光配合皮球的体感操作，打开环境光）

（舞台一处定点光起，光下是木偶爷爷在发呆）

皮球：外公这是在哪？他为什么不在家里呆着？

匹诺曹：根据病人的穿戴式微型检测仪显示，木偶爷爷昨晚的睡眠质量不好，不停做梦。

皮球：这到底是在哪？！

匹诺曹：我，我不能说。

皮球：不说我就拔掉你的电源！

匹诺曹：我是光能运转的。

（皮球妈妈喜庆上场）

皮球妈妈：女儿，妈妈今天太高兴了！

皮球：妈！我想问你……

皮球妈妈：（打断）我们的3D打印技术取得了重大进展，现在已经可以打印出肝脏，这在医学上可以救助更多的人，而且……

皮球：（打断）外公呢？

皮球妈妈：啊？

皮球：我问你外公呢！！你真的不要外公了！我恨你！

皮球妈妈：女儿，女儿！

匹诺曹：噢，真是糟糕的一天，皮球，皮球！

（音乐收，环境光收，只剩下木偶爷爷的定点光）

第二幕　养老院

（木偶爷爷的定点光持续，医生上场）

医生：老爷爷该吃药了。

木偶爷爷：哟，我的大外孙女。

医生：啊？我不是。

木偶爷爷：外孙女，我给你讲一个西游记的故事吧。

医生：您都讲好几遍了，您先吃药吧。

木偶爷爷：听过了，听过了？！那我跟你讲猴子吃西瓜的故事吧！

医生：那您先把药吃了。

木偶爷爷：我不想吃药，我想回家——

医生：老爷爷，这夕阳幸福中心就是您的新家呀。

木偶爷爷：不是啊！我的家可美了。

医生：要不这样，来，坐。您吃了药我推您出去走走，这里的鲜花根据您的喜好一年四季随时为您绽放，您看了呀，准美滋滋的！

木偶爷爷：妖精！

医生：什么？

木偶爷爷：大胆妖精，用的什么妖术搅乱四季的分明，你还不速速现出原形！

医生：老大爷，我是夕阳养老中心的医生。

木偶爷爷：吃俺老孙一棒！

医生：哎哟，主任，主任……

（医生被顽童般的木偶爷爷追闹下台）

木偶爷爷：（自语）我得给我的外孙女讲故事呀！小猴子捡到一个西瓜，（"偷偷进入"的效果音乐）可西瓜该先吃瓤还是皮呢——

（木偶爷爷沉浸在"不清醒的状态中"）

［皮球（换了件衣服）和匹诺曹偷偷上场］

匹诺曹：根据治安规定，未经许可偷偷进入，属于违规。

皮球：安静点！被人发现，就惨了。

匹诺曹：是的，要被抓住可就真惨了，也许直接就被熔为一堆废铁，哦！可怜的匹诺曹！

（皮球发现了笑嘻嘻的木偶爷爷）

皮球：是外公，外公！

（皮球冲向前抱住外公，木偶爷爷诧异地瞪着眼睛看皮球）

皮球：（哭泣）外公，我好想你啊！

木偶爷爷：你是谁啊？

皮球：（诧异）外公，我是皮球啊！

木偶爷爷：皮球？

皮球：对。

木偶爷爷：小皮球，真好笑……

皮球：没错！（以为外公记起了自己）

木偶爷爷：小皮球，真好笑，拍一拍，跳一跳，不拍就不跳……

木偶爷爷、匹诺曹：到处爱睡觉！

木偶爷爷：你也会啊，哈哈……（匹诺曹跟着笑）

皮球：不准笑，匹诺曹！我问你，外公怎么不记得我了？

匹诺曹：因为他病了——

皮球：（很伤心）外公到底得了什么病？

匹诺曹：他得了阿尔茨海默病，也就是你们常说的老年痴呆。

皮球：那他会——

匹诺曹：智力开始下降，然后忘记一切……

皮球：不，我不要外公忘记我！！外公！

木偶爷爷：（自语）我想回家，回家！

皮球：回家？对，我要把外公救出去，我要带他走！

匹诺曹：皮球，但是这里有专业的医生——

皮球：（怒斥打断）可这里没有家人，这里就不是家！

匹诺曹：皮球，根据我的扫描，刚刚外公跟你说话时他的大脑皮层更加活跃，也许他跟你在一起真的能更有利于大脑康复。

糟糕，根据热感显示，你妈妈正在接近夕阳幸福中心！

皮球：匹诺曹，听我指令，立刻投影出我的外公，让我们有更多的时间可以逃出这里！

匹诺曹：好，我顺便打印伪装的衣服。扫描木偶爷爷，开始投影！（去打印衣服）

（一处灯光亮起，与木偶爷爷同样打扮的人坐在场上）

皮球：外公，我们走！

木偶爷爷：回家咯！

第三幕　户外

（一处灯光亮起，出现焦急的医生和皮球爸爸）

皮球妈妈：糟糕，定位都被他们给关了！

医生：哎呀，都怪我疏忽大意了！

皮球妈妈：你说他们要去哪儿？这一个小毛孩，带着个老人——

医生：是啊，老人家身体又……这路上多危险啊！

皮球妈妈：只能立马请示公安，开启全程人脸识别警报。

医生：对对对，只要有监控或者有红绿灯的地方，都装备了人脸识别系统，如果是走失人口或者警方备案人口，只要一经过，立马就会发出警报。

皮球妈妈：请医院带着药品随时跟踪出发！

医生：好！

（灯光稍暗，四处红外线穿插舞台，警报响起）

（匹诺曹、皮球、木偶爷爷躲闪着红外线上场）

匹诺曹：糟糕，我们被发现了！

皮球：为什么我们乔装了还会被发现？！

匹诺曹：因为云端监控已经发展到可以识别人类的步态和情绪了。

皮球：这……怎么办？

匹诺曹：我也没办法了……

木偶爷爷：我得回去，我的外孙女还等着我给她讲故事呢！

皮球、匹诺曹：外公？

木偶爷爷：不能让关心我的人失望。

皮球：对，不让关心我的人失望，我们回家。冲啊！

木偶爷爷：冲啊！

（皮球推着轮椅上的爷爷原地奔跑起来）

（音乐高潮，突然一阵悠缓）

［一处定点光起，是皮球妈妈的 AR（投影显示）］

皮球妈妈：皮球，别再跑了！

皮球：你不爱外公，我不会让你丢弃外公的！

［皮球推着轮椅往舞台对角跑去，定点光又起，又是皮球妈妈的 AR（投影显示）］

皮球妈妈：你误会了，妈妈是很爱外公的。

皮球：那你为什么要把他一个人丢在养老院？

皮球妈妈：那是为了更好地治疗他呀。

皮球：骗子！你眼里只有你的科技。

［皮球推着轮椅和外公往另一角跑去。此处定点光起，依然是皮球妈妈的 AR（投影显示）］

皮球妈妈：不,女儿,妈妈研究的人工智能在医疗方面已经可以计算出新的治疗方案,外公必须留在这配合医院治疗。

皮球：也许你说的都是真的，可外公更需要的是家人的陪伴。

匹诺曹：皮球，走不了了，前面全是警察！

（皮球哭泣着跪在轮椅前，握着外公的手）

皮球：外公，你放心，我会一直守在你身边，听你给我讲那些老掉牙的童话，外公！

皮球妈妈：皮球！

图 4-21 科普剧《迷悟》现场表演

皮球：（大喊）如果你们真的厉害，那就发明能让时间走得慢点的机器，让我能更久地陪陪我的外公。

木偶爷爷：孩子，你是谁？我怎么想不起来呢……

皮球：（对着舞台前方）外公，哪怕你忘记了我，哪怕你开始讨厌我，皮球都不会离开你！

木偶爷爷：皮球？我的外孙女，外公想你了……

匹诺曹：外公的大脑皮层更加活跃了！我有办法，皮球，给！

皮球：（接过木偶）木偶？

匹诺曹：没错，我刚分析了外公的大脑皮层数据反射所显示的梦境，梦里想的都是当年边耍着木偶边给你讲故事呢。所以我立马 3D 打印了木偶爷爷当年使用过的木偶，也许他就能想起你。

（皮球撑起木偶）

木偶爷爷：是木偶，是我外孙女小时候最喜欢的木偶！

皮球：一只小猴子捡到了一个西瓜，可西瓜该先吃瓤还是皮呢？

（煽情的配乐伴着台词变得越发响亮，把情感推向高处）

（皮球在如浪的配乐中，含泪舞动着木偶，所有演员在配乐中上场）

木偶爷爷：你是外孙女……你是我的——皮球！

皮球：外公！

木偶爷爷：（大声）我的外孙女皮球！

皮球妈妈：爸、皮球，对不起，智能科技是让生活变得有滋有味，但懂得珍惜家人与情感才能让科技生活变得更加美满！爸、皮球，我们回家！

（爷孙抱在一起，众人带着角色从剧情中跳出）

匹诺曹：让科技融入生活，让情感点亮科技。

（配乐推高）

众人：让科技融入生活，让情感点亮科技！

（剧终）

五、团队介绍

袁星宇：演员，江西省科学技术馆员工。

邹娴静：演员，江西省科学技术馆员工。

聂　胜：演员，江西省科学技术馆员工。

刘　佳：演员，江西省科学技术馆员工。

宁罗贞：演员，江西省科学技术馆员工。

岳　浩：演员，江西省科学技术馆员工。

吴世仪：演员，江西省科学技术馆员工。

许兰艳：指导老师，江西省科学技术馆员工。

项目单位：江西省科学技术馆

文稿撰写人：聂　胜

通往净土

一、剧情简介

微型科普剧《通往净土》时长 8 分钟，故事重点诠释了我国的超级工程——青藏铁路在建设过程中如何解决冻土层和生态环境保护的问题，通过表演，引发观众对青藏铁路建设的关注。剧中引用"饮水鸟"的科学原理和动物拟人化的对话，使科学问题通俗化，利于观众对科学知识的理解。剧情旨在启发观众对学习体会科学精神和保护生态环境方面的思考，同时也向艰苦卓绝的青藏铁路建设者们致敬。

二、创作思路

《通往净土》的创作灵感来源于科普展览《创新决胜未来》。观展期间，我们被展览中超级工程建设者们攻坚克难的精神所感动。又随机访谈了部分观众，得知观众对青藏铁路的建设还了解甚少。修建青藏铁路是党中央、国务院在进入新世纪之际作出的重大战略决策，是国家"十五"标志性工程之一，居西部大开发的重点工程之首。青藏铁路的建设攻克了三大世界铁路建设难题：千里多年冻土的地质构造、高寒缺氧的环境、脆弱的生态。值此祖国 70 周年诞辰之际，作为科普工作者，我们有责任让更多的人了解我国超级工程科学技术的发展历程。

三、活动准备

（一）剧情设计

1. 确定题材

科普剧是以表现科学内涵为目的的戏剧作品，内容要包含弘扬科学精神、传播科学思想、普及科学技术知识和倡导科学方法，同时要有合理的故事结构，注重艺术的表达形式。本剧选择题材时重点考虑的是要将"题材故事化，主题人文化"，并要具备科普剧的科学性、趣味性、通俗性和流动性。该剧的观众定位为小学高年级以上群体，这部分观众已经能够认识到人与自然环境应该和谐相处，能够认识到保护身边生物多样性的重要性。

受微剧本时长的限制，《通往净土》重点提取了解决冻土和保护生态环境两个问题作为切入点。剧中共同生活在一个环境中的藏羚、藏原羚所担心的是修建铁路对迁徙和生存带来的影响；科学家和工程师解决的是如何在冻土层上修建铁路的问题。怎样将这两种问题有逻辑性地衔接在一起，设计出合理的故事线尤为重要，还要避免所融入的科学内容被牵强地加入在故事中。为了提高观众的兴趣度，本剧采用模拟道具、视频动画等方法帮助观众理解科学原理，同时在演员的服装设计、音乐及舞蹈方面花心思，增强整体的艺术性。在科普剧题材已确定的基础上，考虑时长的限制和科普剧的流动性，确定该剧体裁为舞台表演独幕剧。

2. 确定剧情结构

《通往净土》按照顺叙结构设计了剧情的"起""承""转""合"。"起"即开头，通过表演体现出时间、地点、环境、人物性格、人物之间的关系，提出矛盾，制造悬念，引发兴趣；"承"即发展，在剧中所占比重较大，主要的人物、事件、矛盾冲突都在这里展现；"转"即高潮，就是解决矛盾冲突的阶段；"合"即结尾，集中交待主要事件的结果，充分显示所传达的科学精神。在剧情设计的框架下，尤为重视科学主题矛盾的表达，包括该剧中科学理念的矛盾、自然与人的矛盾、科学与情感的矛盾等，并将这些矛盾冲突有层次、有逻辑地构建在一起，由小及大推动整个剧情的发展。

（二）制作准备

（1）背景素材　动画制作、视频制作、音乐制作。

（2）道具准备　饮水鸟、"热棒"1个、工作台（写字台）1个、椅子2把、座机电话1部、草地背景板3个。

（3）服装准备　羊的服装及头饰3套、工程师服装和安全帽1套。

（4）场地要求　配有大屏幕的一般舞台即可。

四、剧本

［人物介绍（以出场先后为序）］

藏原羚：开朗好动，不想让大家把他认成藏羚。

藏羚：忧郁、多疑。

家羊：了解人类，是传递信息的桥梁，外号"美羊羊"。

工程师：严谨、敬业。

科学家：为了祖国的建设，克服一切困难坚持工作。

（开场背景视频播放：从西宁到格尔木的列车已经通车，火车呼啸而过）

（音乐起，藏原羚先从台下跑上台，边跑边招呼后面的藏羚）

藏原羚：快来，快来呀，这边的草好！

（音乐停）

藏羚：喂，听说了吗？铁路马上就要从格尔木修到拉萨了，这刚过了几天安稳日子，把盗猎者赶走，铁路又要修过来了，孩子妈妈和孩子还能从卓乃湖回到姜塘吗？他们人类，总是让我们提心吊胆的。

藏原羚：嗯嗯，我也听说了，不过用不着担心，想修到这里可就难了，我们这儿有永久性和半永久性的冻土层，海拔接近5000米，没那么简单。高兴起来……来点音乐放松放松！

（音乐30秒，起舞，藏羚被拉着不是很情愿地跟着跳了跳）

家羊（从台下观众中跑上舞台）：你们怎么这么高兴？快告诉我，快告诉我！（对着藏羚）藏原羚你快说。

藏原羚：喂，美羊羊，你又认错了，我才是藏原羚——西藏黄羊小黄呀，我有白色的屁股，而且身材娇小，你个笨蛋记着点，别总搞错！

［同步场景：科学家、工程师正在实验室讨论（无台词，做动作）］

家羊：呃……好吧好吧，都差不多，反正我们都是羊。

藏原羚：这不是藏羚在担心它的孩子和孩子妈妈嘛，我给他宽宽心。

家羊：哦，我猜你们准是听说铁路要修过来了，藏羚是不是在担心以后他的族群不能自由自在地来回跑了，是吗？

藏羚：对呀，对呀。

家羊：你们没见过世面了吧，其实根本不用担心。铁路是要修到这里的，但是也会给你们修通道啊，30多条呢，想怎么走就怎么走，并且还有我们的专属通道呢，修的比你们的多多了，200多条呢，方便极了，这样我就可以到处溜达，想怎么吃就怎么吃。

藏原羚：喂喂喂，等等，等等，缺氧解决了？冻土也解决了吗？

家羊：那当然。

藏羚：（半信半疑）怎么解决的？

家羊：你们瞧……

［切换到科学家和工程师的场景，两个人从实验室走出，查看地质、测量温度。同时放视频（冻土的动画）］

科学家（对工程师）：想在冻土上修铁路非常困难，列车运行时与铁轨有摩擦，摩擦就会生热，一热冻土就会化，一化铁轨就会塌陷，造成安全隐患，为此，我们已经修建122个冻土野外监测站了。

工程师：咦？那我们第一步是不是要考虑如何让冻土保温呢？不能让冻土融化呀。

科学家（和工程师回到实验室）：对，就是这个思路。

工程师：来来来，大科学家，快坐下休息休息，你这高原反应刚缓解，又开始投入工作了。

科学家：是该休息一下大脑了。这段时间忙起来，哎！都快忘记儿子了，这还是我前年来这里，儿子送我的，说看见小鸟就像看见他一样。（一边说一边用手摆弄着"饮水鸟"）

［视频同步播放饮水鸟的科学原理（动画）］

羊们互相说：那是什么？那是什么？

科学家：这是个小玩具——饮水鸟。

羊们（嫌弃的样子）：喊……

科学家：别小看它，它可藏着好多的科学原理呢。它的容器分为上球、玻璃管和下球三个部分，内部装满易挥发的乙醚。乙醚是一种无色透明的液体，这里为了让你们看得清楚些，将液体处理了一下，加入了黄色颜料。下球部分是液态的乙醚，其他部分充满了看不见的气态乙醚。当饮水鸟的头部沾水时，水蒸发会大量吸热，上球内的小部分气体液化，使上部气压下降，液体就会涌入上球，这时头重脚轻，鸟就会倒，当鸟嘴接触到水面时，上下两部分气体恰好被联通，气压恢复一致，但上球比下球高，液体就会因为自身重力流回下球，鸟又立了起来。然而鸟的头部已经再次被沾湿，便开始了新一轮的蒸发和吸热，不断循环。从而被很多人误认为是"永动机"。

科学家（突然激动地）：永动机？永动机！

工程师：喂！你到底想到什么了？快说，快说！

科学家（摇了一下头回过神来，对工程师说）：我在想，为什么我们不能变被动为主动呢？完全可以将被动的对冻土的保护转为主动降温啊，况且冻土的变化是动态的，我们不可能只想着用单一的办法解决所有的问题！

工程师：听你这么一说，我倒是有个办法不让冻土融化。

科学家：哦？快说！

（同步视频：动图展示热棒原理，同时展示道具）

工程师：我们可以采用全密封金属管，里面灌入液体，下部直接埋入多年的冻土中。当地基温度上升时，液体受热蒸发成气体，气体上升将热量传导给空气。气体由此冷却液化，再次沉入管底，如此循环……还有还有，为了保护金属管，我们可以采用碳钢做它的外壳，外壳上部装上散热翅片，这样就可以有效地帮助气体散热。这个想法你觉得如何？

科学家：太好了……我们可以叫它"热棒"。

工程师：好主意！图表（见表4-3）中是一些液体在1个正常大气压下的沸点，根据青藏高原 $-30℃$ 以下的气温条件，大家觉得热棒中取哪一种液体较好呢？（可与观众朋友们互动）

表 4-3　液体沸点表

液体	沸点 /℃	液体	沸点 /℃
甲苯	111	液态氧	-183
水	100	液态氮	-196
酒精	78	液态氢	-253
液态氨	-33.4	液态氦	-269

家羊：从这里看，选择液态氨是最适合的了。

工程师：恭喜你，都会抢答了，完全正确。

家羊：不过，你们只可以对一部分路段采取这样的措施，对于更加活跃的冻土，这招恐怕不灵啰。

藏原羚：对啊对啊！

藏羚：该怎么办呢？

科学家：你们别急啊！办法总是人想出来的。看，这些方法同样能解决问题，是什么原理呢？留给你们去探索吧。

（同步视频图片有片石路基、通风管）

家羊：人类真伟大，想出了既经济又实用的解决办法。

藏羚：听说，他们没日没夜地工作，攻坚克难，好多人都得了高原病呢，有的人把生命都贡献出来了。

图 4-22　科普剧《通往净土》现场表演

藏原羚：不过现在可有了很大的变化，为了预防高原病，特地来了2000多名医护人员保障大家的健康。我看以这个速度啊，很快就能按照计划完工，早日通车。

家羊：看他们多辛苦啊，你们还埋怨他们。

藏羚：多亏你带着我们看到人类为了克服难题付出这么大的努力，还为我们想得如此周到，我的担心消除了，可以安安心心地等待家人们回来了。但是，他们什么时候才能和家人团聚呢？

（此时电话铃声响起，科学家接通了电话。）

画外音：喂……

儿子：爸爸！

科学家：唉，儿子！

儿子：爸爸你什么时候能回来啊，我太想你了……

科学家：爸爸也想你啊！

（音乐起，视频播放全面通车的画面，向工程建设者们致敬！）

（剧终）

五、团队介绍

杨冬梅：主创人员，负责编剧、服装设计，内蒙古科技馆副研究馆员。

杜云刚：主创人员，负责道具创意及制作，内蒙古工业大学理学院物理学副教授。

段秉文：主创人员，负责辅助修改剧本，内蒙古科技馆科技辅导员。

张　锦：主创人员，负责辅助修改剧本及表演，内蒙古科技馆科技辅导员。

王博彦：表演人员，内蒙古科技馆科技辅导员。

斯　琴：表演人员，内蒙古科技馆科技辅导员。

张　敏：表演人员，内蒙古科技馆科技辅导员。

乌日娜：表演人员，内蒙古科技馆科技辅导员。

六、创新与思考

在此次科普剧的创作和实施过程中体会到：创作来源于生活，灵感其实无处不在，只要我们拥有善于发现的眼睛和深入思考的大脑，便不难发现身边处处是素材。创作中要重点考虑科普剧的科学性、趣味性、通俗性和流动性，道具的选择要便于在不同场合演出。要充分利用好团队成员的专业优势，这样可以大大节省成本；同时加强与专业团队的合作，这样能够得到专业知识和技术方面的指导帮助。一部剧本能够落地，需要每个环节的衔接和团队的配合，在排练过程中反复打磨才能够顺利实施。在服装造型和配乐上下功夫能够提高观赏性，引发观众对剧情中科学原理及科学精神的关注，观众也会延伸对知识的理解。该剧的不足之处是演出场次较少，对观众的观后感调查不足，在故事的衔接上还能有所改进。

项目单位：内蒙古自治区科学技术馆

文稿撰写人：杨冬梅

八十万里云和月

一、活动简介

月球距离地球约 40 万千米，人类对于月球尤其是月球背面充满了各种各样的猜测和想象。2019 年，在月背着陆的"嫦娥四号"探测器和"玉兔号"月球车牵动了亿万人民的心。科普剧《八十万里云和月》将古代的嫦娥仙子与现代的"嫦娥"探测器相结合，运用拟人的手法，贯穿后羿寻妻的故事，碰撞出科普的火花，激发起观众对太空探索的兴趣和对中国航天精神的崇敬。

二、创作思路

（一）活动目标

让观众了解中国探月工程"三步走"的相关知识。

（二）活动设计思路

将"嫦娥三号""嫦娥四号"月球探测器拟人化，和古代神话中的后羿、嫦娥等人物相结合，介绍中国探月工程的相关内容和取得的成果，激发观众对中国航天事业的崇敬和爱国之情。

（三）活动重点及难点

"嫦娥四号"任务中的 L2 点轨道设计、中继星鹊桥的工作原理等，需要演员借助道具、幻灯片完成介绍。

三、活动准备

场地：天津科技馆"科技名人园"共享空间。

设备：灯光、音响、大屏幕。

道具：玉兔号月球车模型、镜子、月球图片喷版。

四、剧本

[人物介绍]

后羿、"嫦娥三号"（以下简称"三号"）、"嫦娥四号"（以下简称"四号"）。

画外音："小时不识月，呼作白玉盘。"从古至今，人类对月球的探索从未停止，嫦娥奔月的故事流传千古，今天我们就来说一说现代版的嫦娥奔月。

三号（上场）：小兔子乖乖，把门开开……（挥挥手）这是玉兔，我的搭档，这次他要和我一起完成任务，玉兔快跟大家打个招呼。

后羿：这位姑娘，这是哪里？

三号：这里是月亮上啊！

后羿：月亮？那你知道嫦娥吗？

三号：嫦娥？我就是嫦娥。

后羿：人们都说我的妻子来到了月亮上。可她不长这样啊？

三号：你呀，肯定搞错了。我不是你的妻子嫦娥，我是"嫦娥三号"，我是为了完成任务来到这里的。

后羿：什么任务？

三号：就是中国探月工程的任务啊！

后羿：探月工程？

三号：是啊，我的姐妹"嫦娥一号"和"嫦娥二号"已经完成了绕月任务，我是来执行第二步任务的。

后羿：我还是不太明白。

三号：是这样，2004 年中国探月工程正式立项，分为绕、落、回三步走。

旁白：2007 年 10 月 24 日 18 时 05 分，"嫦娥一号"首飞冲天，标志着中国成为世界上第五个自主发射月球探测器的国家；2010 年 10 月 1 日 18 时 59 分，"嫦娥二号"成功发射，进入地月转移轨道，获取到了世界上第一幅 7 米分辨率的全月球立体影像图。

后羿：（惊讶地）那你的任务是什么？

三号：我实现了在月球的软着陆，还对这片区域进行了探测，并把它命名为广寒宫。（开始唱，并和后羿一起跳一段简单的舞）

三号（唱）：我想要带你去浪漫的天市区，然后一起去紫薇和太微，其实我特别喜欢虹湾区，和有陨石的广寒宫（配上《带你去旅行》的音乐）。

三号：对了，那你是谁？

后羿：在下后羿，我是来寻找我的妻子的。

三号：这片区域我已经探索过了，没有你的妻子。你去月亮的背面看一看吧！

后羿：还有背面？那就太感谢你了！（三号、后羿跑下场）

三号：这人真奇怪，他说他叫什么……后羿！

  月背的画，我想要带你回家，

  在那南极盆地，月背它就是我家。

  土豆棉花油菜，全都种一遍吧！

  你是最迷人的，你知道吗？

  来左边跟我一起画个龙，在你右边画一道彩虹～

四号（上场）：信号不太好，我还得调整一下位置。

后羿（上场）：欸，"嫦娥三号"，你怎么那么快就变了个样子？

四号：我不是"嫦娥三号"，我是"嫦娥四号"，我们只是长得有点像，你是谁啊？你是月球上的原住民吗？我来了这么长时间，怎么没发现你？

后羿：不是，我是后羿，是来找我妻子的。

四号：你就是把九个太阳射下来的大英雄后羿？

后羿：正是。

四号：后羿大哥你等着啊，等我接通了信号，咱俩合个影，我让地球上的叔叔阿姨帮你一起找。不过你得让我先把任务完成。

后羿：你也有任务？

四号：我们都知道从月球正面通信很轻松，但是到了月球背面就容易信号中断。我的任务是从月球背面把信息传出去。

后羿：背面的信息怎么传？

四号：后羿大哥，你听我给你说啊，我们在太空中需要一个点，既能够减少能量消耗，又能稳定地存在于太空中，然后我们发射一枚中继星到那里去。这样，中继星就可以把月球背面的信号反射给地球。

（后羿傻眼，摇头）

四号：就是在太空中，一个小天体在两个大天体的引力作用下保持相对静止的一个点。通过科学家的计算，一共有五个这样的点。

后羿：五个点？

四号：三号，三号，你快来，我们给后羿大哥讲一讲。以地球、月球为例，地月连线上有一点，地月连线的反向延长线上各有一点，地球、月球为两点，地月连线为边长构成的两个等边三角形的顶点上还有两个点，分别称作拉格朗日 L1～L5 点。不难发现，只有 L2 点能够覆盖在月球背面，科学家便把中继星发射到了 L2 点。

后羿：那不还是挡上了吗？

四号：所以科学家们设计了围绕 L2 运行的轨道，中继星绕轨飞行，地球就能看见我们了。

后羿：（恍然大悟）你们太聪明了！你们这样做为了什么？

四号：我们不断地探索正是为了揭开月亮神秘的面纱，即将发射的嫦娥五号，会带给我们更多的惊喜，我们就是要圆了中华民族的飞天揽月之梦！

后羿：想当年我射下九个太阳，是为了让百姓们安稳生活。而你们是为了圆百姓们的飞天之梦啊！

三号：在古代，嫦娥奔月是代表人们对月亮的向往，所以现在我们月球探测器就以嫦娥命名。

后羿：（忽然失落）唉，看来月亮上没有我的妻子。

三号、四号（相视一笑）：也许你的妻子在其他星球呢！

后羿：（眼前一亮）难道还有别的星球吗？

三号：那当然了。光太阳系里就有八大行星呢！

后羿：那你们带我去找找吧！

四号：我们还有任务在身，不能带你去，但是我们可以帮你想办法。

图 4-23 科普剧《八十万里云和月》现场表演

后羿：那太谢谢你们了。

旁白："嫦娥"，在新时代的背景下，连接着地球和月球 40 万千米的通信桥梁，推动着我国航天事业的蓬勃发展，诠释着中华民族的探索精神！

（剧终）

五、团队介绍

魏凯旋、徐璐、王嘉楠、齐畅为参赛选手，杨珂晶、彭尧、吴颖为主创团队成员。

六、创新与思考

科学实验赛是将科学与艺术完美结合的科普活动形式，兼具了教育性与趣味性。天津科技馆首次参加其他科学表演类别的比赛，参赛节目《八十万里云和月》获得了较满意的成绩，今后在剧本编写中，对于构思矛盾冲突和增强戏剧效果方面有待提升。另外，剧本创作中可以加入更多的表现形式，比如与魔术、快板、说唱等形式融合，增加观赏性和教育性。

项目单位：天津科学技术馆

文稿撰写人：齐　畅　杨珂晶　吴　颖

鹿族选美

一、活动简介

以科普剧的形式，讲述鹿科动物中白唇鹿、獐、驯鹿等几种鹿的形态特征和生活习性，以及长颈鹿不是鹿科动物的自然科学知识。整个科普剧用幽默易懂的语言、丰富生动的情景使学生们在观看表演、跟随人物情节发展的过程中接受科学知识、感悟科学魅力，以此激发学生对科学的兴趣。

二、创作思路

（一）活动目标

采用拟人化的形象来表达动物的情感和思想，在戏剧情境中传播科学知识，以寓教于乐的方式让学生们轻松掌握白唇鹿、獐、驯鹿等几种鹿的形态特征和生活习性，了解长颈鹿不属于鹿科动物这一知识点，领会学习知识不是以字面意思去判断，而是要深入剖析。

（二）活动设计思路

以鹿族选美为情境，以白唇鹿妹妹的所见所闻引领剧情发展，把科普知识传授作为基础，与参与者建立互动关系，丰富科学课程的内容以促进学生学习的能动性，从而达到轻松教学、让学生主动接受科学知识的目的。

（三）活动的难点

表演者的服装如何突出不同动物的形态特征，情境如何营造。

三、活动准备

提前准备手持麦克风 1 个、无线耳麦 5 个、放映幻灯片的设备 1 台、电脑 2 台，注意声音、视频分开操作。

四、剧本

[人物介绍]

白唇鹿妹妹（以下简称"白妹妹"）、白唇鹿哥哥（以下简称"白哥哥"）、獐、驯鹿、长颈鹿。

白哥哥：大家好，大家好。唉，你说说我来参加个"选美比赛"，妈妈还非让我带着个拖油瓶妹妹。妹妹，你倒是快点啊。

白妹妹：哥哥，你等等我，等等我。大家好，大家好，大家知道我们叫什么名字吗？（观众：不知道）大家看看我们的嘴是什么颜色的？（观众：白色）对，我们的鼻端、嘴巴和下颌部的毛色都是纯白色的，所以啊有很多人都叫我们"白唇鹿"。大家再看看我们的屁股是什么颜色的？（观众：黄色）对，所以呢也有人叫我们"黄臀鹿"。今天呢，是我们"鹿族选美"的日子，妈妈特地让哥哥带我来见见世面。

白哥哥：哎，妹妹，我考考你，你觉得来参加比赛的是雄鹿多呢，还是雌鹿多呢？

白妹妹：这个你可难不倒我，对于我们鹿族来说，长相中最有特色的就要数这一对鹿角了，只不过一般只有雄鹿有，而雌鹿是没有的，所以啊，这个"选美比赛"的参赛者肯定是雄鹿多。

白哥哥：不过呀，也有例外。

白妹妹：有例外？哎，那边就有个小姐姐，不过不知道她是不是参赛选手，走，哥哥，咱们去问问她。

（说着就走过去了，白哥哥在后面跟着，獐背对着他们）

白妹妹：小姐姐你好啊。

獐（转过头）：干啥？

白妹妹：啊！（朝一边跑）哥哥，你被吓傻了吗？还不快跑。

白哥哥：别一惊一乍的，他也是我们的族类，他是獐，而且他也不是什么小姐姐，他是雄鹿。你看看你，把人家搞得多尴尬，快给人家道歉。

白妹妹（由惊讶转为尴尬）：那个……刚刚不好意思啊。

獐：该说不好意思的是我，把你吓着了。

白哥哥：是她没见识。

白妹妹：你真的是雄鹿吗，可是你没有鹿角耶，而且还长着尖尖的牙齿。

獐：小妹妹，我是雄鹿，不是所有的雄鹿都长有鹿角的。像我们獐，就没有角，但长有发达的上犬齿。

白妹妹：那你们长着这么长的牙齿，吃东西的时候该多难受呀。

獐：不怕、不怕，我们的尖牙会动，在吃东西的时候，它们就会倒下来，免得碰坏；但要是进入了战斗状态，它们就会"嗖"的一下立起来，而且我们的牙可长达8厘米。

白妹妹：啊，这么长，那你是不是很喜欢吃肉啊？

白哥哥：你真是笨耶，难道长了尖牙就一定要吃肉吗？兄弟你来讲讲。

獐：虽然我们外表残忍，但我们不吃肉不吸血，锋利的牙齿只是为了夺取雌性的青睐，虽然我们和其他鹿不一样，但我们一样善良可爱。

白哥哥：说得对，兄弟，我支持你，加油。

獐：嗯，谢谢，好了，不和你们聊了，我要准备才艺展示了。

白妹妹：好的，不打扰你了。

白哥哥：嗯嗯。（獐走开）妹妹，这次的参赛者都很厉害，我不能轻敌，哥哥我也要提前准备一下，你自己去转转，别跑远了哈。（说完走开）

白妹妹：嗯，好的哥哥，加油哦，那我自己去转转。唉，走了这么远，我都有点渴了，可这哪里有水呢？咦，那边有个小哥哥，我去问问他。（走过去）小哥哥，你好呀，请问你知道附近哪里有水吗？

驯鹿（转过头）：小妹妹，我不是小哥哥，我是小姐姐。

白妹妹：啊，不是只有雄鹿才长角吗？可你……

驯鹿：小妹妹，鹿族里长角的不一定都是雄鹿。

白妹妹：啊？不懂耶。

驯鹿：鹿角呢，一般来说确实是雄鹿的性别特征，但是我们驯鹿雌雄都有角。还有，我们鹿族的角呀，每年都会脱落，随后又生出新的，所以雄鹿有时候也是没有角的。

白妹妹：角会掉，那该有多疼呀？

驯鹿：这个不怕，鹿角在生长阶段覆盖着血管，此时称为鹿茸，但生长停止后，鹿茸会钙化为鹿角，变得坚硬，角掉的时候，只会留少量的血，不会很疼。

白妹妹：哦，我明白了，看来在我们鹿族中，长角的不一定都是雄鹿。

驯鹿：嗯，非常正确，你刚刚想问什么？

白妹妹：姐姐，请问哪里有水呀？

驯鹿：往那边走，下了坡就是。

白妹妹：哦，谢谢。

驯鹿：嗯，不客气，我去化妆了，再见。（说完继续化妆）

白妹妹：还要翻过山坡，那我要走快点。（咕嘟咕嘟，喝完水）啊，喝完水了，身体真舒服。咦，那个不是长颈鹿吗？我去和他打个招呼。喂，你好呀！

长颈鹿：哎呀妈呀，吓死我了，吓死我了，什么情况？

白妹妹：你好呀！

长颈鹿：哦，你好，你好！我刚眯了一会儿你就来吵我。

白妹妹：啊，你在睡觉吗，可你为什么站着睡呀？

长颈鹿：由于我们长颈鹿身高比较高，如果躺下休息，再从地上站起来就要花费整整1分钟的时间，这有时会让我们面临危险，所以我们长颈鹿大部分时间都是睁眼站着睡觉的。

白妹妹：哦,真是不好意思,我还以为你在吃树叶呢,那我不打扰你了,你接着休息吧。

长颈鹿：算了，反正比赛也很快开始了。

白妹妹：嗯嗯，那你不去准备准备吗？参赛选手可都在准备着呢。

长颈鹿：哦，我不能做参赛选手，我是观众，我和你们鹿族不一样。

白妹妹：什么意思？

长颈鹿：我们长颈鹿虽然名字里有"鹿"，但却不是鹿，正如河马不是马，海豹不是豹，蜗牛不是牛是一样的。

白妹妹：哦？

长颈鹿：而且我们长颈鹿,不管雌雄,头上都长有6~7只角,且终生不掉,不像你们。

白妹妹：哦，我还以为你是我们鹿族中个头最大的鹿呢！

长颈鹿：不是的，在你们鹿族中，体形最大且身高最高的鹿就要数驼鹿了。那不，

图 4-24　科普剧《鹿族选美》现场表演

你看那儿，那个就是驼鹿。

　　白妹妹：哦。

　　（广播："鹿族选美比赛"开始了，请参赛选手上台展示才艺）

　　（所有表演人员登台，跳结束舞蹈）

　　（剧终）

五、团队介绍

　　陈乐涵：提供活动创意及表演，毕业于西北农林科技大学，获农业推广硕士，2017年7月至今就职于西藏自然科学博物馆展览教育部，任科普辅导员。曾代表我馆参加中国科学技术馆组织的"科学之夜"，参与"五下乡""科技下乡""三区"科技人才服务队以及馆内的科普活动策划、组织及实施。创作的《会变色的水》剧本，由我馆工作人员参加2018年全国科学实验展演会演，获得全国一等奖；参与组织第六届全国青年科普创新实验暨作品大赛（拉萨赛区），并作为指导教师随队参与全国赛事。目前创作的科普表演剧本有7个，开发的科普课程有12个。

　　贡布次仁：表演人员，西藏自然科学博物馆科普工作人员。在2019年第六届全国科技馆辅导员大赛全国总决赛科学表演赛的其他科学表演项目中，凭借《鹿族选美》荣获三等奖。在西藏自然科学博物馆工作 2 年以来，先后参与馆内各项大型科普教育活动。曾多次到各地区的乡村去普及科学知识，让偏远乡村的孩子也能享受科普带来的乐趣，让科学走进西藏的每个角落。

洛桑平措：表演人员，毕业于西北民族大学藏语文学系，现于西藏自然科学博物馆从事讲解和科普教育工作。在 2019 年第六届全国科技馆辅导员大赛全国总决赛科学表演赛的其他科学表演项目中，凭借《鹿族选美》荣获三等奖。参与完成了一系列大型科普教育活动，包括"科技下乡""科普进校园""科学之夜"等。

周毛吉：表演人员，西藏自然科学博物馆科普工作人员。在 2019 年第六届全国科技馆辅导员大赛全国总决赛科学表演赛的其他科学表演项目中，凭借《鹿族选美》荣获三等奖。在西藏自然科学博物馆工作 4 年来，先后参与馆内"科学之夜""科技下乡""馆校合作""全国科技活动周"等大型科普活动，凭借大胆活泼、风趣幽默的科普表演风格，获得了公众的一致喜爱。在连年科普下乡活动中，多次深入日喀则、拉萨、那曲等高海拔地区为偏远乡村的孩子们带去科学盛宴。

旦增伦珠：表演人员，西藏自然科学博物馆科普辅导员。曾荣获得 2018 年全国科学实验展演会演一等奖、第六届全国科技馆辅导员大赛科学表演赛的其他科学表演项目三等奖、全国科技辅导员科学大表白最美讲解员的称号。

六、创新与思考

《鹿族选美》以鹿科动物为主角，选题新颖，但是受时长所限，表达内容有限。这种自然科学类科普剧，如果在展厅与展品讲解相结合进行演绎，效果会更好。我们下一步要改进的是，如何完善表演者的服装，以更好地突出不同动物的形态特征；如何改良道具，把情境营造得更加贴近剧情。同时，我们计划以鹿科动物为主角，创作出鹿族系列剧，这样对鹿科动物的科普就更完善、更系统；剧情内容再与人文关怀相结合，达到培养学生的科学素养与人文素养的双重目标。

项目单位：西藏自然科学博物馆
文稿撰写人：陈乐涵

出口气

一、活动简介

表演项目《出口气》将力学知识与喜剧表演的艺术形式巧妙融合，使科学实验具有艺术化的戏剧效果，用风趣诙谐的语言和幽默的肢体动作，潜移默化地向观众传递了科学知识，为观众带来了耳目一新的感受。

二、创作思路

以身边的"气"为创作灵感，以家庭中的日常生活为主要背景，人物设置为两个性格迥异的姐妹，利用生活中的常用物品做出一系列科学小实验，演示大气压、伯努利、热胀冷缩等与空气有关的科学。

三、活动准备

场地：场地高度须3.6米以上。

电源：若干。

道具：玻璃板、玻璃杯、助燃剂、气球、吹风机等。

四、活动过程

实验一：空气压力实验——皮搋子吸玻璃板。

实验二：热胀冷缩原理实验——玻璃杯吸玻璃板。

实验三：伯努利原理实验——吹风机吹气球、管道吹球。

五、剧本

斯文：大家好，我是斯文！你们看我苗条吗？什么？你们说我胖？我这是虚胖！我妹妹那才是真壮，你看我妈给她起那名叫斯壮，strong，strong……

斯壮：斯文，你又在背后说我坏话！看我不收拾你！别跑！

斯文：别用蛮力，别用蛮力！咱俩讲道理！

斯壮：哎！这个皮搋子怎么拔不下来了？我哑铃都举得起来，不信这个拔不下来！怎么回事？你快说！

斯文：你求求我，我就告诉你！

斯壮：不说我收拾你！

斯文：哎！你松手，你松手我告诉你！按下皮搋子的同时，气囊内部的空气被挤出，皮搋子里面形成了真空负压，就紧紧地吸住了相框！

斯壮：原来是这样！

斯文：想知道怎么把它拔下来吗？

斯壮：快点的！

图 4-25　科普剧《出口气》现场表演（一）

斯文：仔细听，嘶——提问！

斯壮：回答！

斯文：是外面的空气进入到里面，还是里面的空气跑了出去？

斯壮：我知道！一定是里面的空气跑出去了，因为我听见了"嘶"的一声，像气球在漏气！

斯文：说你傻你还真傻！嘶！（抢皮擞子）刚才不是说过了嘛！一定是外面的空气进到里面来啊！

斯壮：我又不在皮擞子里，我怎么感受得到里面的空气压力！

斯文：那你想自己感受一下空气的压力吗？

斯壮：来吧，怎么感受？

斯文：伸出双手，台下的观众朋友们，跟我一起做！把手掌合一起，把手心里的空气挤出去，试图分开，怎么样，感受到了吗？

斯壮：欸？感受到了！感觉两只手掌好像粘到一块了，是挺好玩啊！

斯文：你要是保证以后不打我，我给你看一个更好玩的！

斯壮：更好玩的？

斯文：没错！你看！

斯壮：这不就是块玻璃嘛！

斯文：你拿一张餐巾纸，把它铺到中间……哎呀我来吧！然后用喷壶给它喷上水，把它完全喷湿！

斯壮：哦，这张纸湿了之后就会粘在玻璃板上了。

斯文：对，按照刚才的方法一共铺五层，第六张我们把它团成一个球，放入酒精里面，等纸完全浸湿后，把它夹出来放到纸的中央。现在呢，我要把它点着，然后拿起玻璃杯，稍扣着纸团让它燃烧一会，然后把玻璃杯牢牢地压在玻璃板的纸上。

斯壮：这样就能吸上了？

斯文：你来试试吧！

斯壮：哇，太厉害了！真的吸上了！

斯文：第一步成功了，现在我们用玻璃杯提起玻璃板。

斯壮：哇，斯文，我成功了，太神奇了。这个到底是怎么做到的呀？

斯文：其实啊，燃烧的小纸团把玻璃杯里面的氧气基本消耗完了，所以把杯子扣在纸上的时候，杯内气压会小于外部气压，利用气压差把杯子牢牢吸住，湿的纸巾起到了密封圈的作用，这样就能提起重物了！

斯壮：这个我知道！和妈妈拔火罐一个原理！

斯文：有进步！知道举一反三了。

斯壮：那是！别说，你这科学实验还挺有意思！

斯文：我还有一招，你肯定没见过！你看，我能让管子里的球自己跑出来！

斯壮：自己跑出来？我不信！

斯文：要想让球跑出来，首先你得疯！

斯壮：好啊，我疯给你看！啊！

斯文：别别别，吹风，吹风！你把大吹风机拿来！

斯壮：大吹风机？我的天，这大吹风机真帅啊！你看我拿着像不像加特林机枪？

斯文：什么枪？

斯壮：就是哒哒哒哒哒哒哒的那种！

斯文：斯壮你真疯了啊？赶紧过来吹！我给你加子弹！

斯壮：好嘞！哇！球真的自己从里面跑出来了，这个子弹太小了，我要大的！这是怎么回事啊？

斯文：这是伯努利原理！是……

斯壮：我知道我知道，不就是空气流速快压强小，空气流速慢则压强大嘛！和这有什么关系啊？没往管子里吹风啊！

斯文：吹风机改变了管口空气的流动速度，使管外气压小于管内气压，就把球从管子里压出去了。

斯壮：哦，原来是这样，所以不用手触碰就能让球跑出去，真牛！

斯文：我还能让球飞起来！你看！

斯壮：斯文，你这个弱爆了，看我的！

斯文：这个效果非常震撼，这么好的点子你是怎么想到的？

斯壮：我呀，这是看你吹一个气球收到的启发，科学也是需要创新精神的！平时你总说我四肢发达头脑简单，今天，总算让我在你面前出口气！！

图4-26 科普剧《出口气》现场表演（二）

合：大千世界真稀奇，
　　空气里面来探秘，
　　大气压、伯努利，
　　科学让你出口气！

（剧终）

六、团队介绍

张　敏：黑龙江省科学技术馆展览教育部部长。
马顺兴：黑龙江省科学技术馆展览教育部副部长。
郝　帅：黑龙江省科学技术馆展览教育部副部长。
王艳丽：黑龙江省科学技术馆展览教育部辅导员，表演人员。
张　爽：黑龙江省科学技术馆展览教育部辅导员，表演人员。

项目单位：黑龙江省科学技术馆
文稿撰写人：王艳丽　张　爽

博物馆密室盗窃案

一、活动简介

本次活动通过表演剧的形式，讲述了人工智能侦探"扶耳摩丝"历尽人类所记载的犯罪案件，不断学习、进化，获得了非凡的探案直觉，在人类的辅助下，首次完成复杂的侦破任务。这是通用人工智能史上的里程碑，标志着人类文明自此进入——"AI时代"。侦探剧的代入感强，让同学们在认真观剧的同时，可以了解到哥德堡连锁反应装置的运动原理与偏振光片（偏光片）的认知与应用，更重要的是让学生通过此次活动了解人工智能，在思考破案的过程中，根据现有的线索，观察现象、提出疑问、寻找证据、得出结论。

二、创作思路

现在侦探推理这种形式比较受欢迎，各类综艺节目、电影都会用到这些元素，本科普剧也想结合这样的元素来增加趣味性。而且科学探究的过程和侦探破案的过程都是寻找证据、得出结论，所以科学探究和侦探破案也有内在的联系，把这种联系融合在科普剧中，既能传达科学知识、科学方法，又能贴近观众、让观众容易理解。

三、活动准备

活动须提前安排或准备相关场地、设备、材料等。如大型的报告厅或设备厅、哥德堡连锁装置、装有偏光膜的玻璃墙、偏光片、摄像头、各演员服装、追光等。

四、剧本

[故事梗概]

人工智能侦探(代号"扶耳摩斯")与花生博士合作,侦破一起博物馆密室盗窃案。扶耳摩斯拥有非凡的探案直觉,而花生博士拥有丰富的科学知识,两人合作推演,运用力学、光学以及脑科学知识,最终让案情水落石出。

[人物介绍]

扶耳摩斯:人工智能侦探,已深度学习,历尽人类所记载的犯罪案件,拥有非凡的探案直觉。

花生博士:为协助破案而来到现场的博士,科学知识丰富。

杨思聪:博物馆研究部研究员,嫌疑人之一。

马有花:博物馆展览部主任,嫌疑人之一。

侯小明:博物馆当晚值班员,嫌疑人之一。

[灯光较暗,布景暂时隐藏,大屏幕显示人工智能原理(剧尾附)]

旁白:下面播放一则快报。9月6日,我市首位人工智能侦探,代号"扶耳摩斯",正式上线。昨晚,我市博物馆遭遇失窃案,作为人工智能的第一个侦破任务,备受瞩目。本台记者为您报道。

扶耳摩斯:大家好,我是人工智能侦探,代号"扶耳摩斯"!(机器人声音)

花生博士:摩斯先生,摩斯先生,我是花生博士。本次案件由我来协助您。

扶耳摩斯:您好,现在转换成完全拟人模式。(机器人声音)

花生博士,您能否帮我介绍一下本次的案件。(切换成人声)

花生博士:本次失窃的是一份南美历史文献影印本。白天展览完,晚上放在展品室,今早发现失窃。可是,展品室的门并没有被撬的痕迹,室内也没有提取到其他人的指纹和头发。

扶耳摩斯:密室盗窃?那么昨晚,都有哪些人呆在馆内?

花生博士:共有三人,(亮灯投向三人)分别是主任马有花(手从背后自然放置胸前)、研究员杨思聪(推一下眼镜)以及值班员侯小明(轻抡警棍)。

扶耳摩斯：那他们就是本案最大的嫌疑人。来听听他们怎么说！（看向马有花）

（三人登场，坐在座位上，轮流发言时追光依次投在每个人身上）

马有花：昨晚8点，我们三人一起检查完展品室之后离开，没有发现任何异常。

杨思聪：（微笑、讨好状）今早7点，我们三人去取展品准备布展时就发现丢了！（双手摊开、无辜状）

侯小明：我们走的时候，门是锁好的啊，这门锁需要我跟马主任的两把钥匙才能打开。我的钥匙没有丢，跟马主任也没见面，这是咋回事？（方言）

马有花：对了，展品室内有一套哥德堡连锁装置。那是一种设计精密而复杂的机械，能以迂回曲折的方法完成一些简单的任务，比如……

（侯小明开门）

扶耳摩斯：能否具体说明？

杨思聪：请看这里。（启动连锁装置并播放视频）这是我们之前研发的展品，小球的滚落会迂回曲折地触动一个又一个连锁机关，整个过程大约需要30秒时间。这个展品还没有正式展出，为了测试它的应用，我们在连锁的最后一步连上了门锁装置，连锁反应完成后，门就会从里面自动打开。

扶耳摩斯：直觉告诉我，这套装置正是是本案的关键。我们要进行逻辑推演，我来扮演作案者，花生博士来扮演另一人。

花生博士：愿意为您效劳。

（灯光变亮，布景展品室显现出来，伴推理的音乐）

扶耳摩斯：我们一起打开门，花生博士来放好文献。在离开时，作案者可能会对这套连锁装置动一些手脚，让连锁时间大大延长，足够在大家一起离开之后，再偷偷潜回偷走文献。花生博士，您能否帮我看一下这套连锁装置，有没有可以让它延长连锁时间的办法？

花生博士：当然有！（拿出小球，边说边做。大屏幕同步播放视频）小球滚落是连锁反应的第一步，有一种方法能让小球滚落的速度变慢。这个小球里放满了黏稠的蜂蜜增加配重，在下落过程中由于蜂蜜的黏性就会使滚落的速度变慢。黏性越大，滚落得也就越慢。

扶耳摩斯：一下就解开了我的疑惑。（看观众）作案者只要在大家一起离开时悄悄换上特制的小球，行窃时再换回去就可以了。

马有花：蜂蜜……我记得前两天侯小明买了两罐蜂蜜。

侯小明：那是给我妈买的！可是高档的富硒蜂蜜！我能用来干这？

杨思聪：不对不对，展品室通往外面的走廊上是有监控的，如果有人单独回来等门打开，监控一定可以拍摄到。

花生博士：安保人员仔细查看了监控，就看到三人一起离开，之后并无人出入。

侯小明：哎！有个情况！当天共发生两次短暂的停电。第一次大概是……6点多，大约持续了3分钟。第二次是晚上8点多，时间较短，作案者是否利用了两次停电躲过了监控？（方言）

杨思聪：就是哦。

马有花：第一次停电后一切正常，那时文献还没放入展品室。第二次停电又非常短暂，只有十几秒。不可能实施盗窃吧？（傲娇状、一脸不屑）

扶耳摩斯：我们快去走廊看看！（焦急状）

花生博士：好的，这边请。这就是作案者需要经过的走廊。

（显示走廊的布景）

扶耳摩斯：这里是监控，这里是玻璃墙，玻璃墙的后面是走廊。监控需要透过这面玻璃墙，才能拍摄到走廊。（说着扶耳摩斯与花生博士同时蹲下）玻璃墙的下半部分摸起来有点黏。

花生博士：好像是胶。

扶耳摩斯：另外，走廊的地面是黑色的。我感觉，这里一定有问题！（说着站起来）

花生博士：有什么问题呢？（摊手状）

扶耳摩斯：继续推演，（扶耳摩斯从前面绕过）作案者需要利用某种方式通过监控两次，这种方式需要利用黑色的地面，还需要在玻璃墙的下半部分粘贴某种东西，可能还需要对监控做一点手脚。两次停电并不是用来实施盗窃，而是用来掩盖作案手段的。花生博士，请您想想，能不能改变玻璃的透光性？

花生博士：当然有！（拿出两片偏光片）大家看，这是两个偏光片，它们重合在一起，依然是透光的。但如果我把其中一片旋转90°，两片镜片的偏振方向互相垂直，光线就不能透过了。

扶耳摩斯：太棒了！那么谜题就揭开了。作案者只需要在第一次停电时，在监控上加装一个可以旋转的偏光片，（花生博士指指那个可以旋转的镜片）在玻璃的下半部分贴上偏光膜（花生博士指指另一个镜片）。作案时，先转动监控上的偏光片，完成后再制造第二次停电，迅速摘掉偏光片，撕下偏光膜。

花生博士：可如此一来，监控里就会看到玻璃变成黑色，这是能被发现的吧？

扶耳摩斯：（开始播放视频）这就是为什么只贴下半部分的原因了。从监控的角度看，玻璃墙的下半部分完全投影在地面上，夜晚灯光昏暗，地面又是黑色的，和偏光片产生的效果一模一样，作案者只要趴着通过，就可以隐藏自己了。

侯小明：马主任，我好像看见过你摆弄那些圆圆的镜片哦！

马有花：哎，你个侯，不想干了！我那是在研究展品，偏光片可是常用的东西。

花生博士：扶耳摩斯先生，那作案人究竟是谁呢？

扶耳摩斯：最后一个问题（转身质问状），你们谁认识拉丁文？

杨思聪：我不会。

马有花：我不懂。

侯小明：（举手状、重音）我，（挠头状）没学过。

扶耳摩斯：他们三个中一定有一个人在说谎，花生博士，您有没有办法帮我找出这个人？认识拉丁文的人，就是作案者。

（拉开遮挡布，露出彩色字方阵，彩色方阵由拉丁文和中文混合组成）

花生博士：（打响指）当然有！马主任，请您依次说出屏幕文字中的文字颜色，注意！是说颜色，而不是读字的读音。

马有花：喊！红、绿、黄、紫、蓝、绿、黑、红……（时快时慢，在中文处慢甚至会读错，在拉丁文处快，无干扰）

花生博士：感谢您的配合！杨研究员，请您也读一遍。

杨思聪：红、绿、黄、紫……（读慢）

花生博士：杨研究员，看来您是认识拉丁文的。

杨思聪：我不认识（急促）！话不能乱说的呀！

花生博士：大家看，屏幕中的文字是由中文和拉丁文混合组成的，马主任在读颜色时，遇到中文就会变慢，是因为他认识中文，文字的意思对她造成了干扰。而您在阅读两种文字时都会受到干扰,所以两种文字您都认识。

杨思聪:好吧,我承认懂拉丁文,但这和本案又有什么关系?

扶耳摩斯:因为懂拉丁文的你,就是多年前作为访问学者出访巴西,影印过那份文献的人!

杨思聪:你说我影印过那份文献?那我还偷这里的影印本有毛病啊?

扶耳摩斯:哼!4天前,巴西国家博物馆失火,无数文物葬身火海,其中就包括这份文献的原件和其他影印本。此后,世间仅剩2份影印本。销毁其中1份,剩下的便是绝世珍品。

杨思聪:(靠近扶耳摩斯)侬脑子瓦塔了。(方言)

扶耳摩斯:(低头深嗅、转向观众)扫描显示,三人中蜂蜜残留量最多的是杨研究员,手指沾染胶状物最多的也是杨研究员,再加上认识拉丁文,杨研究员是作案者的置信度达到了6ε,建议立即送公安机关。(换胜利的音乐)

杨思聪:好!我认罪。(缓慢跪下、低头状)

马有花:原来是你啊!!!呀呀呀呀呀呀呀呀,(讨好小碎步向前走)新一代的人工智能就是不一样!

侯晓明:(拎起杨思聪后衣领)走!(走下台)

图 4-27 科普剧《博物馆密室盗窃案》现场表演

花生博士：（靠近扶耳摩斯）走，我带你去充充电！

（剧终）

附——画面字幕：

以阿尔法狗战胜人类围棋大师为起点，由深度学习算法打造的人工智能在各行各业崭露头角。

侦探"扶耳摩丝"历尽人类所记载的犯罪案件，不断学习、进化，获得了非凡的探案直觉。在人类的辅助下，首次完成复杂的侦破任务，这是通用人工智能史上的里程碑。

人类文明自此进入——"AI时代"。

表现形式及实验：通过创设情境，扮演人工智能扶耳摩斯和花生博士，引领观众在破案的过程中寻找证据。通过实验得到证据，做出结论，如伽利略的斜面实验、哥德堡实验、光的偏振实验。了解如果小球的重心改变，小球就会滚落得相当缓慢，知道光是以波的形式传播的，且偏光片只能让与它偏光方向重合的光通过等内容，感受破案和科研探索过程中的大胆假设、反复验证、务实求真以及不懈坚持的科学家精神。

应用拓展：偏光片原理——偏光片只能让与它偏振方向完全重合的光线透过，如果光线垂直于偏光片，则光线就无法透过了，如果两张偏光片互相垂直，则所有光线就都不能通过了，而偏光片在我们生活中的应用也有很多，比如3D眼镜、单反相机、液晶显示器等。液晶显示器的成像有必要依托偏光，一切液晶显示器都有前后两片偏光片紧贴在液晶玻璃上，构成总厚度1毫米的液晶屏。假设少了任何一张偏光片，液晶屏都是不能显示图像的。

五、团队介绍

党　勇：主创人员，陕西科学技术馆数字科普部主任。

陈　涛：主创及表演人员，陕西科学技术馆展示教育一部副主任。

黎　俐：表演人员，陕西科学技术馆综合主管。

张雅男：表演人员，陕西科学技术馆科技辅导员。

郑　柯：表演人员，陕西科学技术馆科技辅导员。

张玉祺：表演人员，陕西科学技术馆科技辅导员。

六、创新与思考

以侦探剧这种当下比较受大家喜爱的形式，结合科技场馆内的展品道具，融合出一台比较新颖的剧目。从演出效果来看，第一，这种形式的代入感很强，观众既可以是大侦探也可以是科学家；第二，互动性强，深受广大观众的喜爱。把侦探剧这种形式融合在科普剧中，既能传达科学知识、科学方法，也能贴近观众，让观众容易理解。

从这部剧的准备阶段开始，我们就一直很看好这部剧，从平常的道具制作，到排练，再到演出，真的收获了很多。

当然，也有一些需要反思的问题。第一，在表演中本来想要通过突出人物的性格以区别人物，从而设计了不同的人物风格，让他们说不同地区的语言，这在本地表演时大受欢迎，搞笑部分淋漓尽致。但是在全国赛时，我们发现有一些同仁和观众在这个环节并没有表现出很开心或者非常喜欢，通过询问得知，由于部分演员用的是地方语言，他们并没有听懂，所以导致这部剧的效果大打折扣。第二，演出时发现这部剧虽然很受大部分人喜爱，但是对于一些年龄较小的孩子，在接受程度上还是存在这一些问题。

项目单位：陕西科学技术馆

文稿撰写人：郑　柯

飞天梦

一、活动简介

（一）主要内容

本活动以大型科普表演剧的形式展现，由 7 位科技辅导员共同参与表演。主要讲述了两位科技馆馆员正利用假期在寂静的山涧中享受着他们的探险之旅，突然间电闪雷鸣、风雨交加，一阵闪电过后，两人晕了过去。等再醒来，两人竟穿越到了明代，经过几番交流，了解到原来是到了"世界航天梦想第一人"陶成道的宅邸后花园处，此时，陶公正准备利用自制的 47 只大火箭将自己送入天空，实现自己的飞天梦。两位馆员想要制止，并试图用作用力与反作用力的原理和现代火箭技术与陶公交流，讨论其失败的必然性，但陶公依然为了自己的飞天梦点燃了火箭，不幸火箭爆炸，陶公也献出了自己的生命。

（二）表现形式

科学互动表演剧。

（三）主要创意点

利用两位馆员的意外"穿越"，将古代兵器"神火飞鸦"与生活中乘船的例子相结合，展示作用力与反作用力的原理与应用。古代火箭飞天失败的经验推动了现代火箭技术的成功，通过古与今的结合，表达中国人民对于飞天梦的向往，歌颂航天人对祖国科技事业的无私奉献精神。

二、创作思路

（一）活动目标

通过互动表演形式，结合视频演示，举例作用力与反作用力从古代到现代在生活中的应用，让学生们更深刻地理解作用力与反作用力；用瓶子举例，结合视频演示，让学生们简单直接地了解现代火箭的分级分离。

（二）活动设计思路

学生处于小学学龄阶段，对祖国航天精神的了解不够深入，然而青少年又是祖国未来发展的中坚力量，通过本剧，让学生感受中国航天人自强不息、无私奉献的精神，激发学生的爱国之情、报国之志，不断增强为中华民族的伟大复兴而努力学习的历史使命感、社会责任感和民族自信心，做新时代的好少年。

三、活动准备

（1）活动场地　表演舞台。
（2）活动设备　耳麦、大屏、电脑、灯光、音响设备。
（3）活动器材　演员相应服装、剧情所需道具。

四、活动过程

（一）主题导入

山涧鸟鸣入耳，草木幽香入腹，这人迹罕至的幽静山谷，是个探险的绝妙地方，两位科技馆馆员正在利用假期享受着他们的探险之旅。突然间，电闪雷鸣、风雨交加，一阵闪电过后，两人晕了过去。等再醒来，竟发现原来到了明代，两人疑惑不已。说是梦，感觉却那么真实；说是现实，却显得那么离奇。

（二）剧情发展

①通过两位馆员与侍卫的对话，引出"世界航天第一人"陶成道，并对陶成道进行简单介绍，让学生简单了解其生平事迹。

②通过两位馆员与陶成道的对话，引出陶成道为了自己的飞天梦，穷极一生制作的 47 只大火箭，让学生了解陶成道所制飞天装置的形状。

③两位馆员对陶成道制作的飞天装置进行观察，提出科学实验是需要验证的，引出兵书《武备志》上介绍的一种武器——神火飞鸦，并对其简单介绍，结合视频播放，让学生了解古代对于火药技术已运用得炉火纯青。

④通过陶成道对武器的介绍，引出作用力与反作用力的概念，并举出生活中人乘船的例子，结合视频播放，让学生更直观地了解作用力与反作用力。

⑤两位馆员与陶成道进行对话，引出现代火箭的发射过程，以瓶子为例，结合视频，让学生更直观地了解现代火箭的分级分离装置。

⑥以现代火箭为例，论证陶成道飞天失败的必然性，但他依然奋不顾身，毅然决然地选择继续完成他的实验，最后火箭爆炸，悲剧发生。配合灯光效果烘托现场悲壮气氛，让学生深入情境，感受中国航天人为了祖国的飞天事业，自强不息、甘愿奉献的精神，激发学生的爱国之情、报国之志，增强其为中华民族的伟大复兴而努力学习的历史使命感、社会责任感和民族自信心。

（三）科学原理

1. 作用力与反作用力

当一个物体对另一物体有一个作用力时，另一物体对此物体必有一个反作用力。这两个力大小相等、方向相反，且分别作用在两个物体上。说明力永远是成对出现的，物体间的作用总是相互的，有作用力就有反作用力，两者总是同时存在，又同时消失。

2. 现代火箭发射原理

火箭是热气流高速向后喷出，利用产生的反作用力使火箭向前运动的喷气推进装置。它自身携带燃烧剂与氧化剂，不依赖空气中的氧气助燃，既可在大气中飞行，又可在外层空间飞行。火箭在飞行过程中随着燃料的消耗，其质量不断减小，是变质量飞行体。

图 4-28　科普剧《飞天梦》现场表演

五、团队介绍

杨志昊：甘肃科技馆科学实践与体验中心机器人 2 号活动室负责人，兼甘肃科技馆科学实践与体验中心五层副组长。荣获第六届全国青年科普创新实验暨作品大赛科普实验优秀奖、优秀组织奖的三等奖，第六届全国科技馆辅导员大赛（甘肃赛区选拔赛）科学表演赛一等奖，第六届全国科技馆辅导员大赛全国总决赛科学表演赛的其他科学表演项目三等奖。

刘　畅：甘肃科技馆科技辅导员，兼甘肃科技馆展教部三组副组长。荣获第六届全国科技馆辅导员大赛（甘肃赛区选拔赛）科学表演赛一等奖、展品辅导赛二等奖和十佳科普使者，以及第六届全国科技馆辅导员大赛全国总决赛科学表演赛的其他科学表演项目三等奖。

李俊卓：甘肃科技馆科技辅导员。荣获第三届科普讲解大赛（甘肃赛区）优秀奖，第六届全国科技馆辅导员大赛（甘肃赛区选拔赛）科学表演赛一等奖，第六届全国科技馆辅导员大赛全国总决赛科学表演赛的其他科学表演项目三等奖。

董溰淘：甘肃科技馆科技辅导员。荣获第六届全国科技馆辅导员大赛（甘肃赛区选拔赛）科学表演赛一等奖、第六届全国科技馆辅导员大赛全国总决赛科学表演赛的其他科学表演项目三等奖；参加 2019 年全国科学实验展演会演活动，凭借《不离不弃的力》荣获二等奖。

赵彦钧：甘肃科技馆科技讲解员。2019 年参加第六届全国科技馆辅导员大赛（甘肃赛区选拔赛），凭借《不离不弃的力》荣获科学表演赛一等奖，参加 2019 年全国科学实验展演会演活动荣获二等奖，参加第六届全国科技馆辅导员大赛全国总决赛，荣获科学表演赛三等奖。

赵永亮：甘肃科技馆科学实践与体验中心数码艺术活动室负责人，兼任甘肃科技馆科学实践与体验中心四层副组长。2019 年参加第六届全国科技馆辅导员大赛（甘肃赛区选拔赛），凭借《不离不弃的力》荣获科学表演赛一等奖，参加 2019 年全国科学实验展演会演活动荣获二等奖，参加第六届全国科技馆辅导员大赛全国总决赛荣获科学表演赛三等奖。

六、创新与思考

本科普表演剧，以"穿越"的形式，将现代与古代相结合，配合多媒体视频，让学生更好地理解作用力与反作用力，用一个简单的瓶子，解释了现代火箭发射的分级分离装置，最后再配合灯光效果，烘托出中国航天人为了自古以来的飞天梦、自强不息、甘愿奉献的精神，激发学生们的民族自豪感，提升学生们的爱国情怀。

本科普表演剧虽取得初步成功，但在表现形式上还可更加丰富，知识点还可拓展，舞台效果还可更加炫丽，这些为我们今后的科普剧创作提供了宝贵的经验。

项目单位：甘肃科技馆

文稿撰写人：杨志昊

他不是药神

一、活动简介

科普剧《他不是药神》是武汉科技馆科普剧场2019年创作的第一部社会生活题材的科普剧，第一次将社会问题引入科普剧中。结合当下的热点话题，以生活中常发生在我们身边的矛盾与冲突为切入点，以科学的角度思考社会问题，对剧本主题进行了重新定位，针对受众群体的改变，适时作出剧情创新。旨在用科普教育的手段，关爱弱势群体，并重视他们在当代社会中的处境与生存环境。

此剧的受众群体不再具有局限性，而是更加具有普遍性，逐步改变了之前科普剧的受众群体定位（即6~12岁儿童），更多地迎合成年人的科普需求，特别是老年弱势群体。利用科普短剧，穿插简单的科学实验环节和原理阐释，巧妙地将日常生活中难以识别的假象与骗局进行普及，提升此类人群的科学素养与危险防范能力。本剧时长约8分钟，将舞台剧表演与科学实验相结合，剧情内容采用科学小品的方式呈现。

二、创作思路

（一）活动设计思路

以现实社会现象为切入点，受众群体为成年观众，特别关注老年群体的科普需求，设定剧情主题。依托完整的剧情，将实验环节穿插于剧情之中，以生活中常见的生活用品作为实验素材与道具，在剧情发展的不同阶段逐步完成实验过程，引出实验现象，结合剧情阐述实验效果，吸引观众的注意力，引发观众的好奇心。

（二）活动目标

1. 知识与技能

明白非牛顿流体、聚丙烯酸钠的吸水性及其基本原理。非牛顿流体广泛存在于生活、生产和大自然之中，了解非牛顿流体在日常生活中的应用，探索非牛顿流体的其他奇妙特性，如拔丝性、剪切变稀、连滴效应、液流反弹等。根据聚丙烯酸钠的吸水特性，了解聚丙烯酸钠在日常生活用品中的使用范围及功能价值。

2. 过程与方法

制作非牛顿流体，并进行实验体验，细致观察聚丙烯酸钠的吸水过程，用语言描述现象，并作猜想与预测。通过实验来验证。

3. 情感态度与价值观

培养观众细致观察、大胆预测、积极探索的科学习惯。从日常生活用品中探索深刻的科学知识，激发观众对科学探究的兴趣，利用所学的科学常识，更好地指导生活。

三、活动准备

（一）活动场地

武汉科技馆儿童科普剧场。

（二）活动准备

实验器材：玉米淀粉、水、玻璃缸、玻璃杯、聚丙烯酸钠。

基本设施：实验桌、椅子、长条椅、KT板海报、产品包装盒若干、麦克风、道具服（含手持道具：假钞、POS机、二维码卡牌）。

活动素材：音频、图片、幻灯片。

（三）人员配备

演员为6名科技辅导员。

四、活动过程

活动过程见表4-4。

表4-4 活动步骤表

环节设置	表现形式及展示过程	科学原理总结
广场舞开场（配乐）	播放《小苹果》歌曲，全体演员跳舞，表明剧情的发生场地与人物角色定位	—
主角出场	演员用一段顺口溜对自我形象进行角色定位和人物性格特征说明，为药贩子上场做剧情准备	—
药贩子上场，实施骗局1（说唱）	药贩子与郭大爷套近乎，利用郭大爷害怕得病的心理，取得郭大爷的信任，让其陷入骗局之中	—
实验1：捶不动的玉米淀粉（液态）	药贩子给郭大爷推销保健品，并试图说服郭大爷买保健品，引出实验。在其不知情的情况下，怂恿不明白科学原理的郭大爷，运用错误的方式尝试实验，利用激将法让郭大爷相信自己捶不动面粉糊糊，确信自己身体确实出了问题	非牛顿流体
用表演引出骗局2（配乐、换场景）	被骗的郭大爷将神药介绍给张大妈，并说服张大妈一起去见药贩子	—
实验2：能吸附黑水的"神药"	药贩子关切张大妈目前的生活难题和健康问题，与张大妈产生共情心理，顺势进行能吸附黑水的神药实验，宣传神药功效，将张大妈引入骗局	聚丙烯酸钠的吸水性
科技辅导员上场（配乐）	在一旁看穿药贩子骗局的科普辅导员上场，及时阻止将要购买假药的张大妈，揭穿了药贩子的骗局，并向郭大爷和张大妈解释了捶不动的玉米淀粉和能吸附黑水的神药实则是骗子的手段，就是用简单的实验效果唬人，讲述了假药中的成分有可能产生的危害	非牛顿流体：流体成分不单一，分子间作用力不稳定，可能会出现剪切稀化或者剪切变稠的现象。聚丙烯酸钠的吸水性：常作为食品添加剂，用于增稠、分散、稳定、保水、保鲜等功效，同时其超强的吸水特性，常用于生产尿不湿等日化产品
警察上场（配乐）	将药贩子绳之以法，宣传大众科普教育的重要性	—

图 4-29　科普剧《他不是药神》现场表演

五、团队介绍

该项目的团队成员是来自武汉科技馆展览教育部的 7 名表演骨干，业务专长涵盖科普教育、科学表演、展示设计及教育活动开发与实施专业领域，团队人员如下。

赵　英：剧中饰郭大爷，武汉科技馆科技教员。

宋　妍：剧中饰张大妈，武汉科技馆科技教员。

袁嘉俊：剧中饰男药贩子，武汉科技馆科技教员。

刘　阳：剧中饰女药贩子，武汉科技馆科技教员。

文斯雅：剧中饰科技辅导员，武汉科技馆科技教员。

杨　遍：剧中饰警察及承担团队培训工作，武汉科技馆科技教员，科普教育专业，武汉科技馆科普剧剧组组长，从事科普实验和科普剧的创作、剧目编导及培训工作。

汪　红：承担团队培训工作，武汉科技馆科技教员，艺术设计专业，武汉科技馆科普剧剧组副组长，从事科普实验和科普剧的后期制作、舞美、宣传及相关赛事演出工作。

六、创新与思考

武汉科技馆从 2017 年开始进行表演类科学教育活动，由于起步晚，在科普剧的创作、表演以及参赛经验上相对不足。2018 年，我馆创作的科普剧《火星旅行社》参加了第六届全国科学表演大赛；2019 年，原创科学小品《他不是药神》参加第六届全国科技辅导员大赛。在这两项重要的赛事中，我们逐步对科普剧的创作有了收获与体验，也关注到自身发展的局限性与不足之处。要实现表演类科普教育活动的表演性与实效性，在今后的科普创作与表现形式中，要更加贴近生活实际，从学校、课堂和家庭入手，从国家、社会和个人层面考虑，反映公众所思所想；要更加表现科学的趣味性，激发观众对科学的兴趣，提高科学认知；要更多地在表演上下功夫，同时提高演员的服装、化妆、道具等辅助效果，避免生硬的口号式宣传，避免利用简单、炫酷的道具来吸引观众眼球，应重视对道具的研究，重视道具的可重复性使用等。

可以看到，历经几年的发展，科学表演并非局限于科学实验这一载体，可突破固有的表现形式，以国家关注、大众关心的社会问题为题材，运用各种舞台艺术表演形式，从而宣传一种新的科学理念，促进社会进步。科学表演逐步从前期注重科学知识的传播，转向培养公众的科学思想与科学精神，从而更重视表演内涵的科学性与艺术性。同时，在各大科技场馆和社会团体的不断交流与合作中，科学表演的教育内涵也有望在理论与实践中更加清晰化，表演场地与平台的开放性，会使今后的科普剧表现形式更多样化，并逐步全面向社会开放，从而使不同阶段的受众群体能够更好地接受科普教育。

项目单位：武汉科学技术馆
文稿撰写人：汪　红

科学的请柬

一、活动简介

（一）主要内容

科学队长赛斯先生是一位"身边的科学"大咖，他善于利用身边触手可及的物品进行科学实验表演。在一次受邀参加诺贝尔评委会组织的"科学号"大咖论坛中，由于调皮的助手 Lily 的工作疏忽，忘记携带了赛斯先生登船所需的科学请柬，船长便给赛斯先生出题，让他利用身边的物品表演科学实验，如果表演得精彩，便可让其登船。

赛斯先生分别表演了充满魔力的"飞去来器""神奇的红绿灯"和"空气炮"实验。三个身边的科学，三个精彩的实验，让船长相信了赛斯先生的身份，心服口服地欢迎赛斯先生登船。

（二）表现形式

采用科普剧的形式，以"身边的科学"为题材，通过个性鲜明的人物设定，辅以相关的科学实验，配以引人入胜的剧情，将科学与艺术自然地融为一体，拉近了科学与观众的距离，以幽默风趣的表演和奇幻的实验效果给观众留下难忘的记忆。

（三）主要创意点

1. 题材紧扣"身边的科学"

从剧情设计到材料利用，都深入到观众日常生活中触手可及的物品，不让科学实验只停留在舞台上，不再让科学与观众存在"只能看，不能做"的距离。

2. 科学与艺术相结合

以科学知识为背景，将科学与艺术有机地融为一体，集科学性、知识性、趣味性、艺术性于一体，给观众多方面的感受与体验，使之留下深刻印象。

3. 别出心裁的剧情设计

有利于调动观众的参与热情，激发观众的兴趣，让穿插其中的科学实验不受限制，可不断开发更多的科学实验加入其中，使之在实际的场馆活动中可操作性更强。

4. 服装、道具简便易携带

服装、道具简便，适合流动性较强的巡回演出，与"科普大篷车"相得益彰。

二、创作思路

（一）活动目标

1. 知识与技能

了解空气具有质量并占有一定的空间、形状可随容器而变且没有固定体积的特点。

2. 过程与方法

通过两组空气炮打出的烟圈进行大小与体积的对比实验，分析出空气总会充满各处且会随着压力变化产生不同能量的特点。

3. 情感、态度与价值观

让观众养成乐于探索、认真探究的科学精神，培养善于发现"身边的科学"的科学意识，传播喜爱科学、尊重科学的优秀品质。

（二）活动设计思路

1. 学情分析

传统的科学教育是以老师、书本为中心，重视内容型知识的单向传授，在这样的知识灌输中，学生很难对科学产生浓厚的兴趣。本剧利用简单的道具、奇幻的魔术充分调动学生的兴趣，启发学生要学习科学家善于发现、勤于思考、不断探索的精神。本剧面向全年龄段的人群，重点面向青少年学生群体，每场受众人数为200人。

2. 设计意图

①促进青少年进行主动性学习，让观众（尤其是青少年）在观看过程中自觉地走进"剧情"当中，主动接受科学教育，激发青少年对知识的主动探索和对所学知识的主动建构，通过寓教于乐的形式，把掌握科学知识的主动权交到观众手中，避免了以往常见的灌输式、被动式的教育模式。

②本剧有效地将抽象的科学知识具体化、生活化、趣味化，积极地利用青少年对事物充满好奇、渴望了解新奇事物的心理特点，把书本上、生活中的科学现象、科学原理以及科学知识，通过有趣的实验与幽默夸张的舞台表演形式传递给青少年朋友，使他们在观看中满足好奇心、激发求知欲。

③以身边的事物进行科学实验，让大家看到精彩的实验效果，平常的东西此刻也变得神奇起来，以此来向观众传达科学就在身边、身边到处都是科学的理念。

3. 教学策略

以舞台演员的生动表演为基础，通过设立剧情，将观众带入到剧中的故事里，使观众产生一种沉浸感。观众（特别是青少年）可以在剧中所设计的任务情境中学习，培养解决问题、发散思维的能力，潜移默化地向观众传输科学精神和科学方法，在轻松活泼的氛围中讲述科学原理、普及科学知识，达到情景教育的效果。

4. 活动的重点及难点

在《科学的请柬》的创作和演绎过程中，重点有三。一是剧情的设计既要引人入胜，又要可以和实验完美结合，不能让大家有一种"跳戏"的感觉；二是实验道具的准备要充分，看似普通的实验道具，都要经过精心的处理才能达到完美的实验效果，考虑到现场表演存在不可重复性和不确定性，且必须保证实验一次成功，这对道具和演员都提出了很高的要求；三是演员的表演要投入，对于本剧，演员的职能不仅是将整个剧从头演到尾，更要将观众带到剧情当中，跟着演员的节奏完成每一步挑战。所以，处理以上三点的结果将直接决定整个科普剧的完成效果。

三、活动准备

幻灯片、订书器 1 个、剪刀 1 个、胶带 1 卷、纸片 3 张、氢氧化钠溶液 1 瓶、靛蓝胭脂红试剂 1 瓶、葡萄糖溶液 1 瓶、吸水粉 10 克、大纸箱 1 个、小纸箱 1 个、三角烧杯 1 个、普通烧杯 2 个、烟机 1 个、小丑整理箱 1 个、水 500 毫升等。

四、剧本

［人物介绍］

赛斯先生：25 岁，科学队长，睿智、自信、阳光、勇敢、善良、冷静、理性、稳重、谨慎。

Lily：22 岁，赛斯先生的助手，爱臭美的小女生，大嗓门、爱撒娇、任性，是个有点糊涂的"小公主"，经常办错事。

吴迪：船长，年轻英俊、爱耍帅、自视清高、态度高傲、目中无人。

小丑：业余科学实验表演者，赛斯先生的崇拜者。

［"吸水粉"实验］

赛斯先生受邀参加诺贝尔评委会组织的"科学号"大咖论坛。在登船口，有一位科学爱好者小丑，他是赛斯先生的粉丝，得知赛斯先生要来此处，便准备了一堆道具想要

图 4-30　科普剧《科学的请柬》现场表演（一）

表演给赛斯先生看。小丑兴致勃勃地表演了魔术"消失的水",正好被路过的船长看到,同样是科学爱好者的船长一演识别了其中的奥秘,指出他不过是利用了吸水粉能将水吸收凝固的原理,正预将他赶走,这时赛斯先生走来,鼓励小丑要坚持对科学的不断探索,并与小丑合影留念。

随后他们发现,由于助手 Lily 的工作疏忽,二人忘记携带了登船所需的科学请柬,赛斯先生和 Lily 无法登船,于是,船长吴迪便向赛斯先生出题,让其利用现在身边的物品表演科学实验,如果表演得精彩,便可证明其身份让其登船。

["飞去来器"实验]

吴迪:(优雅地从兜里拿出 3 张纸片)我这里有 3 张纸片,您可以用它做什么呢?

赛斯先生:(接过纸片,在台中向前走一步)船长先生,这您可难不倒我。第一步,用剪刀剪一个 1 厘米左右的小口;第二步,将 3 张纸片交叉在一起,调整到适当的角度,就像这样(同步演示);第三步,用订书器将其固定住。好了,"飞去来器"就制作完毕了。

吴迪:看似简单,它确定能飞出去再飞回来吗?

赛斯先生:那您看好了。3,2,1(同步演示)!怎么样船长先生?

吴迪:(收起惊讶表情)马马虎虎吧,这还不足以证明赛斯先生的身份。

赛斯先生:那请船长先生继续出题吧。

["神奇的红绿灯"实验]

吴迪:你看,这有刚才那位小丑留下的实验道具,你能用这些东西做出什么实验吗?(Lily 接过船长手中的实验道具)

赛斯先生:这当然难不倒我,Lily!

Lily:到!

(赛斯先生在 Lily 的耳边窃窃私语,说完后,Lily 转身去配溶液,赛斯先生与船长说话)

赛斯先生:船长先生,您听说过神奇的红绿灯吗?(Lily 将三角烧杯递到赛斯先生手里)船长先生,您可要仔细看好。(展示实验,Lily 在旁边解释现象)

Lily:船长先生,你看它现在变成了绿色,又变成了红色,最后又恢复到了黄色。

吴迪:(故作镇定)这只不过是小儿科把戏,还不能让我信服。

赛斯先生:那请您继续出题吧船长先生。不过事不过三,如果我还能做出"身边的

图 4-31 科普剧《科学的请柬》现场表演（二）

科学"实验，您可要允许我登船喽！

["空气炮"实验]

吴迪：（顺势看到旁边的一个空纸箱）那就用这个纸箱做个实验吧！

赛斯先生：那我们来做个"空气炮"实验吧！Lily，下去改造一下。船长先生，你平时都见过什么形状的炮弹啊！

吴迪：作为经历过大风大浪的船长先生，我见过圆形的、三角形的，就是不知道你这个空气炮是什么。

赛斯先生：那就请船长先生看好了。（拿一个小空气炮表演一圈，从船长吴迪的位置开始表演）

（吴迪做惊奇状）

赛斯先生：哈哈哈，这还不算什么，我还做了大的空气炮，就在那边。（特别帅地指向一边）

Lily：船长哥哥快来帮忙啊！

赛斯先生：现场所有的观众朋友们，空气炮的表演马上开始，请您牢牢地坐在椅子上，空气炮的威力相当巨大，如果伸手触碰到炮弹，就会被卷起来，甚至"咻"的一下打到墙上。

Lily：队长，我们准备好了。

赛斯先生：空气炮表演马上开始，大家准备好了吗。（演示大的空气炮）船长先生，我可以登船了吗？

吴迪：赛斯先生，您的"身边的科学"果然名不虚传。请您登船！

赛斯先生：谢谢，船长先生！

吴迪：开船！

（轮船汽笛声……）

（剧终）

五、科学原理

（一）"吸水粉"实验

科学原理：吸水粉由聚丙烯酸盐型高吸水树脂构成，可以吸收水分。

（二）"飞去来器"实验

实验原理：飞去来器支翼的切面使飞去来器所受的空气升力维持飞去来器稳定，旋转轴的转动令飞去来器飞回。

（三）"神奇的红绿灯"实验

实验原理：这是反应体系内交替发生还原反应与氧化反应的结果，靛蓝胭脂红试剂有三种颜色不同的氧化还原状态，在这个反应体系中，当摇晃瓶子时，它会被空气中的氧气氧化，而在静止时又被葡萄糖溶液还原，由此造成了变色现象。

（四）"空气炮"实验

实验原理：空气炮的炮弹是由压缩气体形成的膨胀冲击波，当空气通过纸箱圆孔的边缘时形成涡旋，由涡旋组合而成的圆环就是我们看到的炮弹。

六、团队介绍

赵成龙、赵晓萌、赵欢、李金柏是本剧的四位主演,在科普剧表演方面,四位科技辅导员都具有丰富的创作与表演经验,把展厅教育活动的举办经验成功地迁移到了科普剧当中;范向花、宋宁、高亚辛是本剧的幕后创作者,扎实的理论素养和丰富的实践经验为科普剧的创作奠定了坚实的基础。这是一个由"80后"和"90后"组成的团队,既有80后勇于担当、工作严谨的优良作风,又有90后开拓创新、不拘一格的创新精神。

七、创新与思考

(一)经验、体会与收获

在《科学的请柬》的创作过程当中,作为一名科技辅导员,我真切地体会到了"艺术来源于生活,又高于生活"的意义,既要保证科学实验原理的准确,又要将实验戏剧化、舞台化、艺术化,这是对整个团队的科学理论基础、剧本创作能力、舞台表演能力的综合考验。这个过程是十分有意义、有价值的,因为最终的呈现结果使观众朋友更容易产生兴趣和思考,更能使科普剧传达的科学理念被观众所接受和消化。作为一名科级辅导员和一名科普工作者,这样有意义的事业值得我们坚持下去,更值得我们为其努力,并做得更好。

(二)不足、问题及建议

在本剧的呈现过程当中,为了最直观地体现"身边的科学"现象,只利用了LED大屏进行了背景的简单介绍。未来要想更好地使观众融入到情境当中,可以从LED背景、灯光、音效和舞美道具上全方位地立体配合,让观众与人物角色一同感受科学的魅力。在剧情的设计与科学实验的配合过程当中,可以尝试让"做实验"的色彩更淡一些,让每一个实验能够更加"顺理成章"地融入到整体的剧情中。

项目单位:吉林省科技馆

文稿撰写人:赵成龙 赵晓萌 赵 欢 李金柏

幻影

一、活动简介

"幻影"项目是河北省科学技术馆开展的系列科普教育活动之一。我们在日常工作中发现,"肥皂泡"这件展品特别受青少年群体青睐,于是针对展品的设计原理开发了此次活动,并就"表面张力"这一知识点,面向青少年设计开发了一系列活动。在整个活动中引入故事穿插、动手操作的环节,通过音乐及肢体语言的配合,将观众迅速带入到情景之中,并利用随手可得的材料,向观众诠释了表面张力产生的神奇现象。

(一)主要内容

"幻影"主要可以分为两部分:"幻"和"影"。

①"幻"包括多个小实验,如桌面吹泡泡、泡中泡、泡中取泡泡、泡泡长龙、水母泡泡、泡泡合二为一等,展示了泡泡的表面张力,以及泡泡是否破裂取决于它的接触方式。

②"影"则包括了徒手吹泡泡、幕布泡泡、"火"泡泡、泡泡大逃亡等一系列泡泡实验。

(二)表现形式

在整个活动中引入故事穿插、互动游戏、动手操作的环节,通过音乐及肢体语言的配合,将观众迅速带入到情景之中,并利用随手可得的材料,向观众诠释了表面张力产生的神奇现象。

(三)主要创意点

本活动集知识性、趣味性于一体,适合多人一起动手参与。

二、创作思路

(一)活动设计背景

我们在从事科普教育工作中发现,单纯地灌输针对某件展品的讲解很难让观众朋友们理解身边的科学现象,记忆容易出现模糊,时间久了就容易忘记。而科学秀(包含科学实验)则会让他们迅速且深刻地记住科学原理,从而爱上科学。通过科普教育活动,结合场馆的"肥皂泡"展品,利用简单易操作的小实验来解释生活中的科学现象,可以让孩子们发现科学的美妙与神奇。《幻影》从故事角度出发,引出一些科学问题,让青少年将好奇转变为初步认识,再转为自主地深入探索,以层层深入的方式让青少年了解表面张力这一科学知识,从而发现身边更多不为人知的科学奥秘。

(二)活动特点

1. **形式新颖、参与性强**

科技馆教育不同于传统的学校教育,孩子来科技馆最主要的目的就是放松和娱乐,说白了就是"玩"。因此,活动一定要让观众觉得轻松,但如果只是看和玩就显得过于单一。所以,我们结合展品的特点和青少年身心发展的情况,将活动设计成寻宝的形式,融入表面张力的知识,让观众的参与性增强,活动便更加吸引人。

2. **寓教于乐,趣味性强**

活动策划充分考虑了趣味的融入,考虑到青少年爱玩的天性,特别采取了寻宝的形式,活动本身就是一个小游戏,引发参与者的广泛兴趣。

3. **情感、态度与价值观**

在活动的过程中,培养青少年对科学的兴趣和团队意识,学会与他人协作,善于发现别人身上的优点和长处,学会纠正错误、面对失败,能够顺畅地表达自己的科学发现和想法,力求学以致用。

三、活动过程

(一)科学秀

场景一:"幻"

由1人扮演专门研究泡泡的"99",由3人分别扮演"123""456"和"789",通过音乐和肢体语言相结合的方式表现泡泡的形态变化。全场灯光关闭,99打开桌灯,跟随音乐在桌面上吹大泡泡,随着音乐的变化表演在泡中吹泡泡、在泡泡中取泡泡等系列活动。随着音乐的不停变化,123、456和789开始拉开大长龙泡泡,接着,123、456、789和99汇合,开始两两一组制作云母泡泡,表演透明泡泡和烟雾泡泡合二为一,在其过程中泡泡破裂、烟雾弥漫,开启了寻找伙伴的旅途。

图4-32 科学秀《幻影》现场表演(一)

图4-33 科学秀《幻影》现场表演(二)

场景二:"影"

99和123、456和789两两一组,在烟雾中寻找对方,途中遇到了种种关卡(比赛形式),要通过制作泡泡液和搭档的帮忙来完成一个个小实验(徒手吹泡泡、幕布泡泡、"火"泡泡、泡泡大逃亡、水滴穿泡泡等),这样才能寻找到对方,他们最终通过种种关卡,两组朋友成功相遇。

(二)活动的重点及难点

①泡泡液对温度和湿度的要求很高,每个实验都有失败的可能。

②音乐与肢体语言的结合很重要,队友之间的配合也很重要,这就要求表演者平时要多练习,找到默契度。

四、团队介绍

本活动的研发团队成员均在展厅一线工作多年,且曾开发多项教育活动。

马　华：活动总策划,负责协调人员分工,参与演出,河北省科学技术馆展览教育部科普辅导员。

李凤刚：活动策划,负责活动前期准备、宣传工作,参与演出,河北省科学技术馆展览教育部科普辅导员。

林　岩：活动策划,负责活动道具的准备工作,参与演出,河北省科学技术馆展览教育部科普辅导员。

任中正：活动策划,负责活动内容的安排,参与演出,河北省科学技术馆展览教育部科普辅导员。

五、创新与思考

记得第一次作为选手参加比赛时的自己既青涩又无所畏惧,而跟随着辅导员大赛逐步成长到今天,再去看比赛时的心情完全不一样,少了浮躁,多了理智,也能更深入地理解比赛的意义。比赛结束了,我们需要学习的东西还很多,接下来会认真研究、学习别馆的参赛作品,让我们的作品在现有基础上能再做创新与提高,努力在下届比赛中取得更好的成绩。

项目单位：河北省科学技术馆

文稿撰写人：马　华

"视"目以待

一、活动简介

（一）主要内容

百变魔桶、奇幻魔画、旋转魔钟和变化魔盘四个实验，实验主题为视错觉。

（二）表现形式

以魔术表演为主。

（三）主要创意

将科学实验与魔术表演相结合，利用魔术的神秘性体现出科学的生动有趣。以魔术表演开场，吸引观众注意力；利用人物冲突推进剧情，制造悬念；改编经典歌曲结尾，加深观众印象，提高节目趣味性。

二、创作思路

（一）活动目标

通过现场观看这种直观体验，让观众感受到视错觉现象的神奇之处，改变对人体视觉原理的一些错误认识，激发观众主动探究的欲望。

（二）重点及难点

视错觉实验为互动型实验，需要观众主动配合，并长时间集中注意力才能达到较好的效果，需要通过剧情设计与人物表演，吸引观众注意力。视错觉实验的类型众多，原理较为复杂，短时间内难以讲解清楚，需要引导观众仔细观察、认真思考、自主探究。

（三）设计思路

通过魔术表演的形式激发观众的好奇心，增强表演的视觉冲击力，用魔术揭秘的方式传达科学原理。用剧中人物的矛盾冲突推动剧情发展，吸引观众注意力。

三、活动准备

合理安排道具的摆放位置，确保道具的稳定性、观赏性，营造神秘的魔术氛围。演员服装具有魔术师的风格，道具用布遮盖。开场灯光、音效、幻灯片播放和人员走位调度做到和剧情发展紧密结合。

四、活动过程

（一）主题导入

通过剧情发展，设置悬念，引导观众观察现象、思考原理，用魔术欺骗视觉的特点引出主题——视错觉。

（二）表现形式及实验

创设魔术表演情境，引导观众跟随演员扮演的魔术师及其助手，一起直观感受视错觉现象（百变魔桶、奇幻魔画、旋转魔钟、变化魔盘）。视错觉，就是当人观察物体时，基于经验主义或不当的参照，形成的错误判断和感知。每个实验通过营造魔术的神秘氛围、设置悬念、前后现象对比，对观众造成强烈的视觉冲击，让观众产生错误判断，打破"眼见为实"的认识，从而激发观众的好奇心与求知欲。

五、剧本

角色设定：A——魔术师，B——魔术师助手

［暗场，B 在舞台中间摆造型，灯光亮起，音乐起，开始小魔术表演（闪光手指、悬空玫瑰、火焰玫瑰）。魔术结束，B 手持玫瑰摆造型，拉丁舞音乐起，A 跳着拉丁舞上场，接过红玫瑰，自我介绍］

A：大家好，我是魔术师莉莉安，欢迎来到科学魔术秀的现场！

B：（挤过来抢位置）我是哈哈，哈哈哈哈哈哈。

A：（瞪）哈哈，你怎么还不下去？

B：今天来了这么多观众，让我也露个脸呗！

A：你觉得你行吗？

B：这算什么！不管"上刀山，下火海"，no problem！

A：OK！（对观众）既然来个不怕死的，那我就让他试试我的神秘武器。（背景音乐命运交响曲，A 突然拿出血滴子造型的魔桶）

B：（吓得向后倒）啊！什么东西？！

图 4-34　魔术《"视"目以待》现场表演

Ａ：没错，这就是江湖上失传已久、百步之外取人首级的血滴子。今天我要拿你来试试它的威力。

Ｂ：（模仿文松）你，你，你做梦！（转身逃跑，和上场的黑衣人相撞，被黑衣人押着坐到凳子上）

（Ａ把桶放到Ｂ头上，黑衣人扶着桶，Ａ开始旋转桶的手柄）

Ｂ：（过程中惨叫，拿下魔桶）我的头呢？（摸一下头）居然还在。

Ａ：现在后悔了吗？

Ｂ：（结巴）不……不后悔。

Ａ：那好，我们继续，俗话说得好，"耳听为虚，眼见为实"，下面让我们用眼睛真实感受一下。（打开红布，展示魔画背面）

Ｂ：（抢答）怎么是功能强大的智能手机！（Ａ接过手机，背景音乐起，两人模仿周星驰）这款手机，拍照清晰无死角，还自带美颜功能哦！5G技术遥遥领先。科技强！则中国强！欸？不对，这个品牌什么时候出翻盖手机啦？

Ａ：你懂什么？这是专门为我定制的，今天在现场可不是展示手机这么简单。（翻出魔画）大家仔细看，手机的上部分是什么颜色？下部分是什么颜色？不过……事实真的是这样吗？

Ｂ：这还用问？我的眼睛会欺骗我吗？

Ａ：接下来是见证奇迹的时刻。（用纸板缓缓遮挡魔画中间）

Ｂ：（亲自用纸板实验，揉眼）我眼花了吗？明明看起来是两种颜色，怎么一遮挡下面的颜色就和上面一样了？奇了怪了。

Ａ：这就是魔画的魅力，眼见不一定为实，或许我们的眼睛并不值得信赖。你还相信你的眼睛吗？

Ｂ：（犹豫）我——还信……吧？

Ａ：（掀布，展示魔钟，手持正方形）告诉我这是什么形状？

Ｂ：（肯定）正方形。

Ａ：你再仔细看看！

Ｂ：（犹豫）这……是吧？

Ａ：它就是啊！想什么呢？（Ｂ受打击状）虽然这只是一个正方形，但当它成为魔钟的一部分时，会产生一种魔力，（灯光渐暗，聚光灯打在魔钟上）可以让你的眼睛产生幻觉，（转动魔钟）大家会发现我的魔钟会随着时间的推移而变化，变得忽大忽小。

B：（先愣神，情绪激动）Oh！My God！这怎么可能，明明是一块普通的板子，怎么还能变得忽大忽小呢？（自言自语）难道我的眼睛真出问题了吗？

A：（对观众）：看来哈哈已经开始不相信自己的眼睛了，下面我要让他彻底怀疑人生。哈哈，（A拍了一下发愣的B）我们与观众一起做一个魔术小游戏。（拉开布，展示魔盘）请所有人的目光集中到魔盘的中心，（暗场聚光灯）当魔盘转动时，我们会发现它变成了时光隧道，像有一种魔力将你拉了进来，对！就这样一直看，一直看……（手持另一个圆盘）看这里！

A：我们会发现这个圆盘不可思议地变大了（或变小了）。

B：等一下，这个圆盘怎么就变大了（或变小了）？我的眼睛怎么了？我是谁？我在哪？我生从何来，死往何去？（沉思者状）

（音乐失恋阵线联盟，AB配合演唱：

你总是欺骗了我的眼睛，却不肯告诉了我真相，

听说你也曾经相信过我，其实我用了科学方法；

你说你用科学表演魔术，却教我越来越不明白，

这一切全都是视错觉啊，然后你才会如此的傻。

你以为我真的傻，说的都听不懂吗？

这个是视错觉，为你建的象牙塔。

想问它什么样，就去勇敢探索吧！

科学正在等你回家。）

（剧终）

六、团队介绍

时亚丽：扮演魔术师莉莉安，就职于焦作市科技馆科技活动部，主要负责科学实验秀和科普剧的剧本编写，曾参加过全国辅导员大赛。

李　胜：扮演助手哈哈，就职于焦作市科技馆科技活动部，主要负责科学实验秀和

科学实验课的实验研发，曾参加过全国辅导员大赛。

何亚洲：客串表演黑衣人，就职于焦作市科技馆科技活动部，负责团队整体事务。

七、创新与思考

在本次大赛中，全国科技馆汇聚于此，实验内容之丰富、表演形式之创新令人感慨。我们收获了许多，也学习了许多，更从中领略到了各个科技馆的风采与魅力。

通过这次学习，我们总结了很多经验，如制作道具要更加精良，保障现场效果稳定；剧情设计要更丰富且具有戏剧性，演员表演要更加流畅自然；实验内容与节目衔接要更加紧密，原理讲解程度要把握适当；等等。这次创作过程也让我们感觉到，除视错觉主题外，其实还有很多实验都与魔术的表现手法相似，我们今后会在科普表现形式的多样性上进行更深层次的挖掘和发展。

希望我们的科普工作越做越好。

项目单位：焦作市科技馆

文稿撰写人：时亚丽

地球保卫战

一、活动简介

东营市科技馆按照第六届全国科技馆辅导员大赛（山东赛区）选拔赛的通知要求，结合本馆实际与本馆辅导员的个人特长，选拔出5名一线工作人员组成团队，参加科学表演赛项目。

本次的参赛作品为科普剧《地球保卫战》，讲述了4名热爱地球的科学家正在实验室研究保护地球的方法，突然收到来自外太空的信息，误以为地球遭到威胁，一场地球保卫战一触即发，最终却发现这场地球保卫战的对手竟是人类自己。

二、创作思路

通过本次表演，帮助学生了解地球，了解我们周围的环境，了解地球污染的状况；使学生认识到保护环境的重要性，激发学生自身保护环境的意识，培养学生从小热爱地球、保护地球的良好情操。

本次表演的重点在于，利用简单有趣的实验表演，让学生更加了解环境保护的重要性，以及懂得珍惜爱护地球这个美好家园。实验内包含的科学原理则是需要学生在观赏演出后作出认真思考和继续学习的，例如：本次科学表演中"科学家"威威研制的"新型燃料"向大家展示了3种焰色反应，不同的材料在燃烧时分别产生不同颜色的火焰，那么还会有哪些物质在燃烧时产生其他不同颜色的火焰呢？这就需要学生们动脑思考和实验学习了。

三、活动准备

相关场地：东营市科技馆科学工作室。

设备：投影仪、音响。

材料：丁烷、无水乙醇、氢氧化钠、双氧水、丙酮、碘化钾等。

四、剧本

（舞台灯光亮起，4个角色都在桌子前面忙碌着什么……）

旁白：在未来的某一天，有一个神秘的实验室，4名科学家正在忙碌地进行各自的工作……

威威：哎，哎！我的实验要成功了，快看快看——呀！！！

画外音：噗……（喷烟实验）

威威：唉（叹气），又失败了！（垂下肩膀）

安吉拉：还是看我的吧，我的研究课题是地球防御矩阵，我要给地球穿一层防弹衣！（碘化钾实验）

威威、叮当：哈哈哈！（嘲笑）

马克：你这哪里是给地球制造防弹衣，你这分明是给地球制造垃圾！！咱们地球上的垃圾还不够多吗！

安吉拉：嘿嘿……（不好意思地笑，挠头）地球那么（拉长音）大，我就制造了这么一点垃圾，应该没关系吧。再说，科学也需要不断试验才能进步呀。

（众人七嘴八舌地争辩……然后一起看向屏幕）

旁白：就在4位科学家激烈讨论的时候，主控计算机（投影仪屏幕）接收到一条来自外太空的信息。

画外音：滴滴滴……滴滴……滴……（莫尔斯电码的声音）

叮当：咦？这是什么声音？

马克：好像是一串信号。

威威：有的长，有的短。这应该是一种电讯码。

安吉拉：我赶紧查一下。一声短，代表字母 E；一声短、一声长，代表字母 A。我

图 4-35 科普剧《地球保卫战》现场表演

听听……E、A、R、T、H，earth，地球，信号上在说地球！

　　叮当：继续听，上面还说了什么？

　　画外音：（一段莫尔斯电码的声音）……

　　安吉拉：（一边记录，一遍翻译着说）我、们、要、接、管、地、球。

　　众人惊叹着说：我们要接管地球!!!

　　马克：糟糕了，外星智慧生命要来接管我们的地球了。它们想夺走我们的家园！！

　　（大家乱作一团，抓脑袋想办法……）

　　旁白：这下可怎么办呢？4 个科学家一筹莫展。难道真的要跟外星人争夺地球，打一场地球保卫战吗？

　　威威：要不我们逃跑吧！我最近在研制超级燃料。（用手中的喷壶做焰色反应）

　　安吉拉：算了吧威威博士，时间哪里来得及啊。你能在短时间内找到那么大的飞船，带上我们所有人吗？！

　　（威威泄气……）

　　安吉拉：要不，咱们试试我的防御矩阵吧！我可以用聚合物气球组成一个地球的防御矩阵。（说罢拿出一个箱子）

　　叮当：安吉拉博士，你那么小一个箱子，能装多少气球啊？

安吉拉：那你可看好了，叮当博士。我利用液氮的低温作用，使气球中的气体液化，分子之间的间距会变得更紧密，这样气球就会变得很小。而我拿出来以后，液化的空气重新气化，这样气球就恢复原状了。（拿出液氮气球）

叮当：安吉拉博士，与其消极防御，不如主动出击。你把液氮借给我，我来发明一个超级大炮吧！（缓缓将液氮大炮推了出来）

叮当：当当当……当……就是它了！（把液氮大炮提前加好热水）

我们来试试它的威力吧！大家都小心点，别被我的超级大炮轰飞了！（倒入液氮，大炮发射）

画外音：嘭……

齐：哇！

（屏幕上警报声响，变成红色）

马克：欸，不对。怎么接收信号的屏幕变成红色了？警报也响起来了。

威威：不好了，外星人的飞船竟然毫发无伤！看来这个办法也不行。

马克：我……我好像明白外星人是什么意思了。

外星人，如果你能看到的话，看看是不是这个意思。这是我新研制的溶解药水，它可以把白色垃圾溶解掉。

（马克拿起装满白色泡沫塑料块的大玻璃瓶子，倒入洗甲水，轻轻摇晃，瓶子里满满的泡沫塑料块瞬间消失了——洗甲水实验）

（这时，屏幕由红色变成了绿色，警报也不再响了）

齐：原来是这样啊。

马克：外星人是希望我们保护地球环境吗？

（屏幕上出现了一段视频通信，所有人一起看屏幕，一起倾听……）

画外音（外星人）：地球人，你们拥有一个美丽的星球，它像极了我们曾经的家园。我们的家园也曾富饶而美丽，但我们并没有珍惜它，等我们意识到要保护它时，却为时已晚。成堆的垃圾、肆意的污染夺去了它的光辉，我们变成了茫茫宇宙中一群无根的浮萍。你们的星球很美，我希望你们的后代依然能够看到天空是蓝色的、小草是绿色的。那么，请好好地保护它吧，我们会再次回来的。如果到那时，你们地球人依然不珍惜它，我们就会接管地球。临行前，送你们一个礼物——生命之源。地球人，好自为之。

（信号中断……4个科学家面面相觑）

威威：外星人不是要占领地球。

安吉拉：是啊，原来这场地球保卫战的对手，是我们人类自己。

马克：我看看外星人馈赠的礼物是什么。（鲁米诺反应）哇，这是水！原来水就是生命之源。外星人是在提醒我们也要保护水源，我们必须要感谢外星人的提醒。但是，怎么才能让外星人知道，我们已经明白了呢？

叮当：看我的吧，我有办法。只要我们能制造出大量的烟雾。想必外星人在很远的高空也能看到吧。（将干冰倒入热水桶中，干冰效果）

（4个人在烟雾中对着天空挥手……）

齐：外星人，再见！我们知道了，谢谢！

马克：欢迎再回来！

威威、安吉拉、叮当：不，不……还是别回来了！

（剧终）

五、团队介绍

团队成员由来自东营市科技馆的8名工作人员组成。杨秀梅、李忠锋、宋欣、单硕4个人担任编排工作，宋欣、张静、任杰、张熠瑶、宋子辰5名一线工作人员担任表演工作。

六、创新与思考

东营市科技馆推选的参赛项目《地球保卫战》在第六届全国科技馆辅导员大赛总决赛中获得其他科学表演赛三等奖。通过参赛，我馆在这一专业技能平台上，与全国科技馆同行相互学习、交流成果、切磋技艺，不仅展示了我馆的展览教育工作水平、锻炼和检验了我馆的科普人才队伍，对于进一步提高我馆辅导员的综合素质和专业技能也起到积极的促进作用。

项目单位：东营市科学技术馆

文稿撰写人：宋　欣